T0233388

Springer-Lehrbuch

Springer
Berlin
Heidelberg
New York
Barcelona
Hongkong
London
Mailand
Paris
Tokio

Ernst Kircher   Raimund Girwidz
Peter Häußler

Physikdidaktik

Eine Einführung

**2., aktualisierte Auflage
mit zahlreichen Abbildungen**

 Springer

Priv. Doz. Dr. Ernst Kircher
Physikalisches Institut
Universität Würzburg
Am Hubland
97074 Würzburg, Deutschland
e-mail: kircher@physik.uni-wuerzburg.de

Professor Dr. Raimund Girwidz
Pädagogische Hochschule Ludwigsburg
Reuteallee 46
71602 Ludwigsburg, Deutschland
e-mail: girwidz_raimund@ph-ludwigsburg.de

Professor Dr. Peter Häußler
IPN
Universität Kiel
Ohlhausenstr. 62
24098 Kiel, Deutschland
e-mail: haeussler@ipn.uni-kiel.de

Die 1. Auflage des Buches erschien im Verlag Vieweg, Braunschweig/Wiesbaden

Die Deutsche Bibliothek – CIP-Einheitsaufnahme

Kircher, Ernst: Physikdidaktik : eine Einführung / Ernst Kircher ; Raimund Girwidz ; Peter Häußler. - 2., aktualisierte Aufl. - Berlin ; Heidelberg ; New York ; Barcelona ; Hongkong ; London ; Mailand ; Paris ; Tokio : Springer, 2001 (Springer-Lehrbuch)
ISBN 3-540-41936-5

ISBN 3-540-41936-5 Springer-Verlag Berlin Heidelberg New York

Dieses Werk ist urheberrechtlich geschützt. Die dadurch begründeten Rechte, insbesondere die der Übersetzung, des Nachdrucks, des Vortrags, der Entnahme von Abbildungen und Tabellen, der Funksendung, der Mikroverfilmung oder der Vervielfältigung auf anderen Wegen und der Speicherung in Datenverarbeitungsanlagen, bleiben, auch bei nur auszugsweiser Verwertung, vorbehalten. Eine Vervielfältigung dieses Werkes oder von Teilen dieses Werkes ist auch im Einzelfall nur in den Grenzen der gesetzlichen Bestimmungen des Urheberrechtsgesetzes der Bundesrepublik Deutschland vom 9. September 1965 in der jeweils geltenden Fassung zulässig. Sie ist grundsätzlich vergütungspflichtig. Zuwiderhandlungen unterliegen den Strafbestimmungen des Urheberrechtsgesetzes.

Springer-Verlag Berlin Heidelberg New York
ein Unternehmen der Springer Science+Business Media

http://www.springer.de

© Springer-Verlag Berlin Heidelberg 2001
Printed in Germany

Die Wiedergabe von Gebrauchsnamen, Handelsnamen, Warenbezeichnungen usw. in diesem Werk berechtigt auch ohne besondere Kennzeichnung nicht zu der Annahme, daß solche Namen im Sinne der Warenzeichen- und Markenschutz-Gesetzgebung als frei zu betrachten wären und daher von jedermann benutzt werden dürften.

Satz: Reproduktionsfertige Vorlage der Autoren
Einbandgestaltung: *design & production* GmbH, Heidelberg

Gedruckt auf säurefreiem Papier   SPIN: 11426424   56/3111 - 5 4 3 2

Vorwort zur 2. Auflage

Wenn man ein Jahr nach der Publikation eines Lehrbuches mit der Vorbereitung einer 2. Auflage beginnt, ist man als Autor natürlich sehr zufrieden. Die gute Resonanz von „Physikdidaktik" bei den Adressaten äußerte sich nicht nur mittelbar über Verkaufszahlen, die die Neuauflage notwendig machen, sondern auch unmittelbar durch viele Rückmeldungen über Medien verschiedenster Art.

Die rasch auf die Publikation von "Physikdidaktik" folgende 2. Auflage enthält keine grundlegenden inhaltlichen oder formalen Änderungen. Dem verschiedentlich geäußerten Wunsch nach kommentierter ergänzender und erweiterter Literatur kommen wir gerne am Ende jedes Kapitels nach. Das Personen- und Sachverzeichnis wurde vervollständigt; auch Flüchtigkeitsfehler in der 1. Auflage wurden selbstverständlich korrigiert.

Durch die TIMSS-Ergebnisse über die nur mittelmäßigen Leistungen deutscher Schülerinnen und Schüler in den Naturwissenschaften und der Mathematik (s. Baumert u. a. 2000[a,b]) sind lebhafte Diskussionen über notwendige schulpraktische Konsequenzen (MNU 2001) und vielfache Forschungsaktivitäten (z. B. das DFG Schwerpunktprogramm „Bildungsqualität von Schule" (2000)) angeregt worden. Ich meine, dass die Ergebnisse und die daraus zu ziehenden Folgerungen für den Physikunterricht die noch programmatischen Überlegungen in „Physikdidaktik" stützen. In den Kapiteln 1, 2 und 5 sind ergänzende Argumente und schulpraktische Folgerungen aus der TIMS-Studie aufgenommen.

Auf besondere Weise kann auf in Rezessionen geäußerte inhaltliche „Lücken" von „Physikdidaktik" eingegangen werden: Bereits im Vorwort der ersten Auflage war von der Notwendigkeit eines ergänzenden Bandes „Physikdidaktik in der Praxis" die Rede und ein solcher geplant. Dieser Band wird von ca. zwanzig Kolleginnen und Kollegen aus Schule und Hochschule verfasst und von mir und meinem Kollegen Werner B. Schneider (Universität Erlangen-Nürnberg) im Jahr 2002 herausgegeben. Beide Lehrbücher sollen einerseits die wichtigsten physikdidaktischen Grundlagen für künftige und bereits praktizierende Physiklehrerinnen und Physiklehrer bereitstellen, andererseits sollen ausführliche für den Physikunterricht wichtige Beispiele den Transfer in die eigene Schulpraxis erleichtern.

Zur weiteren Verbesserung von „Physikdidaktik" setzen wir weiterhin auf Kommunikation mit Ihren Vorstellungen, Erfahrungen und neuen Ideen:

Ernst Kircher: kircher@physik.uni-wuerzburg.de
Raimund Girwidz: girwidz@ph-ludwigsburg.de
Peter Häußler: haeussler@ipn.uni-kiel.de

Sie können wie bisher davon ausgehen, dass wir die derzeitigen Entwicklungen und Tendenzen in der Physikdidaktik und im Physikunterricht mit Sympathie und Interesse verfolgen, auch in der Annahme, dass diese Auflage nicht die letzte sein wird.

Würzburg, Mai 2001   Ernst Kircher

Vorwort zur 1. Auflage

1. „Physikdidaktik – eine Einführung" ist aus einer Vorlesung entstanden, die ich seit dem Wintersemester 78/79 an der Universität Würzburg jährlich abhalte. Diese Vorlesung orientierte sich zunächst an „Unterricht Physik" (Duit, Häußler & Kircher, 1981), einer Einführung in die Physikdidaktik, die während meiner Zeit am Institut für die Pädagogik der Naturwissenschaften (IPN) in Kiel entstanden ist. War diese Einführung vor allem an der Curriculumtheorie orientiert, habe ich in vorliegendem Werk zur Legitimation des Physikunterrichts auch Argumente herangezogen, die der *bildungstheoretischen Tradition* entstammen. Dies wird beispielsweise in Kapitel 2 „Ziele im Physikunterricht" deutlich, das einerseits von Klafkis (1963) bildungstheoretischer Sicht einer *didaktischen Analyse* und andererseits von Häußler & Lauterbachs (1976) Auffassungen, wie physikalische Ziele und Inhalte zusammenhängen, geprägt ist. Mit dieser Physikdidaktik möchte ich eine implizite Würdigung Martin Wagenscheins verbinden, dem wichtigsten Vertreter der bildungstheoretischen Tradition in der Physikdidaktik: Er hat die neue, wissenschaftliche, aber immer noch um ihre Anerkennung ringende Physikdidaktik nach dem 2. Weltkrieg auf den Weg gebracht.

2. Eine Physikdidaktik muss den theoretischen Rahmen des Physiklehrens und -lernens bereitstellen. Das bedeutet z.B., dass sich Studentinnen und Studenten die *aktuellen theoretischen Grundlagen der Physikdidaktik* aneignen können, die für einen erfolgreichen Abschluss ihrer Physiklehrerausbildung an der Hochschule nötig sind. Darüber hinaus muss eine Physikdidaktik *Handlungswissen* für eine möglichst erfolgreiche Unterrichtspraxis begründen und vermitteln. In dieser „Physikdidaktik" wird das Handlungswissen vor allem in Übersichten, Zusammenfassungen und Handlungsanweisungen für die Unterrichtsplanung dargestellt. Sie sind insbesondere *für Studienanfänger wichtig*, um sich in den verschiedenartigen und verschlungenen Aspekten etwa der Unterrichtsplanung und den aus verschiedenen Disziplinen stammenden physikdidaktischen Fachausdrücken zurechtzufinden. Eine Physikdidaktik soll also zur Legitimation des Physikunterrichts beitragen und sie soll ein *Leitfaden für Handeln in physikdidaktischen Kontexten* für Lehrende und Lernende sein: Studentinnen und Studenten, Seminarleiter und Seminarleiterinnen, Referendare und Referendarinnen, Dozenten und Dozentinnen an den Hochschulen.

„Physikdidaktik – eine Einführung" wendet sich auch an praktizierende Physiklehrer und Physiklehrerinnen aller Schularten. Auch sie können davon profitieren, wenn sie über *neue Begründungen*, über *aktuelle praxisrelevante Forschungsergebnisse*, über *neue Medien des Physikunterrichts* informiert sind und dadurch Bescheid wissen über *gegenwärtige* und vielleicht *künftige Entwicklungen der Physikdidaktik*. Denn das gehört auch zur Professionalität des Berufsstandes: einen Überblick gewinnen über aktuelle Diskussionen in ihrem eigentlichen *Hauptfach Physikdidaktik*.

Ein Beispiel: Es ist meines Erachtens zu erwarten, dass der Physikunterricht künftig in höherem Maße als bisher *schülerorientiert* sein wird. Dies hat u. a. Auswirkungen auf die Unterrichtsmethoden. Als Konsequenz dieser Auffassung sind in

„Physikdidaktik – eine Einführung" *Projektunterricht, Spiele im Physikunterricht und freies Arbeiten* ausführlicher dargestellt als die *lehrerorientierten* „Normalverfahren", die im Frontalunterricht eingesetzt werden.

3. Physikdidaktik ist eine interdisziplinäre Wissenschaft. Sie bezieht ihre Grundlagen aus einer ganzen Reihe sogenannter *Bezugswissenschaften* wie z. B. aus der Pädagogik, der Psychologie, der Soziologie, der Philosophie und natürlich der Physik. Dem Anspruch, eine aktuelle Physikdidaktik verfasst zu haben, ist schon bei den hier aufgeführten Bezugswissenschaften kaum zu genügen, weil diese in kurzer Zeit immer neue Wissensbestände erzeugen. Das hat verschiedene Konsequenzen:

• Die Literatur aus den Bezugswissenschaften ist selektiv und subjektiv ausgewählt. Das hat dann auch zur Folge, dass eine Physikdidaktik subjektive Züge enthält. Man kann auch sagen, eine Physikdidaktik ist in gewisser Hinsicht eine Spiegelung der Verfasser.

• Die aus den Bezugswissenschaften stammenden Fakten, Theorien, Argumente werden in einer Physikdidaktik *holzschnittartig* dargestellt. Über Anmerkungen und Verweise auf die Originalliteratur wird versucht, dass insbesondere interessierte Kolleginnen und Kollegen sich ein differenzierteres Bild verschaffen können als den „Holzschnitt". Soweit Detailfragen den erkenntnis- und wissenschaftstheoretischen Hintergrund der Physikdidaktik betreffen, mag dazu auch „Studien zur Physikdidaktik" (Kircher, 1995) beitragen.

4. Die Vielfalt des Physikunterrichts in der antizipierten und der faktischen Schulpraxis kann man nicht hinreichend darstellen. So leben beispielsweise die Beschreibungen Thiels (s. Wagenschein, Banholzer & Thiel, 1973) des *genetischen Unterrichts* auch von spezifischen Charakteristika des ehemaligen Lehrers Thiel, die aber nicht in die Darstellungen eingehen. Daher: Auch wissenschaftliche Beschreibungen und Analysen von faktischem Unterricht können im Grunde nur die Grobstruktur des Unterrichts deutlich machen. Mit dieser Bemerkung möchte ich die *Grenzen einer systematischen Physikdidaktik in Form eines Buches* andeuten: Eigene schulpraktische Erfahrungen der Studierenden sind notwendige Ergänzungen zu wissenschaftlich zugänglichem *Wissen* aus Vorlesungen und der begleitenden physikdidaktischen Literatur.

Auch ein Praxisband mit Beispielen kann die Kluft zwischen Theorie und Praxis verringern. Entsprechende Beispiele über Projekte, über Spiele, neue Schulexperimente, über neue Medien und Methoden sind in zahlreichen Zulassungsarbeiten natürlich nicht nur an der Uni Würzburg schon dargestellt. Diese Ideen und Vorschläge für Innovationen im Physikunterricht sind in „Physikdidaktik – eine Einführung" vor allem *aus theoretischer Sicht beschrieben* oder wurden auch aus Platzgründen oft nur erwähnt

Um die „Physikdidaktik" in einer auch von Seiten des Verlags gewünschten *vernünftigen* Zeit abzuschließen, habe ich meine Kollegen Raimund Girwidz (Uni Würzburg) und Peter Häußler (IPN Kiel) um Unterstützung gebeten und für die Mitarbeit gewonnen.

Ihre besonderen Kompetenzen über Medien und die Evaluation von Physikunterricht sind sicherlich ein Gewinn für diese „Physikdidaktik". Autor des Kapitels 6 „Medien im Physikunterricht" ist Dr. R. Girwidz", Autor des Kapitels 7 „Wie kann man Lernerfolge messen?" ist Prof. Dr. P. Häußler.

5. Die Grundlagen, die „roten Fäden", die dieses Buch zusammenhalten, werden vor allem in Kapitel 1 gesponnen, weniger allgemein auch in Kapitel 4. Gelegentliche Verweise in den anderen Kapiteln in beide Richtungen erinnern an die „roten Fäden". Wir hoffen, dass die übrigen Kapitel aber auch für sich sprechen und verständlich sind ohne die „Grundlagen".

6. Anmerkungen, Erläuterungen, Entschuldigungen:

Wir verwenden hier die *weibliche und die männliche Form* von Lernenden und Lehrenden der verschiedenen Ausbildungsphasen. Aus sprachlichen und aus Platzgründen werden nicht in jedem Fall beide Formen verwendet. Wir bitten Sie um Nachsicht, dass die kürzere Formulierung häufiger vorkommt.

Wir, die drei Autoren, haben uns bemüht, die physikdidaktischen Fachausdrücke einheitlich zu verwenden. Aber es versteht sich, dass die sprachlichen Formulierungen, die Diktion der Texte ein Charakteristikum unserer Individualität bleiben.

Wir sind an einer lebhaften Diskussion mit unseren Lesern interessiert: Sollten Sie Anregungen inhaltlicher Art, Änderungsvorschläge für die eingeführten Fachausdrücke über die wir selbst nicht immer glücklich sind (z.B. in Kap. 5 „Methodische Großformen" und „Physikmethodische Unterrichtskonzepte") haben, Schreibfehler entdecken, können Sie sich an die Autoren unter folgende E-Mail-Adressen wenden.

    `kircher@physik.uni-wuerzburg.de`
    `girwidz@physik.uni-wuerzburg.de`

7. Prof. R. Duit (IPN Kiel), Prof. Dr. W. Klinger (Uni Erlangen – Nürnberg) und Prof. Dr. H. Mikelskis (Uni Potsdam) danke ich für ihre physikdidaktischen Anregungen und Änderungsvorschläge. Prof. Dr. G. Wegener-Spöhring (Uni Würzburg) gab wichtige Impulse für den pädagogischen Hintergrund. Mein ganz besonderer Dank gilt Prof. Dr. A. Häußling (Uni Landau), der über Jahre hinweg anregender und kritischer Diskussionspartner insbesondere bei philosophischen Fragen war. Er hat auch wesentlich zum angenehmen Arbeitsklima und den günstigen Arbeitsbedingungen während meiner Vertretungsprofessur an der Uni Landau im SS 1999 beigetragen – Faktoren, die für die zügige Fertigstellung der von mir verfassten Texte äußerst hilfreich waren.

In der Endphase hat sich E. Peter für die Fertigstellung der Druckvorlagen verdient gemacht. Meinen Kollegen an der Universität Würzburg, Dr. B. Lutz (Chemiedidaktik) und W. Reusch (Physikdidaktik) bin ich für die vielen großen und kleinen Hilfen, Unterstützungen und Ermutigungen im Alltag einer Hochschule dankbar, insbesondere während der zwei Jahre, in denen diese „Physikdidaktik" mein Denken und Handeln maßgeblich prägte.

Würzburg, September 1999   Ernst Kircher

Inhaltsverzeichnis

0 Einführung: Was ist Physikdidaktik?

Sie haben sich entschlossen Physiklehrer zu werden und kommen nun mit einem Fach, der Physikdidaktik in Berührung, das Sie in der Schule nur auf implizite Weise kennen gelernt haben, nämlich durch die Art und Weise, wie Ihre Lehrer Physik unterrichtet haben.

Als Motto beginnen wir mit zwei Aussagen, die sich an Zitaten des Pädagogen v. Hentig (1966) orientieren:

> Die Physik bietet keine Hilfen für die Unverständlichkeiten, die sie erzeugt.
>
> Eine Physikdidaktik, die nicht dienen wollte, wäre ein Unsinn.

1. Lassen Sie mich hier den Ausdruck Physikdidaktik etwas näher charakterisieren in einer für die Universität typischen Weise: Man zerlegt ein „Ding" in seine Bestandteile. In unserem Falle ist das „Ding" keine chemische Substanz, kein physikalisches Objekt, kein Lebewesen, sondern ein Begriff. Diesen zerlegen wir, um dadurch zu einem ersten Verständnis des Ausdrucks „Physikdidaktik" zu kommen, nämlich durch die Fragen: „Was ist Physik?", „Was ist Didaktik?". Ich möchte aber ausdrücklich hervorheben, dass durch diese Zerstückelungstaktik der Ausdruck „Physikdidaktik" nicht vollständig erklärt wird. Für ein erstes vorläufiges Verständnis mag uns diese Methode genügen; im Allgemeinen gilt aber – und so auch hier –, dass das Ganze mehr ist als die Summe seiner Teile.

2. Sicher sind Sie auch daran interessiert zu erfahren, was im Verlauf der Vorlesung „Physikdidaktik – eine Einführung" auf Sie zukommt. In Kap. 1 geht es um die *Begründung des Physikunterrichts*, um seine gegenwärtige und künftige Bedeutung für den Einzelnen und für die Gesellschaft. Die Begründungen hängen daher von Weltbildern und Lebensstilen von Einzelnen und der Gesellschaft ab. Die folgenden Kapitel betreffen Ihren Beruf im engeren Sinne. Die Kapitel 2 bis 7 sollen zu Ihrer Professionalität als Physiklehrerin und als Physiklehrer beitragen. Es werden Grundkenntnisse und Grundfertigkeiten Ihres Berufs thematisiert.

Kapitel 1	Kapitel 2	Kapitel 3
Warum Physikunterricht?	Ziele im Physikunterricht	Elementarisierung und didaktische Rekonstruktion

Kapitel 4	Kapitel 5	Kapitel 6
Über physikalische Methoden	Methoden im Physikunterricht	Medien im Physikunterricht

Kapitel 7
Wie lässt sich der Lernerfolg messen?

0.1 Was ist Physik?

„Es gibt keine völlig eindeutige Definition darüber, was Physik ist
oder welche Gebiete zur Physik gehören und welche nicht" (v. Oy
1977, 5).

Eine nahe liegende Antwort auf diese Frage lautet: Physik ist, was
die Physiker tun. Und was sie tun, können Sie in diesem Gebäude-
komplex, dem physikalischen Institut der Universität Würzburg authentisch erfahren. Sie würden ganz unterschiedliche Erfahrungen
machen und es würden sich folgende Fragen stellen: Dürfen Physiker arbeiten was und wie sie wollen? Was ist das Ziel dieser Tätigkeiten? Gibt es ein immer wiederholbares Schema für diese Tätigkeiten, eine genau festgelegte Methode der Physik? Warum sind die
Tätigkeiten so wie sie sind? Könnten sie auch andersartig sein? Kann
man zwischen Physik und „Nichtphysik" unterscheiden? Wie zuverlässig ist physikalisches Wissen?

Eine eher oberflächliche Klassifizierung, die Sie durchgängig in
allen physikalischen Instituten antreffen würden, mag auch für eine
erste Antwort auf die obige Frage genügen, nämlich die *Unterscheidung zwischen theoretischer und experimenteller Physik.*

Theoretische Physik   1. Die theoretische Physik befasst sich mit der *„Beschreibung",
„Erklärung", „Prognose" von raum-zeitlichen Änderungen von
physikalischen Objekten.* Das bedeutet das Entwerfen, den Aufbau,
Ausbau und Präzisierung, die Änderungen, Vereinfachungen und
Erläuterungen, die Konsistenzprüfungen von physikalischen Theorien. Anstatt „physikalische Theorie" verwendet man auch die Ausdrucksweise: Das begriffliche System der Physik „beschreibt", „erklärt", „prognostiziert", „systematisiert" die raum-zeitlichen Änderungen von physikalischen Objekten. Dazu werden Begriffe und
Begriffszusammenhänge, z.B. Theorien, Gesetze, Regeln, Axiome,
Konstanten verwendet. Ein Problem für das Lernen der Physik ist
dabei, dass Begriffe wie „Arbeit" oder „Kraft", die ursprünglich der
Umgangssprache entstammen, in der Physik häufig eine andere, vor
allem auch eine präzisere Bedeutung haben. Ein wichtiges Hilfsmittel insbesondere der theoretischen Physik ist die Mathematik. Natürlich werden heutzutage für die häufig sehr schwierigen und langwie-
rigen Berechnungen für das prognostizierte Verhalten von physikalischen Objekten Computer eingesetzt. Etwas vereinfachend kann man
sagen: Die theoretische Physik entwirft, prüft und entwickelt das
begriffliche System der Physik. Ihr wichtigstes Handwerkszeug ist
die Mathematik.

2. Theoretische Physiker arbeiten eng mit Experimentalphysikern zusammen. In der Experimentalphysik werden Experimente konzipiert, (z. T. in Zusammenarbeit mit Theoretikern), komplexe Versuchsanordnungen aufgebaut, für den Betrieb vorbereitet, (wie z. B. das Evakuieren von Messräumen), Messgeräte kontrolliert, beobachtet, Messdaten ausgedruckt, auf verschiedene Weisen dargestellt und interpretiert, kritisch überprüft, verworfen, nach Fehlern gesucht, Alternativen entwickelt für den Versuchsaufbau, für die Interpretation der Daten wird das Experiment wiederholt. Um immer genauer zu messen, um noch kleinere, noch komplexere Objekte zu untersuchen, sind für die Experimente der aktuellen Forschung modernste technische Geräte gerade gut genug; aber selbst diese reichen nicht immer aus, sondern es müssen häufig noch genauere, leistungsfähigere Geräte entwickelt werden.

Experimentalphysik

Wir fassen zusammen: *Experimentalphysiker und theoretische Physiker entwickeln die methodische Struktur der Physik, entwerfen und sichern die begriffliche Struktur der Physik und schaffen die Grundlagen für technische Anwendungen der Physik.*

Methodische Struktur der Physik

Begriffliche Struktur der Physik

3. Durch diese Erläuterungen ist noch vieles über Physik offen geblieben: Was ist eigentlich ein physikalisches Objekt, was eine physikalische Theorie, ein Experiment? Wie unterscheiden sich eine physikalische Definition (z. B. elektr. Widerstand: $R = U/I$) von einem physikalischen Gesetz (z. B. ohmsches Gesetz: $I = U/R$ für $R = const.$)? Wie ist die Physik aufgebaut? Welche Bedeutung hat die Physik für die Gesellschaft, für das Individuum? Dürfen Naturwissenschaftler erforschen und entwickeln, was sie wollen? Wie unabhängig ist die naturwissenschaftliche Forschung?

Der bekannte Physikdidaktiker Martin Wagenschein fragte außerdem: „Was verändert sich durch Physik? Wie verändern wir, indem wir sie hervorbringen, das Natur-Bild, und wie verändern wir uns dabei selber? Was tut Physik der Natur an und was uns?" (Wagenschein, 1976[4], 12) Ich möchte diese z. T. hochaktuellen Fragen noch zurückstellen, aber ich verspreche Ihnen, dass ich auch versuche, auf solche Fragen eine Antwort zu geben.

0.2 Was ist Didaktik?

Der Ausdruck „Didaktik" entstammt dem pädagogischen Bereich. „Didaktik im weiteren Sinne" beschäftigt sich mit dem Sinn von Lehren und Lernen. Sie beschreibt und reflektiert außerdem historische Schulmodelle und auch die Konzeption neuer Entwürfe für

Didaktik im weiteren Sinne

schulisches Lernen aufgrund von gesellschaftlichen Veränderungen, seien diese durch Änderungen der Lebensgrundlagen oder durch politische oder technische Entwicklungen bedingt. Wenn Sie bereits mit dem erziehungswissenschaftlichen Studium begonnen haben, sind diese und die folgenden Bemerkungen hierüber nur vereinfachende Zusammenfassungen.

1. Bei der folgenden Abb. 0.1 geht es nicht um die Bedeutung dieser vielen Ausdrücke im Umfeld von Pädagogik, sondern in erster Linie um die Frage: Wie hängen diese pädagogischen Ausdrücke zusammen?

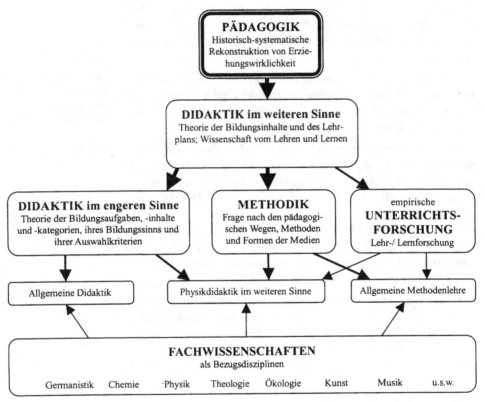

Abb. 0.1: Physikdidaktik und Pädagogik (nach Jank & Meyer, 1991)

Sie bemerken hier eine für die Geisteswissenschaften typische Vorgehensweise, nämlich Begriffe durch „Verschachteln" zu erläutern und nicht wie in den Naturwissenschaften und in der Mathematik definitorisch festzulegen. Diese „Verschachtelung" erfolgt aber nicht in der Art russischer Holzpuppen, die nach innen immer kleiner werden, sondern sie fächern sich „nach unten" auf. Um den Oberbegriff zu verstehen, lernt man, was die Unterbegriffe bedeuten. Dabei gilt aber als Grundsatz: Das Ganze (hier der Oberbegriff „Pädagogik") ist mehr als die Summe seiner Teile (Unterbegriffe).

Gemäß dieser Abbildung schließt der allgemeinste Begriff „Pädagogik" auf der nächst unteren Ebene die „Didaktik im weiteren Sinne" ein. Es folgt dann eine weitere Auffächerung in die beiden wichtigen Unterbegriffe „Didaktik im engeren Sinne" und „Methodik". Diese implizieren auf der 4. Ebene die Fachdidaktik und Fachmethodik, in unserem Falle die Physikdidaktik und Physikmethodik.

Didaktik im engeren Sinne

In der Abb. 0.2 ist dargestellt, was im Folgenden unter „Physikdidaktik im weiteren Sinne" verstanden wird:

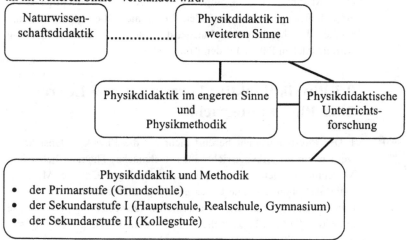

Abb. 0.2: Physikdidaktik im weiteren Sinne

Das bedeutet, dass unsere „Physikdidaktik" für Lehrkräfte der Primarstufe, insbesondere für die der Sekundarstufe I (Hauptschule, Realschule, Gymnasium) und der Sekundarstufe II relevant ist. Außerdem kann diese „Physikdidaktik" für „Naturwissenschaftlichen Unterricht" und die Ausbildung von Naturwissenschaftslehrern herangezogen werden.

2. Fachwissenschaften, wie die Physik, gehen in dieser Betrachtung als *„Bezugswissenschaften"* in die Fachdidaktiken ein. Die „Physikdidaktik" gehört nach dieser Klassifikation zur Pädagogik bzw. zu den Erziehungswissenschaften. Sie bezieht sich „nur" auf die Physik[1]. Das bedeutet, dass solide Physikkenntnisse als Grundlage physikdidaktischer Tätigkeiten (Überlegungen, Entscheidungen, Handlungen) bei jedem Physiklehrer verfügbar sein müssen.

Physik ist die wichtigste Bezugswissenschaft der Physikdidaktik

3. Zur *Unterscheidung von Didaktik (i. e. S.) und Methodik* möchte ich Ihnen die gleiche sehr vereinfachende Formulierung mit auf Ihren Weg als zukünftige Lehrer geben, die bei mir in meiner Lehrerausbildung erfolgreich war: Die Didaktik (i. e. S.) befasst sich mit dem „Was", d. h. mit *Zielen und Inhalten*, die Methodik mit dem „Wie", d. h. den möglichen *„Wegen" des Unterrichts*, den *Methoden*

**Implikationszusam-
menhang von
Didaktik und
Methodik**

und Medien. In der traditionellen Auffassung bestimmen die *Ziele und Inhalte* die Methoden und Medien. Heutzutage ist man der Auffassung, dass zwischen Didaktik und Methodik ein enger Zusammenhang[2] besteht; man verwendet dafür auch den Ausdruck „Implikationszusammenhang". Wie in Kap. 5 und 6 noch näher ausgeführt ist, gibt es auch „Methoden" (z. B. Gruppenunterricht) und „Medien" (z. B. Computer), die bestimmte wichtige Ziele einschließen. In solchen Fällen bestimmen die Methoden und Medien die physikalischen Inhalte, d. h. die traditionelle Auffassung wird in solchen Fällen auf den Kopf gestellt.

0.3 Physikdidaktik: Forschung und Lehre über Physikunterricht

**Bezugswissenschaf-
ten aus den Natur-
wissenschaften**

1. Der Physikunterricht berührt mehr als die Physik; offensichtlich werden im Physikunterricht auch technische Themen behandelt. Manchmal werden Fachdisziplinen wie Biologie, Chemie, Meteorologie, Astronomie tangiert; das geschieht insbesondere dann, wenn man Projekte im Unterricht durchführt. Diese sind typischerweise *interdisziplinär*, d. h. zwischen verschiedenen Disziplinen angesiedelt und damit auch fachüberschreitend.

**Bezugswissenschaf-
ten aus den Geistes-
und Erziehungs-
wissenschaften**

Aber auch ohne Projekte und ohne integrierten naturwissenschaftlichen Unterricht, d. h. im ganz „normalen" Physikunterricht reicht die Physik allein nicht aus. Manchmal wird die Geschichte der Physik mit einbezogen. Um etwas „über" die Physik zu sagen, benötigt der Physiklehrer erkenntnis- und wissenschaftstheoretisches Wissen. Außerdem gibt es Bezüge zur Pädagogik, zur Psychologie und zur Soziologie (wie Ihnen aufgrund Ihrer erziehungswissenschaftlichen Studien bekannt ist). Aufgrund dieser Zusammenhänge mit einer

**Physikdidaktik ist
eine interdiszipli-
näre Wissenschaft**

Vielzahl anderer Fächer spricht man von der Physikdidaktik als einer interdisziplinären Wissenschaft.

Die Einflüsse dieser Bezugswissenschaften können recht unterschiedlich sein. Im Allgemeinen kann man davon ausgehen, dass *Physik, Technik, Pädagogik, Philosophie, Soziologie und Psychologie* von besonderer Bedeutung für die Physikdidaktik sind.

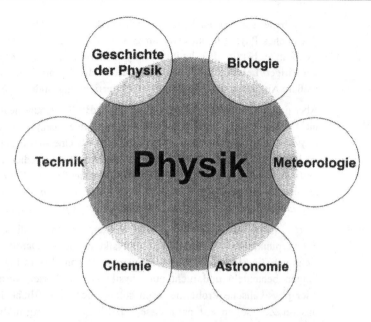

Abb. 0.3: Naturwissenschaftliche Bezugswissenschaften der Physikdidaktik

Wie bereits angedeutet, können etwa bei Unterrichtsprojekten beliebige thematische Bereiche aus anderen Disziplinen, z. B. aus der Medizin oder den Rechtswissenschaften, eine ebenbürtige, prinzipiell sogar eine dominierende Rolle für eine gewisse Zeit spielen (schulpraktisches Beispiel: Projekt „Nutzung der Kernenergie").

Mit diesen Aussagen habe ich vermutlich Ihre bisherigen Vorstellungen über Physikunterricht ausgeweitet. Ich möchte es deutlich sagen:

- ein zeitgemäßer Physikunterricht ist auch fachüberschreitend,

- allgemeine didaktische und methodisch-psychologische Überlegungen bestimmen den Unterricht gleichermaßen wie das Fach Physik.

Es ist ein wichtiges Ziel Ihnen diese Auffassung nahe zu bringen – Sie davon zu überzeugen.

2. Nicht immer waren Physikdidaktiker dieser Auffassung. So schrieb beispielsweise Grimsehl (1911, 2) in seiner „Didaktik und Methodik der Physik", dass „die naturwissenschaftliche Forschungsmethode ... auf jeder Stufe des Physikunterrichts das Vorbild für die Unterrichtsmethode" sein soll. Der Physikunterricht sollte also ein vereinfachtes Abbild der Physik sein, nicht nur hinsichtlich

Drei Perspektiven des Physikunterrichts

der Inhalte, sondern auch hinsichtlich der Methode.[3] Die Dominanz des Faches Physik reicht etwa im Gymnasium und z. T. auch in der Realschule bis in den heutigen Physikunterricht, auch wenn den derzeitigen Lehrplänen der Realschule und des Gymnasiums zeitgemäßere Auffassungen über den Physikunterricht zugrunde liegen.

Die fachliche „Brille" genügt nicht mehr

Aber diese Betrachtung durch eine fachliche „Brille" genügt heutzutage nicht mehr. Denn aus der fachlichen Perspektive allein kommt dem Physikunterricht nur die Bedeutung zu, Physik als eine Art Kulturgut zu vermitteln, ähnlich wie Musik, Malerei oder klassische Gedichte. *Staat und Gesellschaft haben ein berechtigtes Interesse für den Fortbestand unserer technikorientierten Zivilisation, aber auch für eine intakte Umwelt für die gegenwärtige Generation und vor allem für die künftige.*

Die gesellschaftliche „Brille"

Durch die gesellschaftliche „Brille" bilden sich neue didaktische Schwerpunkte und neue Ziele des Physikunterrichts. Damit ändern sich auch die Methoden, weil die neuen Ziele komplexere Fragestellungen behandeln und nicht nur physikalisches Wissen vermitteln oder physikalische Probleme lösen sollen. Gesellschaftliche Fragen unserer Zeit sollen mit naturwissenschaftlichem Hintergrundwissen erörtert werden; damit sind zum Beispiel auch Verhaltensänderungen im Zusammenhang mit dem Umweltschutz intendiert.

Die pädagogische „Brille"

Sie sollen als künftige Lehrerin bzw. künftiger Lehrer noch eine dritte Perspektive einnehmen, wenn Sie Physik unterrichten; es ist die pädagogische. Der bereits eingangs schon erwähnte Martin Wagenschein (1976[4]) hat hierauf besonders in seinem Buch: „Die pädagogische Dimension der Physik" aufmerksam gemacht. Diesen Titel ein wenig verändernd spreche ich von der „Pädagogischen Dimension des Physikunterrichts" (Kircher, 1995).

Was ist damit gemeint?

Wenn ein Lehrer, was gelegentlich vorkommen soll, nur eine fachliche „Brille" zur Verfügung hat, vergisst er die Schüler, die Kinder, die Jugendlichen, die Heranwachsenden. Für diese muss der Physiklehrer mehr sein als ein sprechendes Physikbuch und ein experimentierender Roboter. Er muss Physik und physikalische Kontexte allen Schülern *erklären können*, trotz unterschiedlicher Lernvoraussetzungen und Interessen der Schüler einer Klasse. Er muss *physikalische Gespräche, Diskussionen zwischen den Schülern anregen und moderieren* können. Wagenschein hat dafür den Ausdruck „genetisch unterrichten" geprägt. Das ist freilich noch nicht alles, was die pädagogische Dimension des Physikunterrichts charakterisiert. Der Lehrer muss die Schüler in ihren Schulleistungen, aber auch in ihrem alltäglichen Verhalten gegenüber Mitschülern und der Klassengemeinschaft *gerecht beurteilen, Zwistigkeiten schlichten, in gewisser Hinsicht auch Vorbild für die Schüler* sein. Selbst private Probleme sind nicht tabu für den verständnisvollen, hilfsbereiten Lehrer, trotz der latenten Problematik von Privatem zwischen Lehrer und Schüler.

4. Während Sie als Lehrer oder Lehrerin die fachliche bzw. die gesellschaftliche „Brille" mal aufsetzen, mal absetzen können, sollten Sie versuchen, die pädagogische Brille während der ganzen Zeit aufzubehalten, in der sie unterrichten. Während des Studiums und während der Referendarzeit sollte die *pädagogische Perspektive zu einer Grundeinstellung jedes Lehrers* werden. Man sollte sie in einer Klasse auch in solchen Situationen beibehalten, wo dies sehr schwer fällt.

Die pädagogische „Brille" sollte ein Lehrer nie absetzen

Ich betone dies hier, weil insbesondere künftige Naturwissenschaftslehrer durch ihr intensives Fachstudium in Gefahr sind, die pädagogische Dimension des Physikunterrichts aus den Augen zu verlieren. Man kann von einer *subjektorientierten Physikdidaktik* sprechen, in der im Allgemeinen die lernenden *Kinder und Jugendlichen im Mittelpunkt* stehen – nicht etwa die Physik. Meine Kollegen – Peter Häußler, Raimund Girwidz – und ich, wir haben uns bemüht diese Grundeinstellung in den folgenden Kapiteln transparent werden zu lassen.

Subjektorientierte Physikdidaktik

5. Ergänzung: Ich habe in dieser „Einführung" noch nicht über die physikdidaktische Forschung gesprochen. Ich möchte es bei einigen wenigen Bemerkungen und Beispielen bewenden lassen, weil Sie sich erst im 5. und 6. Semester gedanklich mit ihrer Zulassungsarbeit und damit mit der Frage beschäftigen werden: In welchem Fach fertige ich die Zulassungsarbeit an?

Physikdidaktische Forschung

In der Physikdidaktik bieten sich eine ganze Reihe von attraktiven Themenstellungen an, z. B.:

- fachlich/gesellschaftlich orientierte Projekte im PhU
  (z. B. „Alternative Energie", „Lärm und Lärmschutz", „Farben"...)
- Elementarisierung neuer physikal. Theorien/neuer techn. Geräte
  z. B. „Chaostheorie", „Moderne Astrophysik", „Computer im PhU", „Moderne Kamera", „Laser")
- Lernvoraussetzungen, Einstellungen und Interessen der Schüler
  (empirische Untersuchungen über Alltagsvorstellungen...)
- Erprobungen und Analysen von PhU im Klassenzimmer
  (Projekte, Elementarisierungen...)
- Wirkungen von Medien im PhU
  (empirische Untersuchungen über Computer, Schulbuch, spezifische Schulexperimente, Analogien)

Die Ergebnisse derartiger Forschungen werden z. T. in physikdidaktischen Zeitschriften publiziert.

Zeitschriften im deutschsprachigen Raum

Zeitschriften im deutschsprachigen Raum:

- „Naturwissenschaften im Unterricht Physik" (NiU/Physik): vorwiegend Sekundarstufe I

- „Praxis der Naturwissenschaften Physik/ Physik in der Schule": beide Sekundarstufen und Primarstufe

- „Der mathematisch naturwissenschaftliche Unterricht" (MNU): Gymnasium

- „Zeitschrift für die Didaktik der Naturwissenschaften" (ZfDN): Naturwissenschaftsdidaktische Grundlagen (Theorie und Empirie)

- Der Physikunterricht (1984 eingestellt)

- Physica didactica (1991 eingestellt)

- Physik und Didaktik (1994 eingestellt)

Zur Professionalität eines Lehrers gehört, aktuelle Beiträge und Diskussionen der Physikdidaktik zu kennen. Natürlich wäre es auch
wünschenswert, dass Sie während Ihres Studiums auch den internationalen Stand der Forschung über den Physikunterricht verfolgen
würden. Die folgenden englischsprachigen Zeitschriften sind leider
nicht an allen Universitäten zugänglich:

Internationale Zeitschriften

- Physics Education

- The Physics Teacher

- International Journal of Science Education

- Science Education

- Journal of the Research in Science Teaching

Anmerkungen

[1] Zur Zeit ist die Physikdidaktik in den meisten Ländern der Bundesrepublik in die physikalischen Fakultäten (Fachbereiche) integriert, nicht in die erziehungswissenschaftlichen.
[2] Eine sehr gut geschriebene Einführung in die Thematik geben Jank/Meyer (1991).
[3] Grimsehls Auffassungen über den Physikunterricht sind durch diese Charakterisierung insofern verkürzt wiedergegeben, weil Grimsehl durchaus „die humanistische Aufgabe des Physikunterrichts" (1911, 3ff.) sieht, in der um die Jahrhundertwende üblichen Weise. Seine Ausführungen über „Allgemeine Pädagogik" (1911, 38f.) sind allerdings so wenig elaboriert, geradezu ärmlich, dass ich obige Meinung über Grimsehls physikdidaktische Auffassungen für vertretbar halte.

1 Warum Physikunterricht?

Wir beginnen mit einem schwierigen Kapitel, vielleicht dem schwierigsten der Physikdidaktik. Es befasst sich mit der „Begründung" von Physikunterricht, man spricht auch von „Legitimation". Es geht um die Fragen: Warum soll man Physik bzw. Naturwissenschaften gegenwärtig und künftig an den Schulen unterrichten? Was will man mit Physikunterricht erreichen? Warum braucht man Sie als Lehrer bzw. Lehrerin für Physik- bzw. für naturwissenschaftlichen Unterricht? Angeregt durch die TIMS- Studien (Baumert u.a., 2000[a,b]) sind diese Fragen zur Legitimation für alle Schulfächer zur Zeit in der Bundesrepublik hochaktuell.

Es werden die bereits in der einführenden Lektion erwähnten *fachlichen, gesellschaftlichen und pädagogischen Gründe* näher ausgeführt werden, die *für Physikunterricht an den allgemeinbildenden Schulen* sprechen (s. Muckenfuß, 1995; Braun, 1998).

Zunächst werden die traditionellen Begründungen, die in Deutschland vor allem auf der Bildungstheorie, in den USA auf dem Pragmatismus basieren, kurz gestreift (Abschnitt 1.1). Aufgrund von Anmerkungen über die gegenwärtige *Physik (Abschnitt 1.2), über Änderungen in der Gesellschaft (Abschnitt 1.3) und über Akzentverschiebungen in den pädagogischen Auffassungen über Bildung und Erziehung* (Abschnitt 1.4) werden aktuelle Begründungen für den Physikunterricht entworfen (1.5). Das Ziel dieser Betrachtungen ist eine zeitgemäße Begründung des Physikunterrichts als eine zentrale Aufgabe einer *zeitgemäßen Physikdidaktik*. Diese Begründungen sollen auch Sie davon überzeugen, weshalb der Physikunterricht gegenwärtig wichtig ist, künftig wichtig sein wird: Mit diesem Hintergrund, so hoffen wir, wird Ihr künftiger Beruf mehr als nur ein Job.

In der folgenden Abbildung sind die theoretischen Ausgangspunkte dieser „Physikdidaktik" schematisch dargestellt.

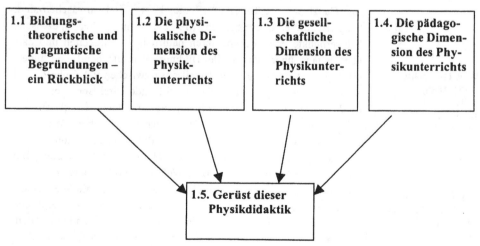

1.1 Bildungstheoretische und pragmatische Begründungen – ein Rückblick

1.1.1 Zur Bildungstheorie und zu ihrem Einfluss auf den Physikunterricht

„Fachdidaktik ohne Beziehungen zur Bildungstheorie müsste ein Torso bleiben, da sie in solcher Isolierung ihr eigentliches, nämlich ihr pädagogisches Thema gar nicht zu Gesicht bekäme" (Klafki, 1963, 90).

Die Bildungstheorie[1] ist ein deutsches Kind mit europäischen Eltern. Sie ist in den Epochen der Aufklärung und des Neuhumanismus zu Beginn des 19. Jahrhunderts entstanden. Zu ihren geistigen Vätern zählen Platon, Rousseau und Kant im weiteren Sinne, der Bildungspolitiker Wilhelm v. Humboldt und der Pädagoge Friedrich Schleiermacher im engeren Sinne. Die Bildungstheorie hat im Verlaufe ihrer fast zweihundertjährigen Geschichte vielerlei Deutungen und Missdeutungen erfahren; aber sie lebt immer noch.

1. Wir beginnen mit W. v. Humboldts (1767-1835) Auffassung von „Bildung". Sein Menschenbild ist, typisch für die Zeit um 1800, an der idealisierten und glorifizierten Antike orientiert – „Jeder sei auf seine Art ein Grieche, aber er sei's" (Goethe) – mit seiner edlen, hilfsbereiten, moralisch hervorgehobenen Persönlichkeit („Edel sei der Mensch, hilfreich und gut" (Schiller)). Dieser Mensch ist vernunftgeleitet, souverän im Denken und Handeln, klassisch-universell gebildet. Trotz dieser vielseitigen Kenntnisse, die als eine „vielgliedrige Ganzheit, eine Totalität" (Reble, 1994[18], 194) anzusehen sind, verfügen diese überragenden Menschen auch über spezifische Schwerpunkte entsprechend ihren natürlichen Fähigkeiten und darüber hinaus über universelle Bildung. Vereinfachend und unter-

W. v. Humboldt (1767-1835) Individualität, Totalität, Universalität

schiedliche Auffassungen im Detail etwa zwischen v. Humboldt und Schleiermacher negierend, sollen die folgenden drei Begriffe: *Individualität, Totalität, Universalität,* für die Grundlage der klassischen Bildungstheorie stehen. Entsprechend den griechischen Vorbildern, niedergelegt etwa in den Schriften des Philosophen Platon, sollten auch die Kinder und Jugendlichen der Neuzeit erzogen werden. Bei dieser Verherrlichung der antiken Welt wundert es nicht, dass sich die „Bildung" durch die Beschäftigung mit den alten Sprachen (Griechisch und Latein) und den entsprechenden antiken Kulturen vollzog. Die Schüler sollten zu einem idealen Menschen heranreifen.

Die Naturwissenschaften führten in den Gymnasien ein Schattendasein.

Die Naturwissenschaften führten daher in den Gymnasien ein Schattendasein: Man benötigte sie nur wegen der angestrebten universellen Bildung ein wenig; für die Erziehung edler Menschen waren sie überflüssig. Die selbstbestimmte *moralische Verantwortlichkeit, die moralische Handlungsbereitschaft und Handlungsfähigkeit* – zentrale Forderungen der bildungstheoretischen Klassiker (s. Klafki, 1996[5], 30 f.), konnten angesichts des erst beginnenden Einflusses der Naturwissenschaften auf die Umwelt und die Gesellschaft auch ohne gründliche Beschäftigung mit den „Realien" als möglich erscheinen.[2]

Allerdings unterschied sich auch damals zu Beginn des 19. Jahrhunderts wie heute die pädagogische Theorie von der pädagogischen Praxis. Das schulpraktische Geschehen verlief ‚realistischer', „als es angesichts der formgebundenen pädagogischen Grundanschauungen des Neuhumanismus im Schulwesen hätte überhaupt eintreten können" (Schöler, 1970, 88). Dieser latente Konflikt führte z. B. in Preußen im Jahre 1832 zur Aufspaltung in „humanistische Gymnasien" und „Realgymnasien" (Oberrealschulen). Deren Abschluss, das Abitur, wurde aber erst 1900 als gleichberechtigt für den Zugang zu Universitäten anerkannt (s. Willer, 1990, 194 f.).

Preußen (1832): „humanistische Gymnasien" und „Realgymnasien"

In den Volksschulen wird die Bildungstheorie naturgemäß kaum durch die Überbewertung alter Sprachen und Kulturen beeinflusst. Zwar gleichen die allgemeinen Ziele in wesentlichen Punkten denen des Gymnasiums, aber der Weg für die intellektuelle, die religiössittliche und körperliche Ausbildung versteift sich nicht auf den Umgang mit der Antike. Nach Pestalozzis (1746 – 1827) Auffassung enthielt *die nächste Umgebung des Schülers* alle wesentlichen Elemente für die „Harmonie der Bildung beider Geschlechter in Hinsicht auf's allgemein Menschliche, Geistige, Gemüthliche, Sittliche und Religiöse" (zit. nach Schöler, 1970, 134). Die Stärkung der „geistigen Kräfte" bilden auch den Kern seiner pädagogischen Auffassungen. Die heutzutage im Zusammenhang mit der Entwicklungshilfe für die Länder der 3. Welt verwendete Formulierung „Hilfe zur Selbsthilfe" trifft Pestalozzis Intentionen für die Waisenkinder, die er in seinen Modellschulen in der Schweiz unterrichtete.

Pestalozzis (1746 – 1827) methodisches Prinzip: „mit Herz, Kopf und Hand"

Sein methodisches Prinzip „mit Herz, Kopf und Hand" hätte auch zu einem gründlichen Umgang mit den Dingen führen können. Aber seine „Elementarmethode", eine aus heutiger naturwissenschaftsdidaktischer Sicht unverständlich naive Auffassung über die Realität, führte schon zu Lebzeiten Pestalozzis zu Kontroversen (s. Schöler, 1970, 135 ff.). Denn das sinnvolle „Prinzip der Anschauung" blieb in Pestalozzis Interpretation an der Oberfläche der Objekte: Pestalozzi hielt durchgängig für alle naturwissenschaftlichen Fächer die Form,

Prinzip der Anschauung bleibt an der „Oberfläche"

die Zahl und den sprachlichen Ausdruck für relevant und hinreichend. Die mit Hilfe von Experimenten erforschten raum-zeitlichen Änderungen eines physikalischen Systems blieben ebenso außerhalb seines Blickwinkels, wie die Frage nach dem „Warum" solcher physikalischen Gesetzmäßigkeiten.

Vorläufige Zusammenfassung: In den *Anfängen der Bildungstheorie* wird nach idealisierten antiken Vorbildern ein allseitig gebildeter, ausgeglichener Mensch mit spezifischen Schwerpunkten gefordert. Er soll im Hinblick auf die Gesellschaft auch *verantwortungsbewusst, handlungsbereit und handlungsfähig* sein. Aus unterschiedlichen Gründen *spielen bei den Leitfiguren der klassischen Bildungstheorie, W. v. Humboldt und Pestalozzi, die Naturwissenschaften weder für die Gymnasien noch für die Volksschulen eine wesentliche Rolle.*

2. Die mit der Bildungstheorie neu begonnene Diskussion um Begründungen und damit zusammenhängend um Ziele allgemeinbildender Schulen setzte den Schwerpunkt auf *die Entwicklung der im Menschen angelegten Fähigkeiten.* Man sprach von *„formaler Bildung"* (s. Kerschensteiner, 1914; Lind, 1996). Dagegen spielten *Kenntnisse von Fakten, von Gesetzmäßigkeiten in der Natur und die Erklärung theoretischer Zusammenhänge* eine geringe Rolle. Diese *„materiale Bildung"* galt zu Beginn des 19. Jahrhunderts zumindest in den Gymnasien als ungeeignet für die „wahre Bildung", als zweitklassig, weil sie mit Berufsausbildung, Geld verdienen, mit Alltäglichem und Nützlichem in Verbindung stand. Diese Einstellung der für die gymnasiale Schulpolitik Verantwortlichen war in gewisser Weise auch gegen die Naturwissenschaften gerichtet.

formale Bildung

materiale Bildung

Heutzutage wird diese Haltung als Versuch des sogenannten *Bildungsbürgertums* interpretiert, seine gesellschaftliche *Stellung gegen das im Zusammenhang mit der beginnenden Industrialisierung entstehende Wirtschaftsbürgertum* zu verteidigen (s. Lind, 1997, 6 ff). Der Interessenkonflikt war offensichtlich. Die höheren Verwaltungsbeamten, die Universitäts- und Gymnasiallehrer, die Richter, die das Bildungsbürgertum repräsentierten, benötigten eher formale Fähigkeiten (wie z. B. „Menschenführung"), als naturwissenschaftliche Kenntnisse und deren Anwendung in der Technik. Wie erwähnt wurde diese zum Teil sehr polemisch geführte Auseinandersetzung dadurch zu lösen versucht, dass man das Gymnasium aufspaltete.

In den neu entstandenen Oberrealschulen sollten die anders gelagerten Interessen des Wirtschaftsbürgertums berücksichtigt werden durch das Lehren und Lernen der „Realien". Um den Status dieser „geschlossenen" Gesellschaft des höheren Berufsbeamtentums zu sichern, verstanden es ihre Mitglieder bis zum Beginn des 20. Jahrhunderts, die Realgymnasien als zweitklassig im Vergleich mit humanistischen Gymnasien darzustellen. Ein deutliches äußeres Zeichen dafür war, dass der erfolgreiche Schulabschluss an einem Realgymnasium keine allgemeine Studierfähigkeit an den Universitäten beinhaltete. Lind (1997, 8) schreibt über die Realgymnasien und über den vorläufigen Ausgang dieses internen Streits der höheren Schulen in den deutschen Ländern: „Aus einem Werkzeug der Emanzipation wurde eine Vorbereitungsschule für niedere Beamte". Erst im Jahre 1900 wurde durch kaiserlichen Erlass festgelegt, dass sämtliche höheren Lehranstalten prinzipiell gleichwertig sind (Schöler, 1970, 241).

Realgymnasien bis zum Beginn des 20. Jahrhunderts zweitklassig

Auch im Hinblick auf die theoretischen Erörterungen der formalen und materialen Bildung durch den naturwissenschaftlichen Unterricht setzten sich bis in unser Jahrhundert die „Philologen" durch (s. Muckenfuß, 1995, 192 ff.), auch wenn man schließlich dem naturwissenschaftlichen Unterricht einen *formalen Bildungswert* zugestand. Dieses ist insbesondere ein Verdienst von Georg Kerschensteiner. Er argumentierte, dass die Naturwissenschaften besonders geeignet seien, die „Beobachtungskraft", die „Denkkraft", die „Urteilskraft" und die „Willenskraft" zu fördern. Physikalisches Wissen und seine Anwendung in der Technik wird aber, so scheint es, bis auf den heutigen Tag von manchen „Philologen" in Gymnasien und in Kultusministerien bestenfalls als Hilfsmittel formaler Bildung betrachtet.

Georg Kerschensteiner (1854 – 1932) Methodenbildung

Einen anderen Weg als das Gymnasium ist die Volksschule gegangen. Sie orientierte sich stärker an Schulpraktikern wie Stephani und Diesterweg, die auch über ein besseres Verständnis der Naturwissenschaften verfügten und relevantere Auffassungen über den naturwissenschaftlichen Unterricht vertraten als der große Schweizer Pädagoge Pestalozzi. Man kann sie als *Väter des naturwissenschaftlichen Unterrichts der Volksschule* bezeichnen.

Zwar lesen wir auch bei Stephani (1813, 9 zit. Schöler (1970, 140)): Es ist „die selbsttätige Kraft im Menschen zweckmäßig zu entwickeln". Aber dieses übergeordnete formale Bildungsziel muss sich bei ihm an geeigneten Unterrichtsinhalten vollziehen. Stephani betrachtet daher die *Einheit von formaler und materialer Bildung* als notwendig. Diese Auffassung trägt mit dazu bei, dass in Stephanis „Erziehungshilfen" die „Naturlehre" (dazu gehören u. a. Physik und Chemie) und die „Naturgeschichte" (u. a. Biologie) als *eigenständige Fächer* konzipiert sind. Das bedeutete auch die Trennung des natur-

Stephani: Einheit von formaler und materialer Bildung ist notwendig.

wissenschaftlichen Unterrichts von dem bis dahin üblichen theologischen Überbau.

Über ein weit verzweigtes Netz von Lehrerfortbildungsstätten versuchte Stephani im ersten Jahrzehnt des 19. Jahrhunderts seine Ideen in die Praxis der bayerischen Volksschulen einzuführen. Der von ihm maßgeblich beeinflusste Lehrplan von 1806 versuchte „humanistische und realistische Tendenzen sinnvoll miteinander zu verbinden und die historisch überkommenen Lehrinhalte unter Berücksichtigung formaler und materialer Prinzipien zu einer allseitigen Bildung auszuformen" (Schöler, 1970, 174).

Adolf Diesterweg (1790 – 1866)

Bekannter als das Wirken Heinrich Stephanis in Bayern ist das Wirken Adolf Diesterwegs in Preußen[3]. Über die Lehrerausbildung und über seine Schriften reichte sein Einfluss bis in die Schulstuben. Seine didaktischen und methodischen Auffassungen über naturwissenschaftlichen Unterricht fanden auch Eingang in die Gymnasien. Für Diesterweg gilt: In einer von der Technik geprägten Welt gehören naturwissenschaftliche Kenntnisse zur Allgemeinbildung, weil sie Grundlagen dieser Welt darstellen und zum Verständnis dieser Welt beitragen. Naturwissenschaften gehören zum modernen Leben, auf das die Schule vorbereiten soll, ebenso wie die modernen Sprachen. Im Geiste der Bildungstheorie betrachtet Diesterweg die *Menschenbildung* als höchstes Ziel. Dazu tragen auch die Naturwissenschaften ein *spezifisches Element* bei: *die naturwissenschaftliche Methode*.

Menschenbildung durch die naturwissenschaftliche Methode

Ein Blick in die Präambeln von Lehrplänen zeigt, dass dieser pädagogische Hintergrund im Zusammenhang mit der naturwissenschaftlichen Methode auch heutzutage noch Relevanz besitzt.[4] Wir orientieren uns dabei an den Ausführungen v. Hentigs (1966, 30):

„Die Wissenschaft erzieht durch ihre Methode ... zur Selbstkritik und Objektivität, zu Geduld und Initiative, zu Kommunikation und Toleranz, zur Liberalität und Humanität, zum Aushalten der grundsätzlichen Offenheit des Systems und zu ständigem Weiterstreben".

Aufschwung des naturwissenschaftlichen Unterrichts zu Beginn des 20. Jahrhunderts

Vorläufiges Fazit: In einer wechselvollen Geschichte konnte sich der naturwissenschaftliche Unterricht bis zum Beginn des 20. Jahrhunderts in allen Schularten etablieren. Dafür waren gesellschaftlich zivilisatorische Entwicklungen maßgebend, wozu auch der Aufschwung der Naturwissenschaften an den Universitäten und in der Industrie zu zählen ist. Nicht nur Professoren, wie die Physiker Grimsehl und Mach oder der Mathematiker Klein, sondern auch Ingenieure wie Werner v. Siemens traten vor und um die Jahrhundertwende engagiert für einen angemessenen Platz und eine Verbesserung des naturwissenschaftlichen Unterrichts ein.

In der eher internen pädagogischen und naturwissenschaftsdidaktischen Diskussion wird um die Jahrhundertwende die formale Bildung für wichtiger gehalten als die materiale Bildung. Letztere wird aber im Sinne einer *notwendigen Voraussetzung* auch für die formale Bildung für unverzichtbar gehalten.

3. Eine inhaltliche Erneuerung erfuhr die Bildungstheorie in der zweiten Hälfte des 20. Jahrhunderts vor allem durch Theodor Litt und Wolfgang Klafki. Theodor Litt (1959) leistete einen spezifischen, auch heute noch relevanten Beitrag zur Begründung des naturwissenschaftlichen Unterrichts. Philosophisch fundierter als Kerschensteiner setzte sich Litt in den fünfziger Jahren mit „Naturwissenschaften und Menschenbildung" auseinander. Die von Litt herausgearbeitete Antinomie besagt, dass die naturwissenschaftliche Methode wegen der *Forderung nach Objektivität notwendigerweise das Subjekt zurückdrängt, ja ausschließt* (s. Litt, 1959, 56). Die Strenge der naturwissenschaftlichen Methode führt „weitab vom Menschsein" (Litt, 1959, 113). Andererseits kann die naturwissenschaftliche Methode eine existentielle Bedeutung erlangen: *Bei der Suche nach Wahrheit wird der Mensch verwandelt.* Die naturwissenschaftliche Methode wird zu einer „mein ganzes Menschentum umgestaltenden Macht" (Litt, 1959, 63). Zur naturwissenschaftlichen Bildung und damit auch zum Physikunterricht gehört wesensmäßig, diese Antinomie zu erkennen. Dazu „bedarf es nun einmal jener Reflexion, die aus dem logischen Kreis heraustritt und sie von höherem Standort aus als Glied des übergreifenden Lebensganzen ins Auge fasst" (Litt, 1959, 93). Gemeint ist die philosophische Reflexion der Naturwissenschaften, im speziellen die erkenntnis- und wissenschaftstheoretische Reflexion der Physik (s. Kircher, 1995, 25 ff.).

Theodor Litt (1880 – 1967): Ambivalenz der naturwissenschaftlichen Methode

Notwendig: philosophische Reflexion der Naturwissenschaften

Für die schon von Stephani vorgedachte Lösung, die von der *Einheit der formalen Bildung und der materialen Bildung* ausgeht, hat Klafki (1963) den Begriff „kategoriale Bildung" geprägt. „‚Bildung' ist immer ein Ganzes, nicht nur die Zusammenfügung von ‚Teilbildungen'" (Klafki, 1963, 38) formaler und materialer Art. Kategoriale Bildung erfolgt durch eine *„doppelseitige Erschließung"* von *allgemeinen das Fach erhellenden Inhalten, an denen die Schüler allgemeine Einsichten, Erlebnisse, Erfahrungen gewinnen* (s. Klafki, 1963, 43 f.).

Wolfgang Klafki „kategoriale" Bildung

Diese „allgemeinen das Fach erhellenden Inhalte" erfordern eine sorgfältige Auswahl und eine gründliche Behandlung der Unterrichtsinhalte. Man spricht von „exemplarischem Lernen" und von „exemplarischem Unterricht"[5] (s. 5.2). Die allgemeinen Einsichten, Erlebnisse und Erfahrungen gewinnen die Schüler durch sogenannten „genetischen Unterricht". Beide Fachausdrücke wurden von Martin Wagenschein in der Physikdidaktik bekannt gemacht und neu interpretiert (s. Wagenschein, 1968). Wagenscheins Werk kann als physikdidaktische Interpretation der kategorialen Bildung aufgefasst werden.

Martin Wagenschein (1896 – 1988):
physikdidaktische Interpretation der Bildungstheorie

4. Reicht der klassische Bildungsbegriff aus, um Kinder und Jugendliche für die Lösung ihrer gegenwärtigen und zukünftigen Probleme auszubilden und zu erziehen?

Grenzen des Bildungsbegriffs

Für Klafki (1996[5], 39) ist eine zu optimistische Geschichtsphilosophie der Hintergrund für die *Grenzen des klassischen Bildungsbegriffs*. Diese Philosophie, mit ihrem Credo von einer Geschichte des Fortschritts der Humanität, führt zu einer zu optimistischen Interpretation der Geschichte und zu einem zu optimistischen Menschenbild.

Aus der Sicht Klafkis, (1996[5], 46) charakterisieren drei Momente den *Verfall der klassischen Bildungsidee*:

- Bildung wird als ihrem Wesen nach *unpolitisch* interpretiert.

- v. Humboldts Forderung nach Individualisierung wird vernachlässigt zugunsten von verbindlich vorgeschriebenen Lehrplänen für die Schulfächer.

- Bildung wird zu einem Privileg der davon profitierenden Gesellschaftsschicht.

Die Kritik der beiden ersten Momente trifft auch auf die Praxis des naturwissenschaftlichen Unterrichts zu: Viele Naturwissenschaftslehrer tun sich immer noch schwer, politikträchtige und gesellschaftlich umstrittene Themen wie „Kernkraftwerke" (Mikelskis, 1977) im Unterricht zu behandeln. Auch die spezifischen Chancen des Physikunterrichts, die Idee der *Individualisierung durch Schülerversuche und durch forschenden Unterricht* zu realisieren, wurden nicht genutzt; in der Bundesrepublik sind sie immer noch die Ausnahme.

Als Reaktionen auf diese Kritikpunkte können die Lehrpläne der 90er-Jahre betrachtet werden. *Durch „Freiräume" sollen Projekte, freier Unterricht, Schülerversuche gefördert werden. Im Physikunterricht sollen aus der Sicht der Schüler und der Gesellschaft interessante und bedeutsame Inhalte und Arbeitsweisen thematisiert und gelernt werden.* Ob sich dadurch auch die Schulpraxis verbessert, liegt vor allem an der Lehrerbildung und daher auch an Ihnen: den künftigen Physiklehrerinnen und Physiklehrern.

Klafki (1996[5]) hat mit der Formulierung von „epochaltypischen Schlüsselproblemen"[6] konkretere inhaltliche Hinweise für eine *zeitgemäße Allgemeinbildung* gegeben als v. Hentig (1994[3], 1996)[7]. Aus physikdidaktischer Perspektive bieten Klafkis „Schlüsselprobleme", etwa bei den *Umweltproblemen, der Friedensfrage* (s. z.B. Mikelskis, 1987 u. 1991; Westphal, 1992) und insbesondere bei den Möglichkeiten und Problemen der neuen *Informations- und Kommunikationsmedien* einen modernen, pädagogisch begründeten Physikunterricht *zu etablieren.*

Zeitgemäße Allgemeinbildung durch epochaltypische Schlüsselprobleme

Eine zeitgemäße Allgemeinbildung erfordert nicht den nur nach rückwärts gewandten, eher kontemplativen Menschen, sondern auch einen an Gegenwart und Zukunft orientierten *mündigen Bürger, der kritisch, sachkompetent, selbstbewusst und solidarisch denkt und handelt.* Dazu kann und soll der Physikunterricht inhaltlich und methodisch beitragen. Wir werden im Folgenden weitere Argumente finden, die die Notwendigkeit von Physikunterricht zeigen.

Mündiger Bürger denkt und handelt kritisch, sachkompetent, selbstbewusst und solidarisch

Denn soviel vorweg: Trotz der bedeutsamen Erneuerungen der Bildungstheorie durch v. Hentig (1976, 1994[3], 1996), Klafki (1963, 1996[5]) und Litt (1959) bleibt die Bildungstheorie weiterhin auf *Distanz zur Lebenswelt und einer freilich noch jungen „Erlebnisgesellschaft"*[8] (Schulze, 1993).

1.1.2 Pragmatische Schultheorie[9] und naturwissenschaftlicher Unterricht

„Logisch und pädagogisch gesehen ist die Naturwissenschaft die vollkommenste Erkenntnis, die letzte erreichbare Stufe des Erkennens" (Dewey, 1964[3], 289).

Man kann die pragmatische Schultheorie als Kind Amerikas betrachten, die in wesentlichen Zügen von dem Pädagogen John Dewey (1859 – 1952) formuliert wurde. Sie wurzelt im philosophischen Pragmatismus, der gegen Ende des 19. und zu Beginn des 20. Jahrhunderts u.a. als Gegenentwurf zu klassischen europäischen Philosophien (Idealismus und Humanismus) formuliert wurde. Die pragmatische Schultheorie richtet sich gegen Theorie und Praxis der Bildungstheorie im alten Europa. Sie ist politischer, dem Neuen gegenüber aufgeschlossener und vitaler als die Bildungstheorie, von der Dewey in geschichtlicher Retrospektive mit Recht sagt, dass sie im 19. Jahrhundert dem Erhalt einer „Mußeklasse" diente. Dewey setzt sich auch mit dem Kern der Bildungstheorie auseinander, dem „Humanismus". Dabei kommt er zu einer völlig anderen Einschätzung

John Dewey (1859 – 1952)

der Bedeutung der Naturwissenschaften und des naturwissenschaftlichen Unterrichts als die Bildungstheorie.

1. Wir verfolgen zunächst die Ursprünge des philosophischen Pragmatismus in der jungen Demokratie der Vereinigten Staaten von Amerika im 19. Jahrhundert. Dazu vergegenwärtigen wir uns die vielfältigen Motive der Auswanderer aus aller Herren Länder: den Hunger wegen des großen Bevölkerungswachstums, die Religion wegen der Intoleranz gegen Sektierertum, die Politik wegen der Repressionen der Herrschenden, Verfolgung von Straffälligen oder bloße Abenteuerlust. Diese Auswanderer mussten sich verständigen, zusammenwachsen, mussten unter großen inneren und äußeren Schwierigkeiten eine demokratische Nation werden.

Ursprünge des philosophischen Pragmatismus im 19. Jahrhundert

In dieser offenen Gesellschaft war es schwierig, Recht und Ordnung durchzusetzen. An der Grenze nach Westen galt das Recht des Stärkeren; Revolvermänner wurden zu Helden mit zweifelhaftem Ruhm. Die Schulden von Habenichtsen und Bankrotteuren aus dem fernen Europa zählten hier nichts mehr. Die Fähigkeiten des Einzelnen, sein Durchsetzungsvermögen waren wichtiger als seine Herkunft und seine Bildung. „Vom Tellerwäscher zum Millionär" ist mehr als Legende, sie ist Metapher für die vielfältigen Möglichkeiten, in der Neuen Welt zu Reichtum und Ansehen zu kommen.

„In dieser offenen, gigantisch anwachsenden Welt, im Angesicht gänzlich neuer Probleme, hineingerissen in gänzlich neue Experimente, versagten die alten Denkordnungen, taugten die alten Instrumente nicht mehr" (v. Hentig, 1966, 81).

Was sich im Alltag bewährt, ist gut

Was sich im konkreten Leben, im Alltag bewährt, ist gut. Der lebenswichtige Vorteil („vital benefit"), den Pflanzen und Tiere in ihrem Überlebenskampf nutzen, steht auch den Menschen zu. Der erfolgreiche Mensch ist aus biologischer Sicht der bessere. Die Versuchung ist groß, diese Sicht zu verallgemeinern und auf die Moral auszudehnen. Bedenken dagegen erscheinen als überflüssig.

Pragmatismus ist zweckgerichtet, fortschrittsgläubig an der Zukunft orientiert, aber oberflächlich

Wie der Name sagt, ist die Grundtendenz dieser Philosophie *zweckgerichtet*. Sie ist optimistisch, fortschrittsgläubig an der Zukunft orientiert, aber daher eben oberflächlich. Die Maximen sind: was funktioniert, was zahlt sich aus, was passt am besten?

Konsequenterweise führt die pragmatische Grundeinstellung auch zur Relativierung traditioneller Werte wie „Wahrheit". In verkürzter Form gilt für sie: „Wahr ist, was nützt." Mit solchen Simplifizierungen wird der Pragmatismus anfällig gegen Kritik.

2. Dewey hat das Kernproblem dieses älteren Pragmatismus etwa eines James erkannt, nämlich die Notwendigkeit auch traditioneller *Ideale und Werte*. Deweys höchster Wert ist „das Leben", das hat natürlich Konsequenzen für seine Pädagogik.

Deweys höchster Wert ist das Leben

„,Leben' bedeutet Sitten, Einrichtungen, Glaubensanschauungen, Siege und Niederlagen, Erholungen und Beschäftigungen" (Dewey, 1964[3], 16). Es besagt auch *Selbsterneuerung*, so dass die *Erziehung* als Prozess ständiger Erneuerung gemeinsamer Erfahrungen für das Leben gesellschaftlicher Gruppen *unabdingbar ist*. Der Fortbestand des Lebens wird also durch Erneuerung und Erfahrung gesichert. Die Erfahrung wird über soziale Gruppen weitergegeben. „Die Weitergabe vollzieht sich, indem Gewohnheiten des Handelns, Denkens und Fühlens von den Älteren auf die Jungen übertragen werden" (S.17). Der Erziehung kommt hier ein fundamentaler Stellenwert zu, denn sie dient zur Erhaltung und Erneuerung des Lebens. „Erziehung im weitesten Sinne ist das Werkzeug dieser sozialen Fortdauer des Lebens" (Dewey, 1964[3], 16 f.).

Erziehung ist das Werkzeug zur sozialen Fortdauer des Lebens

Wird diese pragmatische Grundlage akzeptiert, so ist die Frage nahe liegend: Welche Inhalte, welche Methoden tragen vorrangig zur Erhaltung und Erneuerung des menschlichen „Lebens" bei? Wir werden sehen, dass aus dieser pragmatischen Perspektive die Naturwissenschaften nicht nur gute, sondern die besten „Karten" haben.

3. Man kann die *erzieherische Bedeutung der Naturwissenschaften*, Dewey folgend, so begründen: Das für die Naturwissenschaften, insbesondere für die Physik typische Ergebnis ist eine Theorie in mathematischer Gestalt. In dieser Darstellung wird gegenwärtige und künftige Erfahrung in „nicht zu überbietender Klarheit" repräsentiert; es ist die vollkommene Form kondensierter Erfahrung. Diese ist unabhängig von persönlicher Erfahrung und wird allen zur Verfügung gestellt. Man kann dies als *immanenten demokratischen Aspekt* der Naturwissenschaften auffassen. Ein weiteres Argument Deweys lautet: Indem die *äußeren Eigenschaften der Dinge in Symbolen eingefangen werden*, entlasten diese Symbole das Lernen und das Behalten. Außerdem ermöglichen die Symbole zu den Problemen und Zwecken zurückzukehren, denen die Symbole angepasst wurden. Diese Fähigkeit, die *abstrakten Darstellungen der Naturwissenschaften zu interpretieren, die Symbolsprache anzuwenden und zu beherrschen, ist angesichts der Flut naturwissenschaftlicher Fakten lernökonomisch*. In der Sprache Deweys ist dies eine das „Leben" erhaltende Fähigkeit, ein lebenswichtiger Vorteil.

Ein demokratischer Aspekt der Naturwissenschaften

Die Beherrschung der Naturwissenschaften ist eine das „Leben" erhaltende Fähigkeit, ein lebenswichtiger Vorteil

Lernökonomie der naturwissenschaftlichen Darstellungen

Diese Lernökonomie der naturwissenschaftlichen Darstellungen macht „die Befreiung des Geistes von der Hingabe an die gewohnheitsmäßigen Zwecke und Ziele" und „die geordnete Verfolgung neuer Ziele möglich" (S. 285) und wird damit zur treibenden Kraft des Fortschritts. Die Arbeitserleichterungen im Beruf und im Haushalt führen nicht nur zur Reduktion körperlicher Anstrengungen, sondern schaffen auch freie Zeit, Freizeit für alle. Durch dieses neue gesellschaftliche Phänomen werden neue Bedürfnisse geschaffen, die nach Befriedigung verlangen. Man denke etwa an die neuen Möglichkeiten große Entfernungen in kurzer Zeit zurückzulegen, mit dem Computer und anderen Medien mit weit entfernten Menschen zu kommunizieren, sich über jeden Punkt, über jedes Ereignis der Erde zu informieren, wenn der Punkt, das Ereignis genügend Relevanz

Naturwissenschaften haben wirtschaftliche und soziale Folgen für das Individuum und die Gesellschaft

besitzen oder zu besitzen scheinen. Die durch Naturwissenschaften hervorgerufenen Möglichkeiten des Handelns haben wirtschaftliche und soziale Folgen für das Individuum und die Gesellschaft. Sie führten zu globalen Abhängigkeiten von Interessen und Zwängen, des Wohn-, Erholungs- und Vergnügungsorts, des Arbeitsplatzes.

Durch die neuen technischen Möglichkeiten werden nicht nur das Handeln, sondern auch *das Denken, Wollen und Fühlen der Menschen geprägt*. Der Gedanke einer dauernden Verbesserung des Zustandes der Menschheit, – deren Fortschrittsglaube, fällt zeitlich mit dem Fortschritt der Naturwissenschaft zusammen. Auch wenn heutzutage die Fortschrittseuphorie da und dort einen Dämpfer bekommen hat, bleibt festzuhalten, dass die durch Technik und Naturwissenschaften hervorgerufenen Änderungen, die Umwelt und das ‚Leben' auf unserem Planeten nachhaltig beeinflusst werden. Diese Beeinflussung ist auch von der Einsicht einerseits oder der Ignoranz andererseits in die Naturvorgänge abhängig, d. h. vom Verständnis der Naturwissenschaften.

Dewey:
• menschliche Gewohnheiten mit der Methode der Naturwissenschaften „durchtränken"
• Menschen von der „Herrschaft der Faustregeln" befreien

Für Dewey besteht das Problem der ‚pädagogischen Verwertung' darin, die menschlichen Gewohnheiten mit der Methode der Naturwissenschaften zu „durchtränken" und die Menschen von der „Herrschaft der Faustregeln" und der durch sie geschaffenen Gewohnheiten zu befreien.

4. Hat sich Dewey in seiner Bewunderung für die Naturwissenschaften und für die naturwissenschaftlichen Methoden geirrt?

Von Hentig (1966) kritisiert diese Verabsolutierung der naturwissenschaftlichen Methode auch aus pragmatischer Sicht. Was nützt die abstrakte physikalische Theorie bei Entscheidungen über Einzelfälle und Probleme des täglichen Lebens in politischen, gesellschaftlichen, ästhetischen, musischen Angelegenheiten? Bei der Beurteilung der Qualität eines literarischen Textes, der Ausdruckskraft eines Gemäldes, bei Abstimmungen in Wahlen, bei der Auswahl von Kleidern besitzen abstraktes Wissen und elaborierte wissenschaftliche Methoden so gut wie keine Relevanz. Urteilsvermögen, persönliche Einstellungen und Werthaltungen sind die Basis derartiger Problemlösungen. Selbst bei einer Autopanne ist eher Commonsense gefragt als das Beherrschen physikalischer Arbeitsweisen.

Mit der Überschätzung der Naturwissenschaften und der naturwissenschaftlichen Methode geht eine Unterschätzung der geisteswissenschaftlichen Methode und deren Medium, der Sprache, einher. Zweifellos haben Technik und Naturwissenschaften die Welt verändert, aber dies gilt auch für die Sprache eines Jesus von Nazareth und seiner Apostel, eines Propheten Mohammed, die Reden eines Cicero, die demagogischen Appelle eines Hitlers und Goebbels' und anderer Volkstribunen und Diktatoren.

Kritik:
Überschätzung der Naturwissenschaften und der naturwissenschaftlichen Methode

Ein weiterer Kritikpunkt ist Deweys Begriff „Fortschritt". Er ist zu eng mit technischem Fortschritt verknüpft, so dass er nicht in der Lage ist, Auswüchse der Technik, unsinniges Konsumverhalten, Gefährdungen durch die Technik zu kritisieren. Ist etwa die Möglichkeit, fünfzig Fernsehprogramme zu empfangen ein Fortschritt? Ist diese Programmvielfalt nötig, um ein sinnvolles, gewissermaßen notwendiges Informationsbedürfnis zu stillen? Sind etwa rechtsradikale oder sadistische Informationen im Internet ein Fortschritt? Wir kommen zum Kern der Kritik nicht nur an Deweys Begriff „Fortschritt", sondern am Pragmatismus überhaupt. Der Pragmatismus gefällt sich in der Attitüde, ohne Werte außer der Erneuerung des „Lebens" auszukommen: „Vom Wachstum wird angenommen, dass es ein Ziel haben müsse, während es in Wirklichkeit eines ist" (Dewey, 1964, 76). Aber eine Philosophie, die sich der Erhaltung und Erneuerung des „Lebens" verpflichtet, kommt ohne Werte über das menschliche Zusammenleben und das individuelle Verhalten nicht aus. Man benötigt Leitbilder, leitende Ideen für das Leben und auch für die wissenschaftliche Arbeit, ethische Normen. Diese Leitbilder bedeuten nach wie vor nicht nur Kosten-Nutzen-Rechnungen im Leben und in der Wissenschaft. Zumindest in der europäischen Denktradition gibt es ein Moment, das faustische Motiv, auf das die Naturwissenschaft nicht verzichten kann: Sehen, was die Welt im Innersten zusammenhält. Es ist eine historische Tatsache, dass die großen naturwissenschaftlichen Revolutionen durch Newton, Maxwell, Einstein und die Schöpfer der Quantentheorie vorrangig nicht

Leitbilder für die Gesellschaft und für die Wissenschaft benötigen ethische Grundlagen. Diese können nicht aus den Naturwissenschaften kommen

pragmatisch motiviert waren, sondern von der Suche nach letzten
Wahrheiten über die Realität. Es ist nicht ohne Ironie, dass gerade
die Naturwissenschaften, auf die Dewey im Hinblick auf den Fortschritt allein setzt, ein Leitbild verfolgen, das aus pragmatischer
Sicht nicht mit der Erneuerung des Lebens zu tun hat, die „Suche
nach Wahrheit" (s. Kircher, 1995, 48 ff.). Wer dieses wichtige Motiv
naturwissenschaftlicher Forschung negiert, verkennt die Naturwissenschaften, trotz des Anscheins, dass heutzutage pragmatische Gesichtspunkte in Forschungslaboren der Industrie und an Universitäten dominieren.

Im folgenden Abschnitt wird diese Leitidee, die „Suche nach Wahrheit" weiter verfolgt und daraus ein Begründungsaspekt für den Physikunterricht formuliert.[10]

Zusammenfassende Bemerkungen

1. Der philosophische Pragmatismus ist eine Abbildung der neuzeitlichen, von Naturwissenschaften geprägten Welt. Während der ursprünglich naive Pragmatismus sich an den Interessen des Einzelnen
orientiert, das Recht des Stärkeren, eine „Ellenbogengesellschaft"
legitimiert, ist bei Dewey der Einzelne in die Gesellschaft verpflich-
tend eingebunden. Das Wohlergehen einer demokratischen Gesellschaft ist dem Glück des Einzelnen übergeordnet; die demokratische
Verfassung räumt aber dem Individuum weitgehende Freiheiten ein.

Die Erhaltung und Erneuerung des „Lebens" ist der Sinn des Lebens.
Mit dem Wachstum, auch dem geistigen Wachstum, konzentriert sich
Dewey auf die Kindheit und Jugend, in der die geistigen Fähigkeiten
zur Erneuerung ausgebildet werden.

Bei diesem theoretischen Hintergrund nimmt der naturwissenschaftliche Unterricht in den USA im beginnenden 20. Jahrhundert einen
großen Aufschwung, quantitativ durch die Stundenzahl und qualitativ z.B. durch die Einführung von Schülerexperimenten. Es werden
auch technische Fragestellungen berücksichtigt.

2. Durch die skizzierte Anfälligkeit des philosophischen Pragmatismus gegen Kritik findet die pragmatische Schultheorie im deutschen
Sprachraum nur geringe Resonanz.

Erst in den sechziger Jahren des 20. Jahrhunderts, nach dem Sputnik-
Schock, wurde eine Intensivierung des naturwissenschaftlichen Unter-
richts auch staatlicherseits nach amerikanischem Vorbild gefördert.
Theodor Wilhelm (1969) hat versucht, eine deutsche Version der
„Wissenschaftsschule" zu formulieren. Auf diesem gesellschaftlichen

und pädagogischen Hintergrund wurden zum Beispiel in pädagogischen Forschungs- und Fortbildungsinstituten der Länder (u. a.) naturwissenschaftliche Curricula entwickelt. Eine überregionale Bedeutung hatten die am Institut für die Pädagogik der Naturwissenschaften (IPN) entwickelten Unterrichtseinheiten für den Physik-, Chemie- und Biologieunterricht. Diese Lernmaterialien sind nicht an der Fachsystematik orientiert, sondern an der Relevanz für das Fach, für die Gesellschaft, für die Umwelt, für die Schüler (s. Häußler & Lauterbach 1976). Der Intention nach sollten diese Curricula den Schülern in der Gegenwart nützen und sie auf die Zukunft vorbereiten.

Kann man von einer „pragmatischen Wende" seit den sechziger Jahren sprechen? Muckenfuß (1995, 112 ff.) hat die Bildungs- und Verbandspolitik der jüngeren Vergangenheit unter Verwendung dieses Ausdrucks skizziert. Die Stundenkürzungen in vielen Bundesländern gerade auch im Bereich des naturwissenschaftlichen Unterrichts passen nicht in dieses Bild.

3. Die Kritik am Pragmatismus sollte deutlich machen, dass wir einer wie auch immer gearteten „pragmatischen Wende" nicht vorbehaltlos zustimmen. Die Oberflächlichkeit des „American way of life", seinen Egoismus, seinen Hedonismus, bringen wir auch mit dem Pragmatismus in Verbindung. Pragmatisch gesehen ist dieser Lebensstil ohne Zukunft, denn es werden ihn sich weiterhin nur Minderheiten einer künftigen Weltgesellschaft leisten können. Vor allem ist dieser „Lebensstil" weit ab von der von Jonas (1984) geforderten Verantwortung (s. 1.3).

4. Wir versuchen im Folgenden die Vitalität und offensive Argumentation des Pragmatismus für eine Begründung des naturwissenschaftlichen Unterrichts zu nutzen, auf dem Hintergrund der philosophischen und pädagogischen Nachdenklichkeit der (u. a.) von Litt, v. Hentig und Klafki erneuerten Bildungstheorie.

1.2 Die physikalische Dimension des Physikunterrichts

„Was ist die Wahrheit der Physik?" fragt v. Weizsäcker (1988, 15) einleitend in seinem Buch „Aufbau der Physik".

Es wird in diesem Abschnitt die Entwicklung, der Aufbau und der philosophische Status der Physik skizziert. Die in der „Einführung" begonnene Diskussion über die Physik wird wieder aufgegriffen und vertieft. Bei der Beschreibung des Aufbaus der Physik orientieren wir uns an Einstein & Infeld (1950), Lüscher & Jodl (1971) und v. Weizsäcker (1988). Bei erkenntnistheoretischen Fragen, z.B. „Was ist die Wahrheit der Physik", wird von realistischen Auffassungen[11] ausgegangen.

1.2.1 Zur Entwicklung und zum Aufbau der Physik

Wir betrachten den Aufbau der Physik vorwiegend aus der Sicht der Physik als einer *eigenständigen* Naturwissenschaft. Das war nicht immer so. Ihre Eigenständigkeit gewann die Physik um 1600 mit Galilei und Kepler als ersten wichtigen Repräsentanten der neuzeitlichen Physik.

Die aristotelische Physik wird im 17. Jahrhundert abgelöst durch die „neuzeitliche" Physik

Zu diesem Zeitpunkt war die vorgängige aristotelische Physik zweitausend Jahre alt. Sie war eingebettet in eine umfassende Kosmologie, in der Götter und andere mythische Wesen die Welt und damit die Natur beherrschten. Die Physik war ein Teil der aristotelischen Philosophie. Diese ist ein so geschlossenes, eng zusammenhängendes Ganzes, dass ein einzelner Bereich wie die Physik kaum getrennt behandelt werden kann (s. Dijksterhuis, 1983, 19). Aber man kann die aristotelische Physik insofern mit der neuen Physik vergleichen, als sie ebenfalls *„empirisch"* war: Das Wissen über die „Welt" entstammt in letzter Instanz sinnlichen Eindrücken und Erfahrungen. Und wir fügen hinzu: Diese Eindrücke enthalten auch *Spuren der Realität*. Aus diesem Grunde ist die Physik nicht nur „gemacht" und wir finden in der Physik nicht „nur unsere eigene Spur", wie Eddington und Heisenberg meinen, aber – unbezweifelbar – auch „unsere Spur", z.B. in Form einer besonderen Versprachlichung.

Die heute als „klassisch" bezeichnete *neuzeitliche Physik* entstand vor allem durch eine neue theoretische Zugriffsweise und durch eine neuartige Auseinandersetzung mit der Realität, durch das Experiment. Dieses systematische Vorgehen schuf die Voraussetzung dafür, die in den experimentellen Daten enthaltenen Spuren der Realität in mathematischen Gleichungen darzustellen. Einstein war fasziniert von dieser Möglichkeit, die Realität in *„einfache"* mathematische Gleichungen zu fassen.[12] Es war für ihn ein wesentliches Ziel der Physik. Aus der qualitativen Physik des Aristoteles wird die *quantitative Physik* der Neuzeit.[13] Letztere befasste sich zunächst vorwiegend mit raum-zeitlichen Änderungen von Gegenständen. Die entsprechenden physikalischen Gesetze (z.B. das Fallgesetz) ermöglichen damit nicht nur genaue Beschreibungen der Gegenwart, sondern auch der Vergangenheit und der Zukunft. Diese prinzipiellen

Möglichkeiten der neuen Physik führten schließlich zu einem Physikalismus, vor allem in Gestalt eines mechanistischen, materialistischen Weltbildes, zu übertriebenen Hoffnungen und Erwartungen auch außerhalb der Physik. Das bedeutet, dass alle „Dinge" (Entitäten) der Welt aus Materie bestehen und dass die Veränderungen, die in dieser „Dingwelt" vor sich gehen, als raum-zeitliche Änderungen von Materie interpretiert werden können, gemäß der newtonschen Mechanik.

Neben der Tendenz, physikalische Gesetze und Theorien in allen Bereichen des Lebens anzuwenden, wurde und wird auch versucht, die naturwissenschaftliche Methodologie auf andere Gebiete der Wissenschaft (z. B. Psychologie) und vereinzelt auch auf Literatur und Kunst (Bense, 1965) auszudehnen. Man könnte meinen, dass (u. a.) Deweys Glorifizierung der naturwissenschaftlichen Methode auch in diesen Bereichen auf fruchtbaren Boden gefallen ist; sie wird Vorbild, das Ideal von Forschungsmethoden schlechthin. Dieser Ansatz ist natürlich legitim, weil Wissenschaft grundsätzlich methodologisch offen sein muss, aber man kann auch skeptisch sein, dass etwa die Quantifizierung von Kunst überzeugend gelingen kann – etwa: ein Picasso ist 10 % besser als ein Dali.

2. Die Ablösung des mechanistischen Weltbildes erfolgte nicht abrupt. Vielmehr versuchten die Physiker im 19. und beginnenden 20. Jahrhundert zunächst, die mit neuentdeckten Phänomenen aufgetretenen Ungereimtheiten und Widersprüche zur newtonschen Physik als unwesentlich beiseite zu schieben, gar nicht zu beachten. Oder sie wählten einen anderen Ausweg: Sie unterstellten, dass nicht sorgfältig experimentiert, bewusst oder unbewusst nicht professionell gearbeitet wurde. Physikalische Außenseiter, wie die Ärzte Thomas Young und Robert Mayer wurden nicht ernst genommen, weil sie Newtons Auffassungen widersprachen oder ihre Ideen nicht in physikalischer Fachsprache formulierten.

Wir können hier Einsteins und Infelds detaillierte Schilderung *des Niedergangs des mechanistischen Denkens* nur knapp skizzieren: Im Grunde begann der Niedergang der mechanischen Vorstellungen schon mit Voltas und Oersteds neuen elektrischen bzw. elektromagnetischen Phänomenen und der sich daraus entwickelnden Elektrizitätslehre, insbesondere dem Entwurf von Feldtheorien. Der Keim des Verfalls steckt auch in Youngs Interferenzversuchen und der Wellentheorie des Lichts (s. Einstein & Infeld, 1950, 79 ff.).

Aber als Maxwell diese beiden Theorien in seiner Elektrodynamik vereinte, versuchte er nicht, die dominierenden mechanistischen Auffassungen zu überwinden. Er ließ mechanische Analogversuche zur elektromagnetischen Induktion durchführen (s. z. B. Teichmann u. a., 1981), weil er, der Zeit um 1850 entsprechend, überzeugt war, dass sich schließlich alle neuen physikalischen Entdeckungen und Theorien auf die Mechanik zurückführen und in diese integrieren ließen.

Albert Einsteins Arbeiten führten zu einer Änderung des physikalischen Weltbildes

In der Folgezeit wurde allerdings deutlich, dass die in den maxwellschen Gleichungen beschriebenen *elektrischen und magnetischen Felder mehr sind als bloße Vorstellungshilfen.* Als eine neue Art „Träger" von Energie sind sie heute physikalische *Realität* wie die materiellen Objekte.[14] Mit der wachsenden Bedeutung des Feldbegriffs schwindet die Bedeutung des traditionellen Substanzbegriffs in der Physik, der für die mechanistische Denkweise unerlässlich war. Diese Änderungen in der Physik sind auch auf Albert Einsteins Arbeiten zurückzuführen. Sie bewirkten die *endgültige Ablösung des mechanistischen Weltbildes.*

Der Anlass hierfür lag allerdings nicht allein in den elektromagnetischen Phänomenen, die Einstein 1905 zur speziellen Relativitätstheorie anregten, sondern wird zu Recht auch mit Max Plancks Strahlungsformel verknüpft, die Planck im Jahre 1900 publizierte. Die Bedeutung der Formel widerspricht der klassisch-mechanistischen Auffassung: „Die Natur macht keine Sprünge". Auf der Ebene der *Atome und Moleküle gibt es keine kontinuierlichen Übergänge, sondern nur Diskontinuität, „Sprünge".* Gemäß der planckschen Formel wird Strahlungsenergie immer als *„Energiepakete"* emittiert bzw.

Die Naturkonstante *h* durchzieht die moderne Physik

absorbiert. Diese Energiepakete (Photonen) werden durch ein elementares Wirkungsquantum *h* und durch die Frequenz bestimmt. Diese Naturkonstante *h* durchzieht die moderne Physik.[15]

3. Wie unterscheidet sich die moderne Physik von der klassischen? Im Rahmen einer Einführung in die Physikdidaktik kann man darauf nur holzschnittartig eingehen:

Das methodologische Verständnis einer Messung ändert sich grundlegend durch die heisenbergsche Unschärferelation. Ungenauigkeiten bei der gleichzeitigen Messung von verbundenen (sog. konjugierten) Variablen (z. B. Ort x und Impuls p, bzw. Energie E und Zeit t) sind keine Folge der prinzipiell ungenauen Messinstrumente, sondern liegen in der Natur der physikalischen Objekte. Etwas präziser formuliert: Bei gleichzeitiger Orts- und Impulsmessung ist die Unschärfe von Δp umso größer, je kleiner die Unschärfe von Δx ist, das bedeutet je genauer der Ort z. B. eines Elektrons bestimmt wird. Das Produkt $\Delta p \cdot \Delta x$ (bzw. $\Delta E \cdot \Delta t$) ist $\gtrsim \hbar$. Die heisenbergsche Unschärferelation „ist die quantitative Formulierung für die Unverträglichkeit zweier Messungen ... Es ist dies ein der klassischen Physik völlig fremder Sachverhalt" (Theis, 1985, 33 f.).

Während man in der klassischen Physik den Einfluss der Messapparatur auf die physikalischen Objekte im Allgemeinen vernachlässigen kann, muss in der Quantentheorie der Messapparat und das Messobjekt als „quantentheoretisches Gesamtobjekt" behandelt werden (v. Weizsäcker, 1988, 520).

In der Quantentheorie muss der Messapparat und das Messobjekt als quantentheoretisches Gesamtobjekt behandelt werden

Feynman hebt ein weiteres Grundprinzip der Quantentheorie hervor: Die Physik hat es aufgegeben, genau vorherzusagen, was unter bestimmten Umständen mit einem physikalischen Objekt geschieht. Das einzige, was vorhergesagt werden kann, ist die Wahrscheinlichkeit verschiedener Ereignisse. Man spricht in diesem Zusammenhang auch von Indeterminismus. „Man muss erkennen, dass dies *eine Einschränkung unseres früheren Ideals, die Natur zu verstehen*, ist" (Feynman, 1971, 1 – 14).[16]

Die Quantentheorie zielt nicht mehr auf die Beschreibung von einzelnen Objekten in Raum und Zeit, nicht auf die Beschaffenheit und die Eigenschaften dieser Objekte. Stattdessen wird die Quantentheorie charakterisiert durch *Gesetze über die Veränderung von Wahrscheinlichkeiten in der Zeit*, – Gesetze, die für große Ansammlungen von physikalischen Objekten gelten. „Erst nach dieser grundlegenden Umstellung der Physik war es möglich, eine angemessene Erklärung für den offensichtlich diskontinuierlichen und statistischen Charakter von Vorgängen aus dem Reich der Phänomene zu finden, bei denen die Elementarquanten der Materie und der Strahlung ihre Existenz dokumentieren" (Einstein & Infeld, 1950, 314 f.)

Quantentheorie: Gesetze über die Veränderung von Wahrscheinlichkeiten in der Zeit

Während die Anwendung des mathematischen Formalismus der Quantentheorie längst geklärt und diese Theorie Grundlage für die Entwicklung technischer Geräte wie den Laser geworden ist, ist die philosophische Diskussion um die Interpretation noch nicht beendet. So sind zum Beispiel v. Weizsäckers (1988) „Aufbau der Physik" und seine Überlegungen zu einer „Physik jenseits der Quantentheorie" umstritten.

4. Was hat der Aufbau der Physik mit dem Legitimationsproblem des Physikunterrichts zu tun?

Relativitätstheorie und Quantentheorie haben nicht nur die Physik verändert, sondern auch die Philosophie der Wissenschaften und das heutige Weltbild der technischen Zivilisation mitbestimmt. Das ist aber nicht so sehr dem Einfluss der *neuen Methodologie* zuzuschreiben, die gewissermaßen *über* den klassischen Objekten und der klas-

Relativitätstheorie und Quantentheorie haben nicht nur die Physik verändert, sondern auch die Philosophie der Wissenschaften und das heutige Weltbild der technischen Zivilisation

sischen Physik angesiedelt ist (s. Einstein & Infeld, 1950, 312 f.), sondern dies ist das *Resultat dieser beiden fundamentalen Theorien und ihrer Wirkung weit über die Physik* hinaus. Sie haben zunächst die Physiker fasziniert, dann aber auch die Astronomen, Chemiker, Philosophen, Schriftsteller und Künstler. Besonders Einsteins wissenschaftlicher Ruhm hat auch die breite Bevölkerung erreicht; er galt und gilt als das naturwissenschaftliche Genie des 20. Jahrhunderts schlechthin. *Relativitätstheorie und Quantentheorie sind nicht irgendwelche Kulturgüter dieses Jahrhunderts.* Für Feynman sind sie ein wesentlicher Teil der „wahren Kultur" unserer Zeit.[17] Man möchte dies ausführen: Es sind dies nicht die zeitgenössische Musik, bildende Kunst, Literatur, sondern diese überragenden menschlichen Produkte, die in der Auseinandersetzung mit der Realität von den Naturwissenschaften in diesem Jahrhundert geschaffen wurden. Da Maßstäbe nicht vorhanden sind, gehen wir von einer *Gleichwertigkeit von Wissenschaft und Kunst* aus.

Feynman: Relativitätstheorie und Quantentheorie sind ein wesentlicher Teil der „wahren Kultur" unserer Zeit

Wir haben die Entwicklung der Physik bis in die Neuzeit skizziert, nicht nur, um *physikalische Theorien als Kulturgüter* höchsten Ranges zu deklarieren, sondern auch, um ein Grundmotiv der Physiker transparent zu machen. Maxwells, Plancks, Einsteins, v. Weizsäckers und Feynmans *Anliegen war nicht, die Natur zu beherrschen*, wie dies Bacon (1620) zu Beginn der neuzeitlichen Physik forderte, sondern immer tiefere Wahrheiten in der Natur zu suchen. Das faustische Motiv der zweckfreien „reinen" Wissenschaft: Sehen, was die Welt im Innersten zusammenhält, durchzieht die abendländische Kultur seit ihren griechischen Anfängen. Einstein war klar, dass dies *keine endgültigen Wahrheiten* sein können: „In der Naturwissenschaft gibt es keine Theorien von ewiger Gültigkeit" (Einstein & Infeld, 1950, 87). Und an anderer Stelle: „Unser Wissen erscheint im Vergleich zu dem der Physiker des 19. Jahrhunderts beträchtlich erweitert und vertieft, doch gilt für unsere Zweifel und Schwierigkeiten das gleiche" (Einstein & Infeld, 1950, 136). Das Unternehmen Naturwissenschaft ist durch dieses Streben nach einem Ziel, das punktuell und für kurze Zeit erreichbar ist, aber sich dann doch sofort wieder in weite Ferne, ins Ungewisse verschiebt, in *seinem Kern zutiefst human*; Litts Analysen sind hierzu wichtige Fußnoten. Wer die Naturwissenschaften von innen als Teil der wissenschaftlichen Gemeinschaft betrachtet, für den steht das Prädikat „human" nicht in Frage. Als Vergleich zur Arbeit des Physikers kann die Arbeit des Sisyphos herangezogen werden, die niemals beendet ist. Wie Sisyphos in der Interpretation von Camus (1959) sind auch Physiker glückliche Menschen. Die Biografien er-

Einstein: In der Naturwissenschaft gibt es keine Theorien von ewiger Gültigkeit

folgreicher Physiker wie Einstein, Heisenberg, Hawkings und Weinberg zeigen auch dies:

Die „Wahrheit der Physik" ist dieser unendliche und auch schwierige Weg, der nur zu prinzipiell vorläufigen, nicht perfekten Resultaten führt. Man kann diese naturwissenschaftliche Suche nach Wahrheit mit „Humanismus als Methode" (v. Hentig, 1966) bezeichnen.

Die „Wahrheit der Physik" ist dieser unendliche Weg, der nur zu prinzipiell vorläufigen Resultaten führt

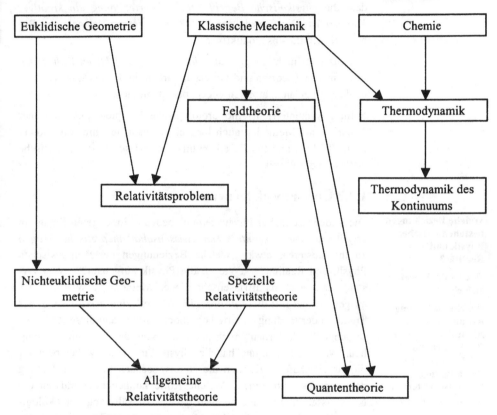

Abb. 1.1: Das Gefüge der Theorien (v. Weizsäcker, 1988, 221)

Zusammenfassung

1. Die *neuzeitliche Physik* hat, wenn nicht den entscheidenden, so doch einen beträchtlichen Einfluss auf das jeweilige Weltbild in einer bestimmten Zeit.

Durch die moderne Physik werden naturgegebene Grenzen der menschlichen Erkenntnis deutlich.

2. Die Methodologie und die Theorien der *modernen Physik* führen *weg von einem mechanistischen Weltbild*, das determiniert ist von der klassischen Mechanik. In der Quantentheorie werden *naturgegebene Grenzen der menschlichen Erkenntnis* deutlich.

3. Das Eindringen in submikroskopische Bereiche führt zu unanschaulichen Begriffen und Theorien. Auch dadurch wird deutlich, dass die *physikalische Begriffs- und Theoriebildung ein kreativer Vorgang* ist. Die Genese der Physik folgt keinem festgelegten Regelwerk wie Bacons „induktiver Methode".

4. Trotz ihrer nicht ewigen, aber *in ihrer Zeit objektiven Wahrheiten* in Form von Theorien und Gesetzen wirken die Naturwissenschaften tendenziell emanzipatorisch gegenüber Ideologien.

5. Im Physikunterricht sind prototypische Beispiele physikalischer Theorien und Methoden auch für sich relevant, für ihre Anwendung in der Technik und für die erkenntnis- und wissenschaftstheoretische Reflexion der Physik.

1.2.2 Über Physik lernen

Welche Beziehungen bestehen zwischen Physik und Realität?

Wie ist die Physik aufgebaut?

Welche Bedeutung hat die Physik für Nichtphysiker oder für die Erhaltung des Friedens, für die Bewältigung ökologischer Krisen für die Gesellschaft?

Die Redeweise „Über Physik lernen" bedeutet im engeren Sinne, im Physikunterricht *erkenntnis- und wissenschaftstheoretische Fragen* zu thematisieren, etwa: „Welche Beziehungen bestehen zwischen Physik und Realität?", „Wie ist die Physik aufgebaut?" „Was versteht man unter naturwissenschaftlicher Methode?". Wie in 1.1.1 ausgeführt, hat Litt diese *philosophische Reflexion der Physik* in der Tradition der Bildungstheorie begründet.[18] Man kann diese Redeweise „über Physik lernen" auch noch in einem weiteren Sinne verstehen: „Welche Bedeutung hat die Physik für Nichtphysiker oder für die Gesellschaft?" „Können die Naturwissenschaften zur Erhaltung des Friedens beitragen?" „Welche Rolle können oder müssen die Naturwissenschaften übernehmen bei der Bewältigung der ökologischen Krisen?" Diese Aspekte werden in neuerer Zeit u. a. von Aikenhead (1973), Mikelskis (1986), Westphal (1992) und Jonas (1984) hervorgehoben. Diese und weitere Aspekte zusammenfassend (wie die Geschichte der Physik und Physik und Technik), sprechen wir hier von der *„Metastruktur der Physik"*.

In diesem Abschnitt wird nur die *begriffliche und die methodische Struktur der Physik* etwas genauer als in der „Einführung" erörtert. Gesellschaftliche Implikationen von „über Physik lernen" werden in Abschnitt 1.3 ausgeführt.

1. Sie erinnern sich, dass zur begrifflichen Struktur der Physik umgangssprachliche und fachspezifische Begriffe zählen. Eine physikalische Aussage wie: Die Dichte von Eisen ist größer als die Dichte von
Aluminium, enthält nur einen physikalischen Begriff, nämlich „Dichte". Die übrigen Ausdrücke sind der Umgangsprache entnommen.
Allerdings können die Ausdrücke „Eisen" und „Aluminium" als
physikalische bzw. chemische Begriffe aufgefasst werden, wenn sie
durch physikalische bzw. chemische Theorien näher erklärt werden.
Der Ausdruck „Dichte" hat in der Physik eine spezielle Bedeutung,
nämlich die des Quotienten aus Masse und Volumen (Dichte $\rho = m/V$),
der Begriff ist außerdem operational definiert. „Operational definiert"
bedeutet, dass mindestens ein Messverfahren existiert, durch das die
physikalische „Dichte" festgelegt ist. Damit ist „Dichte" ein „metri-
scher Begriff", man sagt auch eine „physikalische Größe"; zu jeder
physikalischen Größe gehört ein Größenwert und eine physikalische
„Einheit". Der Begriff „Massendichte" hat in der theoretischen und
experimentellen Physik keine große Bedeutung; sie hat keinen eigenen
Namen für die Einheit, wie die „Kraft" oder die „Energie", die in
„Newton" (N) bzw. in „Joule" (J) gemessen werden.

Nur sieben sogenannte Grundgrößen („Basisgrößen") benötigt die
(klassische) Physik, um damit die übrigen physikalischen Größen
abzuleiten. Für die Schulphysik sind Länge (m), Zeit (s), Masse (kg),
die elektrische Grundgröße „Stromstärke" (A) und die kalorimetri-
sche Grundgröße „Temperatur" (K) am wichtigsten. Die „Dichte" ist
eine „abgeleitete Größe" mit der Einheit (kg/m³).

Natürlich sind die Grundgrößen ebenfalls operational definiert. Die
Physikalisch-Technische Bundesanstalt (PTB) in Braunschweig bemüht sich, ebenso wie entsprechende physikalisch-technische Institute in den hochtechnisierten Staaten, (u. a.) die Grundgrößen durch
möglichst genaue Messverfahren festzulegen. Wenn durch neue
Technologien, wie etwa die Lasertechnik, noch präzisere Festlegungen möglich sind, werden die Standardmessverfahren, d.h. die
operationalen Definitionen geändert. Ein Beispiel für derartige Änderungen ist die operationale Definition des „Meter". Das ursprüngliche „Urmeter" in Paris, mit seinen Kopien unter anderem in Braunschweig, Moskau und London, wurde zunächst ersetzt durch ein
spektroskopisches Verfahren. Dafür wurde 1968 eine rote Spektrallinie des Edelgases Krypton gewählt. 1983 wurde das „Meter" als
Längeneinheit neu definiert, nämlich über die Sekunde und die
Lichtgeschwindigkeit; beide Größen können gegenwärtig äußerst
genau bestimmt werden: 1 Meter ist der Weg, den das Licht im Va-

**Begriffliche
Struktur der Physik**

Operational definierte
Begriffe

Sieben Grundgrößen
(„Basisgrößen")
benötigt die Physik

kuum in $1/c$ Sekunden zurücklegt ($c = 299\,792\,458$ m/s). Dabei ist die Sekunde seit 1967 über ein inneratomares Phänomen festgelegt, das in sogenannten Atomuhren an ^{133}Cs hervorgerufen wird.[19]

Die große Genauigkeit bei der Festlegung der Grundgrößen ist aus physikalischen und aus technisch-gesellschaftlichen Gründen notwendig

Diese große Genauigkeit bei der Festlegung der Grundgrößen ist nicht nur aus physikalischen Gründen notwendig, zum Beispiel um Theorien genauer testen zu können, sondern auch aus technisch-gesellschaftlichen Gründen. Das moderne Verkehrswesen in der Luft oder im Wasser benötigt diese extreme Genauigkeit bei der Zeit- und Entfernungsmessung, um Unfälle in der Luft und auf dem Wasser zu vermeiden (s. Sexl & Schmidt, 1978). Neben dieser friedlichen Nutzung ist die hohe Genauigkeit der Messverfahren auch für die Entwicklung von Waffen mit großer Zielgenauigkeit von Bedeutung.

Wichtige Messergebnisse werden durch verschiedene Messverfahren getestet

Physikalische Theorien werden nicht nur über die Genauigkeit getestet, mit der ihre Prognosen mit den experimentellen Daten übereinstimmen. Man vergleicht dazu auch die Messergebnisse, die durch verschiedene Messverfahren gewonnen wurden. So wurde beispielsweise die Relativitätstheorie auch dadurch getestet, dass man relativistische Effekte wie die Zeitdilatation in ganz unterschiedlichen experimentellen Arrangements untersuchte. Die Beurteilung, ob ein Experiment eine Theorie bestätigt oder widerlegt, ist im Allgemeinen sehr schwierig, weil es kein Beurteilungsschema gibt, das sich auf alle Fälle anwenden ließe.[20] Duhem (1978, 290) hat schon zu Beginn dieses Jahrhunderts darauf hingewiesen, dass dabei auch außerwissenschaftliche Argumente eine Rolle spielen können, wie die Konvention und persönliche Auffassungen.

2. Zur Beschreibung der *methodischen Struktur der Naturwissenschaften* wurde bis in unsere Zeit das Begriffspaar „induktive" und „deduktive" Methode verwendet. Das trifft insbesondere auch auf den naturwissenschaftlichen Unterricht zu.

Nicht nur durch den Einfluss von Wissenschaftsphilosophen wie Popper (1976[6]) und Kuhn (1976[2]) hat sich weitgehend durchgesetzt, dass es in den Naturwissenschaften im Gegensatz zur Mathematik eine „induktive Methode" nicht geben kann. Aus diesem Grunde wird heutzutage in der Physikdidaktik dafür plädiert, auf diesen Ausdruck im Zusammenhang mit den Methoden des Physikunterrichts zu verzichten und ihn höchstens im Kontext des „über Physik lernen" zu problematisieren.

Physikalische Gesetze entstehen in einem Wechselspiel von Hypothesen und Experimenten

Physikalische Gesetze gewinnt man also nicht „induktiv", sondern sie entstehen in einem Wechselspiel von Hypothesen und Experimenten, dessen einzelne Schritte nicht im Voraus festzulegen sind. Wie die historischen Analysen zeigen (u. a. Popper, Kuhn, Feyerabend, Lakatos), werden sie kreativ aus konkreten Forschungssituationen entwickelt. Kuhn (1976[2]) spricht in diesem Zusammenhang von „naturwissenschaftlichen Revolutionen", als besonderen Etappen in der Entwicklung einer wissenschaftlichen Disziplin. Die neue revolutionäre Theorie, die schließlich die Naturwissenschaft prägt, nennt er „Paradigma". In der Phase der detaillierten Ausarbeitung einer neuen Theorie, der *„Normalwissenschaft"*, wird „hypothetisch deduktiv" vorgegangen, werden Folgerungen aus dem Paradigma auf alte oder neue physikalische Probleme angewandt und theoretisch und experimentell untersucht. In Kap. 4 gehen wir ausführlicher auf T. S. Kuhns (1976[2]) Wissenschaftstheorie ein.

3. Durch die Physik (und die anderen Naturwissenschaften) wird versucht, die Wirklichkeit zu beschreiben, zu erklären, durch sie die Vergangenheit und die Gegenwart zu erhellen, Prognosen für die Zukunft zu geben. Wie gut gelingt das? Was leistet die Physik? Ist ein Ende der Physik bald erreicht? Was können wir über die Wirklichkeit wissen? Wie wird die Wirklichkeit in den physikalischen Theorien abgebildet (Abbildungsproblem)? Ist die Wirklichkeit „an sich" durch physikalische Theorien näher zu charakterisieren?

Wir skizzieren hier Ludwigs (1978) realistische Auffassungen. Ludwig unterscheidet „physikalische Wirklichkeit" und „tatsächliche Wirklichkeit". Dabei ist es nicht nur eine physikalische Frage, ob die physikalische Wirklichkeit auch für die tatsächliche Wirklichkeit zuständig ist (s. Ludwig 1978, 165 f.).

Realistische Auffassungen: Es wird hier zwischen „physikalischer Wirklichkeit" und „tatsächlicher Wirklichkeit" unterschieden

Ein physikalisches Objekt besteht aus physikalischen „Wirklichkeitsbereichen". Jeder Wirklichkeitsbereich wird durch eine physikalische Theorie konstruiert durch „die Zusammenfassung ‚aller' sicheren, determinierten und irreduziblen Hypothesen" (Ludwig, 1978, 182).

Ein physikalischer „Wirklichkeitsbereich" ist natürlich auch durch eine empirische Basis bestimmt, die Ludwig „Grundbereich" nennt. Der „Grundbereich" enthält verschiedenartige „Realtexte" (Ludwig, 1978, 12 ff.), nämlich einerseits *allgemeine physikalische Erfahrungsinhalte* und andererseits *spezielle experimentelle Feststellungen* (z. B. Messreihen). Über den Zusammenhang von „Wirklichkeitsbereich" und „Grundbereich" werden keine näheren Aussagen gemacht.

Wirklichkeitsbereich

Grundbereich

Realtext

Damit erhalten wir folgenden Zusammenhang von physikalischer Theorie und Wirklichkeitsbereich und Grundbereich:

Zwischen dem Grundbereich und der physikalischen Theorie bestehen (mathematische) Abbildungsprinzipien. Diese werden von Ludwig absichtlich unscharf gewählt, weil dadurch die grundsätzliche

Grundsätzliche Messungenauigkeit

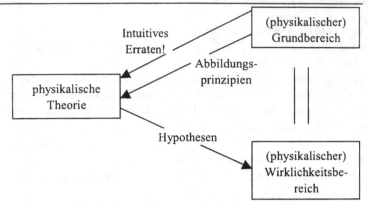

Das durch die physikalische Theorie konstruierte Bild der Wirklichkeit ist unscharf.

Abb. 1.2: Physikalische Theorie, physikalischer Wirklichkeitsbereich und Grundbereich (nach Ludwig, 1978, 46)

Messungenauigkeit in den Daten berücksichtigt werden kann. Außerdem spielen Kreativität, „intuitives Erraten" ein Rolle.

Aber nicht nur aus diesen Gründen ist das durch die Theorie konstruierte „Bild" der Wirklichkeit unscharf. Dieses Bild ist kein „absolut exaktes", weil mathematisch exakte Schlussfolgerungen aus einer physikalischen Theorie nur zu „fast sicheren Hypothesen" führen können. Allerdings werden die Entsprechungen solcher Hypothesen in der Realität (von den meisten Physikern) als „physikalisch wirklich" betrachtet (vgl. Ludwig, 1978, 209).

Mit Ludwigs Ansatz lässt sich für das „Abbildungsproblem" ein wissenschaftstheoretischer und ein erkenntnistheoretischer Anteil unterscheiden. Einige wissenschaftstheoretische Aspekte kann Ludwig exakt lösen. Andere können vernünftig dargestellt werden, das heißt in einiger Übereinstimmung zur Forschungspraxis.

Die Kompatibilität von direkten und indirekten Messungen führt dazu, das von der Physik konstruierte Bild als das Bild einer realen Wirklichkeit aufzufassen.

Für die globale Fragestellung „Physik und Wirklichkeit" führt Ludwig ein der Forschungspraxis entstammendes Argument ein: Die in der Physik üblichen *direkten und indirekten Messungen physikalischer Größen führen schließlich zum selben Ergebnis.* „Diese Kompatibilität von direkten und indirekten Messungen in einem nicht zu groß gewählten Bereich unmittelbarer Gegebenheiten ist die entscheidende Grundlage für die Möglichkeit, das von der Physik konstruierte Bild als das Bild einer realen Wirklichkeit aufzufassen" (Ludwig, 1978, 189). Es ist ein unscharfes, idealisiertes „Bild".[21] Die Unschärfe beinhaltet die Vorläufigkeit physikalischer Theorien, aber auch, dass andere neue „Bilder" der Wirklichkeit konstruiert werden können. Im Gefolge der modernen Physik erscheint die Realität als „kognitiv unerschöpflich" (Rescher, 1987, 111 ff.). Ein Ende der Naturwissenschaften, ein Ende der Physik ist nicht zu erwarten.

Zusammenfassende Bemerkungen

1. Das naturwissenschaftliche Denken hat sich als enorm fruchtbar erwiesen, weil es ihm gelungen ist, eine ungeheure Vielfalt verschiedenartiger Phänomene auf einfachere, begrifflich bestimmte Sachverhalte und einfache Interpretationen zurückzuführen. Durch Abstraktionen ist dieses Denken über seine ursprünglichen begrifflichen Grenzen hinausgewachsen. Aber auch die prinzipiellen Grenzen dieses Denkens sind erkennbar geworden: Wirklichkeitserfahrung kann durch naturwissenschaftliches Denken nie vollständig ausgeschöpft werden. Dürr (1990) charakterisiert dieses so:

„Am erfolgreichsten ist naturwissenschaftliches Denken da, wo die Wirkungsverflechtung verschiedener Komponenten schwach ist, wo das Ganze sich in guter Näherung als Summe seiner isoliert gedachten Teile auffassen lässt. Problematisch ist naturwissenschaftliches Denken aber dort, wo die Vernetzung stark und die Komplexität groß ist. Damit wir in der Vielfalt nicht blind werden, sollten wir auf die uns wohl mögliche intuitive ganzheitliche Betrachtungsweise der Welt nicht verzichten, bei der es leichter fällt, Gestalten zu erkennen und Bewertungen vorzunehmen" (Dürr, 1990, 48 f.).

2. Allgemeinbildende Aspekte der Physik

Die moderne Physik hat das heutige Weltbild der technischen Zivilisation wesentlich geprägt. Es ist wichtig, die Grundzüge und die Grenzen dieser Weltbilder zu verstehen.

Naturwissenschaften können emanzipatorisch wirken wegen der Freiheit der Wissenschaft und der Freiheit des Geistes, speziell

- durch die Loslösung von der „Herrschaft der Faustregeln" und von obrigkeitsstaatlichem Denken,

- durch die Befreiung von ideologischen Zwängen und durch die Entlarvung von Vorurteilen

- durch das Offenlegen metaphysischer Implikationen

Die „Suche nach Wahrheit" war und ist ein wesentliches Motiv der physikalischen Forschung.

Leitideen der modernen Physik wie „Einfachheit" und „Einheit" der Theorien sollen im Physikunterricht transparent werden.

Physikalische Theorien sind Kulturgüter (wie andere Wissenschaften bzw. wie künstlerische und religiöse „Erzeugnisse" der Menschen).

„Über Physik lernen" hilft, die immanenten Antinomien der naturwissenschaftlichen Methode (s. Litt, 1959, 93 zit. in 1.1.1) im Hinblick auf Bildung zu beheben.

3. „Über Naturwissenschaften lernen" hat im Verlauf des 20. Jahrhunderts seine Bedeutung verändert, d.h. dieses Leitziel wurde ausgeweitet und differenziert. Aus der ursprünglichen Forderung nach einer „philosophischen Reflexion" bilden heute *erkenntnis- und wissenschaftstheoretische, wissenschaftshistorische, wissenschaftsethische, gesellschaftliche und politische Zusammenhänge* im Umfeld der Naturwissenschaften diesen Begriff ab; dafür wird hier der Ausdruck „Metastruktur" verwendet. Driver u.a. (1996, 16ff) geben folgende Begründungen:

Metastruktur der Physik

> *Das Nützlichkeitsargument*: Ein Verständnis des Wesens der Naturwissenschaften ist notwendig, wenn man Naturwissenschaften verstehen und technische Objekte und Prozesse handhaben und erledigen soll, die einem im täglichen Leben begegnen.
>
> *Das demokratische Argument*: Man muss das Wesen der Naturwissenschaften verstehen, damit man gesellschaftlich-naturwissenschaftliche Probleme verstehen und an Entscheidungsprozessen teilnehmen kann.
>
> *Das kulturelle Argument*: Ein solches Verständnis der Naturwissenschaften ist notwendig, um diese Naturwissenschaften als ein wesentliches Element der gegenwärtigen Kultur zu schätzen.
>
> *Das moralische Argument*: Es ist von allgemeinem sittlichem Wert, die Normen der naturwissenschaftlichen Gemeinschaft (scientific community) mit ihren moralischen Verpflichtungen (das kodifizierte Berufsethos) zu verstehen.
>
> *Das pädagogisch-psychologische Argument*: Erfolgreiches Lernen der naturwissenschaftlichen Inhalte wird dadurch gefördert, dass darin auch das Wesen der Naturwissenschaften als Inhalt eingeschlossen ist.

Die Geschichte dieses Leitziels im 20. Jahrhundert zeigt aber auch *das Scheitern dieser wohlbegründeten Idee in der Schulpraxis*.

Das Ziel „Über Physik lernen" führt über die Lehrerbildung

Der Weg führt auch hier über die Lehrerbildung. In Deutschland fehlen entsprechende Angebote in der Aus- und Fortbildung der Lehrer und Lehrerinnen. Für die USA ist Ähnliches zu konstatieren, aber man hat nun erste Konsequenzen gezogen und Lehr- und Lernmaterialien für die Lehrerbildung publiziert (Mc Comas, 1998). Dieser Weg muss auch in Deutschland beschritten werden, die publizierten Beispiele (u.a. Kircher u.a. (1975), Niedderer & Schecker (1982), Grygier & Kircher, 1999) und empirischen Untersuchungen (z.B. Meyling, 1990) sind ein Anfang.

1.3 Die gesellschaftliche Dimension des Physikunterrichts

„Der endgültig entfesselte Prometheus, dem die Wissenschaft nie gekannte Kräfte und die Wirtschaft den rastlosen Antrieb gibt, ruft nach einer Ethik, die durch freiwillige Zügel seine Macht davor zurückhält, dem Menschen zum Unheil zu werden" (Jonas, 1984, 7).

Wir behandeln in diesem Abschnitt die pragmatische Legitimation des Physikunterrichts in einer technischen Gesellschaft. Es wird die Ambivalenz der Technik skizziert und daran anschließend argumentiert, dass der Physikunterricht verpflichtet ist, Grundlagen für eine notwendige *fachliche Aufklärung* zu liefern. Diese ist eingebunden in die *Diskussion über Sinn und Zweck der Technik*.

Physikunterricht ist verpflichtet, die notwendige fachliche Aufklärung zu liefern, für eine Diskussion über die Ambivalenz der Technik

Die gesellschaftliche Dimension des Physikunterrichts ist erst in der zweiten Hälfte des 20. Jahrhunderts Allgemeingut der Physikdidaktik geworden und hat, damit auch zusammenhängend, erst in neuerer Zeit Einzug in die Lehrpläne aller Schularten gehalten.

Der Zusammenhang von Gesellschaft und Physik (Naturwissenschaften) – für Dewey eine Selbstverständlichkeit – erfolgt vor allem über die Technik.[22]

Was ist Technik? Wie verhält sich Technik zu anderen Bereichen unseres Lebens, zu Wirtschaft und Wissenschaft, zu Politik, zu Kunst und Religion? Ist sie etwas Gutes oder etwas Böses oder steht sie jenseits moralischer Werte? Wohin führt der Weg, wenn wir mit der Technik die Welt verändern – und mit der Technik uns selbst?

Was ist Technik?

Diese und weitere Fragen stellte der Naturwissenschaftler und Philosoph Sachsse und versuchte sie in „Anthropologie der Technik" (1978) zu beantworten. Wir legen außerdem „Einführung in die Philosophie der Technik" (Storck, 1977), „Das Prinzip Verantwortung" (Jonas, 1984), „Wertwandel" (Hillmann, 1989[2]), „Der Lebenssinn der Industriegesellschaft" (Lübbe, 1990) und „Technik- und Wissenschaftsethik" (Hubig, 1995) den folgenden Skizzen zugrunde. Der Abschnitt schließt mit Darstellungen und offenen Fragen über Umwelterziehung und die neuerdings diskutierte „Bildung der Nachhaltigkeit" (de Haan & Kuckartz, 1996).

1.3.1 Die moderne technische Gesellschaft

1. Der Mensch, das biologische „Mängel-Wesen" (Gehlen, 1962[7]), hat seit seinen Anfängen versucht, durch Technik diese Mängel zu beheben. Die Technik ist kein „Ding für sich ..., ist ein Teil unseres Wesens, ein Glied unserer Natur ..." (Sachsse, 1978, 6); sie besitzt keine Eigenständigkeit.

Diese Auffassung ist plausibel, ziehen doch Anthropologen die Grenze zwischen den Hominiden, den menschenähnlichen Affen einerseits und den Menschen andererseits durch den Nachweis der Herstellung und systematischen Nutzung von Werkzeugen wie dem Faustkeil. Der Aspekt des technischen Handelns durchzieht den Weg des Menschen bis in unsere Zeit. Zunächst ermöglichte Technik das Überleben der erst vor einigen Millionen Jahren entstandenen Spezies. Die heutige Technik entbindet zum einen weitgehend von Schwerstarbeit etwa im Bergbau, der Landwirtschaft, im Hoch- und Tiefbau usw., zum anderen versetzt sie die Gesellschaft in die Lage sich eine artifizielle Welt an die Stelle der ursprünglich gegebenen zu setzen.

Technisches Handeln: einen Umweg wählen, um ein Ziel leichter oder schneller zu erreichen

Sachsse (1978) folgend, bedeutet technisches Handeln einen Umweg zu wählen, um ein Ziel leichter oder schneller zu erreichen. War bei der Verwendung des Faustkeils die Wirkung und damit der Nutzen noch unmittelbar zu erkennen, so hat sich durch Arbeitsteilung der Weg über die technischen Mittel immer mehr und unüberschaubar verlängert. „Der Mensch holt immer weiter aus. Immer umfassender, langfristiger und unanschaulicher sind die Umwege und die Bemühungen um die Herstellung von Hilfsmitteln" (Sachsse, 1978, 15), etwa bei der Weitergabe von Erfahrung durch die Sprache, die Schrift, den Buchdruck, durch die technischen Medien unserer Tage. Da technisches Handeln als Folge der immanenten Möglichkeit zur Arbeitsteilung dann auch soziales Handeln ist, ist im Falle der Arbeitsteilung der soziale Effekt offensichtlich: In immer kürzerer Zeit ist es möglich Arbeit und Freizeit zu organisieren und dabei beispielsweise mit immer mehr Menschen zu kommunizieren. Hand in Hand mit der Entwicklung der Technik hat sich die Lernfähigkeit des Menschen entwickelt. Heute ist die Entwicklung der Lernfähigkeit durch Personen und Medien selbst ein sehr wichtiger Teil der modernen technischen Gesellschaft.

Mit der Entwicklung der Technik hat sich die Lernfähigkeit des Menschen entwickelt

Sachsse (1978, 56 f.) unterscheidet zwei Stufen der produktiven Technik. Die erste *Stufe der Agrarkulturen* entsteht durch das Sesshaftwerden der Menschen vor zehntausend Jahren. Die zweite Stufe

ist die *Epoche der Industrietechnik,* die simplifizierend mit der Erfindung der Dampfmaschine im achtzehnten Jahrhundert entstand.

Während die ursprüngliche Agrartechnik sich der Natur angepasst hat
und von ihren Möglichkeiten her gar nicht anders konnte als sich an-
zupassen, löst sich die Industrietechnik bewusst vom Vorbild der Natur. Die philosophischen Grundlagen hierfür legen Bacon (1620) und
Descartes (1637). Dem Menschen wird nun die gesamte Natur als
Werkzeug, als technisches Instrument in die Hand gegeben, nicht nur
Einzelstücke von ihr. Der Mensch wird zum Herrn und Eigentümer der
Natur.[23] Durch die Beherrschung der Natur kann das Paradies auf Erden geschaffen werden, so die Utopien von Francis Bacon bis Karl
Marx. Es dauerte noch über hundert Jahre, bis diese Umorientierung
sich in der Gesellschaft durchsetzte. In der zweiten Hälfte des acht-
zehnten Jahrhunderts wurden diese Ideen realisiert, die Industrialisierung des Planeten begann in England und Frankreich.

Die Industrietechnik löst sich bewusst vom Vorbild der Natur

Sachsse (1978, 88 ff.) nennt folgende Merkmale *der neuen Industrietechnik:*

Merkmale der neuen Industrietechnik

> • den bewusst progressiven und revolutionären Charakter
>
> • keine systemimmanenten Grenzen wie in der Agrartechnik
>
> • Verwissenschaftlichung der Methode und damit zusammenhän-
>   gend die Spezialisierung der Industrietechnik
>
> • Notwendige Integration der spezialisierten Funktionen in größe-
>   ren Systemeinheiten
>
> • Verlust des anschaulichen Zusammenhangs zwischen Mittel und
>   Zweck
>
> • Dynamik der Entwicklung der Industrietechnik.

Als eine Folge der dynamischen Entwicklung der Technik und ihres
globalen Umfangs hebt Jonas (1984, 54 ff.) folgende Charakteristika
der Technik hervor:

Potentiale der Technik

> • Die Verfügbarkeit der Technik
>
> • Die Leichtigkeit der Verfügung
>
> • Die Ohnmacht des Wissens hinsichtlich langfristiger Prognosen.

Diese Eigenschaften und Merkmale der Industrietechnik bergen *große Potentiale für Leben ermöglichenden, Leben erleichternden, Leben erhöhenden Nutzen, aber auch Leben zerstörende, Leben er-
schwerende, Leben erniedrigende Probleme* in sich. Die Technik
liefert „die Fülle der notwendigen Voraussetzungen für die Verwirk-

lichung des Menschen auf dieser Erde, jedoch nicht die hinreichenden Bedingungen dafür" (Sachsse, 1978, 56).

Veränderung der menschlichen Grundparameter durch die Technik

2. Die Summe dieser Merkmale der Technik führt zu einer Veränderung der biologischen Grundparameter unserer menschlichen Existenz, „wie das unmittelbar durch die Steigerung der Bevölkerungsdichte und durch die Eruption der Lebensansprüche in die Augen springt" (Sachsse, 1978, 91 f.).

In Lübbes optimistischer Interpretation der modernen Technik (Lübbe, 1990, 152) sind es die offensichtlichen Lebensvorzüge und lebenswichtigen Vorteile, die zur rasanten Entwicklung der Technik und damit zur Dynamik in der Industriegesellschaft führen.

Moderne Technik:
• **Überwindung der Armut,**
• **soziale Sicherheit,**
• **Erleichterung der Arbeit**

Es sind vor allem die Überwindung der Armut, die damit verbundene soziale Sicherheit und die Erleichterung der Arbeit. Zu Letzterem zählt nicht nur die Verringerung der Schwerstarbeit durch die Erfindung und den Einsatz immer besserer und spezifisch einsetzbarer Maschinen, sondern auch die Vermeidung negativer Arbeitsfolgen wie Unfälle und arbeitsbedingtes Siechtum und frühes Altern. Mit der Produktivitätssteigerung mittels der modernen Technik ist neben der Arbeitserleichterung auch Zeitgewinn verbunden, der, sinnvoll genutzt, zur Bereicherung des Lebens und zur Selbstverwirklichung mit Hilfe der Technik führt (s. z. B. Storck, 1977, 64 ff.).

Sachsse (1978) und Jonas (1984) heben dagegen eine gewisse Eigendynamik der technischen Entwicklungen hervor. Der Mensch ist in der Rolle des Zauberlehrlings gegenüber der von ihm geschaffenen Technik; der Mensch ist Objekt der Technik, durch diese manipulierbar und manipuliert.

Wir wollen im Folgenden diese problematische, ambivalente Seite der Technik noch näher betrachten.

1.3.2 Veränderte Einstellungen zur Technik und Wertewandel

Einstellungsänderungen durch globale Schäden und Bedrohungen

1. Die Gründe für Einstellungsänderungen zur modernen Technik liegen vor allem in den Technikfolgen. Dazu gehört auch, wie die Gesellschaft mit dem durch Technik gewonnenen „Überfluss" lebt, wie sie ihn produziert, wie sie ihn konsumiert.

Treibhauseffekt
Lärm
Bodenerosion
Waffen

Die Stichworte sind bekannt: die Energieverschwendung und die *Ressourcenknappheit*, die *Schädigung der natürlichen Umwelt durch die übermäßige Nutzung fossiler Brennstoffe*, die einen globalen Treibhauseffekt hervorrufen kann, *die Energiegewinnung durch Kernbrennstoffe*, die im Katastrophenfall über Menschenalter hinweg zu Genschädigungen und Tod in der belebten Natur führen, *der Müll und die Müllentsorgung.* Die durch die kürzere Arbeitszeit und entsprechende technische Entwicklungen möglich gewordene Mobilität von Abermillionen von Menschen rund um den Globus führen zu Verkehrstaus, jährlich Tausenden von *Verkehrstoten, Lärm, Stress der Verkehrsteilnehmer, zu ökologischen Schäden durch den Bau immer neuer Verkehrswege, Autobahnen und Eisenbahntrassen, Luftverschmutzung durch Auto- und Flugzeugabgase.* Das bedeutet *Beeinträchtigung von Lebensqualitäten für das Individuum und langfristige, globale Schädigungen des Ökosystems.*

Im Bewusstsein der Bevölkerung der modernen technischen Gesellschaften kommt eine solche Bedrohung auch von der Produktion von Nahrung für die ständig wachsende Weltbevölkerung: Tropenwälder werden brandgerodet für billigen Profit für wenige Jahre, aber mit der Folge von *Bodenerosion.* Grundwasser wird durch *Überdüngung der Böden* ungenießbar. Ständig wachsende Viehherden reduzieren oder vernichten die Vegetation in Steppengebieten, so dass sich jährlich große Flächen in unfruchtbare Wüste verwandeln. Durch den Einsatz von Pflanzenschutzmitteln wird die natürliche Flora und Fauna empfindlich geschädigt oder zerstört. *Gifte gelangen in die Nahrungskette.*

Schließlich sei an ein weiteres Produkt der modernen Technik erinnert, das ganz evident als unmittelbare Bedrohung empfunden wird, die Waffentechnik. Mittels atomarer, biologischer und chemischer Waffen ist die Vernichtung nicht nur der Menschen, sondern wahrscheinlich aller höherentwickelten Lebewesen auf dem Erdball in den Bereich des Möglichen gerückt. Selbst die Weiterentwicklung konventioneller Waffen mit unvorstellbarer Präzision, mit unvorstellbaren Einsatzbedingungen, unabhängig von Tag und Nacht, unabhängig von jeder Witterung, führen zu latenter Beunruhigung. Zusammen mit dem Eindringen in die Privatsphäre, den Möglichkeiten mit Hilfe der modernen Technik in Wohnungen Gespräche zu überwachen, entsteht ein *Gefühl des permanenten Ausgeliefertseins*: an diese Waffen, an diese Spionagetechnik, an jede Technik. Huxleys „Schöne neue Welt" (1978[4]) könnte zur Realsatire werden.

2. Die Lebensbedingungen in der modernen technischen Gesellschaft ändern Einstellungen nicht nur durch Angst und Schrecken. Auch die positiven Seiten der Technik tragen dazu bei. Der Zeitgewinn, mehr Freizeit und die höhere Prosperität großer Bevölkerungsschichten in den westlichen Demokratien führten zu einem anderen Umgang mit den Produkten. Ausdrücke wie „Wegwerfgesellschaft", „Freizeitge-

**Einstellungsände-
rungen durch
Überfluss**

sellschaft" oder „Konsumgesellschaft" deuten solche Einstellungsänderungen an. *Hedonismus wurde spätestens seit den siebziger
Jahren zum Lebenssinn* einer „Gesellschaft im Überfluss" (Galbraith, 1963).

Sogenannte sekundäre Tugenden wie Fleiß, Disziplin, Ordnungsbe-
reitschaft, Zuverlässigkeit nehmen ab. Sie spielen in der Lebensori-
entierung etwa des Bildungsbürgertums eine geringere Rolle als
„eine Gruppe feinerer Lebensorientierungen: Kreativität, Sensibilität
... Selbstverwirklichung" (Lübbe, 1990, 156). Diese neuen Werte
sind eine mittelbare Folge der in den siebziger Jahren beginnenden
Technikkritik: Aus einem Gefühl der Ohnmacht gegenüber einer
Politik, die fraglos auf die weitere Entwicklung der Technik (Kern-
technik, Verkehrstechnik, Waffentechnik, Agrartechnik, Gentechnik)
setzt, erfolgt ein Rückzug ins Private, in die überschaubaren Bereiche der Familie, in den Hobbybereich, in die karitativen Organisationen, die Sportvereine. Letztlich sind es aber nur kleine Randgruppen,
sogenannte „Aussteiger", die sich dem Einfluss der modernen technischen Gesellschaft zu entziehen versuchen, indem sie ohne die
konsumtiven Ansprüche der Mehrheit der Bevölkerung ein Leben in
ländlicher Idylle führen.

**Wertewandel in
allen wichtigen
Bereichen der
Lebenswelt**

3. In soziologischer Betrachtung (Hillmann, 1989[2], 177 ff.) beginnt
in den achtziger Jahren ein Wertewandel, der alle wichtigen Bereiche
der Lebenswelt tangiert:

- Natur und Leben (z. B. Erhaltung eines menschenwürdigen natur-
verbundenen Lebens, gesunde Lebensweise und Ernährung)

- Arbeit und Beruf (z. B. Humanisierung der Arbeit, Arbeitsplatz-
sicherheit, Jobdenken)

- Technik und Wirtschaft (z. B. ökologische Verträglichkeit, ener-
gie- und rohstoffsparende Wirtschaftsweise)

- Konsum (z. B. ökologisch orientierte Sparsamkeit, Rücksichtnahme auf die Dritte Welt, Verbraucherschutz)

- Staat, Herrschaft und Politik (z. B. Persönlichkeitsschutz,
Entstaatlichung, Rüstungskontrolle)

- Gesellschaftliches, mitmenschliches Zusammenleben (z. B.
Emanzipation der Frau, Gemeinschaftssinn, Mitmenschlichkeit)

- Persönlichkeitsbereich: Selbstverständnis, Emotionalität, Denkstile (z. B. der Mensch als kreative und aktiv handelnde Sozial-
persönlichkeit, seelische Ausgeglichenheit, vernetztes Denken).

Insbesondere der Natur- und Umweltschutz fand sehr aktive Unterstützung durch Gruppen wie „Greenpeace". Letztere erreichte durch spektakuläre Aktionen weltweite Aufmerksamkeit für bedrohte Tierarten ebenso wie bei ihren Aktionen gegen Atomwaffenversuche im Pazifischen Ozean. In anderen Bereichen treten „Wertwandlungstendenzen nur als langsam ablaufende, geringfügige Schwerpunktsverlagerungen in Erscheinung" (Hillmann, 1989[2], 187).

Dieser seitens der Soziologie diagnostizierte Wertewandel enthält implizite Leitideen für den Unterricht, im speziellen für den naturwissenschaftlichen Unterricht, also auch für den Physikunterricht. Aus den deskriptiven Aussagen der Soziologie werden normative Leitideen, z. B. aus dem Bereich „Arbeit und Beruf":

• Einsicht in die Humanisierung der Arbeitswelt durch die Mikroelektronik gewinnen • Entwicklung von Fähigkeiten und Einstellungen zur erfolgreichen Teilnahme/Organisation von modernen Arbeitsprozessen (Nutzung von Internet und E-Mail zur Kommunikation und Wissensbeschaffung).

Leitideen für den Unterricht

In den 90er-Jahren ist der Bereich „Konsum" in den Mittelpunkt der Diskussion gelangt. Unter dem Stichwort „nachhaltige Entwicklung" bzw. „Prinzip der Nachhaltigkeit" werden von der Industrie Drei-Liter-Autos gefordert und entwickelt, nach Ersatzstoffen für nicht erneuerbare Ressourcen geforscht, Umweltverschmutzung (Bereich „Natur und Leben") kritisiert und partiell erfolgreich reduziert. Wir gehen im Folgenden näher darauf ein.

1.3.3 Technik- und Wissenschaftsethik

1. Kurz vor der Jahrtausendwende ist in einigen dicht bevölkerten Staaten mit demokratischen Strukturen das Bewusstsein für die globale und lokale Umwelt gewachsen. Die UNO hat versucht, weltweit geltende Verträge durchzusetzen. Parlamente wurden gesetzgeberisch tätig. Die meisten Staaten der Erde haben den Atomwaffensperrvertrag unterzeichnet, sowie Verträge, die die Produktion chemischer und biologischer Waffen verbieten. Auf internationalen Konferenzen wird versucht, den globalen CO_2-Ausstoß zu reduzieren, weil diese Folge der modernen technischen Gesellschaft einen „Treibhauseffekt" hervorruft, der aufgrund der höheren Temperatur gehäuft Naturkatastrophen auf dem Globus erwarten lässt (s. z. B. Kümmel, 1998).

Lokale und globale Umweltschutzmaßnahmen

Der Natur- und Umweltschutz wurde in die Verfassungen der Bundesländer übernommen. Es gibt Umweltministerien, in den Großstädten wurden Umweltreferate geschaffen. Städte und Gemeinden errichteten zur Ressourcenschonung lokale *Recyclingzentren*, „Wertstoffhöfe", in denen Metall, Glas und Papier gesammelt wird. Außerdem wird organischer Müll kompostiert, Sondermüll in speziellen Deponien entsorgt. Lärmbelästigungen durch den Verkehr werden durch Lärmschutzwälle und andere lärmdämmende und lärmverhindernde Maßnahmen reduziert. Luftmessstationen in den Städten können Smogalarm auslösen. Spezielle Abteilungen der Polizei befassen sich ausschließlich mit der Umweltkriminalität. Deutsche Politiker haben auf die Sorgen der Bürger reagiert.

In den Haushalten werden Energiesparlampen verwendet, Wärmeschutzmaßnahmen an Gebäuden werden ebenso steuerlich begünstigt wie die Modernisierung von Heizanlagen. Das 3l-Auto ist keine ferne Utopie (v. Weizsäcker u.a., 1996, Schmidt-Bleek, 1997). Die individuell für Körperpflege, Haushalt, Beruf und Freizeit aufgewendete Energie hat sich in Deutschland in den vergangenen Jahren verringert.

Neues Leitziel der Schule: Natur- und Umweltschutz

Auch im Bereich der Schulbildung ist der Natur- und Umweltschutz als Leitziel vertreten. Schulklassen säubern Wald und Flur, Schüler trinken ihre tägliche Milchration aus Mehrwegflaschen. Sie pflanzen Büsche und Bäume, legen Schulgärten und Feuchtbiotope an.

Umweltverträglichkeitsprüfung in der Industrie

Schließlich seien auch die Anstrengungen in der Industrie erwähnt, umweltverträgliche Produkte auf umweltverträgliche Weise zu erzeugen. Manche Weltfirmen können oder wollen es sich nicht mehr leisten, auf die Technikbewertung[24], auf die sogenannte „Umweltverträglichkeitsprüfung" (UVP) und das „Öko-Audit"[25] zu verzichten. Wirtschaftswissenschaftler (s. z.B. Binswanger, 1991) haben kalkuliert, dass sich *Umweltschutz nicht nur ökologisch, sondern auch ökonomisch lohnt.* In der Bundesrepublik hat der Wertewandel Konsequenzen in der Gesellschaft hervorgerufen: In Parteien, staatlichen Verwaltungen, im öffentlichen und privaten Leben hat insbesondere der Natur- und Umweltschutz seine Spuren hinterlassen.

Demgegenüber kann man auch eine *Negativbilanz* aufmachen, in der Versäumnisse aufgeführt sind, gegenläufige Tendenzen zum oben aufgeführten Trend. So sollte z.B. eine Änderung der Verkehrspolitik mit einer Förderung des Schienenverkehrs ordnungspolitisch resoluter durchgesetzt werden. Das mit zunehmender Sicherheitstechnik in den Autos wieder zunehmende individuelle Fehlverhalten, Raserei auf Deutschlands Straßen, könnte, wie etwa in den USA durch verstärkte Kontrollen und empfindlichere Strafen eingedämmt werden. Umweltsünder, die Ölreste, Säuren und Laugen in den Weltmeeren verklappen, härter bestraft werden. Den *„Erfolgen gesetzlicher Zwänge steht das Versagen freiwilliger Selbstkontrolle gegenüber"* (Kümmel, 1998, 103).

Zur Negativbilanz: Versagen freiwilliger Selbstkontrolle

Man kann zusammenfassend feststellen:

Die notwendigen gesetzgeberischen Maßnahmen, um Technikfolgeprobleme zu beherrschen, sind in der Bundesrepublik recht weit gehend erfolgt. Diese Maßnahmen sind aber bei weitem noch nicht durchgängig umgesetzt. Dies gilt auch für internationale Vereinbarungen.

Außerdem: Das Wissen um die Bedeutung von Natur- und Umweltschutz hat sich in der bundesdeutschen Bevölkerung verbreitet. Konsequentes *umweltbewusstes Verhalten beschränkt sich allerdings auf eine kleine Minderheit.* Weiterhin werden täglich Pflanzen- und Tierarten auf dem Globus ausgerottet; sie sind für immer verschwunden. Es ist dasjenige Vergehen, das uns künftige Generationen am wenigsten vergeben werden (s. Wilson, 1995).

2. Der von Soziologen und Philosophen diagnostizierte Wertewandel bedeutet noch keine neue Ethik, natürlich auch noch kein darauf angelegtes Verhalten. Das Verdienst, eine Ethik für die technologische Zivilisation umrissen zu haben, kommt dem Philosophen Hans Jonas zu.

Wir versuchen im Folgenden, die für die Physikdidaktik (Naturwissenschaftsdidaktik) relevanten Aspekte zu skizzieren.

Der Ausgangspunkt für seine Überlegungen ist nicht neu: Einem sensiblen Ökosystem steht eine Menschheit gegenüber (zumindest in der technisch geprägten Welt), die die Natur immer mehr nutzt, ausnutzt, ausbeutet, mit immer mächtigeren Werkzeugen, mit immer effizienterer Technologie. Jonas argumentiert, dass mit der neuen Technik und dem damit verbundenen Fortschritt neuartige Fragen verbunden sind, die mit der herkömmlichen Ethik nicht zu beantworten sind. Er führt als Beispiele auf: Fragen im Zusammenhang mit der Lebensverlängerung, mit der Erzeugung von Leben mit Hilfe der Technik. Ein wesentliches Element dieser neuen Ethik ist das *„Prinzip Verantwortung"*. Dieses schließt nicht wie herkömmlich vor allem den Menschen ein, sondern auch die belebte und unbelebte Natur. (s. Jonas, 1984, 95)

Jonas: Neue Ethik erforderlich

Verantwortung bedeutet zum Beispiel, die Toleranzgrenzen der Natur zu beachten: *Fortschritt ja, aber mit Vorsicht,* so, dass das Ökosystem der Erde dauerhaft erhalten bleibt. Im Zweifelsfalle ist Risiko zu

Prinzip Verantwortung

meiden: also nicht wie bisher, „wer wagt, gewinnt", sondern der *Vorrang der schlechten Prognose vor der guten*. Diese Maxime wird auch damit begründet, dass einerseits unser Wissen über die Zukunft gering ist und dass andererseits eine Pflicht für die Zukunft der Menschheit besteht.

Jonas' neues Leitbild: Bescheidenheit und Verzicht

Jonas' Entwurf einer neuen Ethik ist eine radikale Kritik an westlichen und östlichen Leitbildern, die bei aller Verschiedenheit einen Anthropozentrismus ebenso gemeinsam haben wie ihre Utopien über die Gesellschaft, seien diese als „Gesellschaft im Überfluss" oder als „Paradies auf Erden" benannt. Statt Überfluss als Ziel ist *Bescheidenheit notwendig, kein Hedonismus sondern Genügsamkeit, Askese, Verzicht*. Zur Verwirklichung dieses Leitbilds muss auch die Schule beitragen. Dem naturwissenschaftlichen Unterricht fällt dabei die wichtige Aufgabe zu, die Notwendigkeit von Technik auch unter diesem Leitbild verständlich zu machen.

Naturwissenschaftliches Wissen hat eine neue fundamentale Rolle in der Moral

Das ist auch Jonas' Auffassung. Er ist kein Technikgegner, im Gegenteil: Die ständig wachsende Bevölkerung, die Jonas als Tatsache konstatiert[26], kann nur durch Anwendung von Technik ein menschenwürdiges Dasein führen. Naturwissenschaftliches Wissen hat damit eine neue fundamentale Rolle in der Moral: „Wissen (wird) zu einer vordringlichen Pflicht über alles hinaus, was je vorher für seine Rolle in Anspruch genommen wurde, und das Wissen muss dem kausalen Ausmaß unseres Handelns größengleich sein" (Jonas, 1984, 28).

Philosophisch – ethische Reflexionen über Naturwissenschaft und Technik

Die Problematik liegt nun, Jonas folgend darin, dass das vorhersagende Wissen (zum Beispiel der Naturwissenschaften) hinter dem technischen Wissen, „das unserem Handeln Macht gibt", zurückbleibt. In Analogie zur littschen Antinomie (s. Abschnitt 1.1), schlägt auch Jonas zur Lösung dieses Konflikts, *die Reflexion über das Wissen und das Nichtwissen* vor. Damit sind vor allem philosophisch-ethische Reflexionen über Naturwissenschaft und Technik gemeint.

Mit der Thematisierung des Problemfeldes Technik und deren Zusammenhang mit der Gesellschaft liegt für den naturwissenschaftlichen Unterricht eine weitere fundamentale Begründung vor.

1.3.4 Umwelterziehung und Bildung der Nachhaltigkeit

Umweltbewusstsein: Umweltwissen, Umwelteinstellung, Umweltverhalten

1. Das Ziel der Umwelterziehung ist das Wecken eines Umweltbewusstseins. Dieser Ausdruck enthält in der Interpretation von de Haan & Kuckartz (1996) die drei Komponenten: *Umweltwissen, positive Umwelteinstellungen und sinnvolles Umweltverhalten*.[27] In

einem einfachen Modell, das der Umwelterziehung zugrunde liegt, wird angenommen, dass Umweltwissen positive Umwelteinstellungen bewirkt, die auf einen verbesserten Umweltschutz ausgerichtet sind. Die Umwelteinstellungen steuern dann das Umweltverhalten, z. B. der sparsame Umgang mit Energie im Haushalt, bei der Körperpflege oder bei der Beleuchtung, im Verkehr durch den Kauf sparsamer Autos, durch die Nutzung öffentlicher Verkehrsmittel, durch Verzicht auf Fernferienreisen mit dem Flugzeug wegen dessen immensen Kerosinverbrauchs pro Fluggast und der damit verbundenen Luftverschmutzung.

Die Analyse der zahlreich durchgeführten empirischen Untersuchungen im In- und Ausland haben dieses einfache Modell nicht bestätigt. Zwischen Umweltwissen, Betroffenheit, Einstellungen und (verbalisiertem) Verhalten bestehen nur geringe Zusammenhänge. Für das tatsächliche Umweltverhalten spielen ganz andere Charakteristika der Menschen in einer technischen Gesellschaft eine Rolle, z. B. die Sozialisation durch den Beruf, die ökonomischen Interessen und die Lebensstile[28]. Besonders deutlich wird der Unterschied zwischen Umweltwissen und Umweltverhalten bei Lehrern. Denn obwohl es diesen leicht fällt, Umwelterziehung im Unterricht zu praktizieren, und sie wohl auch über kompetentes Umweltwissen verfügen, sind ihre Umwelteinstellungen nur „durchschnittlich". Jugendliche der 10. Klasse sehen in den Lehrern bezüglich des Umweltverhaltens eher schlechte Beispiele (s. de Haan & Kuckartz, 1996, 159), denn es fällt ihnen u. a. schwer, öffentliche Nahverkehrsmittel zu benutzen, auf bestimmte umweltschädigende Sportarten zu verzichten wie Alpinski fahren, in der Freizeit an Natur- und Umweltschutzprojekten mitzuarbeiten oder diese gar zu initiieren.

Änderung des Lebensstils

Es zeigt sich insgesamt, dass Umweltverhalten kein homogener Verhaltensbereich ist. Umweltverhalten, das keine größeren Opfer verlangt, wie z. B. die Abfallsortierung, wird eher praktiziert als Abfallvermeidung oder der öffentliche Einsatz zugunsten des Naturschutzes. Während beim Einkaufsverhalten bei bestimmten Produkten (z. B. Waschmittel) der Umweltschutz eine große Rolle spielt, ist dies bisher beim Verkehrsverhalten nicht der Fall. Beim umweltgerechten Energiesparen ist auch das finanzielle Motiv wichtig. Aber es gibt noch weitere hemmende Motive für positives Umweltverhalten wie das persönliche Wohlbefinden (Bequemlichkeit) und der schon erwähnte Lebensstil.

Umweltverhalten ist kein homogener Verhaltensbereich

Trotzdem wäre es verfehlt, der Schule in diesem Bereich Versagen vorzuwerfen. Umweltbewusstsein ist insbesondere in der Bundesrepublik zu einem sozialen Tatbestand geworden. Und sicherlich hat die Umwelterziehung dazu beigetragen, dass der Umweltschutz in unserer Gesellschaft für sehr wichtig gehalten wird, auch wenn der Beitrag der öffentlich-rechtlichen Medien oder von „Greenpeace" größer sein dürfte als der der Schule (s. de Haan & Kuckartz, 1996, 63 ff.).

Umweltwissen reicht nicht aus

2. Nachdem sich gezeigt hat, dass Umweltwissen keinesfalls ausreicht, um positives Umweltverhalten ursächlich hervorzurufen und nachdem letzteres konkurriert mit ökonomischen Motiven, mit persönlichem Wohlbefinden und mit dem Lebensstil, wird derzeit diskutiert, ob ein neues Leitbild in der Schule angestrebt und vermittelt werden soll. Nicht mehr Betroffenheit über aktuelle gegenwärtige oder künftige Katastrophen sollen Auslöser für ein bestimmtes Umweltverhalten sein, sondern rationale Überlegungen wie die vorhandenen Ressourcen besser genutzt werden können, wie auch in den Entwicklungsländern Wohlstand erreicht werden kann, ohne dafür den gleichen Weg wie die Industriestaaten zu gehen. Es soll schließlich trotz einer noch steigenden Weltbevölkerung hinreichend Zeit für die Entwicklung neuer innovativer Produkte gewonnen werden, aber auch Zeit für die Verbreitung des Leitbildes. Dieses zielt zwar auf Einschränkungen, aber ohne Lebensqualität einzubüßen. Dieses Leitbild der „nachhaltigen Entwicklung" („sustainable development") wurde 1992 auf der Umweltkonferenz von Rio de Janeiro als Grundlage für nationale und internationale Umweltpolitik vorgeschlagen. Eine solche nachhaltige, zukunftsfähige Entwicklung soll folgenden Maximen genügen:

Leitbild: Nachhaltige, zukunftsfähige Entwicklung

> „Gleiche Lebensansprüche für alle Menschen (internationale Gerechtigkeit)
>
> Gleiche Lebensansprüche auch für künftige Generationen
>
> Gestaltung des einer Nation unter diesen Prämissen zur Verfügung stehenden Umweltraums auf der Basis der Partizipation der Bürger.
>
> Die Nutzung einer Ressource darf nicht größer sein als die Regenerationsrate ...
>
> Die Freisetzung von Stoffen darf nicht größer sein als die Aufnahmefähigkeit (critical loads) der Umwelt ...
>
> Nicht erneuerbare Ressourcen sollen nur in dem Maße genutzt werden, wie auf der Ebene der erneuerbaren Ressourcen solche nachwachsen ..." (de Haan & Kuckartz, 1996, 273).

Einige dieser Festlegungen durch die UNO implizieren Leitideen für den naturwissenschaftlichen Unterricht, die wir im Zusammenhang mit dem Wertewandel skizziert haben (s. 1.3.2).

3. Kümmel (1998) und v. Weizsäcker u. a. (1996) befassen sich vor allem mit einer verbesserten *Energieeffizienz*, um einen wichtigen Schritt in eine nachhaltige zukunftsträchtige Entwicklung zu machen.

Während Kümmel vor allem auf den ökonomischen Aspekt der vorgeschlagenen Maßnahmen setzt, um ein positives Umweltverhalten zu erreichen, halten v. Weizsäcker u. a. einen Wertewandel für notwendig. Immaterielle Befriedigungen müssen sich gegen die gegenwärtig dominierenden materiellen Befriedigungen durchsetzen, sonst „haben wir keine Chance, das Wettrennen zwischen Effizienzzuwächsen und der Revolution der steigenden Erwartungen und der hemmungslosen Wachstumsspirale zu gewinnen" (v. Weizsäcker u. a., 1996, 326).[29]

Änderung des Lebensstils durch ökonomische Maßnahmen und durch Änderung von Leitbildern

De Haan (1996, 283) stellt die kritische Frage, „wie dieses und wer denn dieses neue Umweltbewusstsein auf den Weg bringen soll". Für seine Antwort: „Der Weg führt durch die Bildung", nennt er drei Gründe:

Umweltbewusstsein führt durch die Bildung

- Umweltbewusstsein und -verhalten werden durch Lebens- und Denkstile und durch Vor-Urteile bestimmt. Diese sind erlernt und, wir fügen hinzu, sie sind damit auch änderbar.

- Eine nachhaltige, zukunftsfähige Entwicklung fordert von den Menschen der Industriestaaten im Namen künftiger Generationen und im Namen globaler Gerechtigkeit sich zu beschränken. „Ob man der Aufforderung zur Selbstbeschränkung folgen mag oder nicht, setzt Entscheidungskriterien voraus, über die man erst einmal verfügen muss. Und wie sonst sollen diese zugänglich werden, wenn nicht durch Unterrichtung und Diskurs?" (de Haan & Kuckartz, 1996, 284).

- Bildung kann die kritische Reflexion vorhandener und die Entwicklung neuer Leitbilder fördern. Diese sind eine wichtige Voraussetzung für ein neues Umweltbewusstsein. Dieses wiederum ist „die Denkvoraussetzung einer epochalen Veränderung" (de Haan & Kuckartz, 1996, 284).

Und um epochale Änderungen muss es tatsächlich gehen; es könnte sein, dass für die im Gefolge einer nachhaltig wirtschaftenden Weltgesellschaft anstehenden Änderungen der Ausdruck „Revolution des Weltbildes" angemessen ist.[30]

4. Die derzeit auf internationalen Konferenzen geführten pragmatischen Überlegungen, eine nachhaltige zukunftsfähige Entwicklung der Weltwirtschaft einzuleiten, fordern mit einer größeren Energieeffizienz zu beginnen. Kümmel (1998, 94) schreibt dazu: „Die Natur spendet Energie – den fundamentalen Produktionsfaktor, der im Laufe der Evolution die zu Werkzeuggebrauch und Feuerbeherrschung befähigten Menschen, ökonomisch gesprochen: den Faktor Arbeit hervorgebracht hat. Im Zuge der Industrialisierung haben Arbeit und Erfindergeist ihrerseits Energie zum Aufbau des Kapitalstocks... eingesetzt. So sind Kapital und Arbeit zu Partnern der Energie bei der Umgestaltung der Erde geworden. ... Menschliche Kreativität hat dem Energieeinsatz im Laufe der Technikgeschichte immer breiteren Raum gegeben und immer neuere Anwendungsfelder eröffnet. Sie erschließt auch die Potentiale effizienter Energienutzung und neue emissionsarme Energiequellen. Damit können die mit Energieumwandlung verbundenen Umweltbelastungen in erträglichen Grenzen gehalten werden, sobald die Kosten der Investitionen in emissionsmindernde Technologien von Kosteneinsparungen durch vermiedene Verbrennung fossiler Energieträger kompensiert werden".

Weitere komplexe interdisziplinäre technische, wirtschaftliche, soziologische Probleme sind die „Stoffproduktivität" und die „Transportproduktivität" (s. v. Weizsäcker u.a., 1996). Es sind ebenso potentielle Themen für den Physikunterricht wie „Energieeffizienz".

Zusammenfassende Bemerkungen

1. Die philosophischen Überlegungen von Jonas (1984) machen deutlich, dass mehr naturwissenschaftlicher Unterricht nötig ist, um die anstehenden Probleme einer weiter wachsenden Erdbevölkerung lösen zu können.

2. Die mit der nachhaltigen zukunftsfähigen Entwicklung zusammenhängende Bildung stellt eine neue Herausforderung für den naturwissenschaftlichen Unterricht, insbesondere für den Physikunterricht dar. Denn nicht nur die neuen überlebensnotwendigen Technologien (s. z.B. v. Weizsäcker u.a. 1996) gründen in den Naturwissenschaften, sie sind auch Teil der neuen Leitbilder. Neue Leitbilder, neue Bildungsziele und Lebensstile können dazu beitragen, das gegenwärtige, ökologisch unangemessene menschliche Verhalten erst ändern können.

3. Leitideen zur gesellschaftlichen Dimension des Physikunterrichts:

Wir sind auf naturwissenschaftlich-technische Bildung und Erziehung angewiesen, damit

- Bürgerinnen und Bürger kompetent an Entscheidungen teilnehmen können über naturwissenschaftlich-technische Probleme mit gesellschaftlicher Relevanz

- jedes Individuum sinnvolle Entscheidungen in Bezug auf seinen Beruf treffen kann

- lokale und globale Katastrophen in einer modernen technischen Gesellschaft vermieden werden können

Naturwissenschaftlich- technische Bildung erlaubt,

- die technisch geprägte Welt und ihre Risiken zu verstehen

- die Freizeit sinnvoll zu nutzen

- persönliche Interessen und geistige Beweglichkeit zu fördern

- eigene und fremde körperliche Schäden zu vermeiden

- sich einen umweltverträglichen Lebensstil anzueigen

- sich gemeinsam aktiv für eine gesunde Umwelt und für verantwortungsvolle Nutzung der natürlichen Ressourcen einzusetzen, so dass die Welt für alle bewohnbar bleibt.

In der modernen technischen Gesellschaft ist die Individualität des Menschen *eine Notwendigkeit, Mythos und Problem.*

1.4. Die pädagogische Dimension des Physikunterrichts

„Ich nenne eine Didaktik herzlos, die das eigene Denken der Kinder nicht achtet, statt sich von ihm auf den Weg bringen zu lassen" (Wagenschein, 1983, 129).

Pädagogische Theorien einerseits (s. v. Hentig, 1976) und Bürgerbewegungen andererseits fordern derzeit eine humane Schule, humanes Lernen in der Schule. Wie muss Physik unterrichtet werden, um den inneren Widerspruch zu beheben, zwischen der Forderung nach humanem Lernen und der in den Naturwissenschaften unumgänglichen Forderung nach Objektivität, die, Litt (1959) folgend, „weitab vom Menschsein führt"? Reicht der in 1.1 skizzierte Lösungsvorschlag Litts aus, ist damit die Antinomie aufgehoben, das Problem gelöst? Ist humanes Lernen im Physikunterricht möglich?

Humanes Lernen im Physikunterricht

Wir erörtern in dieser Skizze zunächst verschiedene allgemeine Aspekte des humanen Lernens (vgl. Rumpf 1976; 1981). Es geht dabei um *Auffassungen, Wertschätzungen, Handlungsgewohnheiten, Handlungssysteme, die von Schülern in etablierten Lehreinrichtungen übernommen werden sollen und um Maßnahmen, die Lehrer einsetzen, um diese Änderungen zu bewirken* (s. Rumpf, 1981). Humanes Lernen bedeutet, dass bei der Beurteilung der Lernprozesse nicht nur die Effektivität eine Rolle spielt, sondern auch der Vorgang des Lernens, insbesondere der Umgang des Lehrers mit den Schülern, mit deren Ideen und Weltbildern. In mittelbarer Weise ist für humanes Lernen auch der Umgang mit den Lerninhalten relevant. Denn die Art, wie die Inhalte didaktisiert, methodisiert und durch Medien illustriert werden, hat natürlich Auswirkungen auf die damit befassten Schüler.[31] Werden dadurch natürliche Zugänge und Züge des menschlichen Lernens durch die Schule verschüttet?

Werden natürliche Zugänge und Züge des menschlichen Lernens durch die Schule verschüttet?

Der Rückblick auf die Schulzeit fällt individuell sehr verschieden aus. Schüler können sich auf den Unterricht freuen und sie können die Schule mit Ängsten betreten, hoffend, dass der Schultag, das Schuljahr, die gesamte Schulzeit bald vorbei ist. Diese Gefühle hängen von den Lehrer und Lehrerinnen ab, von den Fächern, von den Mitschülern, von organisatorischen Gegebenheiten, unter denen Lernen, humanes und inhumanes, stattfand.

Die obigen Fragen gehen davon aus, dass es Unterschiede zwischen Fächern und Fachlehrern gibt. So gelten Physiklehrer als streng, und Physik lernen ist schwierig (s. Kircher, 1993). Es ist das Ziel dieses Abschnitts zu zeigen, dass trotz dieser Bedingungen humanes Lernen im Physikunterricht möglich ist. Es geht um pädagogische Folgerungen, die aus der Leitidee „Humane Schule" für den Physikunterricht zu ziehen sind. Dabei spielt Wagenscheins Interpretation eines genetischen Unterrichts[32] eine wichtige Rolle.

Um die pädagogische Dimension des Physikunterrichts zu beschreiben, verwenden wir die Ausdrücke „Umgang" (s. Rein, 1909) und „Begegnung"[33] (s. Bollnow, 1959). Sie erscheinen geeignet, um humanes Lernen in zwei besonderen Ausprägungen zu charakterisieren: Bei stetigen (kontinuierlichen) und bei unstetigen (diskontinuierlichen) Lernvorgängen. Neben dem Methodischen sind auch allgemeine Bildungs- und Erziehungsziele angesprochen. Dafür reichen die im Hintergrund wirkenden Auffassungen Hentings und Klafkis nicht immer aus.

1.4.1. Die übergangene Sinnlichkeit im Physikunterricht – eine Kritik

1. Nach herkömmlicher Auffassung ist die Schule eine Vorphase des Berufs; Schüler sind in einer Vorphase eines Erwachsenen; Vorstellungen und Weltbilder[34] der Schüler sind bestenfalls kuriose, vorläufige Ideen. Wegen dieses unfertigen, unreifen Zwischenstadiums erscheint es selbstverständlich, legitim, notwendig, die Schülerinnen und Schüler mit Wissen und Fähigkeiten auszustatten, damit sie als Erwachsene in einer von Wissenschaften geprägten Welt zurechtkommen. Dieser Aneignungsprozess ist insbesondere in den Naturwissenschaften zu optimieren im Hinblick auf ein möglichst umfassendes Wissen in möglichst kurzer Zeit, denn das naturwissenschaftlich-technische Wissen vergrößert sich immens, von Tag zu Tag, von Jahr zu Jahr. Für ein Kind bedeutet dies einen „Kurs in einer besonderen Askese: Es muss lernen, seine sinnlichen Welt-Resonanzen auf bestimmte Kanäle zu reduzieren und dort zu kontrollieren" (Rumpf 1981, 43). „Formale gedankliche Operationen – der Aufbau und die Verknüpfung von Begriffen, die Anwendung solcher Begriffsverknüpfungen zum Hypothesenbilden ... – zeichnen sich dadurch aus, dass in ihnen das Subjekt als Träger einer Lebensgeschichte, einer vielfältig bestimmten Affektivität, eines Körpers in einer bestimmten Haltung und Verfassung, eines Geschlechts, einer bestimmten Lebenswelt ausgeklammert bleibt" (Rumpf, 1981, 135).

Physiklernen in der Schule soll kein Optimierungsprozess sein: möglichst viel Wissen in möglichst kurzer Zeit

2. Bei einer solchen eingeengten Einführung in unsere Kultur und Zivilisation wird in Kauf genommen, dass der körperlich sinnliche Zugang zu den Phänomenen als störend und überflüssig empfunden wird. Es bleibt keine Zeit für die Schüler, ihre eigenen Meinungen zu überprüfen, weiter zu verfolgen, zu verwerfen, über die „Dinge" zu fabulieren, sie in die Lebenswelt der Schüler einzubeziehen, sie zu hassen und zu lieben. So bleiben „die persönlichen, die grüblerischen, die tagträumerischen Gedanken ... privat, unterhalb der Grenzlinie dessen, was ... als Unterrichtsergebnis und -inhalt" (Rumpf, 1981, 135) vorgezeichnet ist. Dieser Trend in der Schule „zur Profilierung des Lernens auf eindeutig gemachte Bahnen, die die Lernprozesse zu Punktlieferanten macht" (Rumpf 1981, 140), ist allerdings nicht neu, sondern auch ein Ergebnis einer durch und durch verwalteten Lebenswelt, die ihrerseits Folge der neuzeitlichen technischen Gesellschaft und ihrer Weltbilder ist. Dieser Prozess begann in Europa mit der Industrialisierung und der Schaffung zentralistischer Staaten.

Der körperlich sinnliche Zugang zu den Phänomenen ist nicht störend und überflüssig sondern notwendig

**Inhumane
Lernwege durch
Normalverfahren**

3. Die hier skizzierte allzu rasche Aneignung des Wissens durch stereotype „Normalverfahren" des Unterrichtens unter weitgehender Ausblendung lebensweltlicher Erfahrungen führt häufig *zu mechanischem Lernen, zu unverstandenem Wissen, das die Schülerinnen und Schüler rasch wieder vergessen.* Zu diesen aus der Sicht der betroffenen Schüler inhumanen Lernwegen kommt eine weitere Ursache für rasches Vergessen hinzu, die „leicht-fertige" Übernahme der Fachsprache. Häufig erhalten Wörter der Umgangssprache, die in der Physik als Fachausdrücke verwendet werden, in diesem Kontext eine neue, andersartige Bedeutung. Ein physikalischer „Körper" ist ohne Sinnlichkeit, nur ein abstraktes Ding, ist ohne Form und Farbe, ohne Bezug zur Lebenswelt. Außerdem werden in der Physik durch die Verwendung mathematischer Symbole gesetzmäßige Zusammenhänge zusätzlich abstrahiert und verkürzt dargestellt. Diese Vorteile der Naturwissenschaften, die Verwendung einer Fachsprache und die mathematische Darstellung, bedeuten aber für Lernende immense Schwierigkeiten. Und es ist schon erstaunlich, dass dieser Sachverhalt in manchen Schulbüchern immer noch gedankenlos übergangen wird. Es wird verfrüht eine Auskunft gegeben, nach der die Schüler nicht verlangen. Wagenschein (1976[4], 85) nennt dies „eine Korruption ihres Denkens".

**„Leicht-fertige"
Übernahme der
Fachsprache**

Verfrühte Auskunft

Eine Folge eines solchen Verständnisses des Physiklernens zeigt sich bei Schulbuchanalysen: Folgt man bestimmten Schulbüchern, müssen in einer Physikstunde mehr neue Fachbegriffe eingeführt werden als in einer Fremdsprache.[35] Andererseits haben Thiel und Wagenschein (s. Wagenschein, Banholzer & Thiel, 1973) in vielen Unterrichtsbeispielen gezeigt, dass eine zwar redundante, aber sinnlich-lebensweltliche und daher verständliche Umgangssprache ausreicht, um auch im Physikunterricht zu kommunizieren, mehr noch, dass die Umgangssprache für ein ursprüngliches Verstehen der Physik notwendig ist. „Die Muttersprache führt zur Fachsprache ohne zu verstummen. Die Umgangssprache wird nicht überwunden sondern überbaut" (Wagenschein, 1983, 81).

**Die Umgangs-
sprache ist für ein
ursprüngliches
Verstehen der
Physik notwendig**

**Das exemplarische
Lehren und Lernen
wird im
Physikunterricht
kaum befolgt**

4. Ein weiteres Moment der übergangenen Sinnlichkeit rührt von den Einstellungen von Lehrern, um mit der Stofffülle in den Lehrplänen fertig zu werden. Angesichts übervoller Lehrpläne fühlen sich viele Lehrer gedrängt zur oben skizzierten Optimierung der Lernwege in den 45-Minuten-Takt einer Schulstunde mit ihren negativen Folgen. Gibt es dazu keine Alternative? Die pädagogische Aufforderung „Mut zur Lücke" und damit zusammenhängend das „exemplarische" Lehren und Lernen (s. 5.2.1), wird nicht nur in der Praxis des Physikunterrichts, sondern in der Schulpraxis überhaupt kaum

sikunterrichts, sondern in der Schulpraxis überhaupt kaum befolgt. Die Gründe dafür können ganz unterschiedlich sein: Unsicherheit bei Lehrern, Relevantes von Irrelevantem unterscheiden zu können, allgemeines Pflichtbewusstsein, auch einen Lehrplan möglichst buchstabengetreu auszuführen, Angst vor der Schulaufsicht, mangelndes Selbstbewusstsein gegenüber dem Kollegen, der die Klasse im nächsten Schuljahr übernehmen wird. Nicht auszuschließen ist bei Physiklehrern eine gewisse Arroganz gegenüber pädagogischen Argumenten, falls diese in ihrer Ausbildung ausschließlich durch die Fachwissenschaft geprägt wurden und ihnen beispielsweise das Wissen über die Bedeutung des Sinnlichen für das Physiklernen fehlt oder sogar Empathie für ihre Schüler.

1.4.2 Schulphysik als Umgang mit den Dingen der Realität

1. Wagenscheins Aufruf: „Rettet die Phänomene", ist heute so aktuell wie eh und je. Wagenscheins Anlass dazu war die hier erörterte „übergangene Sinnlichkeit", die vorschnelle Einführung von physikalischen Begriffen und Modellen. Heute kommt die Sorge hinzu, dass die Phänomene kaum wahrnehmbar sind, weil sie von modernen Messgeräten wie dem Computer verdeckt werden, nicht mehr verwundern, nicht überraschen, nicht mehr überzeugend sind, weil miniaturisierte Messfühler verwendet werden, deren „Äußerungen" analog-digital-gewandelt nur der Computer versteht. Und es beunruhigt auch, dass die Realität vorwiegend nur noch aus zweiter Hand über Medien erfahren wird. Das bedeutet auch, dass die Ästhetik und die Würde der physikalischen Realität verschwindet, wenn der „Umgang"[36] mit den Dingen fehlt. Wir verwenden im Folgenden diesen Ausdruck, um humanes Lernen in seiner wesentlichen Ausprägung im Physikunterricht zu charakterisieren.

Phänomene werden durch moderne Messgeräte verdeckt

Realität wird vorwiegend aus zweiter Hand erfahren

2. Die physikalischen Objekte der Schulphysik sind im Allgemeinen greifbar und mit der menschlichen Erfahrung der Lebenswelt verbunden: die alte Glühlampe und die moderne Energiesparlampe oder das Metronom. Diesen Gegenstand aus dem Musikunterricht können wir beispielsweise als Zeitmesser bei der Einführung des physikalischen Begriffs „Geschwindigkeit" mindestens genau so gut verwenden wie eine Stoppuhr und besser als eine elektronische Uhr, obwohl wir mit dieser auf eine hunderttausendstel Sekunde genau messen können. Aber das Metronom ist immerhin zuverlässiger als unser Pulsschlag und deutlicher wahrnehmbar als dieser. Sein Pendelschlag ist unübersehbar, unüberhörbar, alle Schüler können sich an der

Zeitmessung beteiligen. Das Metronom ist dann ein didaktisch relevantes Messgerät, wenn ein bewegtes Objekt sich hinreichend langsam fortbewegt, so dass man dessen Änderung im Raum, zwischen zwei Taktschlägen leicht verfolgen kann. Münzen, kleine Gewichtstücke oder Kastanien können den jeweils zurückgelegten Weg markieren. Oder wir bauen aus unserem Klassenzimmer, wie schon von Wagenschein vorgeschlagen, eine „camera obscura", eine „Lochkamera", die uns ein scharfes Panoramabild des nahen Berges liefert, genauso auf dem Kopf stehend wie bei einem Dia, aber ganz ohne Linse. „Viele der Gegenstände, an denen eine naturwissenschaftlich orientierte Betrachtung anhebt, sind von einem Hof ästhetisch-sinnlicher Bedeutungen umgeben" (Schreier, 1994, 29). Neue Realitätserfahrungen sollen mit Kopf, Herz und Hand gewonnen und zugänglich werden.

Realitätserfahrung soll mit Kopf, Herz und Hand gewonnen und zugänglich werden

3. Umgang mit den Dingen der Realität bedeutet deren Eigenart hervorkommen, sich entfalten lassen, als ästhetische Phänomene wirken, faszinieren lassen. Solche ganz unphysikalischen Auswirkungen können bei einzelnen Schülern etwa bei der Beobachtung der brownschen Molekularbewegung mit dem Schülermikroskop auftreten oder bei allen Schülern einer Klasse, wenn dieses Teilchengewimmel auf die Wand projiziert wird und Überraschung, Freude an diesem Phänomen und dadurch Dialoge, Kommunikation zwischen den Schülern auslöst, nicht nur physikalische.

Umgang mit den Dingen fördert Sensibilität und Empathie

Umgang mit den Dingen kann also nicht nur die Entwicklung einer sachgebundenen Sensibilität und Empathie fördern, sondern auch individuelle und soziale Empfindsamkeit und individuelles und soziales Einfühlungsvermögen. Daraus kann individuelles Interesse entstehen, personale Identität, Kompetenz und Selbstbewusstsein gewonnen werden. Es kann sich in einer Lerngruppe oder in der Klassengemeinschaft ein „Wir-Gefühl" entfalten, das die Auseinandersetzung mit der Realität zu einer gemeinsamen Angelegenheit, zu einem unvergesslichen Erlebnis der Schulzeit werden lässt, aus der sich soziale Identität entwickeln kann.

4. Die sachgebundene Sensibilität, die der Umgang mit den Dingen hervorrufen kann, lässt auch die Eigenständigkeit und die Fremdheit der Dinge gewahr werden, lässt die gewaltige „Autorität der Natur" in kosmischen wie in submikroskopischen Bereichen empfinden, erahnen. In die Beschreibungen vieler Naturwissenschaftler mischen sich Gefühle der Erhabenheit, der Ehrfurcht vor den Phänomenen, Glücksgefühle, ein kleines oder großes Stück der Realität verstanden zu haben. Dies kann zu Respekt und Ehrfurcht führen wie bei Ein-

Umgang mit den Dingen kann zu Respekt und Ehrfurcht führen

stein, der schließlich voll Erstaunen feststellt: Das Unbegreiflichste an der Wirklichkeit ist ihre Begreifbarkeit.

5. Mit der belebten Natur, mit höherentwickelten Tieren und Pflanzen findet fraglos pädagogischer Umgang statt. Umgang auch mit niederen Lebewesen, mit der toten Materie, mit der sich der Physikunterricht vorwiegend beschäftigt?

Aus ihrer philosophischen Sicht argumentieren Polanyi (1985) und Jonas (1984), dass wir auch gegenüber der unbelebten Natur eine ursprüngliche Verantwortung haben, mit dieser verantwortungsvoll umgehen müssen. Polanyi verweist darauf, dass die tote Materie „jener ebenso leblose wie unsterbliche Stoff ... Lebendiges aus sich entstehen lässt" (Polanyi, 1985, 83) und dieser dadurch seinen ursprünglichen Sinn erhält. Jonas erkennt in der vorbewussten Natur eine Zweckkausalität, das heißt eine nicht partikuläre und nicht willkürliche „Subjektivität der Natur" (Jonas, 1984, 147). Aufgrund dieser Subjektivität der toten Materie ist ein „Heischen der Sache" möglich, das Verantwortungsgefühl und einen verantwortungsvollen Umgang mit der Sache hervorruft (s. Jonas, 1984, 174 ff.).

Wir haben auch gegenüber der unbelebten Natur eine ursprüngliche Verantwortung

1.4.3 Begegnung mit den Dingen der Realität in der Schulphysik

1. Bildung wird üblicherweise als ein kontinuierlicher Vorgang betrachtet, der sich im Grunde über ein Menschenleben erstreckt. Aus der Aufklärung stammt die Vorstellung, dass der Lehrer als eine Art Handwerker betrachtet wird, der durch „planmäßige Anwendung der richtigen Methoden ... bei hinreichender Ausdauer und hinreichender Materialkenntnis schließlich mit Sicherheit auch das gewünschte Ergebnis erzielt. ... Die Ethik lieferte die Ziele ... die Psychologie dagegen die notwendige Kenntnis des Materials" (Bollnow, 1959, 17).

Diese Auffassung wurde im 19. Jahrhundert abgelöst von der Vorstellung, dass Erziehung eine Kunst des Pflegens, des Nicht-Störens, des Wachsen-Lassens sei. Die Rolle des Lehrers ist die eines Gärtners, der vor allem darauf achten muss, dass die im Innern des Menschen angelegte Entwicklung zur Entfaltung kommen kann, diese nicht stört oder behindert. So sehr sich diese beiden Grundauffassungen auch in ihren unterrichtlichen Konsequenzen unterscheiden, so ist ihnen doch gemeinsam, dass die menschliche Entwicklung stetig verläuft mit allmählicher Vervollkommnung (s. Bollnow, 1959, 18).

Bildung und Erziehung verläuft stetig: eine Kunst des Pflegens, des Wachsen-Lassens

Bildung und Erziehung verlaufen unstetig: durch Begegnungen und fruchtbare Momente

In der ersten Hälfte des 20. Jahrhunderts wurden von Buber und Copei menschliche Verhaltensänderungen betrachtet, die durch unstetige Ereignisse hervorgerufen werden. Buber betrachtete die „Begegnung" zwischen Menschen als potentiell prägend für deren Verhalten in der Zukunft. Copei (1950) beschrieb und analysierte den „fruchtbaren Moment" im Bildungsprozess, der sich in der Auseinandersetzung mit den Dingen der Realität ereignen kann. In beiden Begriffen steckt das Aktuale, das Zufällige, das Unstetige das Kurzzeitige, genau genommen, das Zeit-lose.

Bollnow (1959) hat die Möglichkeiten unstetiger Erziehung im Zusammenhang mit der Existenzphilosophie erörtert, ohne deren Voraussetzung zu akzeptieren, dass für den innersten Kern des Menschen *keine bleibende Formung* möglich ist.

Im Gegensatz zu der existenzphilosophischen Annahme gehen wir, Bollnow folgend, davon aus, dass eine besonders nachhaltige erzieherische und bildende Wirkung durch „Begegnungen" und „fruchtbare Momente" erfolgt. Bezogen auf den Physikunterricht[37] bedeutet das: In fruchtbaren Momenten, die durch den Umgang mit den Dingen entstehen können, erfolgen Erschütterungen, Krisen und in deren Gefolge möglicherweise Umstrukturierungen des bisherigen Wissens und bisheriger Einstellungen. Diese „Begegnung" mit der Realität kann zu neuen tiefen Einsichten führen, zu einem Übergang auf eine höhere Erkenntnisebene; die „Begegnung" kann Weltbilder und Lebensstile ändern. Die neue Einsicht kommt plötzlich, es fällt einem „wie Schuppen von den Augen" und kann spezielle Probleme der Physik ebenso betreffen wie die gesamte Physik bzw. die Naturwissenschaften.

Die „Begegnung" mit der Realität kann zu neuen tiefen Einsichten führen

„Begegnung findet erst statt, wenn der Mensch es ist, der mit der Wirklichkeit zusammentrifft" (Guardini, 1956, 11). In dieser Situation „wird das Dasein voll, reich, heil" (Guardini, 1956, 18).

2. Wir verwenden den Ausdruck „Begegnung" sowohl für die skizzierten existentiellen Situationen als auch für die weniger affektbeladene, sehr „sachintensive" Situation des „fruchtbaren Momentes", der zu einem sogenannten „Aha-Erlebnis" führt.

Die existentielle Begegnung ist nicht methodisierbar

Die existentielle Begegnung hängt von Unwägbarkeiten ab und wird nicht aus einzelnen Stücken zusammengesetzt, „sondern tritt hervor in den tausend Momenten, aus denen sie besteht" (Guardini, 1956, 16). Da die klügste Auswahl und die sorgfältigste Vorbereitung fragmentarisch und grob bleiben „gegenüber der Vielfalt und sensiblen Beweglichkeit eines echten Situationsgefüges" (Guardini, 1956, 17), das die existentielle Begegnung als Voraussetzung benötigt, ist diese besondere pädagogische Situation nicht methodisierbar.

Zur Begegnung gehört die Freiheit des Subjekts bei der Wahl des Objekts und die Offenheit der pädagogischen Situation. Charakteristisch ist ferner die *Ambivalenz der existentiellen Begegnung* hinsichtlich ihrer Wirkungen. Denn neben den möglichen bedeutenden „Lernsprüngen" in eine andere Perspektive, in ein neues Weltbild, können Schülerinnen und Schüler an und in dieser herausgehobenen Situation scheitern mit negativen Folgen für die Persönlichkeitsentwicklung.[38] Aus den Merkmalen der existentiellen Begegnung ist ersichtlich, dass eine solche für den Betroffenen sehr wichtige, vielleicht entscheidende Lebenssituation im Physikunterricht selten vorkommt. Im Falle ihres Eintreffens kann es dazu führen, sich lebenslang für die Beschäftigung mit der Physik zu entscheiden oder aber diesen Zugang zur Wirklichkeit abzulehnen, aufgrund des Scheiterns im Moment der Begegnung.

Begegnung:
• Freiheit des Subjekts bei der Wahl des Objekts
• Offenheit der pädagogischen Situation

Guardini (1956) spricht auch dann von Begegnung, wenn das Existentielle, das notwendig Krisenhafte, die Ausschließlichkeit dieser Situation fehlt und bloß eine besonders intensive Beschäftigung mit den Dingen der Realität und deren Interpretationen durch die Naturwissenschaften vorliegt[39]. Auch hierbei werden Emotionen geweckt, wird intensives Handeln, Forschen ausgelöst, ein „Ethos der Sachgerechtigkeit und der Sachfreudigkeit" (Guardini, 1953, 42), bis vielleicht in einem „fruchtbaren Moment" die neue Einsicht plötzlich, wie aus „heiterem Himmel" den Lernenden überkommt: in der Pädagogik wird auch von einem „Aha-Erlebnis" gesprochen. Im Gegensatz zur existentiellen Begegnung ist der „fruchtbare Moment" und das „Aha-Erlebnis" methodisierbar. Copei hat dies mit seinem Beispiel „Milchdose" (Copei, 1950, 103 f.) gezeigt. Genetisch unterrichtende Lehrer zeigen tagtäglich – Sie können dies in den Schulpraktika zum Beispiel im Projektunterricht erleben – dass diese Art der Begegnung ein wesentliches Element der Physikdidaktik und Physikmethodik ist. Wagenschein schreibt darüber: „Je tiefer man sich in ein Fach versenkt, desto notwendiger lösen sich die Wände des Faches von selber auf, und man erreicht die kommunizierende, die humanisierende Tiefe, in welcher wir als ganze Menschen wurzeln, und so berührt, erschüttert, verwandelt und also gebildet werden" (Wagenschein, 1965, 229).

Begegnung als „fruchtbarer Moment" und „Aha-Erlebnis" ist ein wesentliches Element der Physikdidaktik und Physikmethodik

3. Für den Physikunterricht können folgende didaktischen Aspekte einer „Begegnung" bedeutsam werden:

1. Die *Bewährung* in existentieller oder in sachintensiver Situation, wenn Lernende mit einem physikalischen Gegenstand „ringen", diesen zu begreifen und zu verstehen versuchen. Letzteres gelingt nur durch methodische Sauberkeit, d. h. physikalische Methoden sind als Voraussetzung gefordert bzw. werden in dieser Situation gefördert.

2. Die *humane Bewältigung* einer solchen Situation, wenn Schwierigkeiten auftauchen, aber auch wenn die Situation erfolgreich gemeistert wurde. Es sind Dispositionen wie wissenschaftliche Ehrlichkeit und Bescheidenheit gefordert bzw. werden erworben.

3. Die *Erfahrung von Grenzen* in dieser Situation. Es sind kognitive, affektive, psychomotorische Grenzen des Individuums und der Lerngruppe gemeint. Das heißt es stehen die personale und soziale Identität auf dem Prüfstand.

1.4.4 Umgang mit Schülervorstellungen und humanes Lernen

1. Weltbilder und Alltagsvorstellungen von Kindern und Jugendlichen beeinflussen das Lernen der Naturwissenschaften, so wie die Weltbilder von Lehrern und Physikern deren Auffassungen über Naturwissenschaften mitbestimmt haben und mitbestimmen.

Nicht nach einem allumfassenden Weltbild der Kinder – wahrscheinlich gibt es ein solches gar nicht – sondern spezifischer nach deren „Einstellungen, Denkmitteln und Erklärungsansätzen über physikalische Erscheinungen", forschte Agnes Banholzer im Rahmen ihrer Dissertation (1936) bei Schülern zwischen 6 und 14 Jahren. Mitte der siebziger Jahre wurde weltweit begonnen, diese „Alltagsvorstellungen" der Schüler, auch als „Schülervorstellungen"[40] bezeichnet, systematisch zu erfassen, vor allem in den Naturwissenschaften und in der Geografie. Anlass waren damals in erster Linie Befragungen von Lehramtsstudenten (Wagenschein) und anderen jungen Erwachsenen (Daumenlang, 1969), durch die manifest wurde, dass Erwachsene trotz langjährigem Unterricht nur ein geringes physikalisches Wissen über Alltagserscheinungen (z. B. die Entstehung der Mondphasen) und über Alltagsdinge (z. B. den Fahrraddynamo) aufwiesen.

Erwachsene haben nur ein geringes physikalisches Wissen über Alltagserscheinungen

Fragt man nach den Ursachen der Alltagsvorstellungen, so macht man derzeit vor allem die *Umgangssprache* (z. B. der Ausdruck „Stromverbrauch") und die *Strukturen der Lebenswelt*[41] dafür verantwortlich. Außerdem können angeborene oder erworbene Wahrnehmungs- und Denkmuster die Schülervorstellungen beeinflussen oder prägen.

In der Arbeitsgruppe „Schülervorstellungen" am IPN um die Chemiedidaktikerin Helga Pfundt spielte von Anfang an der Aspekt des humanen Lernens eine wichtige Rolle, d.h. der Umgang mit den Alltagsvorstellungen durch Lehrerinnen und Lehrer (s. Kircher, 1998). Man betrachtete das intuitive Erahnen der Schülervorstellungen oder deren explizite Kenntnis als Voraussetzung für genetisches Unterrichten. Aufgrund der weltweiten Untersuchungen (Pfundt & Duit, 1994) ist für viele Bereiche der Schulphysik diese Art der Lernvoraussetzungen bekannt. Daher ist es notwendig, diese Untersuchungsergebnisse für die Schulpraxis bereitzustellen und sie dort unmittelbar über entsprechende Unterrichtsmaterialien oder mittelbar über die Lehrerbildung zu verbreiten (s. Häußler u. a., 1998).

Die Kenntnis von Schülervorstellungen ist eine wichtige Voraussetzung für genetisches Unterrichten

Obwohl die oben erwähnten Schüleräußerungen von Banholzer aus Interviewsituationen stammen, können sie auch täglich im Physikunterricht fallen. Wie sollen die Lehrkräfte auf Schülervorstellungen reagieren?

Man kann diesbezüglich von „unmittelbaren" und „mittelbaren" Methoden sprechen. Bei den unmittelbaren Methoden wird das Lernproblem „Alltagsvorstellungen" ausdrücklich thematisiert. So schlägt zum Beispiel Oldham (1989) vor, dass alternative „Theorien" über naturwissenschaftliche Phänomene aus den Schülern herausgelockt werden. Diese werden dann von den Schülern erläutert und weiter ausgearbeitet, auch unter Einbeziehung von Versuchen. Der Lehrer präsentiert nun das wissenschaftliche Weltbild. Aufgrund von Widersprüchen bei Voraussagen und Erklärungen sind die Schüler dann bereit, die wissenschaftlichen Vorstellungen zu akzeptieren und zu übernehmen. Ich habe meine Zweifel, ob ein solcher Paradigmawechsel, die Übernahme eines ungewohnten, nicht vertrauten Weltbildes nach einem solchen „rationalistischen" Schema abläuft. Hinzu kommt die zentrale Frage, ob dieses latente Abqualifizieren kindlicher Vorstellungen während des Unterrichts mit der Vorstellung des humanen Lernens in Einklang steht. Wie reagieren die Schüler darauf, wenn der mit den Alltagsvorstellungen vertraute Lehrer, gewissermaßen „gnadenlos" die Schülertheorien widerlegt, mit Hilfe seines umfangreichen fachlichen, fachdidaktischen und methodischen Wissens und durch seine Autorität als Lehrer? Werden die Schüler bei solchen „unmittelbaren Methoden" nicht genauso (häufig) resignieren oder sich (häufig) anpassen oder (selten) rebellieren wie im traditionellen Unterricht?

Wagenschein (1976[4], 175 f.) hat ein anderes Lehrerverhalten beschrieben, das man „sokratisch" (Wagenschein, 1968) nennen kann. Der Lehrer ist dabei kein omnipotenter Wissensvermittler, kein Instruktor, sondern der Moderator für Lernprozesse und der einfühlsame Erzieher.

2. Wie soll der Lehrer mit Fragen umgehen, Fragen hinter denen bestimmte Vorstellungen oder gar Weltbilder stehen?

Umgang mit Schülervorstellungen

Wagenschein (1976[4], 170 f.) gibt folgenden Rat:

„1. die Frage des Kindes an die Kindergruppe weiterzugeben, so dass sie von ihr soweit wie möglich geklärt wird;

2. in der Naturbetrachtung außerdem die Frage an die Dinge weiterzugeben, (‚das könnt ihr vielleicht selbst herausfinden.' Diese Bemerkung wird die Kinder ebenso locken wie der Vorschlag, ‚da müssen wir die Dinge selber fragen'...)"

Merkmale eines genetischen Unterrichts

Weitere Hinweise für adäquates Lehrerverhalten: Fragen und Probleme für alle Kinder verständlich machen durch Dialoge zwischen Kindern. Die Entstehung eines neuen (physikalischen) Weltbildes verlangsamen, den Kindern „Zeit lassen" für neue und neuartige Lernprozesse, zum Beispiel im Zusammenhang mit dem neuartigen naturwissenschaftlichen Zugang zur Welt: dem faszinierenden Wechselspiel von Hypothese und Experiment. Innehalten und darüber nachdenken, was nun anders, nicht zuerst, was besser ist als bisher. Wenn überhaupt, dann behutsam, unmerklich führen und vor allem wachsen lassen. Dieses sind Merkmale eines genetischen Unterrichts (ausführlich s. 5.2.2).

Martin Wagenschein hat dabei auch in Kauf genommen, dass originelle Wortschöpfungen der Kinder als Fachausdrücke wochen-, monatelang weiter verwendet werden. Warum soll man nicht gegen die Umgangssprache etwa von „Stromgebrauch" reden, wenn deutlich geworden ist, (z. B. durch von den Kindern gespielte Analogien (Kircher & Werner 1995)), dass „Strom" kein „Ding" sondern ein „Vorgang" ist („Es muss sich etwas bewegen") und dass im Lämpchen keine „Stromteilchen" vernichtet oder verwandelt werden. Stromteilchen *werden gebraucht*, damit man von „Strom" reden kann, eben dann, wenn diese sich im „Kreis" bewegen. Sie *sind gebraucht*, wenn sie das Lämpchen verlassen, so wie die Schulbücher, die am Ende des Schuljahrs „gebraucht sind", ohne dass (hoffentlich) auch nur ein Wort im Buch fehlt. Wie Werner (1992) in einer Studie gezeigt hat, können selbst Grundschulkinder mit Hilfe gespielter Analogien die Unterschiede zwischen solchen Vergleichen und den Dingen selbst erörtern. Sie können ungezwungen über Sinn und Nutzen solcher Illustrationen reden. Die Kinder sind bei einem Zweig der Wissenschaftstheorie angelangt.

Diese Suche nach den „letzten Dingen" schon in der Primarstufe ist noch umstritten. Soll man über „Dinge" wie die Elektronen reden, von deren Existenz wir nur mittelbare Hinweise besitzen, die aber für Grundschüler nicht nachvollziehbar sind, weil „theoriegeladen"? Andererseits kommen den Kindern solche Ausdrücke vielleicht in die Quere, aus dem Fernsehen, aus populärwissenschaftlichen Büchern, durch Familienmitglieder oder Freunde. Und in diesem Falle, wenn die Kinder darüber stolpern und stürzen, sollte es keine didaktische Doktrin geben, die dieses Menschenrecht, die Suche nach Wahrheit, verbietet. Nicht nur in den Biografien berühmter Naturwissenschaftler finden sich Hinweise, dass ein „Keim" dafür sich bereits im Grundschulalter bilden kann. In diesem Zusammenhang wird zur Zeit untersucht, ob bereits Grundschulkindern ein adequates Wissenschaftsverständnis vermittelt werden kann (Kircher& Sodian, 2001). Dies erscheint möglich nach empirischunterstützten Änderungen der Entwicklungspsychologie (z.B. Sodian, 1998[4]) .

Zusammenfassung

Es wurde versucht, humanes Lernen im Physikunterricht durch die Begriffe „Umgang", „Begegnung" und „Genetischer Unterricht" zu beschreiben.

1. Umgang mit den Dingen der Realität und der dabei stattfindende soziale Umgang der Beteiligten (Schüler, Lehrer) sind eine notwendige Voraussetzung für allgemeinbildende Ziele wie etwa die Findung der personalen und sozialen Identität bzw. damit zusammenhängend die *individuelle und soziale Kompetenz junger Menschen*.

Umgang mit den Dingen der Realität ist auch eine notwendige Voraussetzung für das Lernen der Physik. Es wird dabei jenes *„implizite Wissen"* (Polanyi, 1985) erzeugt, das die Grundlage für subjektiv oder objektiv neues Wissen ist.

Umgang mit den Dingen der Realität schafft *Empathie* und auch *Sensibilität* für die *bewusste und vorbewusste Realität*. Diese erscheinen notwendig, um neue Verantwortlichkeit und neue Verhaltensweisen zu evozieren, um die in Abschnitt 1.3 thematisierte Umwelterziehung und die Erziehung zur Nachhaltigkeit über bloß verbales Wissen hinauszuführen.

2. Besonders intensives und effektives Lernen erfolgt in der „Begegnung" mit den Dingen der Realität. Solche existentiellen bzw. sach-

intensiven Situationen können sich auch im Physikunterricht ereignen. Von Wagenschein (19??) wird die Auffassung vertreten, dass nur in solchen Momenten „Verstehen" und damit zusammenhängend „Bildung" erfolgt. Obwohl grundsätzlich nicht methodisierbar, kann eine „Begegnung" durch sehr intensive Beschäftigung mit den Dingen der Realität und durch geeignetes Lehrerverhalten vorbereitet oder angeregt werden.

3. Humanes Lernen und genetisches Lernen hängen eng zusammen. Komponenten eines solchen Unterrichts sind *der Umgang und die Möglichkeit einer Begegnung mit den Dingen der Realität*, sowie die Orientierung an den vorgängigen bzw. sich im Unterricht entwickelnden Vorstellungen und Weltbilder der Lernenden. Wir betrachten diese Komponenten als notwendige aber noch nicht hinreichende Voraussetzungen (s. dazu 1.4.4 und 5.2.2)[42].

4. Wie insbesondere aus der Religionsgeschichte bekannt, können *existentielle Begegnungen zu grundlegenden Verhaltensänderungen von Individuen führen.*

Auch in der Schule kommt *unstetigen Lernvorgängen in der Situation der Begegnung* eine große Bedeutung zu. Wir sehen die Notwendigkeit, diese Art des Lernens *in der Lehrerbildung* zu thematisieren.

1.5 Gerüst dieser Physikdidaktik

1.5.1 Dimensionen der Physikdidaktik

Nach den bisherigen Erörterungen scheinen sich humanistische und pragmatische Zielsetzungen zu widersprechen: einerseits *die Suche nach Wahrheit*, nach Objektivem, als etwas Zeitübergreifendem, „Allzeitigem" und andererseits Erwerb und Verwertung von Wissen für den subjektiven „Augenblick" und für den späteren Beruf. Für den naturwissenschaftlichen Unterricht erhebt sich außerdem die Frage, ob das Prinzip „Verantwortung" als eine diese beiden Zielvorstellungen übergreifende neue Leitidee zu verstehen ist.

Bisher wird die Frage nach dem Verhältnis von humanistischen und pragmatischen Zielvorstellungen in unserer Kultur so beantwortet, dass humanistischen Zielvorstellungen Priorität zukommt. Die primäre Absicht des naturwissenschaftlichen Unterrichts ist nicht, wie Wissen und Können später verwertet werden können, sondern die Weiterführung der abendländischen Tradition auch *mittels naturwissenschaftlicher Methodologie nach Wahrheit zu suchen.* Bisher war der „Wille zur Wahrheit" (vgl. v. Hentig 1966, 90), das den „verschiedenen humanistischen Bewegungen in der Geschichte ... gemeinsame Kennzeichen" (v. Hentig, 1966, 90), in einer hierarchischen Anordnung an die Spitze der Zielvorstellungen des naturwissenschaftlichen Unterrichts gestellt.

Diese Leitidee wird pragmatisch modifiziert und abgeändert, wenn gute Gründe dafür vorliegen. Dabei werden vor allem solche Gründe akzeptiert, *die den Schüler selbst betreffen: seine Interessen, seine Lernvoraussetzungen, seine Rechte als Mensch und künftig mündiger Bürger, seine Pflicht zur lokalen und globalen Verantwortung.*

Auf die bisherigen Erörterungen aufbauend wird versucht, eine zeitgemäße Physik- bzw. Naturwissenschaftsdidaktik näher zu bestimmen.

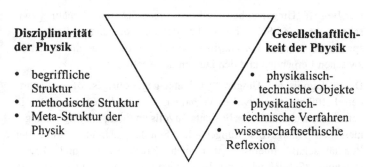

Humanes Lernen der Physik

Disziplinarität der Physik

- begriffliche Struktur
- methodische Struktur
- Meta-Struktur der Physik

Gesellschaftlichkeit der Physik

- physikalisch-technische Objekte
- physikalisch-technische Verfahren
- wissenschaftsethische Reflexion

Abb. 1.3: Dimensionen des Physikunterrichts

Die drei Dimensionen dieses „physikdidaktischen Dreiecks" werden im Folgenden erläutert.

1. Die in Abb. 1.3 formulierte Leitidee „Humanes Lernen der Physik", die den Unterricht prägen soll, meint neben den verschiedenen Aspekten von „Umgang" auch die Möglichkeit einer „Begegnung". Dieser der Existenzphilosophie entstammende Begriff wurde in den 50er-Jahren vor allem von Bollnow, Guardini und Derbolav im Hinblick auf pädagogische Implikationen interpretiert.

„Umgang" und „Begegnung"

Lernen in der Situation der „Begegnung" ist unstetig, sprunghaft, nicht methodisierbar, aber doch nur, wenn überhaupt, durch „methodische Sauberkeit" etwa beim Experimentieren zu erreichen.

„Begegnung" soll betroffen machen, Einstellungen erzeugen, die zu Verhaltensänderungen führen

„Begegnung ist nicht sachliches Kennenlernen eines bisher noch Unbekannten, sondern betont demgegenüber das Moment der persönlichen Betroffenheit" (Bollnow, 1959, 129). Physikunterricht muss auch betroffen machen können und darüber hinaus durch innere Erschütterung verwandeln. Diese „Verwandlung" soll nicht nur bildend wirken, wie von Wagenschein (1965, 229) argumentiert, sondern soll Einstellungen erzeugen, die zu persönlichen Verhaltensänderungen führen, die über den Unterricht und über die Schulzeit hinausreichen. Schon Klafki (1963, 62) spricht von „exemplarischen Ernsterfahrungen" und „echtem Engagement", die von Bildungseinrichtungen ausgehen sollen. Im Zusammenhang mit dem naturwissenschaftlichen Unterricht ist dabei an die nachhaltige Nutzung der Ressourcen, sowie an traditionellen und modernen Natur- und Umweltschutz im Alltag und im Beruf zu denken, aber auch an die Nutzung neuer Medien in der Freizeit und im Beruf.

Der Begriff „Umgang" beschreibt das wechselseitige Verhältnis zwischen Lehrer und Schüler, zwischen den Schülern und schließlich als spezifisch *naturwissenschaftsdidaktische Kategorie* die Relation zwischen Lernenden und den Dingen der Realität.

Der pädagogische „Umgang" bedeutet gegenseitiges, offenes, partnerschaftliches respektvolles Verhalten, etwa auch gegenüber den in naturwissenschaftlicher Hinsicht unvollständigen, häufig unangemessenen Alltagsvorstellungen der Schüler. „Umgang" mit der Realität schafft Interesse, aber auch Vorerfahrungen und Vorverständnisse. Schließlich führt der Umgang mit der Realität dazu, ein persönliches Verhältnis zu „bloßen" Objekten herzustellen, diese zu schätzen, wegen deren Wert, etwa im Hinblick auf Entstehung und im Hinblick auf mutmaßliche Vergänglichkeit, d. h. Entwertung oder Vernichtung in endlicher Zeit. Eine solche Wertschätzung ist gegenwärtig in der Naturwissenschaftsdidaktik auf biologische Objekte beschränkt, während bei physikalischen oder chemischen Objekten noch überwiegend deren Warencharakter dominiert.

Die pädagogische Dimension hat Priorität vor der physikalischen und der gesellschaftlichen Dimension

Durch die kategoriale didaktische Bedeutung von „Umgang" und „Begegnung" wird das auf den ersten Blick anscheinend Methodische zur *pädagogischen Dimension, der Priorität vor der physikalischen und der gesellschaftlichen Dimension zukommt.* Das bedeutet auch, dass diese pädagogische Dimension nicht zuletzt die Funktion hat, die Lernenden vor bildenden und verantwortungsfördernden thematischen Bereichen zu schützen, wenn diese das „Kindgemäße ins Gedränge bringen" (Langeveld 1961, 59).

2. Die „Disziplinarität der Physik" beinhaltet im engeren Sinne die physikalische Dimension, d.h. die *begriffliche und methodische Struktur der Physik* (s. Abschnitt 1.2).

Physikalisches Weltbild

Zur begrifflichen Struktur der Physik zählen nicht nur Axiome, Definitionen, Gesetze, Theorien, Basisgrößen, Naturkonstanten, sondern auch mathematische Theorien, protophysikalische und umgangssprachliche Begriffe.

Relevante begriffliche und methodische Strukturen exemplarisch lernen

Bei der methodischen Struktur lassen sich unterscheiden (Bleichroth u.a.1991, 19):

1. Allgemeine Verfahren
   a) Verfahren des Experimentierens
   b) Verfahren des Theoretisierens
2. Spezielle Verfahren.

Im weiteren Sinn schließt die „Disziplinarität des Faches" auch „über Physik lernen" ein, d.h. erkenntnis- und wissenschaftstheoretische, wissenschaftshistorische, sowie wissenschaftssoziologische Aspekte. Sie werden als „Metastruktur" der Physik bezeichnet:

„Metastruktur" der Physik

1. Physikalische Methoden und ihre Entwicklung
   a) Wissenschaftstheoretische Reflexion der Physik[43]
   b) Physikalische Erkenntnis im Lichte spezieller Erkenntnistheorien
2. Physikalische Begriffe und ihre Entwicklung
   a) Wissenschaftstheoretische Reflexion der begrifflichen Struktur
   b) Historische Entwicklung der begrifflichen Struktur.

Die wissenschaftssoziologischen Aspekte des Physikunterrichts wurden bisher in der Physikdidaktik kaum bearbeitet (s. Red. Soz. Nat. 1982)[44]. Es ist z.B. an folgende thematischen Bereiche zu denken:

- Physiker in der „wissenschaftlichen Gemeinschaft" (s. Kuhn, 1976[2])
- Physik und deren Verwertung in der Gesellschaft
- Physik und Politik[45].

Die oben skizzierten erkenntnis-wissenschaftstheoretischen und die wissenschaftssoziologischen Aspekte der Physik weisen diese vor allem als *gesellschaftlich bedingtes Kulturgut* aus.

3. In jeder Lebenswelt des Menschen werden materielle Gegenstände, Ereignisse, Tatbestände zu Natur-, Sozial- und Kulturwelten (vgl. Schütz & Luckmann, 1979).

Einstellungen, Werte, Lebensstil

In der von der Technik geprägten neuzeitlichen Lebenswelt kann sich der Physikunterricht nicht mehr darauf beschränken, nur die Naturwelt zu beschreiben, zu interpretieren, fortzuführen, denn Sozial- und Kulturwelt sind heutzutage zu eng mit der Technik verknüpft. Die mit der Sozial- und Kulturwelt traditionell befassten Unterrichtsfächer sollen durch die Naturwissenschaften nicht verdrängt, sondern in gemeinsamen Projekten integriert werden, wenn dies erforderlich ist.

Die gesellschaftliche Dimension des Physikunterrichts befasst sich im engeren Sinne mit technischen Anwendungen der Naturwissenschaften und ihren Auswirkungen auf die Menschen, insbesondere auf die Schüler. Dazu ist es zunächst nötig, Objektstrukturen der technischen Gesellschaft kennen zu lernen, zu bedienen, zu beherrschen. Wir unterscheiden in Analogie zu Bezeichnungen der Computertechnologie:

- eine Hardware-Struktur, d. h. physikalisch-technische, biologisch-technische, chemisch-technische Objekte,

- eine Software-Struktur, d. h. Produktionsverfahren, Kommunikationssysteme, Meinungsbildungsverfahren, Lehr-/Lernverfahren.

Diese sind für den Unterricht vor allem so auszuwählen, dass neben gegenwärtig relevanten technischen Produkten auch die zugrunde liegenden Technologien, deren Technikfolgen und implizierte *wissenschaftsethische* Fragen thematisiert werden (s. z.B. Mikelskis, 1991; Dahncke, 1991), ferner Themen im Sinne *einer Bildung der Nachhaltigkeit* (s. Langer, 1999).

Positive und negative Folgen der Technik

Die positive Seite der Technikfolgen sind individuelle und gesellschaftliche Prosperität mit der Folge einer ganzen Reihe von Annehmlichkeiten bzw. Bequemlichkeiten, wie z.B. die Ausweitung der Freizeit. Die negative Seite der Technikfolgen, letztlich die Bedrohung des Lebens auf unserem Planeten, hat bisher zwar zu Aufklärung, aber kaum zu durchgreifenden Handlungskonsequenzen geführt, weder auf der Ebene gesellschaftlich-politischer Institutionen, noch auf der Ebene individuellen Verhaltens. Der naturwissenschaftliche Unterricht muss zur Verantwortung gegenüber der Umwelt und zu einer Veränderung des individuellen Verhaltens beitragen, so dass die Menschheit zwar bescheidener, aber „human" überleben kann.

Prinzip Verantwortung als Leitidee des naturwissenschaftlichen Unterrichts

Hier deutet sich ein Verständnis der Physik- bzw. der Naturwissenschaftsdidaktik an, das *die wissenschaftsethischen Implikationen der Naturwissenschaften*, hier subsumiert unter „Prinzip Verantwortung", als zumindest gleichrangige Leitidee neben Wagenscheins Position einer „Wahrheitssuche"[46] stellt.

1.5.2. Leitideen, physikdidaktische Dimensionen und methodische Prinzipien

Die bisher diskutierten *fachdidaktischen Zielkategorien* stehen in einem Zusammenhang mit *allgemeinen schulischen Leitideen*. Diese bilden die Grundlage der „physikdidaktischen Dimensionen" Das heißt, man kann diese als Implikationen der folgenden Leitideen auffassen:

* *Humane Schule*
* *Suche nach Wahrheit*
* *Verantwortung gegenüber Gesellschaft und Realität*

Diese Vorstellungen über Schule sind nicht neu. Sie haben hier teilweise neue Interpretationen und Konkretisierungen auf einer „mittleren Ebene" gefunden, der fachdidaktischen.

Wie sind diese Vorstellungen auf der *fachmethodischen Ebene* zu interpretieren?

Als „methodische Prinzipien" werden der *genetische Unterricht, der exemplarische Unterricht und der Projektunterricht* aufgefasst. Sie sind als Implikationen der Leitideen und der naturwissenschaftsdidaktischen Dimensionen zu verstehen.

Eine ausführlich Darstellung dieser methodischen Prinzipien erfolgt in 5.1 und 5.2, daher hier nur einige vorläufige Bemerkungen:

Genetischer Unterricht, bisher im wesentlichen „geborenen Erziehern" vorbehalten, kann zu einem Unterrichtsverfahren werden, das der Mehrzahl der Lehrer zugänglich ist. Dazu müssen die Ergebnisse des erfolgreichen Forschungsprogramms „Schülervorstellungen" in der Schulpraxis Eingang finden. Die begriffliche und methodische Struktur der Physik werden beispielhaft durch Wagenscheins „genetischen Unterricht" interpretiert.

Exemplarischer Unterricht soll im Physikunterricht, bzw. dem integrierten naturwissenschaftlichen Unterricht die Möglichkeit schaffen, typische Merkmale der Fachdisziplinen (Biologie, Chemie, Physik) gründlich zu lehren und zu lernen.

Durch *Projektunterricht* sollen Fragestellungen der Lebenswelt, die vor allem aus der Sicht des Schülers bedeutungsvoll sind, Eingang in die Schule finden und dort thematisiert werden.

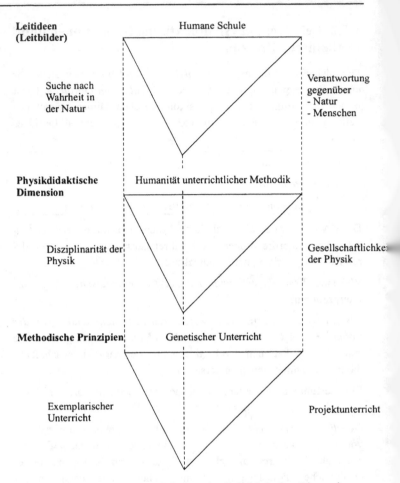

Leitideen
(Leitbilder)

Humane Schule

Suche nach
Wahrheit in
der Natur

Verantwortung
gegenüber
- Natur
- Menschen

Physikdidaktische
Dimension

Humanität unterrichtlicher Methodik

Disziplinarität der
Physik

Gesellschaftlichke:
der Physik

Methodische Prinzipien

Genetischer Unterricht

Exemplarischer
Unterricht

Projektunterricht

Abb. 1.4: Leitideen über Schule, physikdidaktische Dimensionen und methodische Prinzipien

1.5.3 Perspektiven des naturwissenschaftlichen Unterrichts

Bei der Erörterung der gesellschaftlichen Dimension verschwimmen die Grenzen zwischen den naturwissenschaftlichen Fächer. Daher wird in diesem Abschnitt von naturwissenschaftlichem Unterricht gesprochen.

1. Die Interpretation der gesellschaftlichen Dimension des naturwissenschaftlichen Unterrichts ist von der Sorge um unsere Zukunft und die
unseres Lebensraumes geprägt. Wenn man die Fernwirkungen naturwissenschaftlicher Techniken bedenkt, muss eine Akzentverschiebung,
eine Erweiterung, eine Umstrukturierung des naturwissenschaftlichen
Unterrichts stattfinden.

Fernwirkungen naturwissenschaftlicher Techniken: Akzentverschiebung, Erweiterung, Umstrukturierung des naturwissenschaftlichen Unterrichts

Auch eine zeitliche Erweiterung des naturwissenschaftlichen Unterrichts ist nötig, weil angesichts möglicher negativer Auswirkungen der
Technik unbedingt Wissen, insbesondere naturwissenschaftliches Wissen erforderlich ist; in der Argumentation von Jonas (1984) ist dies
sogar eine moralische Notwendigkeit. Die Interdisziplinarität technischer Projekte und deren gründliche Thematisierung im Unterricht
könnte eine gewichtige Begründung für ein Unterrichtsfach „Naturwissenschaften" werden. Nur bei einer gemeinsamen Anstrengung der drei
naturwissenschaftlichen Fächer und mit einem größeren Stundendeputat für den naturwissenschaftlichen Unterricht besteht (m. E.) eine gewisse Aussicht, notwendige Einstellungsänderungen, die *Disposition
„Verantwortung"* zu evozieren und Änderungen des Lebensstils auch
über Bildung (Schule) herbeizuführen. Daneben muss fachtypischer
Physik-, Chemie-, und Biologieunterricht bestehen bleiben. Mit der
Disposition „Verantwortung" ist eine zweite wohl ebenfalls gegen Zeit-
strömungen gerichtete *Disposition „Bescheidenheit"* verknüpft. Jonas
bezieht dies insbesondere auf materielle Ansprüche und Erwartungen,
wie sie in sozialen Utopien (z. B. des Marxismus) geweckt werden (s.
Jonas 1984, 245 ff). Angesichts der zur Verfügung stehenden Ressourcen sind bei einer weiter wachsenden Weltbevölkerung die konsumtiven Ansprüche nicht mehr zu verwirklichen, die in der westlichen Zivilisation heutzutage zum Standard gehören. Und wir sollten auf derartige
Ansprüche auch dann verzichten, wenn sie in einigen Industriestaaten
noch für einige Jahrzehnte realisiert werden könnten.

Unterrichtsfach „Naturwissen-schaften"

Ein anderer Aspekt der Disposition „Bescheidenheit" hängt mit der
notwendigen *Veränderung einseitig anthropozentrischer Einstellungen*
zusammen: Die Beschäftigung mit unserem wunderbaren, im Univer-
sum möglicherweise einmaligen Ökosystem; Umwelterziehung sollte
im naturwissenschaftlichen Unterricht mehr als nur aufklärend oder
bildend wirken.

Umwelterziehung sollte mehr als nur aufklärend oder bildend wirken.

2. Litts bildungstheoretische Begründung für den naturwissenschaftlichen Unterricht, auf die auch heute noch rekurriert wird (Wiesner
1989), ist für sich allein weltfremd, weil zu eng auf das traditionelle
Verständnis von „Physik" bezogen. Bloß philosophische Reflexion
genügt nicht angesichts der in alle Bereiche der Lebenswelt eindrin-

„Metastrukturen"
der Physik an
konkreten Fällen
transparent machen
und reflektieren

genden Technik. Es müssen die mit Naturwissenschaft und Technik zusammenhängenden „Metastrukturen" (s. 1.2) an konkreten Fällen transparent gemacht und reflektiert werden.

3. Die bildungstheoretische Begründung des naturwissenschaftlichen Unterrichts verweist auf ein anderes ursprüngliches Motiv, sich mit der Realität auseinander zu setzen: auf *die Suche nach Wahrheit als eines wesentlichen Merkmals der abendländischen Identität.*

Schülerorientierte,
konventionelle Züge
des Physikunter-
richts müssen
fortgeführt, das
bisherige Stunden-
deputat muss
erweitert werden

Um diese Identität zu bewahren, müssen schülerorientierte, konventionelle Züge des naturwissenschaftlichen Unterrichts fortgeführt werden in der Art, wie sie Wagenschein für den Physikunterricht beschrieben hat. Diese Betrachtung führt zu einem exemplarischen Unterricht bzw. exemplarischen Projektunterricht. Unter Berücksichtigung bisher beschriebener (u. a. inhaltlicher) Erweiterungen des naturwissenschaftlichen Unterrichts, erscheinen derartige Unterrichtsformen allerdings nur dann realisierbar, wenn das bisherige Stundendeputat für den naturwissenschaftlichen Unterricht erweitert wird.

Die Aufgabe des naturwissenschaftlichen Unterrichts besteht auch darin, Schülerinnen und Schüler für die Ambivalenz naturwissenschaftlich-technischer Entwicklungen zu sensibilisieren. Hierfür erscheint beispielsweise ein Einblick Laborarbeit in aktuelle Bereiche der naturwissenschaftlichen Forschung nötig[47].

Mitwirken an
reflektierter
Einführung in die
heutige
„Erlebniswelt"

Zur Aufgabe eines künftigen naturwissenschaftlichen Unterrichts gehört, an einer reflektierten Einführung in die heutige „Erlebniswelt" mitzuwirken. Dazu gehören Projekte ebenso wie „Spiele" aller Art (s. 5.1). Das bedeutet, dass dem bisherigen Paradigma der Schule, „Arbeit", ein Paradigma „Spiel" an die Seite gestellt werden muss.

4. „Umgang" und „Begegnung" mit der naturwissenschaftlich zugänglichen Realität gewinnen in Bildung und Erziehung zusätzliche Bedeutung. Dieser Unterricht wirkt kompensatorisch gegenüber den in die Lebenswelt eindringenden, diese bedrängenden Scheinwelten, die vor allem durch Massenmedien erzeugt werden. Massenmedien können bei Kindern ja nicht nur zu psychischen Störungen und Krankheiten führen,

Aufbau eines
adäquaten und
sensitiven
Realitätsbezugs

sie können auch den *Aufbau eines adäquaten und sensitiven Realitätsbezugs verhindern.* Ein solcher Realitätsbezug ist ein Regulativ zur vorhandenen „Erlebniswelt". Er kann davor schützen, dass das Sein des Menschen künftig nicht zu bloßem Dasein verkümmert.

5. In eine *humane Zukunft* führt ein eher schmaler, unsicherer, ungewisser Pfad. Durch gegenwärtige astrophysikalische Theorien glauben wir, das Ende des Weges der Erde zu kennen. So ist der Weg das Ziel. Der Weg kann mit Hilfe der Naturwissenschaften begehbar weitergeführt

werden von und für viele Menschen und vor allem für unsere Kinder. Der naturwissenschaftliche Unterricht ist in der Lage, den vorhandenen und in naher Zukunft fertig gestellten Weg zu charakterisieren, seine Schwierigkeiten und seine Schönheiten. Der naturwissenschaftliche Unterricht kann auf die Schwierigkeiten aufmerksam machen, die beim Bau des Weges und durch die Schönheit des Weges entstehen. Er soll die gegenwärtig für den Zustand und die Weiterführung des Weges Verantwortlichen – uns alle – in die Lage versetzen, die „Sinn-vollste" Streckenführung auszuführen und das „Sinn-vollste" Tempo für den Weg zu finden.

Nachwort (2001)

1. Inhumanes Lernen kann auch dadurch vermieden werden, dass für den allgemeinbildenden Physikunterricht solche Ziele formuliert und angestrebt werden, die *für die meisten Schüler erreichbar* sind.

Shamos (1995) ist zuzustimmen, dass zwischen den derzeit formulierten Ansprüchen an naturwissenschaftlicher Grundbildung (scientific literacy) und der Schulwirklichkeit eine große Lücke klafft. Viele Schülerinnen und Schüler werden insbesondere von der Physik abgeschreckt und auch dauerhaft frustriert, weil ihre erzielten Ergebnisse im Physikunterricht schlecht sind. Das kann ursächlich auch durch zu hohe Ansprüche, unerreichbare Ziele bedingt sein.

Shamos (1995) hält ein bescheideneres Ziel für notwendig. Anstatt „naturwissenschaftliche Grundbildung für alle", soll „naturwissenschaftliches Bewußtsein" (scientific awarerness) als Leitidee genügen. Das bedeutet bei Shamos ein eher *oberflächliches Verständnis der naturwissenschaftlichen Begriffe, Theorien und Methoden* im Gegensatz etwa zu Wagenschein. Dessen Auffassungen folgend, wird hier in „Physikdidaktik" vorgeschlagen, anspruchsvolle, relevante Fähigkeiten und grundlegende Konzepte und Theorien über exemplarischem und genetischem Unterricht anzustreben (s. 5.2. In Shamos Konzeption müsste man anspruchsvollere zusätzliche Kurse für interessierte und leistungsfähige Schüler schon in der Sekundarstufe I anbieten. Das aber könnte auf eine zu frühe Spezialisierung hinauslaufen. Das von Shamos ebenfalls vorgeschlagene „Lernen über Naturwissenschaften" (learning about the nature of science) entspricht inhaltlich in etwa der hier vorgeschlagenem Thematisierung der *Metastruktur der Physik*. Auch dieser thematische Bereich des Physikunterrichts soll bei Shamos eher überblickartig als vertieft behandelt werden..

2. Neuerdings wurde von der MNU (2001) ein Vorschlag für Lehrpläne und Lehrplanentwicklungen für den Physikunterricht an Gymnasien publiziert, in dem *sechs Kernelemente*[48] der physikalischen
Bildung formuliert sind, für die ebenfalls das „Prinzip der Exempla-
rität" gilt. Außerdem werden für den obligatorischen Physikunterricht *drei Niveaustufen* beschrieben: das „Basis-Niveau", das „Ab-
schlussniveau", und das „Gehobene Niveau". Dabei ist bei „der Beschreibung der Niveaustufen darauf zu achten, dass Schüler bereits
auf Stufe I ein subjektiv befriedigendes Lernergebnis erzielen können (Kompetenz erleben)" (MNU, 2001, VII). Ist dies nicht der Fall,
müssen die *Lehrpläne an das Machbare angepasst* werden.

Diese Vorschläge für künftige Lehrplanentwicklungen sind in ihrer
Grundkonzeption sinnvoll. Sie können auch wirksam werden, weil
Mitglieder von Lehrplankommissionen aller Bundesländer daran
mitgearbeitet haben. Es sind allerdings noch *Unklarheiten und Defizite bezüglich der Metastruktur der Physik* festzustellen. So ist die
erkenntnis-/ wissenschaftstheoretische und die wissenschafts-/ tech-
nikethische Reflexion der physikalischen Methoden und den daraus
entstehenden Resultaten und Produkten noch nicht hinreichend im
Blickpunkt der Verfasser[49]. Auch sind die vier, bzw. fünf „Kompetenzniveaus" (Baumert u. a., 2000[a,b], 127 ff., siehe auch Kap. 2.2.2),
prägnanter beschrieben als die von MNU (2001) vorgeschlagenen
„Niveaustufen".

1. 6 Ergänzende und weiterführende Literatur

Im angloamerikanischen Sprachraum wurde in den vergangenen
Jahrzehnten eine Diskussion über „scientific literacy" geführt; diese
Bezeichnung entspricht in etwa der deutschen Bedeutung von „naturwissenschaftliche Bildung". Amerikanische und englische Lehrer-
verbände haben mehr und anders akzentuierten naturwissenschaftlichen Unterricht gefordert. Darin werden eindeutiger als etwa in den
Resolutionen von MNU und der Fachgruppe Didaktik der Deutschen
Physikalischen Gesellschaft (DPG) die *Lösung gesellschaftlicher
Probleme der Industriegesellschaft und die dafür notwendigen Kompetenzen* zur Begründung des naturwissenschaftlichen Unterrichts
herangezogen (s. z.B. AAAS (1989), (1993) bzw. MNU (1993). Dies
geschieht in der fast hundertjährigen Tradition von Deweys Argumentation (s. 1.1.2). In der anglo-amerikanischen Diskussion fehlt
allerdings die Erörterung der *pädagogischen Dimension des Physikunterrichts* (1.4) weitgehend.

Im deutschen Sprachraum hat Muckenfuß (1995) den Schwerpunkt seines Entwurfs einer zeitgemäßen Physikdidaktik auf *„sinnstiftende Kontexte" für Schüler* gelegt und dies an überzeugenden Beispielen illustriert. Seine Auffassungen unterscheiden sich nur in Details von den hier dargestellten physikdidaktischen Positionen. Braun („Physikunterricht neu denken" (1998)) konzentriert sich bei seiner Interpretation von Hentigs „Schule neu denken" (1992) stärker auf die pädagogische Dimension des Physikunterrichts. Aus einer allgemeinen pädagogischen Sicht diskutiert Kutschmann (1999) „Naturwissenschaft und Bildung". Allerdings wird *die gesellschaftliche Dimension des Physikunterrichts* von diesen beiden Autoren etwas vernachlässigt. Eine eher kritische Würdigung der gesellschaftlichen Dimension des Physikunterrichts gibt Jung (in: Bleichroth u.a., 1999[2]). Seine Darstellung des Legitimationsproblems ist äußerst lesenswert. Umweltaspekte und Bildung der Nachhaltigkeit im Physikunterricht (s. 1. 3.3. und 1.3.4) werden auch in der neuen Auflage nicht thematisiert.

Anmerkungen

[1] Siehe Klafki (1996[5]) und Reble (1994[18]).

[2] Nach der Thronbesteigung von Ludwig I., König in Bayern, wurden die Naturwissenschaften aus den gymnasialen Lehrplänen (1829) entfernt. Noch 1884 lag Bayern mit insgesamt 3 Stunden Physik an Gymnasien weit unter dem Durchschnitt der übrigen Länder (s. Schöler, 1970, 110 ff.).

[3] Diesterweg wurde 1820 im Alter von 30 Jahren Direktor eines neugegründeten Lehrerseminars. Mit 37 Jahren gründete er die Zeitschrift „Rheinische Blätter für Erziehung und Unterricht mit besonderer Berücksichtigung des Volksschulwesens". Im Zuge der sogenannten Restauration in Deutschland kam es zu Spannungen zwischen dem auch politisch engagierten Diesterweg mit Staat und Kirche. 1850 wurde er endgültig in den Ruhestand versetzt. Als er 1858 in den preußischen Landtag gewählt wurde, war es vor allem sein Verdienst, dass die reaktionären Änderungen in der Lehrerbildung, in der Schulaufsicht und in den Lehrplänen revidiert wurden (s. Wickihalter, 1984, 91 ff.).

[4] Allerdings haben sich die Auffassungen über „die" naturwissenschaftliche Methode in der 2. Hälfte des 20. Jahrhunderts aufgrund wissenschaftstheoretischer Analysen geändert; s. dazu Kap.4.

[5] Diese beiden Unterrichtsformen, die wir in Kapitel 5 noch näher betrachten, tragen auch dazu bei, das Problem eines rasant ansteigenden naturwissenschaftlichen Wissensbestands zu lösen. Ausufernde Stoffpläne sollen durch „exemplarisch-genetischen Unterricht" einerseits und „Fachsystematik" andererseits verhindert werden. Bisher dominiert in den Lehrplänen der von der materialen Bildung stammende Lösungsvorschlag, die „Fachsystematik". Das mag auch daher rühren, dass die von Klafki (1963) und Häußler & Lauterbach (1976) vorgeschlagenen Planungsinstrumente bisher kaum für Lehrplanentwicklungen genutzt werden. Mit einer solchen wenig professionellen Einstellung von Mitgliedern von Lehrplankommissionen mag auch zusammenhängen, dass der „Exemplarisch-genetische Unterricht" bisher kaum Eingang in die Lehrpläne und damit in die Schulpraxis gefunden hat, trotz der engagierten Plädoyers vieler Naturwissenschaftsdidaktiker bis in unsere Zeit.

[6] Klafki (1996[5], 56 ff.) betrachtet die Friedensfrage, die Umweltfrage, die gesellschaftlich produzierte Ungleichheit in den Gesellschaften, die Gefahren und Möglichkeiten der neuen technischen Steuerungs-, Informations- und Kommunikationsmedien und die zwischenmenschlichen Beziehungen als Schlüsselprobleme unserer Zeit.

[7] Hentigs Ausgangspunkt sind Fehlentwicklungen des deutschen Bildungswesens, insbesondere der Schule. Aber dies geschieht immer noch im Horizont v. Humboldts (v. Hentig, 1996, 182). In der von v. Hentig gegründeten Laborschule in Bielefeld wird in beeindruckender Weise pädagogische Alternativen zur Regelschule realisiert. Aber der naturwissenschaftliche Unterricht scheint auch in dieser Praxis keine bedeutsame Rolle zu spielen.

[8] Eine „Erlebnisgesellschaft" ist in ihren Auswüchsen (z. B. unkritischer Fernsehkonsum, Oberflächlichkeit zwischenmenschlicher Beziehungen) leicht zu kritisieren. Eine Schwarz-Weiß-Malerei ist für die Schulpraxis wenig hilfreich. Wir beziehen dies vor allem auf v. Hentigs „zehn Quellen von bildender Wirkung" (1996, 102 ff.), die eine heile Welt voraussetzen oder die noch problematischere Annahme, eine heile Welt könnte als Folge pädagogischer Maßnahmen als möglich erscheinen. „Wir müssen aufpassen, dass wir mit Hentig nicht gegen Windmühlen kämpfen" (Wegener-Spöhring 1998, 335).

[9] Der Ausdruck „pragmatische Schultheorie" ist bisher in der Pädagogik nicht in der Weise erörtert und dadurch festgelegt wie der Ausdruck „Bildungstheorie"; er ist auch nicht in pädagogischen Lexika aufgeführt. Die Bezeichnung bezieht sich vor allem auf das pädagogische Werk Deweys, das in der Auseinandersetzung mit dem philosophischen Pragmatismus eines Peirce (1839 – 1914) und James (1842 – 1910) entstanden ist. Dewey hat seine Version des Pragmatismus als „Instrumentalismus" bezeichnet. Deweys Auffassungen über Erziehung haben das Schulwesen in den USA mindestens in ähnlich intensiver Weise beeinflusst, wie die Bildungstheorie das deutsche Schulwesen.

[10] Weitere Kritikpunkte an Deweys erkenntnis- und wissenschaftstheoretischen Auffassungen s. z. B. v. Hentig (1966, 99 ff.).

[11] Mit dem Ausdruck „realistische Auffassungen" ist gemeint, dass es etwas außerhalb unseres Verstandes gibt (existiert). Dieses Etwas kann mit Hilfe des menschlichen Verstandes einigermaßen zutreffend beschrieben und erklärt werden. Dazu tragen insbesondere auch die Naturwissenschaften bei. Die erkenntnistheoretische Position des Verfassers E. K. (s. Kircher, 1995) haben u. a. Bunges „kritischer Realismus" (z. B. 1973b) und Vollmers „hypothetischer Realismus" (z. B. 1988) beeinflusst. Mit Putnams (1993) „immanentem Realismus" liegt ein Vorschlag auf dem Tisch, der konsensfähig für Realisten – das sind die meisten Naturwissenschaftler – und Instrumentalisten (Pragmatisten) wie Rorty (1991) sein könnte.

Die Vorzüge der modernen realistischen Auffassungen im Vergleich mit pragmatischen („instrumentalistischen") im Hinblick auf die Naturwissenschaften hat Rescher (1987) dargestellt (s. Kircher, 1995, 46 ff.).

[12] Einstein sah dies als nicht zufällige Gegebenheit unseres Kosmos an. Sein: „Gott würfelt nicht!" richtete sich gegen bestimmte, Interpretationen der Quantentheorie, ist aber wohl auch Ausdruck seiner generellen Einstellung, zu einer für den Menschen auch über die Mathematik verständlichen Realität; er glaubte an eine innere Harmonie der Welt.

[13] Wie Hund (1972) gezeigt hat, enthält auch die aristotelische Physik eine formale Struktur, so dass sie mathematisiert werden kann.

[14] Die maxwellschen Gleichungen „stellen nicht wie die newtonschen den Zusammenhang zwischen zwei räumlich weit auseinanderliegenden Vorgängen her, bringen nicht die Ereignisse, die an dem und dem Ort stattfinden, mit den Verhältnissen an einem ganz anderen in Verbindung. Das Feld, wie es sich an einem bestimmten Ort und in einem bestimmten Zeitpunkt präsentiert, hängt vielmehr von dem Feld ab, das, räumlich unmittelbar benachbart, in einem gerade verflossenen Augenblick existiert hat" (Einstein & Infeld, 1950, 162).

[15] Damit ist Folgendes gemeint: Die Quantentheorie wird gegenwärtig als eine Fundamentaltheorie der Physik aufgefasst (z. B. v. Weizsäcker (1988)). Neben der Quantentheorie gilt die allgemeine Relativitätstheorie als „fundamental". Bisher ist es nicht gelungen, diese beiden grundlegenden Theorien der modernen Physik zu vereinen. Die „Grand Unified Theory" (GUT) ist ein wesentliches Ziel der heutigen Physikergeneration. Zu den Deutungen der Quantentheorie s. z. B. Baumann & Sexl (1984).
Gegenwärtig ist kein Gebiet der Physik bekannt, das nicht den Prinzipien der Quantentheorie genügt. Das bedeutet nicht, dass neue physikalische Theorien mit der Quantentheorie zusammenhängen müssen; die Chaostheorie ist dafür ein modernes Beispiel.

[16] Diese Unbestimmtheit in der Vorhersage kommt auch in der klassischen Physik vor, weil es dort keine idealen Messergebnisse gibt. Die gemessenen Daten liegen immer in einem Fehlerintervall, das von den verwendeten Messgeräten abhängt. Als Folge dieser Messungenauigkeiten ist zum Beispiel schon nach kurzer Zeit keine genaue Prognose mehr möglich, in welchem Bereich einer Wand ein Ball auftrifft, wenn dieser periodisch aber ohne Regelung auf die Wand gespielt wird.

[17] Aus Feynmans Epilog (1971): Ich wollte Ihnen vor allem ein Verständnis für die wunderbare Welt vermitteln und dafür, wie sie der Physiker betrachtet, was, wie ich glaube, ein wesentlicher Teil der wahren Kultur in der modernen Zeit ist.

[18] Auch Dewey (1964³) forderte „learning about science". Auf die unterschiedliche Begründung im Detail wird hier nicht näher eingegangen.

[19] Im Cs-Atom werden elektromagnetische Wellen mit einer Frequenz von ungefähr 10 GHz absorbiert. Diese Frequenz kann auf 10^{-14} Hz stabil gehalten werden.

[20] Ziman (1982) hat die Probleme der Forschungspraxis aus der Sicht eines Physikers beschrieben. In Kap. 4 wird aus wissenschaftstheoretischer Sicht darauf näher eingegangen.

[21] Interessante Meinungen zum Problem „Physik und Wirklichkeit" haben u.a. Planck, Bohr, Born, Einstein, Heisenberg, Dürr vertreten.

[22] Die biografisch besonders mit dem Gymnasium verbundenen Physikdidaktiker (z. B. Wagenschein, Jung, Kuhn) forderten, sich im Physikunterricht mit der „Wissenschaft Physik" und ihrer philosophischen Reflexion zu befassen. Für Martin Wagenschein war Technik etwas der Wissenschaft Nachgeordnetes, und das auch hinsichtlich deren Bedeutung für den Unterricht und für die Bildung. Siehe den Briefwechsel Wagenscheins mit Schietzel in Wagenschein (1976⁴, 307 ff.).

[23] Die Auffassung „der Mensch als Herr der Erde" ist alttestamentarischen Ursprungs. Durch die sich im sechzehnten Jahrhundert rasch entwickelnden Naturwissenschaften erhält dieser Anspruch nun eine besondere Bedeutung.

[24] In der VDI-Richtlinie „Technikbewertung" sind acht Grundwerte postuliert: gesamtgesellschaftlicher Wohlstand, einzelwirtschaftliche Wirtschaftlichkeit, Funktionsfähigkeit, Sicherheit, Gesundheit, Umweltqualität, Persönlichkeitsentfaltung, Gesellschaftsqualität (s. Hubig, 1993, 136).

[25] Das „Öko-Audit" ist eine betriebliche Ökobilanz, das prinzipiell beansprucht, „die ökologischen Wirkungen eines Betriebes vollständig zu erfassen und der Öffentlichkeit zugänglich zu machen ... Für diejenigen Betriebe, die sich das Audit regelmäßig leisten können, wird es wahrscheinlich positiv auszahlen: Sie lernen mehr über ihren Betrieb, sie entdecken zahlreiche Einsparmöglichkeiten, sie erhalten ein besseres Ansehen und erreichen damit eine bessere Kundenbindung und Mitarbeitermotivation" (v. Weizsäcker u. a., 1996, 282).

[26] Die Einstellung von Jonas zur Bevölkerungsexplosion erscheint unklar. Es ist keine Frage, dass der Mensch in Jonas' Philosophie eine Vorrangstellung hat (Jonas, 1984, 76 ff.), andererseits beschreibt er das „zahlenmäßige Anschwellen ... dieses stoffwechselnden Kollektivkörpers" als Grund für eschatologische Katastrophen (Jonas, 1984, 251 f.).

[27] „Unter Umweltwissen wird der Kenntnis- und der Informationsstand einer Person über Natur, über Trends und Entwicklungen in ökologischen Aufmerksamkeitsfeldern, über Methoden, Denkmuster und Traditionen im Hinblick auf Umweltfragen verstanden.
Unter Umwelteinstellung werden Ängste, Empörung, Zorn, normative Orientierungen und Werthaltungen sowie Handlungsbereitschaften subsumiert, die allesamt dahin tendieren, die gegenwärtigen Umweltzustände als unhaltbar anzusehen und einerseits eben davon emotional affiziert, andererseits mental engagiert gegen die wahrgenommenen Problemlagen zu sein.

Umweltverhalten meint, daß das tatsächliche Verhalten in Alltagssituationen umweltgerecht ausfällt. Immer wenn alle drei Komponenten gemeinsam gemeint sind, sprechen wir im Folgenden von Umweltbewußtsein" (de Haan & Kuckartz, 1996, 37)

[28] In der Lebensstilforschung werden „Lebenstüchtigkeit", „Lebenshygiene/Besinnlichkeit", „soziokulturelles Engagement" und „Erlebnisfreude/Wohlstand" als Merkmaldimensionen aufgefasst (s. de Haan & Kuckartz, 1996, 238). Reusswig (1994, 89 f.) unterscheidet folgende Lebensstile: „Soziokulturell Engagierte", „Lifestyle-Pioniere", „Sorglose Wohlstandskinder", „Zaungäste", „Familienzentrierte Tüchtige", „Kleine Krauter". Diese Lebensstile sind mit unterschiedlichen Umwelteinstellungen und unterschiedlichem Umweltverhalten verknüpft, aus unterschiedlichen Motiven (zit. nach de Haan & Kuckartz, 1996, 238).

[29] Die Vorstellungen v. Weizsäckers u. a. (1996, 327 ff.) über die immateriellen Befriedigungen gehen dahin, den informellen Sektor der Gesellschaft (die Familie, die Nachbarschaft, den Freundeskreis) wieder aufzuwerten. Wie weit dieser Ansatz realistisch ist, kann man mit Skepsis betrachten, angesichts der bisherigen Leitbilder und des enormen monetären Einsatzes für eine *materielle Bedürfnisbefriedigung*, z. B. in der Werbung.

[30] De Haan & Kuckartz (1996, 277 ff.) erwägen in diesem Zusammenhang die Probleme einer Defuturisierung der Zukunft, eines Denkens in Plänen, einer relativen Statik in der Gesellschaft. Wo Geschichte war, soll „Posthistorie" werden, das bedeutet den Verlust der Möglichkeit, aus der Geschichte zu lernen. Dies macht eine Umstellung in den täglichen Handlungsmustern erforderlich, „die in ihrer Radikalität und Tragweite noch gar nicht erfaßt ist" (283).

[31] In der pädagogischen Diskussion um humanes Lernen spielt auch eine Rolle, ob der Unterricht lehrerorientiert ist (z. B. Frontalunterricht) oder schülerorientiert (z. B. Gruppenunterricht). Dabei kann man nicht von vornherein sagen, dass lehrerzentrierter Unterricht inhuman, schülerzentrierter Unterricht grundsätzlich human ist.

[32] Wagenschein verwendet den Ausdruck „genetischer Unterricht" nicht einheitlich. Im weiteren Sinn versteht er unter „genetisch": genetisch (i. e. S.), exemplarisch, sokratisch (Wagenschein, 1968). Das bedeutet, „die Kunst, dem Anfänger ... zu einer kreativen, kritischen, kontinuierlichen Wiederentdeckung der ... Physik aus herausfordernden exemplarischen Problemen der ersten Wirklichkeit zu verhelfen, durch einen sokratischen Beistand (den Lehrer (E. K.)), der nicht schleppt und nicht schiebt, sondern eher Zweifel nährt und so den flotten ‚Fortschritt' staut" (Wagenschein, 1975, 98).

[33] Einen ausgezeichneten Abriss der Bedeutungswandlungen und -erweiterungen des Begriffs „Begegnung" gibt Bollnow (1959, 101 ff.). Wir beschränken uns hier auf einige Stichworte. Der von Buber eingeführte philosophisch-pädagogische Begriff „Begegnung" bezog sich zunächst nur auf Beziehungen zwischen Menschen. In der Folgezeit wurde dieser Ausdruck ausgeweitet und „so ziemlich auf jeden Gegenstand angewandt" (Bollnow 1959, 102). Wir verwenden den Begriff „Begegnung" hierin Bollnow folgend, um den existenziellen Bezug in besonderen Lehr-/Lernsituationen darzustellen. Der existentielle Charakter der „Begegnung" entsteht dadurch, dass sie „den Menschen auf sich selber zurückwirft und ihn zwingt, sich aus sich heraus neu zu entscheiden" (Bollnow, 1959, 101). Deren herausragende pädagogische Bedeutung besteht u. a. darin, dass relevante kognitive Umstrukturierungen nur in solchen Situationen erfolgen. Aufgrund dieser sehr weit gehenden Hypothese erfolgt „Verstehen" ausschließlich in Situationen der „Begegnung" mit den Dingen der Realität. „Umgang" dient der Vorbereitung solcher Situationen, Umgang schafft das „Vorverständnis".

[34] Krohn (1984) diskutiert, ob „Weltbilder" *Abbilder* der Wirklichkeit sind oder *Entwürfe*, die sich die Menschen von der Wirklichkeit machen. Sein Resultat: Weltbilder können weder direkt als Abbilder noch als Entwürfe verstanden werden, aber sie haben von beiden etwas. Nach Krohns subjektivistischer Lesart von „Weltbild" gehört zu jedem Weltbild ein Selbstbild. „Der Mensch denkt sich auf die eine oder andere Weise als Teil der Welt, mehr oder weniger in sie eingeschlossen oder von ihr abgesondert. Sein Selbstbild ist immer auch ein Teil seines Weltbildes" (Krohn, 1984, 189).

[35] Dabei ist noch zu berücksichtigen, dass physikalische Begriffe abstrakt, das heißt unanschaulich sind; außerdem sind sie „theoriegeladen", das heißt, der einzelne Begriff eng mit der entsprechenden Theorie zusammenhängt.

[36] Der pädagogische Begriff „Umgang" geht auf Herbart zurück. Für Herbart und für seinen Schüler Rein sind Umgang und Erfahrung die beiden „großen Erziehungsfaktoren, die alles andere in sich schließen" (Rein, 1909, 366).

Umgang ist „eine rechte Quelle für das Mitgefühl und die Teilnahme" und damit zusammenhängend charakterbildend. Außerdem fördert der Umgang das Naturverständnis: „Wohlan, lassen wir soviel als möglich die Lehre erleben, soviel es nur die Natur des Stoffes erlaubt!" (Rein, 1909, 370).

In neuerer Zeit wird dieser Begriff durch den „Umgang mit der Sache" zu einer didaktischen Kategorie, durch das „Im-Andern-des-Wissens-zu-sich-selber-kommen" (Derbolav, 1960, 34). Daneben ist von Anfang an unbestritten, dass „Umgang mit der Sache" interessefördernd ist. Langeveld (1961, 127) fasst die sozialen Ziele des „Umgangs" zusammen: „Wer mit anderen umgeht, erstrebt wechselseitiges Verstehen, gleiche Ausrichtung im Denken, Tun und Fühlen, kurzum Einvernehmen, Harmonie und Zusammengehörigkeit".

In der Physikdidaktik hat Wagenschein (1976, 119 ff.) „Physik als bildender Umgang mit der Natur" postuliert auf dem Hintergrund der Bildungstheorie. Neuerdings erlangt „Umgang" im Hinblick auf die Umwelterziehung neue Aktualität, wenn ein dialogisches Verhältnis zwischen Subjekt und Objekt gefordert wird. In der Formulierung von Derbolav (1960, 42 (Anmerkung 9)) bedeutet das ein „Füreinander von Selbst und Andern unter dem Primat des Andern".

[37] Bollnow (1959, 128 f.) hat ausdrücklich ausgeschlossen, dass in der Mathematik und der Physik (den Naturwissenschaften) existentielle Begegnung stattfinden könne, sondern nur zwischen Menschen sowie deren Spiegelungen in den geisteswissenschaftlichen Fächern. Aufgrund veränderter wissenschaftstheoretischer Auffassungen und aufgrund veränderter Auffassungen über naturwissenschaftlichen Unterricht folgen wir hierin Bollnow nicht.

[38] Die existentielle Begegnung führt nach der Auffassung Bollnows (1956, 34 ff.) in eine andere Dimension. Eine solche Begegnung ist immer auch schicksalhaft; die harmonische Ausbildung verliert dagegen ihren Sinn. Begegnung ist etwas Zusätzliches zur Bildung.

[39] Mit Bezug auf Heidegger spricht Häußling (1976, 116) von einer „elementaren Begegnung des Menschen mit dem Gegenstand ... ; der Mensch müßte sich hierbei so dem Gegenstand widmen, dass er dessen Seinswirklichkeit erfährt".

[40] Niederer (z. B. 1988) und Schecker (1985) verwenden den Ausdruck „Schülervorverständnis". In das Schülervorverständnis sind explizit Präkonzepte, übergeordnete Vorstellungen („Denkrahmen" Schecker, 1985), Kenntnisse und Erfahrungen, sowie Interessen und Einstellungen eingeschlossen.

[41] Maichle (1980) spricht von einem „Geben-" und „Nehmen-Schema" der Lebenswelt, das auf den elektrischen Stromkreis angewandt wird: „Die Batterie *gibt* den Strom, das Lämpchen *nimmt* den Strom".

[42] Hentig (1994[3], 258 f.) versucht in seinem „sokratischen Eid", die für Lehrer/-innen erforderlichen pädagogischen und sozialen Kompetenzen explizit zu formulieren.

[43] Vgl. dazu Jung (1975 u. 1979), Kuhn (1991).

[44] Vgl. Kelly et al. (1993, 208): „We believe that improving science teaching requires more than attention to philosophy". Sie halten eine Thematisierung der Soziologie der Naturwissenschaften im Unterricht für erforderlich.

[45] Vgl. dazu Westphals Beiträge zur Friedenserziehung im Rahmen des Physikunterrichts (u. a. Westphal, 1992).

[46] Vgl. den Briefwechsel Wagenscheins mit Schietzel (Wagenschein, 1976, 307 ff.).

[47] Zur Ambivalenz des Vorschlags „Laborarbeit" aus naturwissenschaftsdidaktischer Sicht s. z. B. Hodson (1988).

[48] Die 6 Kernelemente aus MNU 2001
1. Kenntnis der Grundannahmen des modernen physikalischen Weltbilds und seines wesentlichen Beitrags zur kulturellen Entwicklung unserer Gesellschaft.
2. Wissen über die fachlichen Beiträge der Physik zur Zukunftsicherung und Fähigkeit zu deren Bewertung. Es gibt bereiche der Wirklichkeit, die als Gegenstand von Bildungsprozessen nicht ersetzbar sind: z.B. Treibhauseffekt, Energieentwertung, ionisierende Strahlung, quantenphysikalische Denkweisen ...
3. Fähigkeit zur Nutzung physikalischen Wissens im Rahmen der Entscheidungsfindung im persönlichen oder gesellschaftlich – politischen Bereich.
4. Wissen darüber, dass zentrale Konzepte der Physik einer ideengeschichtlichen Entwicklung unterliegen und dass die Dynamik der Theoriebildung von Diskussionen in der Forschergemeinschaft getragen wird.
5. Wissen über die charakteristischen naturwissenschaftlichen Methoden der Erkenntnisgewinnung, ihre Aussagekraft und ihre Reichweite; Fähigkeit zu ihrer Anwendung und zur Bewertung naturwissenschaftlicher Methoden und Erkenntnisgewinnung im Kontrast zu geistes- oder sozialwissenschaftlichen und künstlerischästhetischen Methoden bzw. Ausdrucksformen.
6. Fähigkeit zum Erfassen und Erleben der natürlichen und technischen Umwelt.

[49] Neben den von Driver u. a. (1996) zusammengefassten Argumenten für „Learning about the nature of science" (s. Kap. 1.2) geben neuerdings auch Baumert u. a. einen unterstützenden empirischen Hinweis für das lernpsychologische Argument Drivers: „...insgesamt zeigen die Analysen, dass epistemologische Überzeugungen ein wichtiges, bislang nicht ausreichend gewürdigtes Element motivierten und verständnisvollen Lernens in der Schule darstellen" (Baumert u. a., 2000[b], 269).

2 Ziele im Physikunterricht

1. Eine intensive Beschäftigung mit Zielen ist aus folgenden Gründen wichtig: sie *organisieren die Unterrichtsplanung* und tragen zur *Strukturierung des Unterrichts* wesentlich bei. Außerdem bieten explizit formulierte Ziele *Anhaltspunkte für die Kommunikation* über die Schule für Lehrer, Schüler, Eltern, Politiker. Wegen des Zusammenhangs von Zielen und Leistungsbeurteilungen können Ziele zu *objektiven Beurteilungen* (z. B. Noten) beitragen. Das Kapitel handelt von allgemeinen pädagogischen sowie von fachspezifischen Zielen, wie sie gegenwärtig diskutiert werden.

2. Die erste Frage dieses Kapitels lautet: Wie kommt man zu Zielen? Zu jeder Unterrichtsstunde und erst recht zu jeder Unterrichtseinheit sollte eine *„didaktische Analyse"* durchgeführt werden, um *mögliche Ziele* zu einem bestimmten Thema bzw. zu einem thematischen Bereich *auszuloten*. Eine solche *Zielanalyse* ist dann die Grundlage für weitere Planungsschritte. Wir skizzieren in 2.1 bisherige Vorschläge für didaktische Analysen und versuchen, die in Kapitel 1 erörterten Aspekte eines zeitgemäßen Physikunterrichts in ein *Analyseinstrument* zu integrieren. Gemeint sind insbesondere die Aspekte „über Physik lernen" und die „Bildung der Nachhaltigkeit im Physikunterricht".

3. Für allgemeine Ziele, die die Schule als Bildungs- und Ausbildungsinstitution fundieren, verwenden wir, Westphalen (1979) folgend, den Ausdruck *„Leitziele"*.[1] Dazu zählen z. B. Selbstbestimmungsfähigkeit, Mitbestimmungsfähigkeit, *Solidaritätsfähigkeit* (s. Klafki 1996[5], 36 ff.). Der Schwerpunkt der Ausführungen in 2.2 liegt selbstverständlich darauf, welche Ziele der Physikunterricht im speziellen und welche er *zusammen mit weiteren Schulfächern* anstreben sollte.

4. Wie kommt man zu Zielen, wenn ein Thema, ein thematischer Bereich z. B. durch den Lehrplan vorgegeben ist? In Abschnitt 2.3 werden *Zielklassen* des Physikunterrichts beschrieben, die für die Unterrichtsvorbereitung reflektiert und/ oder schriftlich fixiert werden müssen.

5. Weitere Einteilungen (*Lernzielstufen, Taxonomien*) für Ziele des Physikunterrichts, sowie mögliche *Zielformulierungen* sind in 2.4 dargestellt.

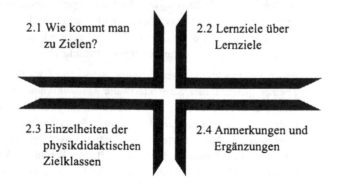

2.1 Wie kommt man zu Zielen?

2.2 Lernziele über Lernziele

2.3 Einzelheiten der physikdidaktischen Zielklassen

2.4 Anmerkungen und Ergänzungen

2.1 Wie kommt man zu Zielen?

In Abschnitt 2.1. wird von Klafkis schon klassischer „didaktischer Analyse" ausgegangen und für den Physikunterricht interpretiert. Ein am IPN entwickelter Fragenkatalog (s. z. B. Häußler & Lauterbach, 1976) wurde dem in Kap. 1 entwickelten Begründungszusammenhang angepasst. Wir fassen das hier beschriebene Planungsinstrument als physikdidaktisches Modell von Klafkis „didaktischer Analyse" auf, das insbesondere für die *Konzeption und Entwicklung von Unterrichtseinheiten und Unterrichtsprojekten* eingesetzt werden soll. Wir halten es auch für die *Entwicklung von Physiklehrplänen* für relevant.

Planungsinstrument für die Konzeption und Entwicklung von Unterrichtseinheiten

2.1.1 Die didaktische Analyse im Physikunterricht

Klafki (1963, 101 ff. u. 135 ff.) folgend kann man vier Dimensionen unterscheiden, um ein *Thema didaktisch auszuloten*, um Ziele zu einem thematischen Bereich aufzufinden.

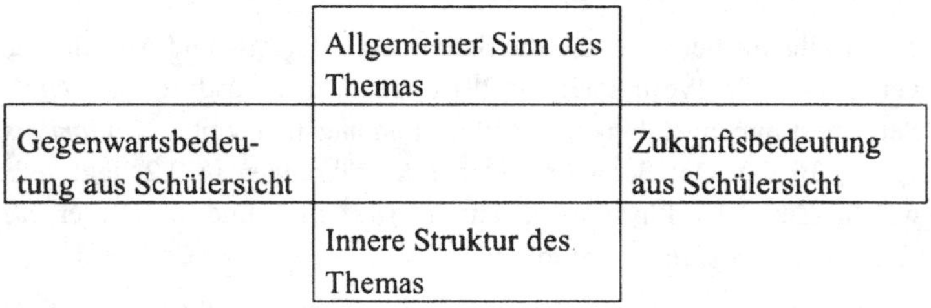

	Allgemeiner Sinn des Themas	
Gegenwartsbedeutung aus Schülersicht		Zukunftsbedeutung aus Schülersicht
	Innere Struktur des Themas	

Abb. 2.1: Die vier Zieldimensionen einer didaktischen Analyse

Der allgemeine Sinn oder der Gehalt

1. Der *allgemeine Sinn oder der Gehalt*[2] eines Themas bedeutet im Physikunterricht die wichtigsten Motive, die allgemeinsten Strukturen, die ethischen und die fachimmanenten Grenzen, die wesentlichsten Auswirkungen der Physik an geeigneten Beispielen *zu kennen, zu verstehen, zu reflektieren*. Die Auswirkungen können positiv oder negativ für die Gesellschaft bzw. für die natürliche Umwelt sein. In Abschnitt 1.2 sind diese Zielaspekte mit dem Kürzel „über Physik lernen" bzw. „Metastruktur der Physik" umschrieben.

Aus der Perspektive dieser Zieldimension kann etwa der Gehalt des Themas „Elektrischer Stromkreis" die *Modellbildung in der Physik* sein (s. z. B. Kircher u. a., 1975). Es kann aber auch sinnvoll sein, die *typischen Anwendungen elektrischer Stromkreise* im Unterricht zu thematisieren, die in tausenderlei Geräten unser Leben, unsere Gesellschaft beeinflussen und prägen (z. B. Muckenfuß & Walz, 1992). Dieses Beispiel macht deutlich, dass *der Gehalt eines Themas nicht eindeutig und nicht endgültig festgelegt* ist. Die Entscheidungen über die im Unterricht zu realisierenden Schwerpunkte eines thematischen Bereichs treffen im Idealfall Lehrende und Lernende gemeinsam.

Unter Einbeziehung gegenwärtiger Rahmenbedingungen kann, von diesem Beispiel ausgehend, auch gefolgert werden, dass „über Physik lernen" eine Abkehr von ausufernder Fachsystematik und eine Hinwendung zu exemplarischem Lernen nach sich ziehen muss.

2. Weltbilder und Lebensstile entscheiden maßgeblich über die Relevanz bzw. Irrelevanz eines Themas aus der Sicht der Schüler.

Bedeutung aus der Sicht der Lernenden

Die spezifischen Weltbilder und Lebensstile der Kinder und Jugendlichen entstehen nicht nur als Folgen schulischen Lernens, sondern auch durch Gegebenheiten im Elternhaus und durch verschiedenartige Aktivitäten und Einwirkungen in Jugendgruppen und im unorganisierten Freizeitbereich. Weltsichten und Lebensstile beeinflussen, formen die Alltagsvorstellungen, Interessen, Motive, Einstellungen, Handlungen der Jugendlichen. Zusammen mit individuellen Kenntnissen und Fähigkeiten sind Weltbilder und Lebensstile die „anthropogenen" und „soziokulturellen" Voraussetzungen des Unterrichts.

Weltbilder und Lebensstile sind „anthropogene" und „soziokulturelle" Voraussetzungen des Unterrichts

Wie weit ist ein bestimmter thematischer Bereich geeignet, diese Schülerperspektiven zu beeinflussen, zu ändern, zu festigen?

Wir betrachten als Beispiel die fachwissenschaftlichen Themen „Kinematik" und „Dynamik". Sie können im Physikunterricht einerseits als *Aspekte der Verkehrserziehung*, andererseits *der Umwelterziehung* thematisiert werden.

- Bei einer Unterrichtseinheit: „*Mehr Sicherheit im Straßenverkehr*" können über die physikalischen Begriffe „Geschwindigkeit" und „Beschleunigung", über den Bremsweg, über die Kräfte beim Abbremsen oder bei Kurvenfahrten neue Einsichten über sinnvolles Verhalten im Straßenverkehr folgen zur größeren Sicherheit aller Verkehrsteilnehmer.

- Eine Unterrichtseinheit „Folgen des Straßenverkehrs" ist fachüberschreitend. Sie erfordert ein ähnliches physikalisches Grundwissen wie zuvor. Aber nun werden vor allem die Folgen hoher Geschwindigkeiten für den Kraftstoffverbrauch und für die Abgasemission thematisiert, Lösungsmöglichkeiten für die dadurch entstehenden Umweltprobleme ebenso erörtert, wie Alternativen zum Individualverkehr. Diesen Einsichten sollten auch Taten folgen, angemessenes Umweltverhalten.

Bei einer solchen Interpretation der Thematik sind die Weltbilder und Lebensstile der Lernenden noch stärker tangiert als im zuerst skizzierten Fall „Verkehrssicherheit".

Eine weitere Folgerung dieser Zieldimension ist, dass *schwierige und komplexe Themen schülergemäß elementarisiert und didaktisch rekonstruiert werden müssen* (s. Kap. 3). Das schließt auch methodische Konsequenzen ein.

Zukunftsbedeutung eines Themas: für das Leben lernen

3. Wir interpretieren die Zukunftsbedeutung eines Themas für Schülerinnen und Schüler vor allem aus der pragmatischen Sicht[3]: *für das Leben lernen.*

Hat der Inhalt eine Bedeutung für das spätere Berufsleben, für die physische und psychische Gesunderhaltung, für Orientierung, für Kritik- und Handlungsfähigkeit in einer von der Technik geprägten Lebenswelt, für Problemlösungen in einer technischen Gesellschaft?

Neue Kulturtechniken

In dieser Interpretation der Zieldimension „Zukunftsbedeutung" gewinnt der naturwissenschaftliche Unterricht ein besonderes Gewicht. Das gilt für die neuen Kulturtechniken etwa für die typischen *Darstellungsweisen von Informationen in Blockdiagrammen, Tabellen, grafischen, ikonischen, symbolischen Darstellungen,* die nicht nur im naturwissenschaftlichen Bereich eingesetzt werden. Aber auch Einstellungen gehören dazu, wie die angstfreie Nutzung von technischen Haushaltsgeräten und Instrumenten oder der souveräne Umgang mit Medien zur Beschaffung benötigter Informationen.

Angstfreie Nutzung technischer Geräte und Instrumente

Souveräner Umgang mit Medien

Der oben erwähnte Aspekt physische und psychische Gesunderhaltung, kann beispielsweise in einem Projekt „Lärm und Lärmschutz" thematisiert werden. Neben biologischen Grundlagen (Schallwahrnehmung und mögliche Schädigungen durch Schall (Lärm)), sind physikalische Grundlagen über Schallentstehung, Schallmessung, Schalldämmung nötig, ebenso Rechtsgrundlagen zur Verhinderung von Lärmbelästigungen und Lärmschädigungen. Auch Wissen über Behörden zur Kontrolle dieser Rechtsgrundlagen gehören zu einem solchen Projekt, das nötig wird, um gegebenenfalls in geeigneter Weise gegen Lärmbelästigungen vorgehen zu können.

Strukturen der Physik

4. Physik und Schulphysik besitzen durch Festlegungen und empirische Feststellungen wie zum Beispiel die Unterscheidung von Grundgrößen und abgeleiteten Größen, von Definitionen und physikalischen Gesetzen, Konstanten und Variablen, Naturkonstanten und Materialkonstanten, durch Integration und Zusammenfassung von Begriffen in Gesetze, von Gesetzen in Theorien, von Theorien in umfassende physikalische Weltbilder (das „Teilchen-" bzw. das „Wellenbild") ein klare

im Allgemeinen eindeutige innere Struktur. Von besonderer Bedeutung auch für den Physikunterricht sind die „Erhaltungssätze" (Energieerhaltung, Impulserhaltung, Drehimpulserhaltung, Ladungserhaltung) in abgeschlossenen Systemen. Ein die Schulstufen übergreifendes Ziel des Physikunterrichts ist das Lernen des „Teilchenbildes" und dessen Anwendungen in verschiedenen Bereichen der Naturwissenschaften.

Neben dieser *begrifflichen Struktur*, ist die *methodische Struktur* der Physik auch für den Physikunterricht als Lernziel relevant. Eine größere Bedeutung als bisher soll der *Metastruktur der Physik* zukommen (s. 1.2). Wir gehen auf die didaktische Bedeutung dieser Strukturen in 2.2 näher ein.

Zusammenfassung

- Der *allgemeine Sinn eines Themas* wird in der gesellschaftlichen (politischen, zivilisatorischen, kulturellen) Relevanz und seinem Beitrag zur Erhaltung der natürlichen Umwelt gesehen. Durch eine solche Interpretation eines Themas wird der Physikunterricht ausgeweitet; er wird fachüberschreitend und interdisziplinär. Nicht nur wegen dieser Ausweitung und der gegenwärtigen schulischen Rahmenbedingungen (zu wenig Physikunterricht) muss künftig *exemplarisches Lernen (s. 5.2.1) den Physikunterricht dominieren.*

- Die Frage nach der *Bedeutung eines Themas aus der Sicht der Schüler* führt zu *didaktischen Alternativen, zu interessierenden Einstiegen, zu engagiertem Lernen, zu dauerhaftem Behalten des neuen Wissens, vielleicht zu pädagogisch wünschenswerterem Verhalten.*

- Die pragmatische Interpretation der *Zukunftsbedeutung eines Themas* geht davon aus, dass der Physikunterricht auch den physikalischen Kern der modernen Techniken und Technologien in elementarisierter Form darstellen, herausarbeiten, verständlich machen kann, als *einsichtige, rationale Grundlage für deren Handhabung und Nutzung in relevanten Situationen des Alltags und vielleicht des späteren Berufs.*

- Die von Menschen gemachte und erforschte, aber nicht willkürliche innere *Struktur der Physik* (begrifflich und methodische Struktur, Metastruktur) bestimmt mit den drei anderen Zieldimensionen den Aufbau, die Gliederung und die Inhalte des Physikunterrichts. Es entsteht daraus die *Sachstruktur des Physikunterrichts*. Diese unterscheidet sich von der *Struktur der Physik* eben dadurch, dass allgemeinbildende und pragmatische Ziele diese Struktur mitbestimmen. Die Mitbestimmung schließt natürlich auch die Lernenden mit ein.

2.1.2 Gesichtspunkte für die Inhaltsauswahl – Fragenkatalog für die didaktische Analyse

1. Die von Häußler & Lauterbach (1976) gegebenen Begründungen für die naturwissenschaftlichen Ziele orientieren sich an der Curriculumtheorie. Diese prägte die Diskussionen und die Ergebnisse von Lehrplankommissionen in den siebziger Jahren. Einzelne „curriculare" Lehrpläne waren bis in die neunziger Jahre gültig, d. h. für den Unterricht verbindlich.

Der zu Grunde liegende pädagogische Ansatz ist pragmatisch: Schule und Unterricht sollen vor allem dabei helfen, *künftige Lebenssituationen zu bewältigen*. Dazu müssen bestimmte *Qualifikationen und Einstellungen (Dispositionen)* mit Hilfe bestimmter *Curriculumelemente* (z. B. speziell entwickelte Unterrichtsmaterialien) erworben werden.

Lebenssituationen:

Interpretationsbereich Naturwissenschaft/ Technik

Handlungsbereiche Gesellschaft, Umwelt und Schule

Entsprechend dieser allgemeinen Vorgehensweise skizzieren Häußler & Lauterbach (1976, 59 ff.) *vier unterschiedliche Lebenssituationen*: den *Interpretationsbereich* Naturwissenschaft/Technik, sowie die drei *Handlungsbereiche* Gesellschaft, Umwelt und Schule[4].

Ausgehend von den zu den möglichen Lebenssituationen formulierten Lernzielen werden Gesichtspunkte für die Inhaltsauswahl vorgeschlagen. Diese können z. B. für die Lehrplanentwicklung herangezogen werden. Für die Planung von Unterrichtseinheiten oder von projektorientiertem Unterricht stellen diese 16 Gesichtspunkte einen Fragenkatalog dar zur didaktischen Analyse eines vorgegebenen Themas. Dieser ist vergleichbar mit den nicht fachspezifischen Fragen, die Klafki (1963, 135 ff.) für den gleichen Zweck vorschlägt.

Gesichtspunkte zur Inhaltsauswahl

2. Entsprechend den vier Zieldimensionen und unter Berücksichtigung der Ausführungen von Kap. 1 werden die folgenden Gesichtspunkte zur Inhaltsauswahl vorgeschlagen:

Der Fragenkatalog mit Beispielen für Ziele

I. Ist der Inhalt geeignet, exemplarisch

• das *idealistische Motiv* der Naturwissenschaft „Wahrheitssuche" zu illustrieren?

Erkenntnis-/wissenschaftstheoretische Aspekte der naturwissenschaftlichen Wahrheitssuche thematisieren

Grenzen des physikalischen Weltbildes aufzeigen

Historische Beispiele der nutzenfreien Forschung (z. B. Robert Mayer, Albert Einstein, Elementarteilchenphysik) kennen

- das *pragmatische Motiv* der Naturwissenschaften „Beherrschung der Natur" zu illustrieren?

  Positive Auswirkungen der Naturwissenschaften/der Technik in der Lebenswelt (Arbeitswelt, Freizeit, Haushalt und öffentliche Dienste) selbstständig erarbeiten

  Negative Auswirkungen (der Naturwissenschaften)/der Physik/der Technik für den lokalen und globalen Frieden, für die Arbeitswelt, für die Freizeit, für die lokale/regionale/globale Umwelt durch Projektarbeit analysieren und problematisieren

- das *wertorientierte Motiv* „Erhaltung der Lebensgrundlagen für das Biosystem" als Grundeinstellung zu internalisieren?

  Die *Komplexität und Sensitivität* des Biosystems verstehen, einschließlich dessen Grundlagen Erde, Wasser, Luft

  Maßnahmen zum *Schutz der natürlichen Lebensgrundlagen* kennen, unterstützen, in die Wege leiten

  Die Notwendigkeit der *nachhaltigen, zukunftsfähigen Nutzung,* sowie Recycling von Wertstoffen einsehen und Konsequenzen für den eigenen Lebensstil ziehen

  Probleme des anthropozentrischen Weltbildes diskutieren

II. Ist der Inhalt geeignet, das *Weltbild/ den Lebensstil* der Kinder und Jugendlichen zu berühren, zu beeinflussen, zu ändern, zu festigen?

- Selbstbewusstsein entwickeln im Umgang mit technischen Geräten

- Freude am spielerischen Lernen und Entdecken

- Selbstorganisiertes, kreatives Lernen ermöglichen

- Sorgfalt im Umgang mit den Lebensgrundlagen thematisieren

- Rücksichtnahme in der technischen Gesellschaft (Verhalten im Straßenverkehr) fördern

III. Ist der Inhalt geeignet,

- Kindern und Jugendlichen *wichtige Kulturtechniken* zur gegenwärtigen und vielleicht künftigen *Lebensbewältigung* einzuüben?

  Relevante Geräte der Lebenswelt beherrschen (Handlungsfähigkeit mit technischen Geräten zur eigenen Sicherheit aneignen (Fahrrad, Moped, Elektrogeräte))

  Arbeitstechniken und Darstellungsweisen einüben

  Selbständig Informationen über physikalisch/ technische Geräte der Lebenswelt beschaffen und adäquat umsetzen

  Informationen darstellen und interpretieren

  Im Team (in der Gruppe) arbeiten

  Informationen kommunikativ darstellen (Standpunkte individuelle/im Team erarbeiten und in Diskussionen vertreten).

- Kindern und Jugendlichen wichtige Informationen vermitteln zur *physischen und psychischen Gesunderhaltung?*

  Über Suchtgefahren Bescheid wissen (z.B. Geschwindigkeitsrausch im Straßenverkehr)

  Gefahren und Gefährdungen in der technischen Gesellschaft kennen (Radioaktivität, Lärm, Laserstrahlen)

  Vorbeugende Maßnahmen gegen Gefahren in der technischen Gesellschaft kennen, gegen Ursachen eintreten, sich engagieren

---

IV. Ist der Inhalt geeignet, exemplarisch *Strukturen der Physik* zu vermitteln?

- Grundlegende Begriffe und Gesetze der Physik erarbeiten (Teilchenmodell, Energieerhaltungssatz)

- Notwendige Zusammenhänge zwischen Begriffen und Theorien herstellen[5]

- Die natürliche und technische Umwelt begreifen (Phänomene: Regenbogen, Gewitter, Sonnenfinsternis; Elektromotor, Steuerungen und Regelungen)

- Grundlegende Methoden der Physik kennen lernen, verstehen, anwenden

- Grenzen der Anwendung physikalischer Methoden diskutieren

3. Dieser Fragenkatalog kann, wie die entsprechenden Fragen von Klafki (1963) bzw. von Häußler & Lauterbach (1976), für *die individuelle Unterrichtsvorbereitung oder in einer Arbeitsgruppe bei der Vorbereitung eines Projekts eingesetzt werden.* Duit, Häußler & Kircher (1981, 241 ff.) haben die *didaktische Analyse im Zusammenhang mit der Unterrichtsplanung* detailliert beschrieben. In Anlehnung an diese Ausführungen schlagen wir folgende Schritte für eine didaktische Analyse vor:

> 1. *Ausloten eines gegebenen Unterrichtsthemas* und *festlegen auf einen didaktischen Schwerpunkt* (eine der Zieldimensionen I, II, III, IV)[6].
>
> 2. *Leit- und Richtziele* (näheres in 2.2.) *zum Thema formulieren* unter Berücksichtigung der Aspekte dieser Zieldimension.
>
> 3. Die *Stichwortliste* der ausgewählten Zieldimension *ergänzen* im Hinblick auf involvierte (vergangene, gegenwärtige, zukünftige) relevante *physikalische, technische, politische, umweltpolitische wirtschaftliche, rechtliche Kontexte.*
>
> 4. Aus der Stichwortliste entsteht ein *Sachstrukturdiagramm (s. 2.4),* das auch die *Lernvoraussetzungen* in Stichworten enthält.
>
> 5. Die entstandenen *Planungsprodukte,* die *Liste der Leit- und Richtziele sowie das Sachstrukturdiagramm werden auf innere Konsistenz überprüft* und ggfs. abgeändert und/oder ergänzt.
>
> 6. Eine *Grobstruktur der Unterrichtseinheit* wird entwickelt. Diese Übersicht enthält *Vorschläge für den zeitlichen Umfang, die Teilthemen der Unterrichtseinheit und deren Reihenfolge, sowie zentrale Experimente[7] und besondere Lernformen* (z.B. Spiel, Betriebsbesichtigung).

4. Unterricht ist natürlich viel mehr als das, was in noch so umfassenden Ziellisten formuliert ist, mehr als in Worten und Symbolen fassbar ist, Erwünschtes und Unerwünschtes. Magers Absicht: „Die Funktion der Zielanalyse ist, das Undefinierbare zu definieren, das Ungreifbare zu greifen" (Mager, 1969), ist ein Widerspruch in sich, ist unrealistisch. Oder soll man sagen: ein unnötiger Traum? Andererseits gilt, dass *für eine verantwortliche Unterrichtsführung eine sorgfältige Reflexion und Analyse der in den Unterricht eingehenden Zielvorstellungen unumgänglich* ist (s. Jank & Meyer, 1991, 300). Das gilt insbesondere auch wegen des Zusammenhangs mit einer verantwortungsbewussten Beurteilung des Unterrichts (s. Kap.7).

Unterrichts- und Projektvorbereitung

Schritte einer didaktischen Analyse

Für verantwortliche Unterrichtsführung ist eine sorgfältige Reflexion und Analyse der in den Unterricht eingehenden Zielvorstellungen unumgänglich

2.2 Lernziele über Lernziele

In Theorie und Praxis werden verschiedene Lernziele und Lernziel-klassifikationen verwendet, formuliert, hierarchisiert, nicht zuletzt kritisiert.

Kritik an operationalisierten (Fein-) Lernzielen

Die Kritik bezieht sich vor allem auf die sogenannten operationali-sierten (Fein-) Lernziele wie sie in den 70er-Jahren im Gefolge der Curriculumtheorie formuliert wurden. Heute ist man sich weitgehend einig, dass es sinnvoll sein kann, die Bedienung eines elektrischen Multimeters zu operationalisieren, um Schäden des jugendlichen Benutzers und des Gerätes zu verhindern. Komplexe mentale Vor-gänge über Physik wie „Verständnis der newtonschen Mechanik" lassen sich genau so wenig durch Lernziele operationalisieren wie „Verständnis von Schillers Dramen".[8] Wir gehen daher nicht näher auf operationalisierte Lernziele ein (s. Duit, Häußler & Kircher, 1981), denn: Der Gehalt der newtonschen Mechanik lässt sich für Lernende nicht in wenigen Formeln fassen, deren „Verständnis" nicht durch Lösen ausgewählter Rechenaufgaben feststellen; das Ganze ist eben mehr als die Summe seiner Teile.

Ausgehend von den verschiedenen *Zieldimensionen* (2.1) geht es um die notwendige Ausweitung von Lernzielen über die fachlichen, vorwiegend auf physikalische Begriffe und Gesetze bezogenen Ziele hinaus. Wir können dazu im wesentlichen auf bekannte Klassifikati-onen zurückgreifen.

2.2.1 Verschiedene Zielebenen

Zielebenenmodell: nach wie vor relevant

Westphalen (1979) verwendet eine hierarchische Einteilung von Zielen in vier Zielebenen. Wir halten dieses *Zielebenenmodell* nach wie vor für relevant in der Lehrerausbildung und für die Entwicklung von Lehrplänen. Eine solche Einteilung der Ziele ist für angrenzende Zielebenen nicht trennscharf. Vielmehr gibt die Zuordnung zu einer Zielebene einen Hinweis darauf, für wie wichtig ein Ziel gehalten wird und damit zusammenhängend, wie intensiv es thematisiert wer-den soll.

Westphalen unterscheidet „Leitziele", „Richtziele", „Grobziele" und „Feinziele". „Leitziele" sind sehr allgemeine Ziele, die die *Lern-, Bildungs-, Erziehungsvorgänge der Schule umfassen und grundsätz-lich alle Fächer betreffen.* „Richtziele" umfassen die *allgemeinsten fachspezifischen und fachübergreifenden Ziele.* „Grobziele" spielen *innerhalb eines Faches eine große Rolle.* „Feinziele" sind für die *Planung einer Unterrichtsstunde* wichtig.

1. „Leitziele" finden sich in den Präambeln der Lehrpläne; es sind die allgemeinen Bildungs- und Erziehungsziele einer bestimmten Gesellschaft, einer bestimmten Politik. Sie beziehen sich auf die Prinzipien des Grundgesetzes, wie z. B. „Erziehung zur Demokratie" und auf Gesetze von Bundesländern über das jeweilige Erziehungs- und Unterrichtswesen, z. B. auf Einstellungen und Werte wie „Ehrfurcht vor der Würde des Menschen", „Verantwortungsgefühl", „Verantwortungsbewusstsein", „Verantwortungsfreudigkeit", „Hilfsbereitschaft" und „Toleranz".[9] Aber auch der Erwerb relevanter allgemeiner Fähigkeiten, „Schlüsselqualifikationen", wie Kommunikationsfähigkeit, Kooperationsfähigkeit, Kritikfähigkeit, Problemlösen, „Denken in Zusammenhängen", die Fähigkeit, die Flut von medialen Informationen sinnvoll zu nutzen, werden zu den Leitzielen gezählt. Man kann Klafki (1996[5], 36 ff.) folgen und die angedeutete Vielfalt an Leitzielen in die Begriffe „Selbstbestimmungsfähigkeit", „Mitbestimmungsfähigkeit", „Solidaritätsfähigkeit" subsumieren.

**Beispiele für
Leitziele**

Die Physiklehrerinnen und Physiklehrer, tragen dazu bei, dass bestimmte Leitziele in der Schule realisiert werden:

- durch die Auswahl und Interpretation der Inhalte
- durch geeignete methodische Formen (Gruppen-, Projektunterricht, Freiarbeit)
- durch kritische und souveräne Nutzung verfügbarer Medien.

2. „Richtziele" sind die obersten fachspezifischen Ziele; sie können auch fachübergreifend sein. Dies gilt auch für die Richtziele des Physikunterrichts, die i. Allg. auch für den naturwissenschaftlichen Unterricht gelten.

**Beispiele für
Richtziele**

Kerschensteiner (1914) hat „Wesen und Wert des naturwissenschaftlichen Unterrichts" in den dort ausschließlich oder besonders geförderten und geübten Fähigkeiten „Beobachten", „Denken", „Urteilen" und physisches und psychisches Durchhaltevermögen („Willenskraft") gesehen; es lässt sich darüber streiten, ob diese Fähigkeiten als „Leitziele" oder als „Richtziele" aufzufassen sind. Wir fassen die allgemeinsten Inhalte der begrifflichen und methodischen Struktur der Naturwissenschaften als Richtziele auf. Für die methodische Struktur heißt das Richtziel „naturwissenschaftliches Arbeiten lernen (verstehen, anwenden)", mit den zusammenhängenden Aspekten „Theoretisieren" und „Experimentieren". Dabei bleibt vorläufig unberücksichtigt, wie weit dieses Richtziel im gegenwärtigen Physikunterricht realisierbar ist. Die Untersuchungen von Carey u. a. (1989) und Welzel u. a. (1998) zeigen, dass diese Ziele gegenwärtig nur rudimentär erreicht werden. Tatsache ist wohl auch, dass das Ziel „Methoden der Physik/ der Naturwissenschaften lernen" *absichtlich oder unabsichtlich vernachlässigt* wird. Der *gegenwärtige Schwerpunkt des Physikunterrichts liegt eindeutig auf dem Verständnis der begrifflichen Struktur.* Das amerikanische Curriculum „Science – a process approach" stellt eine Ausnahme dar, die freilich ohne dauerhaften Einfluss blieb. Für das idealistisch-abendländische Motiv (Leitziel) „naturwissenschaftliche Wahrheitssuche" und für das pragmatische Motiv „für das Leben lernen" scheint *das Verständnis und die Anwendung der methodischen Struktur unbedingt erforderlich zu sein,* bloßes „Reden über" reicht hierfür nicht aus.

Richtziele, die die begriffliche Struktur der Physik/der Naturwissenschaften betreffen, sind: Das atomistische Weltbild, der begriffliche Aufbau der Physik, Invarianten in der Physik (Erhaltungssätze, Naturkonstanten).

Als *fachübergreifende Richtziele* nennt Westphalen (1979, 67 ff.) unter vielen anderen: „Fähigkeit, Abstraktionen und Symbole zu deuten", „Bereitschaft Leistung zu erbringen", „Fähigkeit zu rationellem Arbeiten: Planung, Zeiteinteilung, Organisation, Erfolgskontrolle".

Beispiele für Grobziele

3. „Grobziele" sind i. Allg. eindeutig auf ein Teilgebiet der Physik bezogen. Sie benennen z. B. *ein relevantes Gesetz oder ein typisches Messverfahren* dieses physikalischen Teilgebietes oder eine *charakteristische Darstellungsweise von experimentellen Daten oder physikalisch-technischen Sachverhalten dieses Bereichs* (z. B. „Schaltskizze interpretieren können"). Bisher waren die Versuche, solche Gegebenheiten der Schulphysik als *Grobziele* in den Ländern der Bundesrepublik zu vereinheitlichen, nicht erfolgreich. Nicht einmal über die begrifflichen Grundlagen (Fundamentum) konnte bisher eine Einigung erzielt werden.

Feinziele: in der Lehrerausbildung sinnvoll

4. Wir halten eine weitere Differenzierung der Ziele des Physikunterrichts in sogenannte „Feinziele" in der 1. und 2. Phase der Lehrerbildung für sinnvoll. Die Formulierung von Feinzielen ist aber nicht nur für die Ausarbeitung von Unterrichtsentwürfen zweckmäßig, sondern auch für die Bewertung von Unterricht im Rahmen eines quantitativen Beurteilungssystems. Insbesondere begriffliches Wissen und einfache Arbeitstechniken, lassen sich – wenn sie in der Planung als Feinziele formuliert und im Unterricht durch geeignete Aktivitäten gelernt worden sind – durch darauf bezogene Testverfahren evaluieren (s. Kap. 7). Für komplexere Fähigkeiten (Ziele) wie „Verstehen" und „Problemlösen" erscheint die Differenzierung wenig angemes-

sen, allgemein wegen *der Unschärfe von Ausdrücken* wie „Verstehen", speziell wegen der *ungenauen Kenntnis des Vorwissens der Lernenden.* Letzteres spielt eine Rolle bei der Beurteilung. Denn es ist relevant, ob es sich um originäres Problemlösen oder bloß um die Anwendung eines bekannten Lösungsschemas handelt.

5. Zusätzliche Bemerkungen:

> • Man kann von allgemeinen Zielen (Leitzielen) ausgehend *nicht* die spezifischeren Richt-, Grob-, Feinziele *ableiten.* Es ist eher möglich, eine *negative Eingrenzung* zu geben, d. h. *welche Richt- Grob-, Feinziele zu einem vorgegebenen übergeordneten Ziel nicht in Frage kommen.*
>
> • Zur Illustration dieses Zielebenenmodells folgender Vergleich: *Ein Leitziel könnte als Motto über dem Eingang eines Schulhauses* angebracht sein, ein *Richtziel könnte über der Tür zum Physikraum* stehen, ein *Grobziel könnte als Stundenthema an die Tafel* geschrieben sein, *Feinziele könnten sich, in Merksätze und Aufgaben* verwandelt, in einer Klassenarbeit (Schulaufgabe) wiederfinden.

Aus Leitzielen lassen sich nicht die spezifischeren Richt-, Grob-, Feinziele ableiten

2.2.2. Zielklassen und Anforderungsstufen

1. Wenn Lernziele für einen Unterrichtsentwurf formuliert werden, ist damit u. a. folgende Frage verknüpft:

Welche Art von Zielen, welche „didaktische Zielklasse" ist gemeint?

Wir unterscheiden folgende *Zielklassen*:

> • „Konzeptziele" intendieren die Aneignung des begrifflichen Wissens,
> • „Prozessziele" charakterisieren Fähigkeiten und Fertigkeiten,
> • „Soziale Ziele" streben ein bestimmtes Verhalten an,
> • Ziele über Einstellungen und Werte.

Zielklassen

Diese Zielklassen sind auf dem Hintergrund psychologischer Theorien zu sehen. Da allein schon Skizzen unterschiedlicher Kognitionstheorien den Rahmen einer Physikdidaktik sprengen würden, verweisen wir hier vor allem auf die kognitionspsychologische Standardliteratur (z. B. Mandl & Spada, 1988) und die entwicklungspsychologische Standardliteratur (z. B. Oerter & Montada, 1998[4]).

2. Wie intensiv soll sich der Lernende mit einem Thema befassen? Soll er bloß einen *Einblick* in ein Thema *gewinnen* oder soll er mit dem Thema *vertraut werden*?

Anforderungsstufen   Für Lehrpläne, Unterrichtseinheiten und auch bei einzelnen Unterrichtsstunden sind verschiedene *Anforderungsstufen* bei den Zielen sinnvoll. Sie sollen Hinweise für die Intensität des Lehrens und Lernens geben. Die Vorschläge Westphalens erscheinen für die Unterrichtspraxis geeignet, auch wenn diejenigen Ausdrücke, die die Anforderungsstufen charakterisieren weit interpretierbar, d. h. etwas unpräzise sind.[10]

Bekannter sind die von Roth (1971) vorgeschlagenen vier „Lernzielstufen" für den kognitiven Bereich:

- Reproduktion (Stufe I): *Wiedergabe* einzelner Sachverhalte in einer im Unterricht behandelten Weise.

- Reorganisation (Stufe II): *Zusammenhängende Darstellung* bekannter Sachverhalte unter Anwendung eingeübter Methoden.

- Transfer (Stufe III): *Übertragung* eines gelernten physikalischen Sachverhalts auf einen (struktur-) ähnlichen Sachverhalt.

- Problemlösendes Denken (Stufe IV): *Anwendung* bekannter Begriffe und Methoden *auf ein neuartiges Problem.*

Diese Lernzielstufen werden vor allem für schriftliche und mündliche Beurteilungen herangezogen. Aus den rothschen Lernzielstufen wird dann eine *Taxonomie.* Umgekehrt können die aus dem amerikanischen Sprachraum stammenden Taxonomien von Bloom und Mitarbeitern auch als Lernzielstufen interpretiert und für Zielformulierungen mit unterschiedlichen Anforderungen herangezogen werden (s. Duit, Häußler & Kircher, 1981, 67 ff.).

Bei Zielformulierungen sollen die *Zielebene*, die *Zielklasse* und die *Zielstufe* angegeben werden (s. 2.4.3).

3. Um naturwissenschaftliche Bildung am Ende der Schullaufbahn zu erfassen, wurden in der TIMS- Studie Aufgaben formuliert, denen vier Kompetenzniveaus (Sekundarstufe I), bzw. fünf Kompetenzniveaus (Sekundarstufe II) zu Grunde liegen. Im Unterschied zu den rothschen Lernzielstufen sind sie speziell auf den naturwissenschaftlichen Unterricht zugeschnitten am Ende der Pflichtschulzeit (s. Baumert u.a., 2000[a], 127ff.):

TIMSS
Kompetenzniveaus

- naturwissenschaftliches Alltagswissen

- Fähigkeit, alltagsnahe Probleme in einfacher Weise erklären

- elementare naturwissenschaftliche Modellvorstellungen anwenden können

- über grundlegende naturwissenschaftliche Fachkenntnisse verfügen

---

Grund- und Leistungskurs Physik (s. Baumert u.a., 2000[b], 100ff.):

- Lösen von Routineaufgaben mit Mittelstufenwissen
- Anwendung von Faktenwissen zu Erklärung einfacher Phänomene der Oberstufenphysik
- Anwendung Physikalischer Gesetze zur Erklärung experimenteller Effekte auf Oberstufenniveau
- Selbstständiges fachliches Argumentieren und Problemlösen
- Überwinden von Fehlvorstellungen

Die Fähigkeitsniveaus der TIMS-Studie sind nur bedingt für Unterrichtseinheiten mit wenigen Unterrichtsstunden geeignet. Daher halten wir die rothschen Lernzielstufen zumindest für einzelne Unterrichtsstunden in der Lehrerausbildung immer noch für relevant.

2.3 Einzelheiten der physikdidaktischen Zielklassen

Mit der bloomschen Klassifikation der Ziele hängt die verbreitet in der Lehrerbildung verwendete *psychologische Einteilung* der Ziele zusammen, in der *kognitive, affektive und psychomotorische Ziele* unterschieden werden (Bloom, 1956). Diese Klassifikation ist aus heutiger Sicht unvollständig, weil soziale Ziele und wichtige Einstellungen und Werte nicht berücksichtigt sind. Aus diesem Grund verwenden wir diese Einteilung nicht.

2.3.1 Konzeptziele (Begriffliche Ziele)

Konzeptziele des naturwissenschaftlichen Unterrichts entsprechen teilweise den *kognitiven Zielen*, die Klopfer (1971) aufführt:

Konzeptziele:

- Wissen von Einzelheiten und Fakten

- Wissen über Begriffe und Theorien

1. Wissen von (physikalischen) Einzelheiten, Fakten

2. Wissen über Begriffe und Theorien

3. Verstehen von Zusammenhängen

4. Höhere kognitive Fähigkeiten (z. B. Hypothesen bilden)

5. Bewerten (z. B. Messungenauigkeiten)

Diese Ziele unterscheiden sich durch ihre *kognitiven Anforderungen*. Es ist schwieriger, die Gegebenheiten des Physikunterrichts zu *bewerten* als physikalische Einzelheiten zu wissen. Unter Konzeptzielen verstehen wir die Stufen (1) und (2). *Für sich allein charakterisieren sie einen traditionellen lehrerorientierten Unterricht.*[11]

2.3.2 Prozessziele (Fähigkeiten und Fertigkeiten)

Prozessziele:
physikalische und
technische
Fähigkeiten und
Fertigkeiten

Mit Prozesszielen sind physikalische und technische Fähigkeiten und Fertigkeiten gemeint, die sich Kinder und Jugendliche vorwiegend in der Schulzeit und in der Schule aneignen sollen. Dazu gehören insbesondere *physikalische Methoden*. Wir orientieren uns an Klopfer (1971), der den Ausdruck „physikalische Methoden" differenziert interpretiert und dabei trotzdem vereinfacht :

Durch *Untersuchungsmethoden I* werden *Gegenstände und Vorgänge beobachtet und Änderungen gemessen*. Dazu gehört auch die Auswahl geeigneter Messinstrumente und die Beschreibung in physikalischer Ausdrucksweise.

Physikalische Untersuchungsmethoden II bedeuten *das Erkennen einer Aufgabe und das Suchen eines Lösungsweges*. Letzteres meint das Aufstellen von Hypothesen, die Auswahl einer Methode zur Überprüfung der Hypothesen und des Untersuchungsplans.

Physikalische Untersuchungsmethoden III befassen sich mit dem *Erzeugen und Interpretieren von Daten*. Das bedeutet die Umsetzung des Untersuchungsplanes in eine Experimentieranordnung, die Festlegung der zu messenden Parameter, die Kontrolle und wiederholte Beobachtung der Variablen. Die gewonnenen Daten werden organisiert, verarbeitet, dargestellt, beurteilt und schließlich interpretiert. Dies führt dann zu einer Überprüfung der Hypothesen: Sie werden vorläufig bestätigt oder vorläufig widerlegt.

Durch *Physikalische Untersuchungsmethoden IV* werden *theoretische Modelle (z.B. physikalische Gesetze) aufgestellt, überprüft, revidiert und in einen allgemeineren theoretischen Zusammenhang eingeordnet*. Das bedeutet zum Beispiel, dass keine Widersprüche zu gesicherten physikalischen Tatbeständen auftreten. Es werden außerdem Folgerungen auf weitere experimentelle und theoretische Sachverhalte gezogen. Das theoretische Modell wird ausgearbeitet.

In *Physikalische Untersuchungsmethoden V* werden die bisherigen *methodologischen Schritte reflektiert*: es werden protophysikalische Begriffe wie Raum und Zeit, Ursache und Wirkung erörtert oder erkenntnis- und wissenschaftstheoretische Betrachtungen über Physik und Wirklichkeit oder über das Zusammenspiel von Theorie und Experiment angestellt. Im Sinne der Überlegungen von Kap. 1. werden mögliche Auswirkungen auf die Physik, die Technik, die Gesellschaft, die Umwelt, das Individuum erörtert.

Um die Anzahl der Zielklassen möglichst klein zu halten, zählen wir auch „Fertigkeiten" zu den Prozesszielen. Dazu zählen Fertigkeiten im souveränen Umgang und der Bedienung von Geräten aller Art, die für das Experimentieren und das Auswerten von Daten benötigt werden, vom Messen mit dem Meterstab, bis zur Justierung komplexer Versuchsanordnungen.

Prozessziele charakterisieren schülerorientierten Unterricht.

2.3.3 Soziale Ziele

Für das Zusammenleben in der Gesellschaft, d. h. in der Familie, in der Schule, in Jugendgruppen, in Vereinen wird das Einüben sozialer Verhaltensweisen immer wichtiger: Z. B. Rücksichtnahme auf Schwächere, Toleranz und Kompromissbereitschaft gegenüber Andersdenkenden, Solidarität mit Bedrohten, Hilfsbereitschaft bei Notleidenden, Höflichkeit gegenüber den Mitmenschen. Diese erzieherischen Aufgaben sind in den vergangenen Jahrzehnten in immer stärkerem Maße von der Familie auf die Schule übergegangen, von der Politik und der Pädagogik auf die Schule übertragen worden (s. auch Silbereisen, 1998[4]).

Beispiele

Soziale Ziele formulieren wünschenswertes sinnvolles und nützliches Verhalten in der Gesellschaft. Es sind zum Teil neue Leitziele unserer Zeit, die explizit die Schule und dort alle Fächer dieser Institution betreffen.

Soziale Ziele formulieren wünschenswertes sinnvolles und nützliches Verhalten in der Gesellschaft

Einen spezifischen Beitrag zu adäquatem Sozialverhalten können diejenigen Schulfächer leisten, die besonders für den Gruppenunterricht geeignet sind. Dazu gehört zweifellos auch der Physikunterricht. Außerdem kann in dieser Sozialform des Unterrichts, die in der heutigen *Berufswelt notwendige Kooperationsbereitschaft und -fähigkeit ebenso geübt werden wie die Kommunikationsfähigkeit.*

2.3.4 Ziele über Einstellungen und Werte

Die Erziehungs- und Bildungsaufgaben der Schule erstrecken sich auf wünschenswerte Neigungen, Einstellungen und Werte oder Werthaltungen (attitudes), die auch das künftige Leben der Schülerinnen und Schüler prägen sollen (s. z. B. Oerter, 1977[14]).

Neigungen, Einstellungen und Werthaltungen

Von der Entwicklungspsychologie als empirisch bestätigte Tatsache betrachtet, haben schulexterne Gruppierungen i. Allg. größeren Einfluss auf Einstellungen der Kinder und Jugendlichen als die Schule, gesellschaftliche Einflussfaktoren wie z. B. die Familie, Jugendgruppen oder politische oder religiöse Organisationen. „Bei der Übernahme von Haltungen aus der Umwelt spielt das Lernen durch

Änderung von Einstellungen und Werthaltungen

Nachahmung und Identifikation eine besondere Rolle. Es hat den Anschein, als ahme das Kind nicht nur periphere Verhaltensweisen und Gewohnheiten nach, sondern übernehme auch ganze Überzeugungs- und Wertsysteme" (Oerter, 1977[14], 270). Absichtlich oder unabsichtlich kann auch der Lehrer als Vorbild wirken. Aber ist dieser darauf vorbereitet, ist er dazu in der Lage? Gegenwärtig ist es wahrscheinlich angemessen, mit einer Antwort „ja" zurückhaltend zu sein. Die Berufsgruppe „Lehrer" hat keine Sonderstellung. Sie weist z. B. hinsichtlich wünschenswerter Einstellungen für angemessenes Umweltverhalten *keine Unterschiede* zu anderen Berufsgruppen auf (de Haan & Kuckartz, 1996), und das, obwohl das *Umweltwissen* von Lehrerinnen und Lehrern aufgrund der in Lehrplänen geforderten Umwelterziehung *groß ist* (s. auch 1.3.4).

Beispiele

Wir fragen daher nach dem zu vermittelnden Leitbild: Klafkis Kürzel vom „mündigen Bürger", der die Fähigkeit zur Selbstbestimmung, zu Mitbestimmung und zur Solidarisierung besitzt, muss ergänzt oder so interpretiert werden, dass die in Kap. 1.3 erörterten notwendigen Einstellungen „Verantwortung gegenüber der belebten und unbelebten Natur" und „Bescheidenheit des eigenen Lebensstils" zu diesem Leitbild gehören.

Dem naturwissenschaftlichen Unterricht kommt hier eine zentrale Aufgabe zu: Über Umweltwissen und Umwelthandeln sollen diese Einstellungen angestrebt werden, auch bei Lehrerinnen und Lehrern.

Eine besondere Rolle spielt dabei auch die Einstellung zur Technik. „Souveräner Umgang mit Technik" ist für eine nachhaltige, zukunftsfähige Wirtschaft erforderlich, nicht pauschale Technikfeindlichkeit. Die Bildung der Nachhaltigkeit (s. 1.3.4) setzt auch hier darauf, dass über naturwissenschaftlich-technisches Wissen und Verstehen entsprechende Einstellungen für sorgfältigen Umgang mit Lebensgrundlagen generiert werden. Solche Dispositionen sind als Voraussetzung für umweltverträgliches Verhalten notwendig. Dabei darf nicht vergessen werden, dass dieses Verhalten auch gegen Auswüchse der Technik, d. h. umweltschädigende Produkte gerichtet sein muss. Nicht selten ist allerdings, wie z. B. bei der Energieversorgung, dass unter zwei Übeln das kleinere gewählt werden muss – ein nur scheinbar leichtes Problem.

„Souveräner Umgang mit der Technik" bedeutet auch die angstfreie Verwendung und Handhabung technischer Produkte. Bei solchen mit Emotionen verbundenen Zielen spricht man auch von *affektiven Zielen*. Bisher werden vorwiegend Ziele wie Interessiertheit oder Freude oder Spaß an der Physik diskutiert und angestrebt. Das in der

Delphi-Studie (Häußler u. a., 1980) genannte wichtige Ziel „Physik als Erlebnis" hängt mit solchen Einstellungen zusammen. Gegenwärtig wird Freude an der Physik vor allem in der Primarstufe beobachtet. In den Sekundarstufen ist es nur eine kleine Minderheit, die Physik als ein Erlebnis empfindet und Freude an der Physik hat[12].

Zusammenfassung

Veränderungen in den modernen Industriegesellschaften, wie z. B. Auflösungstendenzen der Familie, die Möglichkeiten der unkontrollierten Informationsbeschaffung über das Internet, Massenprobleme wie Armut und Arbeitslosigkeit, erfordern Änderungen und Ausweitungen der Zielklassen auch des Physikunterrichts. Zu den traditionellen Zielklassen (Konzept- und Prozessziele) kommen unbedingt *soziale Ziele und Ziele über Einstellungen und Werte* hinzu. Dies hat Auswirkungen auf die Auswahl der Inhalte, auf Methoden und auch auf Medien des Physikunterrichts.

2.4 Ergänzungen

2.4.1 Wie werden Lernziele formuliert?

Lernziele werden verschieden formuliert. Die ältere Formulierung :

„Die Schüler sollen..." erscheint als autoritär und daher als unangemessen.

Sollsätze

Die Formulierung *vorwiegend in Substantiven*: *„Fähigkeit einen Versuch aufgrund einer Versuchsanleitung aufzubauen"*, mag abstrakt und anonym erscheinen.

Substantive

Als dritte Möglichkeit wird die *Formulierung in Aussagesätzen* verwendet: *„Der Schüler ist in der Lage, das ohmsche Gesetz in Rechenbeispielen anzuwenden."*

Aussagesätze

Glücklicherweise gibt es keine pädagogische oder fachdidaktische Doktrin, welche dieser Formulierungsmöglichkeiten von Ihnen verwendet werden soll.

2.4.2 Sachstrukturdiagramme

1. Sachstrukturdiagramme sind Folgeprodukte von didaktischen Analysen (s.2.1.2). Sachstrukturdiagramme können in *komplexen Unterrichtsplanungen* (bei der Entwicklung von Unterrichtseinheiten und Projekten) oder bei *Lehrplanentwicklungen* sinnvoll eingesetzt

werden: Sie enthalten wichtige Konzeptziele des Unterrichts. Wegen des engen Zusammenhangs zwischen Zielen und Lernerfolgskontrollen ist auch eine *Übersicht in Form einer Begriffs – Regel Hierarchie* für diese planerische Tätigkeit der Lehrenden hilfreich (Kap. 7).

Sachstruktur-diagramm

- Ein Sachstrukturdiagramm enthält die *begriffliche Struktur* eines thematischen Bereichs, der im Physikunterricht in einer bestimmten Zeit gelernt werden soll.

- In einem Sachstrukturdiagramm sind sachlogische Zusammenhänge dargestellt, die sich aus dem Aufbau der Physik ergeben.

- In ein Sachstrukturdiagramm gehen lernpsychologische Überlegungen ein, denn der Ausgangspunkt für Sachstrukturdiagramme ist das *Vorwissen der Schüler* (oberhalb der Wellenlinie).

2. Ein einfaches Beispiel (Kircher & Teßmann, 1977, 127) soll den Aufbau eines Sachstrukturdiagramms illustrieren:

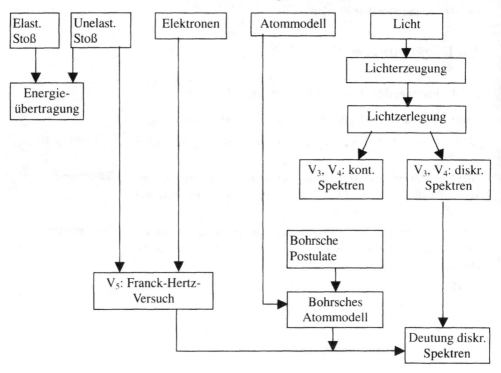

Abb. 2.2: Sachstrukturdiagramm „Das bohrsche Atommodell und der Franck-Hertz-Versuch"

Das *Vorwissen der Lernenden* ist von den *Begriffen (Konzeptzielen)* durch eine *Wellenlinie* getrennt. Bei diesem Beispiel sind außerdem die Schulversuche V_i in das Sachstrukturdiagramm aufgenommen.

3. Sachstrukturdiagramme von umfangreichen fachüberschreitenden Unterrichtseinheiten oder von Projekten enthalten außer den physikalischen vor allem auch technische Begriffe. Diese werden im Sinne von Einzelteil – Gerät (Detail – Ganzes) angeordnet und durch Pfeile verbunden. Außerdem sollen Zusammenhänge von der technischen zur physikalischen Sachstruktur eingezeichnet werden.

Sachstrukturdiagramme ermöglichen Lehrenden und Lernenden
* einen *Überblick* über komplexe Unterrichtsthemen,
* erleichtern sinnvolle Arbeitsteilung,
* geben *Anregungen* für die *Reihenfolge von Teilthemen*.

Warnung vor einem Missverständnis: Aus der physikalischen oder technischen Sachlogik folgt keine zwangsläufige zeitliche oder thematische Anordnung der Begriffe im Unterricht. Eine solche Entscheidung hängt von der Bedeutung und Gewichtung der Ziele, von der Schwierigkeit und den Möglichkeiten der Elementarisierung des Inhalts, von den verfügbaren Medien und von dem Interesse und den Fähigkeiten der Lernenden ab.

Warnung vor einem Missverständnis

2.4.3 Übersicht – Ziele im Physikunterricht

Lernzielebenen	Lernzielklassen	Lernzielstufen
Leitziele	Konzeptziele	Reproduktion
Grobziele	Prozessziele	Reorganisation
Richtziele	Soziale Ziele	Transfer
Feinziele	Einstellungen und Werte	Problemlösen
Insbesondere wichtig für:		
Lehrplan Unterrichtseinheit	Entwurf einer Unterrichtsstunde	Unterrichtsentwurf Evaluation

Um ein Lernziel hinreichend zu präzisieren, müssen die *Zielebene*, die *Zielklasse* und die *Zielstufe* angegeben sein.

Dies lässt sich formal in einem Koordinatensystem darstellen, das einen Lernzielraum definiert.

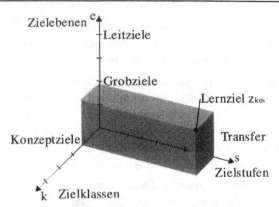

Abb. 2.3: Darstellung eines Lernziels im „Lernzielraum"

Beispiel

Das Lernziel z_{kes} (z. B. ohmsches Gesetz) ist ein „*Konzeptziel*", das hier als „*Grobziel*" so gründlich gelernt werden soll, dass es auf andere, neue Fragestellungen übertragen werden kann.

Überlegen Sie sich, warum nicht alle 4^3 Elemente des Lernzielraums sinnvoll sind.

2.5 Ergänzende und weiterführende Literatur

Im Zusammenhang mit den Curriculumentwicklungen am IPN (Kiel) in den siebziger Jahren haben Häußler und Lauterbach „Ziele des naturwissenschaftlichen Unterrichts" (1975) formuliert und auch ein Planungsinstrument publiziert. Obwohl allgemeine Ziele von Unterricht immer auch gesellschaftliche Situationen, Lebensstile und Lebensgefühle einer bestimmten Epoche widerspiegeln, besitzen diese Zielvorstellungen auch heute noch Relevanz. Wie in einer demokratischen Gesellschaft die wichtigen Ziele des naturwissenschaftlichen Unterrichts bestimmt werden können, zeigt die *Delphi – Studie* von Häußler u.a. (1980). Schon zwanzig Jahre zurückliegend, sind die damals durch *Expertenbefragung* ermittelten Zielvorstellungen für den Physikunterricht in der heutigen Schulpraxis leider zu wenig realisiert worden.

In der Vorlesung verwende ich noch die deutsche Übersetzung von Klopfers (1971) Taxonomie über *physikalische Methoden*, um daran beispielhaft unterschiedliche Anspruchsniveaus von Prozesszielen zu illustrieren. In den Lehrbuchtext habe ich diese Taxonomie nicht vollständig aufgenommen, Für Interessenten: s. Duit, R., Häußler, P. & Kircher, E. (1981, 74 ff.).

Anmerkungen

[1] Mit solchen allgemeinen Zielen hängen *sogenannte physikmethodische Unterrichtskonzepte* wie *„entdeckender Unterricht"* und *„genetischer Unterricht"* zusammen. Wir gehen auf Unterrichtskonzepte in Abschnitt 5 näher ein.

[2] Zum Unterschied von „Bildungsinhalt" und „Bildungsgehalt" siehe z. B. Klafki (1963, 130 ff.)

[3] Die Interpretation unterscheidet sich von Auffassungen Klafkis (Klafki 1963, 137). Auch Klafkis (1995, 48 ff.) kritisch konstruktive Didaktik stellt Bildung vor Ausbildung und setzt sich dadurch der Kritik aus, pragmatische Ziele zu vernachlässigen, (trotz der Ausführungen in (1996, 69 ff.)).

[4] „Die Situationsskizzen können als Bestandteile einer naturwissenschaftsdidaktischen Landkarte gelesen werden, unvollständig noch, präzisierungsbedürftig und eine laufende Überarbeitung erfordernd. Sie dienen der Orientierung, ordnen die Vielfalt, vermerken Ziele und zeichnen Wege zu ihnen" (Häußler & Lauterbach, 1976, 59).

[5] Bei dem zuvor geforderten *exemplarischen Lernen* entsteht wegen der Gründlichkeit des Lernens, das Problem, dass physikalische Zusammenhänge vernachlässigt werden. Wagenschein hat in seinen Seminaren folgende Analogie verwendet, um auch *informierenden Unterricht* zu rechtfertigen: Der genetisch-exemplarische Unterricht entspricht Brückenpfeilern, informierender Unterricht entspricht den Brückenbögen, die die Pfeiler verbinden.

[6] In Seminarveranstaltungen werden Gruppen gebildet. Jede Gruppe notiert Ideen zu dem Thema entsprechend den Stichworten des Fragenkatalogs (Brainstorming). Diese Stichworte werden dann auch im Hinblick auf den bisherigen Unterricht ergänzt (Lernvoraussetzungen müssen geklärt werden). Dann wird der Schwerpunkt festgelegt, das heißt, der aus der Sicht der Gruppe didaktisch relevanteste Schwerpunkt wird ausgewählt und weiterverfolgt.

[7] Von Studenten kann i.A. noch kein Überblick über die Experimentalliteratur der Schulphysik erwartet werden. Die Physikbücher einer Schulstufe sind ein guter Ausgangspunkt für diese Literaturarbeit.

[8] Ein Lernziel gilt als operationalisiert (Mager 1969), wenn
- der Gegenstand eindeutig bezeichnet ist,
- das bobachtbare Verhalten der Schüler beschrieben wird,
- die Bedingungen, unter denen das Verhalten der Schüler erfolgen soll, beschrieben sind,
- ein Bewertungsmaßstab für das Verhalten vorliegt, (s. auch Peterßen 1988[3]).

[9] Diese Stichworte sind dem bayerischen Lehrplänen für Gymnasien (1990) bzw. für Hauptschulen (1997) entnommen. Muckenfuß (1995, 215 ff.) geht von „Grundsätze für eine reformpädagogische Neugestaltung des naturwissenschaftlichen Unterrichts" des Niedersächsischen Kultusministeriums (1992) aus und formuliert als allgemeine Ziele „Nutzungsfähigkeit", „Verantwortlichkeit", „Wissenschaftsverständigkeit", „Kommunikationsfähigkeit".

[10] Westphalen (1979[7], 45 ff.) unterscheidet vier didaktische Zielklassen: „Wissen", „Können", „Erkennen" und „Werten". Für jede Zielklasse schlägt er spezifische Anforderungsstufen vor.

Zielklassen →	Wissen Informationen	Können Operationen	Erkennen Probleme	Werten Einstellungen
Anforderungsstufen ↓	Einblick Überblick	Fähigkeit	Bewusstsein	Neigung
	Kenntnis Vertrautheit	Fertigkeit Beherrschung	Einsicht Verständnis	Bereitschaft Entschlossenheit

Übersicht über Lernzielbeschreibungen (Westphalen 1979, 47)
Eine solche Hierarchisierung hinsichtlich der Anforderungen ist nur für ein bestimmtes Thema sinnvoll. So bedeutet z. B. „Einblick in die Elektronik" zweifellos eine oberflächlichere Beschäftigung mit diesem Thema als z. B. „Vertrautheit mit Elektronik". Dagegen kann bei verschiedenen Themen unklar sein, ob „Einblick" oder „Vertrautheit" anspruchsvoller ist. So stellt z. B. „Einblick in die Quantentheorie" größere Anforderungen an den Lernenden als „Vertrautheit mit dem ohmschen Gesetz".

[11] Die Anforderungsstufen 3, 4, 5 erfordern Fähigkeiten, die wir als „Prozessziele" (im weiteren Sinne) auffassen. Sie sind interpretationsbedürftig für den Fall, dass sie evaluiert werden (s.7.2).

[12] Muckenfuß (1995) hat eine Reihe von Gründen aufgeführt, warum der gegenwärtige Physikunterricht das „Physik als Erlebnis" so wenig erreicht. Vor allem Häußler u.a. (1998) haben verschiedene mögliche Ursachen empirisch untersucht.

3 Elementarisierung und didaktische Rekonstruktion

Es ist kein neues und auch kein fachspezifisches Problem komplizierte Zusammenhänge so zu vereinfachen, dass diese möglichst von allen Schülerinnen und Schülern, möglichst gründlich, in möglichst kurzer Zeit und auf humane Weise verstanden werden. Dieses Problem ist so alt wie der Versuch, Lernen zu organisieren und zu systematisieren.

Der berühmte Schweizer Pädagoge Pestalozzi glaubte noch an eine *naturgemäße Methode*, der zufolge man Lehrstoffe in „Elemente" zerlegen kann. Im Unterricht werden solche angeblich natürlichen „Elemente" in einer *unveränderlichen, lückenlosen Reihenfolge* zusammengesetzt (s. Klafki, 1964). Eine solche *universelle Methode kann es nicht geben*, weil die psychischen Gegebenheiten der Lernenden nicht genau genug bekannt sind. Außerdem sind *die durch die Physik dargestellten Strukturen der physikalischen Objekte nicht beliebig „zerlegbar"*; sie beziehen sich ja auf eine von uns im Wesentlichen unabhängige Realität.

Die Aufbereitung von Sachstrukturen für die Schulphysik muss neben den erwähnten *fachlichen Strukturen und internen psychischen Strukturen der Schüler auch allgemeine Zielvorstellungen* berücksichtigen. Dieser Prozess wird als „didaktische Reduktion" (Grüner, 1967) oder wie derzeit in der Physikdidaktik bevorzugt, als „Elementarisierung" bezeichnet. Kattmann u. a. (1997) schlagen neuerdings den Ausdruck „didaktische Rekonstruktion" vor. Hier bedeutet „Elementarisierung " die *Vereinfachung* von *realen oder theoretischen Entitäten* mit Bezug zu Physik und Technik – ein Zerlegen von komplexen „Dingen" in *elementare Sinneinheiten*. „Didaktische Rekonstruktion" charakterisiert den *Wiederaufbau von Strukturen aus den Sinneinheiten*. Beides, das Zerlegen und der Wiederaufbau, geschieht aufgrund *anthropologischer und soziokultureller Gegebenheiten* und aufgrund *normativer Gesichtspunkte, den Unterrichtszielen*.

3.1 Elementarisieren – didaktisch rekonstruieren: Wie macht man das?

3.2 Didaktische Rekonstruktionen von begrifflichen und technischen Systemen

3.3 Elementarisierung durch Analogien

3.4 Über die Elementarisierung physikalischer Objekte und Methoden

3.5 Zusammenfassung und Ausblick

3.1 Elementarisieren – didaktisch rekonstruieren: Wie macht man das?

3.1.1 Pestalozzis Traum – nicht nur historische Bemerkungen

Pestalozzis Auffassung über Elementarisierung lässt sich als mechanistisch charakterisieren (Klafki 1964, 35 ff.). Seine „Elemente" sind *Bestandteile der Lernobjekte*, die sich nach der *Form* und der *Anzahl* unterscheiden. Bei biologischen Objekten wie Blüten mögen diese oberflächlichen Merkmale noch sinnvoll sein. Für die Beurteilung, ob ein physikalischer oder technischer Zusammenhang leicht oder schwierig zu lernen ist, sind die Anzahl der Objekte und deren Form im Allg. irrelevant; für physikalisches Verstehen sind *Beziehungen zwischen Begriffen und zwischen Objekten* wichtig.

Elementarisieren: in Bestandteile zerlegen, vereinfachen

Schwierige Begriffe und komplexe Geräte müssen zunächst elementarisiert, das heißt so vereinfacht, so zerlegt werden, dass sie von einer bestimmten Adressatengruppe gelernt werden können. Dabei darf der physikalische Sinn eines Begriffs nicht verfälscht, die Funktionsweise eines Gerätes nicht auf falsche physikalische Grundlagen bezogen und nicht trivialisiert werden. Dieser Vorgang des Vereinfachens und des Zerlegens soll zu kleineren *Sinneinheiten* führen, die dann im Verlauf des Unterrichts wieder aneinander gefügt werden.

Das Elementare sind Sinneinheiten

Gib kleine Ganze!

Diese, Schleiermachers Auffassung, kann man als Grundprinzip der Elementarisierung bezeichnen, das bis heute Gültigkeit hat: *„Das Elementare sind Sinneinheiten"*; Diesterweg formulierte dieses Prinzip kurz und bündig an die Lehrer: „Gib kleine Ganze!" Das bedeutet, dass ein recht komplexes physikalisch technisches Gerät wie der Kühlschrank nicht bloß in seine Bestandteile zerlegt wird, sondern in physikalische und technische Sinneinheiten. Weltner (1982) hat versucht, diesen Grundgedanken weiter zu präzisieren:

Das Erklärungsmuster entsteht durch eine didaktische Rekonstruktion

Ein „*Erklärungsmuster*" besteht aus einer Reihe von „*Erklärungsgliedern*", die additiv das Erklärungsmuster ergeben. Jedes Erklärungsglied sollte jeweils in sich schlüssig und vollständig sein. Das erste Erklärungsglied soll einen möglichst großen Erklärungsanteil enthalten (s. Weltner, 1982, 195 ff.):

$$\text{Erklärungsmuster} = \sum \text{Erklärungsglieder}_j$$

Das Erklärungsmuster ist eine didaktische Rekonstruktion. Dabei muss man sich wie schon Schleiermacher bewusst sein, dass das Ganze mehr ist als die Summe seiner Teile. Ein Auto ist mehr als die

Summe der Einzelteile; es ist Fortbewegungsmittel, Kultobjekt, Ärgernis und noch vieles mehr.

Trotz der vermeintlichen Stringenz in Weltners Darstellung eines Erklärungsmusters als mathematische Reihe, *bleiben Spielräume für verschiedenartige Elementarisierungen und alternative didaktische Rekonstruktionen.* Ein Blick in Schulphysikbücher zeigt etwa beim Thema „Elektromotor" wie unterschiedlich die vorgeschlagenen experimentellen Aktivitäten und ihre Reihenfolge sein können, obwohl die Erklärungsmuster für die gleichen Adressaten, d.h. für Schüler mit ähnlichen Lernvoraussetzungen und bei gleichen Zielen (Grobzielen) konzipiert sind. Bei diesem Beispiel kann man sich wahrscheinlich darauf verständigen, dass die folgenden Sinneinheiten ($\triangleq$ Erklärungsglieder) relevant sind:

Spielräume für Elementarisierungen und didaktische Rekonstruktionen

1. Magnete sind Dipole (Magnete haben immer einen Nordpol und einen Südpol; magnetische Monopole gibt es nicht).

2. Gleiche Pole stoßen sich ab, verschiedene Pole ziehen sich an.

3. Ein magnetischer Rotor bewegt sich nur dann ständig im Kreis, wenn ein zweiter Magnet den Rotor zum richtigen Zeitpunkt abstößt bzw. anzieht.

4. Bei einem Elektromagnet lassen sich Nord- und Südpol dadurch ändern, dass man (bei Gleichspannung) die elektrischen Anschlüsse (Pluspol und Minuspol) vertauscht.

5. Die Änderung von Nord- und Südpol am Elektromagneten wird durch den mit dem Rotor verbundenen Polwender gesteuert.

Beispiel: Elektromotor

Die *Art der Erklärungsglieder* und deren *Reihenfolge* erscheint aus der Sicht der Physikdidaktik zwar plausibel, beides ist aber nicht notwendig. Das macht das Beispiel „Kühlschrank" deutlich:

Bei fächerüberschreitenden Themen wie dem Kühlschrank kommen zu den physikalischen Sinneinheiten (s. z.B. Weltner 1982, 211 ff.) weitere hinzu. Aus der Sicht der Chemiedidaktik sollten Eigenschaften des Kühlmittels hinzugefügt werden, weil an dieses bestimmte physikalisch-chemische Anforderungen gestellt werden müssen (z.B. an den Siedepunkt). Aus der Sicht der Umwelterziehung mag eine Sinneinheit „geeignetes Kühlmittel" sogar das wichtigste sein, weil das herkömmliche Kühlmittel Frigen sich als Ozonkiller in der oberen Atmosphäre herausgestellt hat.[1] Chemieunterricht und Umwelterziehung werden die Thematik vermutlich auch durch andere Zugänge (Einstiege) erschließen. Es wird an diesem Beispiel deutlich, dass neben den Adressaten, die Sachstrukturen der Fachdisziplinen

Beispiel: Kühlschrank

Sachstrukturen der Fächer, die Adressaten und die Ziele haben Einfluss auf den Prozess und die Produkte der Elementarisierung und der didaktischen Rekonstruktion

und die Ziele Einfluss auf den Prozess und auf die Produkte der E-
lementarisierung, die Erklärungsglieder haben.

**Eine Elementar-
methode mit
unveränderlichen
Erklärungsmustern
für jedes Thema
kann es nicht geben**

Eine Elementarmethode mit einer natürlichen lückenlosen Reihenfolge, das bedeutet *ein unveränderliches Erklärungsmuster für jedes
Thema, gibt es nicht.* Unterschiedliche Lernvoraussetzungen, Interessen und Motive der Schüler, aber auch die kognitive Unerschöpf-
lichkeit der Realität (s. Kap. 4), führen dazu, dass eine solche Elementarmethode – Pestalozzis Traum – eine Fiktion bleibt.

Der folgende Überblick über *Kriterien* und heuristische *Verfahren*
soll Ihnen für die *Erfindung neuer Erklärungsmuster*, neuer didaktischer Rekonstruktionen Anregungen geben.

3.1.2 Kriterien der didaktischen Rekonstruktion

Welche Gesichtspunkte bestimmen die Relevanz und die Qualität
einer didaktischen Rekonstruktion? Wir illustrieren dieses Problem
an einem Beispiel:

Auf die Frage: Was ist elektrische Spannung? können *ganz unterschiedliche Antworten* gegeben werden. Etwa:

(1) Spannung als die Voltzahl auf einer Batterie,

(2) Spannung ist das, was man mit dem Voltmeter misst,

(3) Spannung ist die Kraft, die Elektronen im Leiter bewegt,

(4) Spannung ist Potentialdifferenz,

(5) Spannung ist Elektronen(dichte)unterschied,

(6) Spannung ist Arbeit pro Ladung,

(7) Spannung ist die zeitliche Änderung des magnetischen Flusses,

(8) Spannung kann man mit dem Wasserdruck vergleichen,

(9) Spannung $U = \int E \, ds$.

Viele Antworten auf eine alltägliche Frage im Physikunterricht. *Kriterien* für didaktische Rekonstruktionen sind nötig. Um obige Ant-
wortmöglichkeiten diskutieren zu können, muss der Kontext der
Frage bekannt sein: zum Beispiel die *Schulstufe, die Vorkenntnisse
und Vorerfahrungen der Schülerinnen und Schüler.* Außerdem sollte
man als Lehrkraft wissen: Wurde die Frage in einer Experi-
mentierphase, bei einer Rechenaufgabe, für einen Hefteintrag gestellt, während der Einstiegsphase einer Unterrichtseinheit oder bei
deren Abschluss?

Die physikdidaktische Diskussion der letzten Jahrzehnte zusammenfassend (Bleichroth, 1991; Jung, 1973; Kircher, 1985 u. 1995; Weltner, 1982) sollen didaktische Rekonstruktionen folgenden Kriterien genügen: sie sollen *fachgerecht, schülergerecht, zielgerecht* sein.

Kriterien:
fachgerecht,
schülergerecht,
zielgerecht

Diese schlichten Formulierungen bedürfen der Interpretation.

1. Der Ausdruck „fachgerecht" (≙ fachlich relevant) relativiert das Begriffspaar „fachlich richtig" – „fachlich falsch". Er lässt auch Modellvorstellungen oder Analogien zu, die nur zum Teil mit einer physikalischen Theorie übereinstimmen oder diese illustrieren können. Außerhalb dieser Modell- bzw. Analogbereiche sind die Erklärungen möglicherweise falsch, die Vergleiche hinken, sind irrelevant.

Es wäre nun reizvoll, unsere verschiedenartigen Deutungen des Spannungsbegriffs unter diesem Kriterium „fachliche Relevanz" zu betrachten. Wir müssen uns hier auf ein Beispiel beschränken, um *die Problematik dieses Kriteriums* zu beleuchten:

„Spannung ist die Kraft, die Elektronen im Leiter bewegt" ist „fachlich falsch", u. a. weil „Kraft" in der Physik eine vektorielle Größe mit diesbezüglich charakteristischen Eigenschaften ist („hat eine Richtung", „hat einen Betrag"). Die elektrische Spannung ist dagegen eine skalare Größe, die mechanische Spannung eine tensorielle. Ist der physikalische Kraftbegriff im Unterricht noch nicht eingeführt, könnte diese Formulierung (3) des Spannungsbegriffs allerdings noch akzeptabel sein, weil für die Schüler die umgangssprachlichen Bedeutungen von Kraft, Energie und Arbeit weitgehend zusammenfallen. Unter dieser Voraussetzung kann obige „Erklärung" als *vorübergehend „fachlich relevant"* eingestuft werden, weil sie die Spannung als Ursache der Elektronen(drift)bewegung verdeutlicht. In Schulbüchern oder in Schulheften hat diese vorläufige Erläuterung trotzdem nichts zu suchen.

„Fachliche Relevanz" ist nicht immer eindeutig zu klären

Zur fachgerechten didaktischen Rekonstruktion gehört die Überprüfung, ob ein neuer Vorschlag *fachlich erweiterbar* ist. Durch die Forderung nach „Erweiterbarkeit" (Jung, 1973) soll vermieden werden, dass die Schüler in jeder Schulstufe oder gar in jeder Jahrgangsstufe *umlernen müssen*. Erweiterbarkeit bedeutet, dass grundlegende Bedeutungen eines Begriffs oder eines Modells erhalten bleiben und neue Eigenschaften, neue Begriffe und Gesetze hinzugefügt werden. Erweiterbarkeit kann noch mehr bedeuten: Beispielsweise wird das Modell des elektrischen Stromkreises der Primarstufe in der Sekundarstufe I erweitert, indem elektrische Abstoßungs- und Anziehungskräfte zwischen Elektronen und Atomrümpfen hinzugefügt werden.

Erklärungsmuster sollen erweiterbar sein

Mit quantitativen Erweiterungen von Modellen sind häufig qualitative Bedeutungsänderungen verbunden

Das impliziert aber eine *neue Interpretation der Begriffe* elektrischer Strom, elektrischer Leiter und Nichtleiter, der Vorgänge im Lämpchen, in den Leitern usw., schließlich auch eine *Änderung des physikalischen Weltbildes: aus einer phänomenologischen Betrachtung wird eine atomistische.* Mit der quantitativen Erweiterung sind häufig qualitative Änderungen der skizzierten Art verbunden.

2. Sie haben natürlich bemerkt, dass die obigen Formulierungen über den Spannungsbegriff für unterschiedliche Adressaten konzipiert sind: Spannung als Voltzahl auf einer Batterie (1), ist im Grunde nur als eine Art Ausrede, ein Signal eines Grundschullehrers für seine Kommunikationsbereitschaft aufzufassen, mehr nicht. Denn der Spannungsbegriff gilt für Schüler in dieser Schulstufe zu Recht als zu schwierig. Auch eine *operationale Definition des Spannungsbegriffs* (2), bedeutet keine Erklärung und trägt auch nicht zum Verständnis bei. Diese Definition wird in der Orientierungsstufe verwendet, wenn mit Messgeräten der elektrische Stromkreis erforscht wird. 11- oder 12-jährige Kinder sind i. Allg. noch nicht zu *formalem Denken* fähig; dieses ist eine Voraussetzung für ein adäquates Verständnis des Spannungsbegriffs.

Nicht nur allgemeine entwicklungspsychologische Aspekte sind bei einer *schülergerechten* didaktischen Rekonstruktion zu berücksichtigen, sondern auch das Vorwissen und das Vorverständnis, sei dieses fachlich richtig oder falsch.

Der wichtigste Einzelfaktor, der das Lernen beeinflusst ist, dass der Lehrer weiß, was die Schüler schon wissen (nach Ausubel 1974)

Dazu gehören Alltagserfahrungen, in der Schule erworbenes Wissen und die Fähigkeiten, altes und neues Wissen zu verbinden, Wissen neu zu strukturieren, damit sinnvoll zu arbeiten. Schließlich sollen didaktische Rekonstruktionen auch anregend und attraktiv sein, so dass sich die Schüler hinreichend intensiv damit beschäftigen.

„Schülergerecht" bedeutet hier *psychologisch und soziologisch angemessen.*[2] Aus physikdidaktischer Sicht ist damit vor allem ein angemessener *Umgang mit den Alltagsvorstellungen und dem Vorverständnis der Schüler* gemeint. In diesem Forschungsbereich wurden vor allem in der Physikdidaktik interessante und relevante Ergebnisse erzielt. Man kennt beispielsweise die Alltagsvorstellungen über Batterien und Lämpchen, über verzweigte und unverzweigte Stromkreise recht genau (Maichle, 1980 u. 1985; v. Rhöneck, 1986).

Schülergerechte Erklärungsmuster müssen inadäquate Alltagsvorstellungen berücksichtigen

Schülergerechte Erklärungsmuster müssen inadäquate Alltagsvorstellungen berücksichtigen. Dies ist eine zentrale Einsicht der Physikdidaktik im ausgehenden 20. Jahrhundert. Weniger klar sind bisher noch die Wege, wie diese hartnäckigen, den Physikunterricht häufig überdauernden „Fehlvorstellungen" geändert werden können. Wir haben einige Ideen zur Lösung dieses nicht nur methodischen Problems in 1.4. diskutiert (Näheres s. Duit, 1998).

3. Physik und Schulphysik unterscheiden sich nicht nur hinsichtlich der unterschiedlichen Abstraktion bei der Darstellung der physikalischen Inhalte. Sie unterscheiden sich vor allem hinsichtlich ihrer Ziele: Weltformel und technische Anwendungen einerseits, Allgemeinbildung, „Wert- und Weltorientierung" andererseits. Salopp formuliert: hier Weiterentwicklung der Physik, dort Weiterentwicklung junger Menschen. Während Konzept- und Prozessziele des Physikunterrichts noch gewisse Entsprechungen zur Wissenschaft Physik aufweisen, fehlen natürlich soziale Ziele und Ziele zu Werten und Einstellungen (s. Kap. 2) als deklarierte Ziele der Physik.

Physik und Schulphysik unterscheiden sich in den Zielen

Die unterschiedlichen Ziele führen zu unterschiedlichen Sachstrukturen. Die Sachstrukturen des Physikunterrichts sind umfassender als die Sachstrukturen der Physik. Das impliziert auch unterschiedliche Sinneinheiten für Erklärungsmuster. Dies ist an dem physikalischen Beispiel „Kinematik und Dynamik" bzw. dem entsprechenden Beispiel des Physikunterrichts „Mehr Sicherheit im Straßenverkehr" (s. 2.1.1) leicht zu zeigen. Kinematik und Dynamik besitzen für sich allein zunächst keine didaktische Relevanz.

Unterschiedliche Ziele führen zu unterschiedlichen Sachstrukturen

Während man in den 70er-Jahren glaubte, *ein Fundamentum für die Schulphysik* auf physikalische Entitäten (grundlegende Phänomene, Begriffe, Theorien) beschränken und damit zusammenhängend das „Elementare des Physikunterrichts" formulieren zu können, erscheint dieses Ziel heutzutage in weite Ferne gerückt. Falls die Redeweise „das Elementare des Physikunterrichts" überhaupt Sinn macht, ist damit eher die Fähigkeit gemeint, wichtige Probleme in naturwissenschaftlich technischen Kontexten zu lösen als das Verständnis des Energieerhaltungssatzes oder die Bedeutung der planckschen Konstante in der Quantentheorie. Durch *zielgerechte Erklärungsmuster* sollen (vor allem aus der Sicht der Lernenden) relevante, lebensweltliche Dinge mit physikalischen Inhalten verknüpft werden.

Allerdings: Im Zusammenhang mit der Argumentation in 1.2, dass Physik und Aspekte der Philosophie im Physikunterricht thematisiert werden sollen, können aus einer didaktisch begründeten *wissenschaftstheoretischen Perspektive* Kinematik und Dynamik, der Energieerhaltungssatz und die plancksche Konstante ebenso eine *fundamentale Bedeutung* für den Physikunterricht erhalten, wie durch Verknüpfungen mit lebensweltlichen Problemen.

Ziele von Unterrichtsmethoden können Erklärungsmuster beeinflussen

Schließlich können auch pädagogische Zielvorstellungen wie z.B. „humanes Lernen" bestimmte methodische Großformen wie Projektunterricht erfordern oder andererseits Kursunterricht ausschließen. Das bedeutet, dass die in solchen *Unterrichtsmethoden implizierten Ziele* ebenfalls *Erklärungsmuster beeinflussen* können.

Kriterium „Didaktische Relevanz" hilft, Unwesentliches auszuschließen

Das Kriterium *„zielgerechte didaktische Rekonstruktion"* (= didaktisch relevantes Erklärungsmuster) bedeutet aber nicht nur die bisher erörterte Ausweitung und *Transformation physikalischer Inhalte in physikdidaktische Zusammenhänge.* Es hilft auch die *vielen Möglichkeiten der didaktischen Rekonstruktion einzuengen.* Die *Ziele entscheiden darüber, was im Unterricht intensiv, was nur oberflächlich, was nicht behandelt werden soll* (s. Kap 2). Letzteres führt zu *negativen Eingrenzungen für didaktische Rekonstruktionen.* Das Kriterium „didaktische Relevanz" ist dadurch zwar kein roter Faden, der mit Sicherheit zu relevanten elementaren Sinneinheiten und dann zu adäquaten didaktischen Rekonstruktionen führt, aber immerhin ein Besen, der Irrelevantes zur Seite fegen kann.

3.1.3 Heuristische Verfahren der didaktischen Rekonstruktion

1. Sie haben im vorigen Abschnitt drei eingrenzende Bedingungen (Kriterien) für didaktische Rekonstruktionen kennen gelernt. Aber eine Theorie, in die man bloß das physikalische Thema, anthropogene und soziokulturelle Voraussetzungen in der Klasse und die Ziele z.B. des Lehrplans eingeben müsste, um relevante elementare Sinneinheiten zu generieren, gibt es nicht. Vielmehr gewinnen wir durch

Die folgende Liste über Arten der didaktischen Rekonstruktion ist weder vollständig, noch unveränderlich

einen Blick in die Entwicklung der Physik und des Physikunterrichts typische Möglichkeiten, *Arten der* didaktischen Rekonstruktion [3], die im Folgenden aufgelistet werden. Eine solche auf Erfahrung beruhende *Liste ist weder vollständig, noch unveränderlich.* Die verschiedenen Möglichkeiten sind vor allem *heuristische Verfahren* für die Praxis des Physikunterrichts:

- *Abstrahieren*: In der Realität allgemeine Zusammenhänge entdecken, insbesondere Gesetze und Theorien.

- *Idealisieren*: Konstruieren von Begriffen mit z.T. unwirklichen Eigenschaften, z.B. „Massepunkt", „Lichtstrahl".

- *Symbolisieren*: Kurzschreibweise von Begriffen und Gesetzen durch Buchstaben und mathematische Zeichen.

- *Theoretische Modelle entwickeln*: Theoretische Entitäten zusammenfassen, vereinheitlichen, vereinfachen, z. B. Modell Lichtstrahl.

- *Gegenständliche Modelle (1) (Strukturmodelle) bauen*: Theoretische Entitäten durch eigens konstruierte Gegenstände veranschaulichen, z. B. Gittermodelle von Kristallen, Strukturmodelle von Molekülen.

- *Gegenständliche Modelle (2) (Funktionsmodelle) bauen*: Technische Zusammenhänge veranschaulichen/untersuchen: z. B. Motormodelle.

- *Analogien bilden*: Theoretische Entitäten durch vertraute Kontexte veranschaulichen; Hypothesen (er)finden.

2. Diese Verfahren der Elementarisierung werden *sowohl in der Physik als auch in der Physikdidaktik* eingesetzt, um neue Erklärungen zu finden, verbesserte technische Geräte zu entwickeln und zu verstehen. Die damit verbundenen Lernschwierigkeiten erfordern zusätzliche Maßnahmen. Insbesondere für die Primarstufe gilt Wagenscheins Mahnung: „Erklärungen nicht verfrühen"; den Vorgang des Verstehens „stauen", „entschleunigen" (s. 1.4). Das bedeutet i. Allg. den Verzicht auf quantitative mathematische Darstellungen. Trotzdem können in der Primarstufe didaktisch relevante und attraktive Themen behandelt werden. Die folgenden Verfahren der Elementarisierung gelten nicht nur für die Primarstufe oder die Sekundarstufe I (Hauptschule), sondern grundsätzlich für das Lehren der Physik.

> Trotz des Verzichts auf mathematische Darstellungen können in der Primarstufe didaktisch relevante und attraktive physikalische Themen behandelt werden

- *Beschränken auf das Phänomen*: z. B. magnetische Phänomene zeigen, betrachten.

- *Beschränken auf das Prinzip*: (z. B.) „Eisenschiffe schwimmen dann, wenn sie nicht mehr wiegen als das Wasser, das sie verdrängen."

- *Beschränken auf das Qualitative*: Zwei gleiche Magnetpole stoßen sich ab.

- *Experimentell veranschaulichen*: z. B. Brechung des Lichts in Wasser; brownsche Molekularbewegung.

- *Bildhaft veranschaulichen*: z. B. Wirkung einer Sammellinse.

- *Zerlegen in mehrere methodische Schritte*: z. B. Elektromotor; boyle-mariottesches Gesetz (s. 3.2.1).

- *Einbeziehen historischer Entwicklungsstufen*: historische Atommodelle; historische Messverfahren und Messanordnungen.

3. Ergänzende Bemerkungen:

Das erste Erklärungsglied soll die Kernaussage einer Erklärung enthalten

- Wie von Weltner (1982) thematisiert, soll *das erste Erklärungsglied die Kernaussage* einer Erklärung enthalten. Dabei nimmt man i. Allg. in Kauf, dass physikalische Gesetzmäßigkeiten *unzulässig generalisiert* werden („Stoffe dehnen sich bei Erwärmung aus"). Die Erörterung der *Grenzen eines Gesetzes*, dessen Zusammenhang mit weiteren Gesetzen und dessen *Anwendung* erfolgt i. Allg. in *weiteren Erklärungsgliedern*.

Physikalische Begriffe werden durch das erste Erklärungsglied nicht hinreichend differenziert bzw. auf Sonderfälle reduziert

- Bei der Einführung physikalischer Begriffe werden diese absichtlich durch das erste Erklärungsglied *nicht hinreichend differenziert* bzw. *auf Sonderfälle reduziert* (vgl. die unterschiedlichen Spannungsbegriffe in 3.1.2.). Dabei ist von Fall zu Fall nach den zuvor diskutierten Kriterien zu entscheiden, ob überhaupt weitere Erklärungsglieder in der Unterrichtseinheit folgen, ob diese auf eine andere Jahrgangs- oder Schulstufe oder auf ein entsprechendes Fachstudium verschoben werden.

- Die in dieser Übersicht skizzierten Verfahren betreffen vor allem die Elementarisierung *physikalischer Theorien. Es sind aber grundsätzlich auch physikalische Objekte und physikalische Methoden davon betroffen* (s. 3.4).

Ungelöste Probleme der Elementarisierung

- Schwierigkeiten und ungelöste Probleme entstehen, schon bei traditionellen Themen der Schulphysik, wenn z. B. physikalische Theorien mit Hilfe eines Teilchenmodells auf elementare Weise erklärt werden sollen. So ist es bisher nicht gelungen, *den Energietransport in einem elektrischen Leiter auf der Basis eines einfachen Elektronenmodells* (d. h. ohne das elektrische Feld bzw. die elektrische Feldenergie) zu erklären. In der Sekundarstufe II steht die *Quantentheorie* seit über zwanzig Jahren im Mittelpunkt von Elementarisierungsbemühungen. Wenn es bisher noch keine allgemein akzeptierte Lösung gibt, liegt dies weniger an der schwierigen Mathematik dieser Theorie, sondern vor allem an der unterschiedlichen Interpretation der Quantentheorie durch Bohr, Einstein, Bell oder v. Weizsäcker (s. Baumann & Sexl, 1984).

Didaktische Rekonstruktionen für die Schulphysik sind eine zentrale Aufgabe der Physikdidaktik

- Didaktische Rekonstruktionen für die Schulphysik sind eine Herausforderung und zentrale Aufgabe der Physikdidaktik. Wie erwähnt gibt es hierfür keine Theorie, die man bloß noch anwenden muss. Man benötigt *Schulerfahrung, Fingerspitzengefühl für die Lernfähigkeit der Schüler, einen Überblick über relevante Probleme, zu deren Lösung die Schulphysik beitragen kann, gründliche Kenntnis des Faches und der fachdidaktischen Literatur und vor allem Kreativität für originelle Lösungen.*

3.2 Didaktische Rekonstruktionen von begrifflichen und technischen Systemen

3.2.1 Ein Grundmuster des Physikunterrichts

1. Physikalische Begriffe sind *theoriegeladen*. Das bedeutet Komplexität und Schwierigkeiten beim Lernen physikalischer Begriffe und Gesetze. Denn die Lernenden müssten bei der Erklärung eines physikalischen Begriffs *die damit zusammenhängende physikalische Theorie schon kennen oder die Lehrkraft müsste auch noch die Theorie erläutern.* Man versucht dieses Problem durch *kleine Sinneinheiten* und *schrittweise Rekonstruktion* zu lösen (s. Weltners Vorschlag in 3.1.1). Wir bezeichnen eine Schrittfolge, die *unabhängig vom fachlichen Inhalt*, also für beliebige physikalische Themen verwendbar ist, als *„physikdidaktisches Grundmuster der didaktischen Rekonstruktion".* Das im folgenden skizzierte Grundmuster ist für lehrerorientierten *darbietenden* und für schülerorientierten gelenkt *entdeckenden* Physikunterricht relevant.

2. Wir betrachten das (etwas abgeänderte) Beispiel von Wagenschein (1970, 167f.) das typisch für die Behandlung physikalischer Gesetze im Unterricht ist.

Physikdidaktisches Grundmuster

Das Gesetz

1. *Fassung*: *Wenn* ich die eingesperrte Luft zusammendrücke, *dann* geht das immer schwerer.
   Gut. Aber das „Ich" muss heraus, der Mensch überhaupt. Die Luft ist die Hauptperson.

2. *Fassung*: *Je* kleiner der Raum der Luft geworden ist, *desto* größer ihr Druck.
   Diese Je-desto-Fassung genügt nicht. Die Physik will Zahlen sehen: wie klein, wie groß.

3. Fassung: Nach Messung zusammengehöriger Werte ergibt sich ein Gesetz von erstaunlicher Einfachheit: Wenn das Volumen des Gases fünfmal kleiner geworden ist, dann ist der Druck in ihm gerade fünfmal größer geworden. Allgemein: n-mal.

4. *Fassung*: Mathematische Formulierung ohne Worte: Neue Betrachtung der Tabelle. Das eben Gesagte äußert sich mathematisch darin, dass das Produkt Druck mal Volumen immer dasselbe bleibt: $p \cdot v = const$. Damit ist inhaltlich nichts gewonnen. Wir haben uns nur einen hübschen kleinen Rechenautomaten geschaffen, der uns die Worte abnimmt.

Vier Fassungen eines physikalischen Gesetzes im Physikunterricht:
- qualitativ
- halbquantitativ
- quantitativ sprachlich
- quantitativ mathematisch

Die 1. Fassung des boyle-mariotteschen Gesetzes geht von Alltagserfahrungen oder Freihandversuchen mit der Luftpumpe aus. Durch die Formulierung „Wenn ... dann" wird ein Phänomen *qualitativ* beschrieben. Die 2. Fassung setzt schon Messungen voraus. Die daraus sich entwickelnde „Je ... desto"-Formulierung nennt man *halbquantitativ*. Die 3. Fassung ist schon eine *quantitative Formulierung* des Gesetzes. Dazu müssen die in Tabellen gefassten Messwerte wegen der Messungenauigkeiten idealisiert, häufig grafisch, und dann der gesetzmäßige Zusammenhang *sprachlich dargestellt* werden. In der 4. Fassung wird die *mathematische* Form entdeckt. Zuvor müssen spezielle Symbole für die physikalischen Begriffe Druck und Volumen eingeführt werden.

Diese vier „Fassungen" eines physikalischen Sachverhalts kennzeichnen *typische „methodische Schritte"* des Physikunterrichts. Gelegentlich wird auch von *vier Stufen der didaktischen Rekonstruktion* gesprochen. Man kann diese auch als *methodisches Grundmuster des Physikunterrichts* auffassen, das vom Phänomen zum physikalischen Gesetz führt.

In der Primarstufe beschränken sich die Ziele des physikalischen Sachunterrichts, im Allgemeinen auf den 1. und 2. methodischen Schritt des Grundmusters. Für eine physikalische Gesetzmäßigkeit wird eine mathematische Formulierung nicht angestrebt. Der Physikunterricht der Sekundarstufe I zielt i. Allg. auf die mathematische Formulierung eines Gesetzes (3. und 4. Schritt). In dieser Schulstufe werden aber beispielsweise die Phänomene des Magnetismus ebenfalls nur auf der qualitativen und halbquantitativen Stufe thematisiert. Auch das Brechungsgesetz wird nicht in der üblichen mathematischen Formulierung (4. Stufe) behandelt, weil die mathematischen Voraussetzungen (trigonometrische Funktionen) fehlen. Ob dieses Grundmuster vollständig und in dieser Reihenfolge angewendet werden kann, muss von Fall zu Fall entschieden werden. Dies gilt letztlich auch für den Physikunterricht der Sekundarstufe II.

Es muss von Fall zu Fall entschieden werden, ob dieses Grundmuster vollständig und in dieser Reihenfolge angewendet werden kann

2. Lernpsychologische Theorien enthalten nicht selten methodische Regeln (Grundsätze), die sich zuvor schon in der Schule bewährt haben, etwa: „Vom Einzelnen zum Ganzen", „Vom Einfachen zum Komplexen" (Gagné, 1969), „Vom Allgemeinen zum Speziellen" (Ausubel, 1974), „Vom Anschaulichen zum Abstrakten". Psychologisch analysiert und interpretiert kehren sie dann in die Schule zurück.

Insbesondere Bruners Lerntheorie (1960) wird als eine Art *psychologisches Grundmuster* im Unterricht verwendet. Dieser Theorie folgend muss jeder zu lernende Sachverhalt *„enaktiv", ikonisch und symbolisch* dargestellt werden, und das auch in dieser Reihenfolge. Bruners These wird für die Naturwissenschaftsdidaktik wie folgt interpretiert: Sachverhalte werden zunächst *experimentell handelnd* (= enaktiv) von den Schülern untersucht. Der Versuchsaufbau wird *ikonisch (bildhaft) dargestellt*. Die Ergebnisse, häufig Messdaten, werden dann in einer *Grafik repräsentiert*. Die interpretierten Daten werden dann *symbolisch* (sprachlich und evtl. mathematisch) gefasst.

Enaktiv	Schülerexperiment (Realexperiment, Analogversuch, gespielte Analogie)	**Bruners lernpsychologisches Grundmuster**
Ikonisch	Bildhafte Darstellung des Versuchs Grafische Darstellung von Messdaten	
Symbolisch	Sprachliche Darstellung Mathematische Darstellung der Ergebnisse	

Sicherlich haben Sie bemerkt, dass das physikdidaktische und das lernpsychologische Grundmuster sich teilweise überschneiden bzw. sich ergänzen. In Wagenscheins physikdidaktischem Grundmuster fehlt die ikonische Repräsentation!

Die drei Lernschritte für Repräsentationsweisen können drei Repräsentationsweisen *eines* physikalischen Sachverhalts sein. Jede dieser drei Darstellungsarten ist auch für sich relevant, nämlich als *Möglichkeit physikalische Begriffe, Gesetze und Theorien zu vereinfachen*. Diese drei Darstellungsarten legen wir als Klassifikation den folgenden Ausführungen zugrunde.

3.2.2 Vereinfachung durch Experimente

1. Experimentelle Anordnungen können *charakteristische Eigenschaften* eines physikalischen Begriffs demonstrieren: „Das ist Lichtbrechung", „Lichtbeugung", „Reflexion". Eine solche Demonstration kann ausdrucksstärker, informativer, lernökonomischer als eine noch so genaue Beschreibung oder Definition des entsprechenden Begriffs sein.

Experimente können das Lernen der Physik vereinfachen

Außerdem: Spezielle Messgeräte können implizite *mathematische Operationen eines Begriffs durch einen Zeigerausschlag ersetzen*, ein Tachometer ersetzt (vorläufig): $v = \Delta s/\Delta t$, ein Amperemeter: $I = \Delta q/\Delta t$. Dadurch sind die Begriffe „Geschwindigkeit" bzw. „Stromstärke" noch nicht verstanden, aber sie sind durch und für Messungen zugänglich geworden.

2. Durch Experimente können *Idealisierungen* bei bestimmten physikalischen Begriffsbildungen *veranschaulicht* werden, etwa die Momentangeschwindigkeit $v = ds/dt$. Der äquivalente Ausdruck $v = \Delta s/\Delta t$ für $\Delta t \rightarrow 0$, wird durch die Wegdifferenzen Δs_i zwischen zwei Messungen und bei konstanten kleinen Zeitdifferenzen Δt_i [4] in die Alltagswelt zurückgeholt.

Durch Experimente können Idealisierungen der Physik in die Lebenswelt zurückgeholt werden

3. Heuer (1980) nennt als weitere experimentelle Möglichkeit der Elementarisierung die *direkte Analyse der Abhängigkeit einzelner physikalischer Größen voneinander*. Zum Beispiel die Abhängigkeit des Bremswegs s_B von der Anfangsgeschwindigkeit v_0 (bei konstanter Bremsverzögerung): $s_B \sim v_0^2$ kann experimentell demonstriert werden.

Fallschnur

Wagenschein schlägt vor, das Fallgesetz $s = \frac{1}{2}g \cdot t^2$ mit Hilfe einer „Fallschnur" verständlich zu machen: Die in der Fallschnur befestigten Kugeln schlagen in gleichen Zeitabständen auf, wenn die Längenabstände der Kugeln sich wie 1:3:5:7... verhalten. Dieses Experiment bestätigt $s \sim t^2$ auf überraschende, einfache Weise, verglichen mit den üblichen experimentellen Untersuchungen etwa mit Hilfe von elektronischen Uhren und Lichtschranken. Und die Schüler lernen noch zusätzlich, dass die Summe der ungeraden Zahlen $\sum (2n-1) = n^2$ (n = 1, 2,...) alle Quadratzahlen liefert.

4. *Analogversuche* können relevante Eigenschaften eines physikalischen Begriffs, einer Gesetzmäßigkeit, eines theoretischen Modells illustrieren: zum Beispiel der „Mausefallenversuch" den Begriff „Kettenreaktion" (s. z. B. Kircher, 1995, 196 ff.), das „Wassermodell" (z. B. Schwedes & Dudeck, 1993) den elektrischen Stromkreis.

Trotz der im Allgemeinen größeren Anschaulichkeit dieser Versuche kann nicht von vornherein eine Lernerleichterung angenommen werden, u. a. weil durch überflüssige Eigenschaften der Analogversuche die Lernenden verwirrt werden können. Auf die mit Analogien verknüpften didaktischen Möglichkeiten und Probleme gehen wir in Abschnitt 3.3 näher ein.

3.2.3 Vereinfachung durch ikonische Darstellungen[5]

Bilder helfen bei der geistigen Verarbeitung und Interpretation schwer verständlicher physikalischer Texte

Bilder können physikalische Sachverhalte anders darstellen als Sprache und deren symbolhafte Darstellung durch Schriftzeichen oder mathematische Symbole. Bilder helfen bei der geistigen Verarbeitung und Interpretation schwer verständlicher physikalischer Texte. Sie können gegenständliche und strukturelle Zusammenhänge veranschaulichen. Indem Bilder zur Attraktivität eines Textes beitragen, können sie wegen solchen affektiven und motivationalen Aspekten zur psychologischen Relevanz eines Erklärungsmusters beitragen.

Darstellende Bilder

Schnotz (1994) folgend, betrachten wir *darstellende Bilder, logische Bilder und bildliche Analogien* und deren lernökonomische Funktion (s. auch 6.2).

1. *Darstellende Bilder* enthalten Informationen über die Oberfläche, das Aussehen von Gegenständen; sie sind Wahrnehmungen „aus zweiter Hand".

Für die Erleichterung des Lernens sind *Symboldarstellungen* und die *Darstellung von Bewegungsabläufen* wichtiger als solche „realitätsnahen" Fotografien oder Zeichnungen. Zum Beispiel lassen sich die wichtigen physikalisch-technischen Informationen über einen elektrischen Stromkreis leichter aus einer Schaltskizze (mit festgelegten Symbolen für den elektrischen Widerstand, den Schalter, die elektrische Energiequelle) entnehmen als aus einem experimentellen Aufbau oder einer Fotografie desselben.[6]

In der symbolischen Darstellung werden physikalisch irrelevante Eigenschaften weggelassen. Die optische Information wird reduziert und zugleich fokussiert auf das Wesentliche. Dies wird besonders deutlich, wenn ein bestimmtes Verhalten gefährlich für Subjekte und Objekte ist. Man versucht dieses Verhalten zu verhindern durch *Warnsymbole* vor Hochspannung, vor brennbaren Stoffen, vor Radioaktivität usw. Die psychische Wirkung bestimmter Farben (gelb kombiniert mit schwarz) wird dafür eingesetzt, um Aufmerksamkeit für die in den *Symbolen verschlüsselte Botschaft* zu erregen.

Symbolische Darstellung: physikalisch irrelevante Eigenschaften werden weggelassen

Für die Darstellung eines physikalischen Kontexts sind auch die Informationen über Bewegungen und die Änderung des Bewegungszustands charakteristisch. In Bildern wird eine große Geschwindigkeit durch flatternde Haare dargestellt, in der Symboldarstellung eines Versuchs bedeutet ein kurzer oder langer Pfeil eine langsame oder schnelle Bewegung. Mit Hilfe des Computers kann die Bewegung eines Objekts nicht nur vermessen, durch Messdaten erfasst und dargestellt werden, sondern auch die Bewegung bzw. Bewegungsänderung. Das Objekt kann synchron zum Realexperiment auf dem Bildschirm in attraktiver Aufmachung verfolgt werden.

2. Durch *logische Bilder* wird versucht, nicht visuell wahrnehmbare Sachverhalte darzustellen, wie dies auch durch die Sprache und deren Kodierung in Form von Texten geschieht. Logische Bilder benutzen wie die Sprache eine bestimmte Kodierung, die jedoch kürzer und prägnanter ist. Logische Bilder können effizient genutzt werden, weil die dargebotenen Informationen unter Umständen schneller und genauer erfasst werden können. Charakteristisch für logische Bilder sind *alle Arten von Diagrammen*. Wir erläutern diese Überlegenheit an einem fiktiven Beispiel, das sich an Bruner (1970, 194 f.) anlehnt:

Logische Bilder benutzen wie die Sprache eine bestimmte Kodierung, die jedoch kürzer und prägnanter als bei der Sprache ist

Diagramme sind *logische Bilder*

Schüler sollen Flugverbindungen auswendig lernen, die in einem Zeitraum von 12 Stunden zwischen 5 Städten der Bundesrepublik bestehen. Sie sollen die folgende Liste von möglichen Flugverbindungen verwenden, um die Frage: „Wie kann man auf dem kürzesten

Beispiel: Flugverbindungen

Weg von Aachen nach Dresden und zurück fliegen?", zu beantworten. Folgende Flugverbindungen sollen möglich sein:

Berlin nach Chemnitz	Dresden nach Chemnitz
Chemnitz nach Essen	Aachen nach Berlin
Aachen nach Essen	Chemnitz nach Dresden
Berlin nach Aachen	Chemnitz nach Aachen

Durch diese Darstellung der Informationen ist die Ausgangsfrage nur mühsam zu beantworten. Durch eine alphabetische Reihenfolge der Flugverbindungen wird die Problemlösung zwar erleichtert, aber erst durch eine grafische Darstellung, durch logische Bilder wird das Problem transparent.

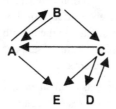 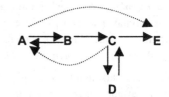

Abb. 3.1: Flugverbindungen

Vergleichen Sie die beiden Bilder. Das rechte Bild enthält die relevante Information auf einen Blick: Es gibt nur einen Weg von Aachen nach Dresden und zurück; Essen ist hier eine Sackgasse.

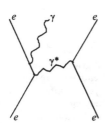

Feynman-Diagramm

Verlaufsdiagramme

Derartige Pfeildiagramme werden als „topologische Strukturen" bezeichnet (Schnotz, 1994, 97 ff.). Sie werden für die Darstellung qualitativer Zusammenhänge eingesetzt, z.B. bei komplexen biologischen, physikalischen oder technischen Systemen. Die zahlreichen *Reaktionsmöglichkeiten von Elementarteilchen* (z.B. Photonen, Elektronen) werden in der Physik durch *Feynman-Diagramme* übersichtlich dargestellt.

Für die *Darstellung von Wirkungszusammenhängen* mit einem vorgegebenen Ausgangszustand und einem möglichen Endzustand dieses Prozesses können *Verlaufsdiagramme* verwendet werden. Wir zählen die im Physikunterricht häufig verwendeten *Blockdiagramme* dazu. Auch ein *„Sachstrukturdiagramm"*, ein Produkt der Unterrichtsplanung, kann als ein Verlaufsdiagramm für möglichen Unterricht interpretiert werden. Die *Gestaltung eines logischen Bildes hängt von den Adressaten ab und von den Absichten* (Zielen). Dabei sind mehrere Gestaltungsprinzipien zu berücksichtigen (Schnotz,

1994, 131 ff.): Diese „Grundprinzipien"[7] für die Konzeption logischer Bilder spielen auch für bildhafte Medien eine Rolle.

3. Durch *Analogien* wird versucht, Zusammenhänge zwischen vertrauten Dingen und neuen Lerninhalten herzustellen. Dies kann z.B. durch *Vergleiche (analoges Zuordnen)* geschehen: Das *Größenverhältnis von Atomkern und Atomhülle* entspricht dem *Größenverhältnis von Kirsche und Fußballfeld.* Solche Vergleiche können auch durch ein analoges Bild zusätzlich illustriert werden.

Während der hier angeführte *sprachlich-mathematische Vergleich* nur *eine* Analogierelation und darüber hinaus keine überflüssigen Informationen enthält, fehlt analogen Bildern die Eindeutigkeit der zu übermittelnden Botschaft. Analoge Bilder sind einerseits „reich an Einzelstimuli und daher interessant und motivierend für den Betrachter" (Issing, 1983, 13). Andererseits können analoge Bilder durch zusätzlich lebensweltliche Bezüge verwirren und es werden nicht beabsichtigte, irrelevante oder falsche Relationen von den Lernenden gebildet.

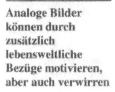

Analoge Bilder können durch zusätzlich lebensweltliche Bezüge motivieren, aber auch verwirren

Die immanente didaktische Ambivalenz analoger Bilder wird an dem folgenden Beispiel deutlich, das die Yukawa-Theorie der Kernkräfte illustrieren soll (s. Gamow, 1965, 364).

Beispiel Kernkräfte

Der *vertraute analoge Lernbereich*, die um einen Knochen streitenden Hunde, soll die Anziehungskraft zwischen Proton und Neutron verständlich machen, die durch den Austausch von Teilchen (Pionen) entsteht. Es kann durchaus sein, dass dieses *analoge Bild* für fortgeschrittene Physikstudenten als Gedächtnisstütze wirkt, während Schüler damit wenig anfangen können.

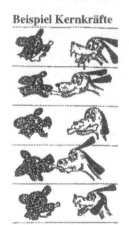

Wir gehen auf Vor- und Nachteile von Analogien in Abschnitt 3.3 noch näher ein.

3.2.4 Vereinfachung durch symbolische Darstellungen

1. Um physikalische Theorien symbolisch darzustellen, verwendet man *Schriftzeichen verschiedener Alphabete, sowie Symbole der Mathematik.* Außerdem werden *spezielle Zeichen* insbesondere in der theoretischen Physik eingeführt, um physikalische Gesetze und deren Herleitung vereinfacht darstellen zu können. Ein Beispiel ist die von Dirac eingeführte „bra-ket"-Schreibweise, wodurch Gleichungen der Quantentheorie kürzer formuliert werden können.

Die in der Physik verwendeten Symbole werden international weitgehend einheitlich verwendet. Dies geschieht wegen den international geltenden Festlegungen von Messverfahren für wichtige physikalische Größen und Konstanten (z.B. die Lichtgeschwindigkeit) und wohl auch wegen der Internationalität der physikalischen Zeitschriften und Lehrbücher.

Elementarisierung ist nicht nur ein Charakteristikum des Physikunterrichts, sondern auch der Physik

Die mathematische Darstellung physikalischer Sachverhalte ist maximal informativ bei einem Minimum an verwendeten Zeichen und Symbolen. Diese Leitidee der modernen Physik kulminiert in der Suche nach der Weltformel, mit deren Hilfe alle physikalischen Kontexte interpretierbar sein sollen. Die in physikalischen Begriffen und Theorien eingefangene Wirklichkeit wird in solchen Gleichungssystemen vereinfacht und abstrakt dargestellt. Insofern trifft es zu, dass Elementarisierung nicht nur Charakteristikum des Physikunterrichts, sondern auch der Physik ist (s. Jung, 1973). Die Ergebnisse dieser „wissenschaftlichen Elementarisierung" sind für Experten in der Forschung oder der Hochschullehre verständlich. Aber auch diese verwenden nicht nur symbolische, sondern zusätzliche ikonische Darstellungen.

Geometrische Konstruktionen ersetzen mathematische Operationen

2. Die Charakterisierung vektorieller Größen der Physik (z. B. Kraft, Impuls, Drehimpuls) durch einen Pfeil ist ein Symbol für bestimmte mathematische Eigenschaften von Vektoren (Vektoraddition, -subtraktion, -produkt, Skalarprodukt). Diese sind den Schülern der Sekundarstufe I i. Allg. nicht bekannt. Durch die Repräsentation des Vektorbetrags als Pfeillänge können diese Operationen grafisch durchgeführt werden. Auf diese Weise können die Vektorsumme von Kräften und Bewegungen und das Skalarprodukt z. B. „mechanische Arbeit" bestimmt werden. Das Ersetzen mathematischer Operationen durch geometrische Konstruktionen ist eine typische „didaktische Elementarisierung", eine Darstellung zwischen ikonischer und symbolischer Repräsentation. Mit diesem Hilfsmittel gelingt es auch in der Hauptschule, lebensweltliche Themen wie: „Kann das Auto noch rechtzeitig anhalten?" oder „Doppelte Geschwindigkeit – vierfacher Bremsweg" durch die Physik verständlich zu machen.

Diese Probleme des Straßenverkehrs lassen sich rechnerisch mit Hilfe der Formeln für den Anhalteweg s_a und für den Bremsweg s_b lösen.

Anhalteweg	$s_a = s_r + s_b$	(1)
Reaktionsweg	$s_r = v_0 \cdot t_r$	(2)
Bremsweg	$s_b = \dfrac{v_0^2}{2\,a}$	(3)

(v_0: konstante Anfangsgeschwindigkeit, a: konstante Bremsverzögerung)

Der Anhalteweg $s_a = s_r + s_b$. Bei dem Reaktionsweg, s_r, der infolge der „Schrecksekunde" t_r entsteht, muss wegen der konstanten Geschwindigkeit, eine *Rechteckfläche* berücksichtigt werden. Für den Bremsweg s_b muss wegen der konstant abnehmenden Geschwindigkeit eine *Dreieckfläche* in Rechnung gestellt werden.

Beispiel: Anhalteweg

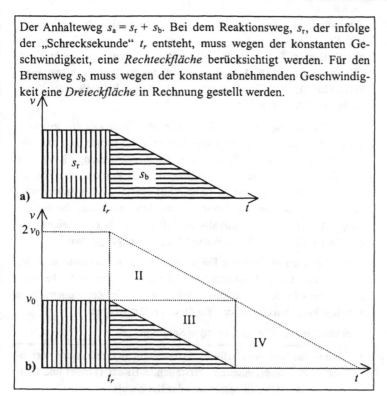

a)

b)

Abb. 3.2: Bei doppelter Anfangsgeschwindigkeit v_0 wird der Bremsweg s_b viermal so groß

Die Schwierigkeit dieser grafischen Problemlösung liegt für Schüler der Sekundarstufe I darin, dass die *Flächen* s_r und s_b in der physikalischen Wirklichkeit „*Strecken*" bedeuten. Bei diesem Beispiel ist *die geometrische Fläche ein Symbol für die physikalische Strecke*. Die Bestimmung des Anhalteweges s_a über die beiden Flächen s_r und s_b ist für die Schüler zunächst ungewohnt (Abb. 3.2a). Sind die Schüler mit dieser neuen Darstellungsweise vertraut, fällt ihnen die Einsicht leicht, dass bei doppelter Geschwindigkeit und gleicher Bremsverzögerung der Bremsweg s_b viermal so groß ist; man kann es ja einfach sehen und abzählen (Abb. 3.2b).

3.2.5 Elementarisierung technischer Systeme

Bisher haben wir die Elementarisierung begrifflicher Systeme durch verschiedene Darstellungsweisen diskutiert. Grundsätzlich sind experimentelle, ikonische und symbolische Darstellungen auch für das Verständnis technischer Geräte oder Industrieanlagen relevant. Solche technischen Systeme der Lebenswelt unterscheiden sich *durch ihre Komplexität und durch ihre spezifische Zweckhaftigkeit* von den physikalischen Systemen der Schulphysik: Warum geschieht ein A (fliegen Flugzeuge, fliegen Raketen im leeren Weltall, schwimmen Eisenschiffe)? Wie funktioniert ein B (Auto, Fernsehgerät; Kernkraftwerk, Kühlschrank)?

1. Die Warum-Frage *zielt direkt auf den physikalischen Hintergrund,* auf das physikalische Prinzip, das Gesetz, die Theorie. Mit den bisher erörterten Möglichkeiten der Elementarisierung kann das Schwimmen des Eisenschiffs (Archimedisches Prinzip), das Fliegen der Rakete im Weltall (Impulserhaltung) verständlich gemacht werden. Die Fähigkeiten und Interessen der Fragenden und die Bedeutung des involvierten physikalischen Hintergrunds entscheiden darüber, wie detailliert auf eine Warum-Frage eingegangen wird.

Die verschiedenen Funktionseinheiten eines technischen Gerätes müssen einzeln und im Zusammenwirken geklärt werden

2. Für die Beantwortung der Frage „Wie funktioniert ein technisches Ding?" genügt das physikalische begriffliche System nicht. Es müssen die verschiedenen Funktionseinheiten und ihr Zusammenwirken auf physikalisch-technischer Grundlage erklärt werden.

Dies geschieht i. Allg. in folgenden Schritten:

1. Ikonische bzw. symbolische Darstellung der relevanten technischen Funktionseinheiten: darstellende Bilder (Fotos) und logische Bilder (Blockdiagramme oder Kreisläufe).

   z. B. Kernkraftwerk: | Reaktor | → | Turbine | → | Generator |

2. Darstellung des *Zwecks des technischen Geräts unter physikalischem Aspekt*

   z. B. Gewinnung elektrischer Energie aus Kernbrennstoffen und die damit verbundenen Energieumwandlungen in diesen technischen Geräten.

   | Kernenergie | → | Wärme | → | Bewegungsenergie | → | el. Energie |

3. *Erforschung und Darstellung der physikalischen Grundlagen*
   z. B. für die Energieumwandlung „Kernenergie – Wärme": Kernspaltung, Kettenreaktion, Massendefekt...

Wir sind mit diesem 3. Schritt wieder bei dem uns bekannten Problem der Elementarisierung begrifflicher Systeme der Physik angelangt.

3.3 Elementarisierung durch Analogien

3.3.1 Was sind Analogien?

1. In der Umgangssprache spricht man von *Analogie,* wenn man aufgrund von *Ähnlichkeiten* mit Bekanntem oder durch einen *Vergleich* einen bis dahin unbekannten Sachverhalt erkennt und versteht. Außerdem werden Analogien zum *Lösen von Problemen* verwendet.[8] Aus der Wissenschaftsgeschichte sind eine ganze Reihe von Beispielen bekannt, wo z.B. die mathematische Struktur eines physikalischen Zusammenhangs erfolgreich für einen anderen noch nicht erforschten physikalischen Zusammenhang verwendet wurde: Das coulombsche Gesetz ist *formal ähnlich* dem Gravitationsgesetz, das Newton schon 100 Jahre zuvor entdeckt hatte. Ohm hat zur Auffindung seiner Gesetze über strömende Elektrizität die Analogie zur Wärmeleitung herangezogen (s. Klinger,1987, 330).

> Man kann beim Angeln lernen wie man einen Angelhaken beködert; aber wenn man die Angelschnur ausgeworfen hat, kann man unmöglich wissen, welcher Fisch beißen wird (nach Gentner, 1989)

Analogien sind für den Physikunterricht relevant, wenn sie den *Kriterien für didaktische Rekonstruktionen* genügen. Außerdem ist zu fragen: Gibt es spezifische Probleme bei der Analogienutzung? Lohnt sich der Einsatz von Analogien? Man weiß ja, dass Vergleiche hinken und dass man Äpfel nicht mit Birnen vergleichen kann.

> Analogien sind für den Physikunterricht relevant, wenn sie den Kriterien für didaktische Rekonstruktionen genügen

2. Wir betrachten zunächst die Analogienutzung von einem formalen Standpunkt, um Nutzen und Probleme besser zu verstehen:

Physik lernen bedeutet, ein Objekt O und seine „Abbildung" in naturwissenschaftliche Theorien und Modelle M kennen zu lernen, durch Experimente E zu erforschen, Kenntnisse und Fähigkeiten über wichtige Elemente, Eigenschaften und Funktionen dieses Lernbereichs (O, M, E) zu erwerben und auf weitere physikalisch technische Fragen und Probleme anzuwenden (s. Kircher, 1995, 91 ff.).

Werden Analogien wegen Lernschwierigkeiten als Lernhilfen herangezogen, so bedeutet dies allerdings immer, *einen Umweg zu machen.* Denn anstatt den Lernbereich (O, M, E) unmittelbar zu lernen, wir sprechen vom „primären Lernbereich", wird zunächst ein *„analoger Lernbereich (O*, M*, E*)"* thematisiert. Die Entitäten des analogen Lernbereichs werden dann *probeweise* auf den primären Lernbereich übertragen und untersucht.

> Analogien im Unterricht verwenden bedeutet immer, einen Umweg zu machen

Wir nennen *O* gegenständliche, M* begriffliche, E* experimentelle Analogie, wenn zu einem primären Lernbereich (O, M, E) Ähnlichkeitsrelationen (symbolisch: „≈" , lies „ähnlich") bestehen. Daher unter*scheiden wir folgende Fälle:

- M* ≈ M: Analoge begriffliche Strukturen (Gesetze, Theorien, Modelle) werden eingesetzt, um die begrifflichen Strukturen des primären Lernbereichs *zu verstehen.*

- E* ≈ E: Experimentelle Analogien (Analogversuche) werden verwendet, um Versuche des primären Lernbereichs zu *illustrieren.*

- O* ≈ O: Analoge Objekte (gegenständliche Modelle wie z. B. Motormodelle), werden benutzt, um die bisweilen viel größeren, unhandlicheren, eventuell gefährlichen Objekte des primären Lernbereichs zu *veranschaulichen und zu untersuchen.*

Im Physikunterricht kann jede dieser Analogien für sich relevant sein oder auch der gesamte analoge Lernbereich (O*, M*, E*).

3. Was heißt „ähnlich"?

Bunge (1973[a]) hat die Relation „ähnlich" durch *mathematische* Ausdrücke charakterisiert. Die Ähnlichkeitsrelation ist *„reflexiv"* und *„symmetrisch"*, aber *weder „transitiv" noch „intransitiv".* Von diesen mathematischen Eigenschaften ist für die Analogienutzung von größter Bedeutung, dass die Beziehungen zwischen den primären und analogen Entitäten weder transitiv noch intransitiv sind: wenn a ≈ b, b ≈ c, folgt weder c ≈ a, noch c ≉ a. Man weiß grundsätzlich nicht, ob *„Ähnlichkeit" übertragen* wird. Wie aus empirischen Studien bekannt, besteht nicht selten Ungewissheit, Unsicherheit bei den Analogienutzern (s. Wilkinson, 1972, Kircher u. a., 1975, Duit & Glynn, 1992). Das hängt auch damit zusammen, dass das im analogen Lernbereich gewonnene Wissen *nicht mehr als eine Hypothese im primären Lernbereich* sein kann. Und es gibt auch *keinen logischen Grund* dafür, *dass diese Hypothese erfolgreicher* ist als irgend eine andere, nicht analog gewonnene Hypothese (s. Hesse, 1963). So ist es auch nicht verwunderlich, dass für Analogien bisher noch kein Maß vorliegt, das überzeugt (s. Hesse, 1991, 217). Für Glynn u. a. (1987, 9) ist eine Analogie immer ein „zweiseitiges Schwert".

Diese formalen Betrachtungen mögen genügen, um uns noch gründlicher mit den Möglichkeiten und Problemen der Analogienutzung zu befassen: Welches sind die *notwendigen* Bedingungen? Gibt es auch *hinreichende* Bedingungen? Gibt es ein *Grundmuster für die Analogienutzung*?

Wir werden diese Fragen am bekanntesten, aber auch umstrittensten Beispiel, dem „Wassermodell" des elektrischen Stromkreises erörtern.

3.3.2 Beispiel: Die Wasseranalogie zum elektrischen Stromkreis

1. Manche Lehrerinnen und Lehrer verwenden einleitend eine Wasseranalogie, um Vorgänge im elektrischen Stromkreis zu veranschaulichen. Der *pauschale Vergleich*: In den *elektrischen Leitungen fließt Strom, so wie Wasser in einem Wasserrohr,* hat dabei die Funktion eines „advance organizers" (Vorausorganisators) (s. 5.3).

Bei Analogien weiß man nicht, ob „Ähnlichkeit" immer weitergetragen wird

Es gibt keinen logischen Grund dafür, dass eine analog gewonnene Hypothese erfolgreicher ist als irgend eine andere

Im Folgenden ordnet der Lehrer die beiden Lernbereiche (O, M, E) und (O*, M*, E*) einander *zu* und *vergleicht* sie. Dann muss er Hypothesen sowohl in (O, M, E) als auch (O*, M*, E*) experimentell untersuchen.

- Die relevanten *Geräte bzw. Bauteile* des Wasserstromkreises und des elektrischen Stromkreises werden *aufgelistet und beschrieben*. Dann werden *Entsprechungen festgelegt*:

> „Wasserschlauch" ≙ „elektrische Leitung"
>
> „Wasserhahn" ≙ „elektrischer Schalter",
>
> „Pumpe" ≙ „Batterie"
>
> „Wasserrad" ≙ „Elektromotor".

- Das Auflisten dieser *Entsprechungen* auf der Ebene der Objekte O und O* ist nur sinnvoll, wenn die Analogie auf der begrifflichen Ebene fortgeführt wird.

> Wasserstromstärke J ≙ elektrische Stromstärke I,
>
> Wasserdruck(unterschied) Δp ≙ elektrische Spannung U

- Der durch Experimente E* festgestellte gesetzmäßige Zusammenhang: *Je größer der von der Pumpe erzeugte Druck ist, desto größer ist die Wasserstromstärke*, führt zu der Hypothese:

  Je größer die von der Batterie erzeugte „elektrische Spannung" ist, desto größer ist die elektrische Stromstärke.

Experimente E bestätigen, dass die Hypothese in dieser „Je-desto"-Formulierung auch im primären Lernbereich „Elektrischer Stromkreis" zutrifft.

2. Für die Verwendung von Wasseranalogien sprechen zwei Gründe: Die *Vertrautheit der Lernenden mit Wasser* und die weitgehend *formal gleichen Gesetze in den beiden Realitätsbereichen*. So kann man beispielsweise auch formal gleiche „kirchhoffsche Regeln" für Wasserstromkreise formulieren.

Bei der Wasseranalogie muss ein Lehrer aber auch mit verschiedenen Problemen rechnen. Er muss sich u. a. mit dem Argument auseinandersetzen, dass für den Wasserstromkreis *keineswegs eine „einfachere" physikalische Theorie* bereitsteht als für den elektrischen Stromkreis. Quantitative Messungen, z. B. der Wasserstromstärke, bringen auch *experimentelle Schwierigkeiten* mit sich. Außerdem sind Kinder zwar mit Wasser, *nicht aber mit Wasserstromkreisen vertraut*.

Diese und weitere noch zu erläuternde Gründe führen dazu, dass der analoge Lernbereich „Wasserstromkreis" als Lernhilfe für den elektrischen Stromkreis auch skeptisch beurteilt wird (s. Kircher, 1985).

Die relevanten Geräte bzw. Bauteile des Wasserstromkreises und des elektrischen Stromkreises werden aufgelistet

Auflisten der Begriffe, die sich entsprechen

Hypothesen im Wasserstromkreis aufstellen und überprüfen

Überprüfen relevanter Hypothesen im elektrischen Stromkreis

Die Wasseranalogie ist als Lernhilfe ambivalent

4. Die Skepsis richtet sich nicht gegen die *Veranschaulichung der grundlegenden Begriffe Stromstärke, Spannung, Widerstand* durch entsprechende *analoge Bilder* oder durch *qualitative analoge Versuche*. Allerdings ist auch hier zu bedenken, ob man andere, also *keine Flüssigkeitsanalogien* für diese Begriffe verwenden soll. So ist es nahe liegend, eher „Teilchen"-Analogien zu verwenden, weil man in der heutigen Physik den elektrischen Strom auch als Teilchenbewegung beschreibt. Die analogen „Teilchen", die zur Illustration dieser Begriffe herangezogen werden, sind dann z. B. Autos, Tiere, Schüler. Sie entstammen der Lebenswelt der Kinder und sind diesen vertraut. Neuerdings wird ferner vorgeschlagen, dass die *Schüler „ihre" Analogien selbst generieren* sollen (Kircher & Hauser, 1995). Wir werden im Folgenden sehen, dass auch diese – *grundsätzlich alle Analogien – problematische Lernhilfen* sein können.

Sind „Teilchen"-Analogien sinnvoller?

Wegen ihrer heuristischen Bedeutung für das Problemlösen und für das Verstehen schwieriger Sachverhalte einerseits, aber auch wegen der Ambivalenz von Analogien andererseits, schlagen z. B. Bauer & Richter (1986), Glynn u. a. (1987), Manthei (1992) vor, das Denken und Arbeiten mit Analogien im Unterricht häufiger und an vielen verschiedenen Beispielen zu üben. Aus unserer physikdidaktischen Sicht, wonach *der primäre Lernbereich grundsätzlich Vorrang vor dem analogen hat*, können wir diesen Vorschlägen angesichts der gegenwärtig geringen Stundenzahl für den Physikunterricht nur bedingt folgen.

Sollen Analogien häufiger im Unterricht eingesetzt werden?

3.3.3 Notwendige Bedingungen für Analogien im Physikunterricht

1. Seit den achtziger Jahren ist die Analogienutzung auch wieder in der Psychologie forschungsrelevant geworden.

Gentner (1989) stellte fest, dass insbesondere bei jugendlichen Lernern ein *Akzeptanzproblem* entsteht, wenn *keine oder nur geringe Oberflächenähnlichkeit* zwischen dem primären Lernbereich („Zielbereich") und dem analogen Lernbereich („Quellbereich") besteht.[9]

Analogien müssen vertraut sein, um akzeptiert zu werden

Damit unerfahrene Lerner eine Analogie überhaupt akzeptieren, muss sie *oberflächenähnlich* sein, d. h. ähnlich aussehen. Der bisher verwendete Begriff „Vertrautheit" schließt im Allgemeinen die Oberflächenähnlichkeit mit ein, kann aber auch noch zusätzlich affektive Verbundenheit eines Subjekts mit einem Objekt bedeuten. Und eine solche Beziehung kann zu einer noch größeren, schneller vollzogenen Akzeptanz einer Analogie führen. Wir verwenden hier weiterhin den umfassenderen Ausdruck *„Vertrautheit"* und betrachten diese Eigenschaft einer Analogie als *notwendige Bedingung für unerfahrene Analogienutzer*.

"Vertrautheit" allein führt aber eher in eine Sackgasse, wenn die Analogie nicht auch noch zusätzlich *Tiefenstrukturähnlichkeit* aufweist: Daher eine zweite notwendige Bedingung: Zwischen den empirischen und theoretischen Entitäten der beiden Lernbereiche soll *weitgehende (partielle) Isomorphie* bestehen. Dies ist bei der Wasseranalogie erfüllt. Schwedes & Dudeck (1993) haben es auch erreicht, die Oberflächenähnlichkeit ihres Wassermodells im Verlauf ihrer umfangreichen empirischen Untersuchungen zu erhöhen. Trotzdem kann der Vorbehalt gegen die Wasseranalogie weiterbestehen: Wie soll der eine Phänomenbereich den anderen „erklären", wo Wasser und Elektrizität nicht nur aus lebensweltlicher Sicht grundverschieden sind? Kircher (1981) hat in diesem Zusammenhang von einem „ontologischen Problem" gesprochen. Diese Facette des Akzeptanzproblems kann allerdings dadurch gelöst werden, dass Lernende *ihre Analogien selbst auswählen, selbst erzeugen können.*

> **Zwischen den empirischen und theoretischen Entitäten der beiden Lernbereiche soll *weitgehende (partielle) Isomorphie* bestehen**

3. Der analoge Lernbereich weist grundsätzlich auch irrelevante Merkmale und Eigenschaften im Vergleich mit dem primären Lernbereich auf. Man nennt dies die *Eigengesetzlichkeit der Lernbereiche.* Bei der Analogienutzung müssen auch physikalische *Unterschiede zwischen (O, M, E) und (O*, M*, E*) thematisiert* werden.[10]

Das führt im Unterricht zu *Problemen und Grenzen von Analogien, zur Reflexion der Analogienutzung.* Wir betrachten dies als weitere, *didaktisch notwendige Bedingung,* wenn man Analogien im Unterricht verwendet.

> **Reflexion über Analogien ist notwendig**

3.3.4 Zusammenfassung: Analogien im Physikunterricht

1. *Sprachliche* oder *bildhafte Vergleiche* sind unproblematische, möglicherweise sinnvolle Lernhilfen, wenn Schüler sie benutzen können und benutzen wollen. Wenn solche Analogien anregend sind und nicht zu viel Zeit in Anspruch nehmen, d.h., wenn sie pointiert sind, sind sie fraglos ein *vielseitiges, unerschöpfliches Mittel der Elementarisierung* des Physikunterrichts für Lehrende und Lernende.

> **Sprachliche oder bildhafte Vergleiche sind ein vielseitiges, unerschöpfliches Mittel der Elementarisierung**

2. Wir betrachten Analogien vor allem in der Funktion eines „advance organizer" („Vorausorganisator"), durch den Schüler ein vorläufiges Verständnis für einen neuen Lernbereich erhalten. Wenn beispielsweise *der Auftrieb und das Archimedische Prinzip* in Wasser bekannt sind, kann der folgende Vergleich als „advance organizer" hilfreich für das Verständnis des Heißluftballons sein: *Ein Heißluftballon schwebt in der Luft wie ein Unterseeboot im Wasser.* Natürlich sind die „Oberflächen" der beiden Fahrzeuge – deren Aussehen, sowie die technische Realisierung der Fortbewegung – verschieden. Aber für das Verständ-

> **Analogien als Einstieg in einen neuen thematischen Bereich**
>
> **Vergleich: Heißluftballon – Unterseeboot**

nis, dass ein Gegenstand mit vergleichsweise großem Gewicht in einem Medium mit geringer Dichte aufsteigen, schwimmen und schweben kann, dafür ist das Archimedische Prinzip, das für alle Flüssigkeiten und Gase gilt, *elementar und fundamental.*

Vergleiche sind für die individuelle Lernförderung geeignet

3. *Vergleiche* sind insbesondere auch für die individuelle Lernförderung geeignet. Wenn der Lehrer die spezifischen Lernfähigkeiten und Interessen seiner Schüler kennt, kann er für diese auch adäquate Analogien finden. Ein witziger Cartoon, der die Lebenswelt der Schülerinnen tangiert, kann für Anziehung verschiedener bzw. die Abstoßung gleicher elektrischer Ladungen ebenso gut oder besser geeignet sein, wie ein sachlicher Vergleich mit Magneten.[11] Die Akzeptanz und der Nutzen der Analogie als Lernhilfe ist in erster Linie eine Angelegenheit der Schüler. Wir, die Lehrenden, sollten die Lernenden dazu anhalten, *geeignete Analogien selbst zu finden, zu erfinden.*

4. Problematisch wird die Analogienutzung, wenn ein vermeintlich vertrauter Lernbereich als Analogie eingesetzt werden soll, der letztendlich aber doch noch gelernt werden muss. Dazu müssen im voraus die didaktische Relevanz und der benötigte Zeitaufwand für diesen zusätzlichen Lernstoff kritisch geprüft werden. Folgendes Muster kann dann dem Unterricht zugrunde gelegt werden (Kircher, 1999):

Methodisches Muster der Analogienutzung

Schritt 1: Den *Lernbereich* (O,M,E) in einer allgemeinen, auf das Vorwissen der Schülerinnen und Schüler bezogenen Weise *einführen.*

Schritt 2: Hinweise auf analoge, den Schülern vertraute Lernbereiche (O*,M*,E*) geben und *Akzeptanz/ Nichtakzeptanz* feststellen. (Gegebenenfalls werden andere analoge Lernbereiche von den Lernenden vorgeschlagen.)

Schritt 3: *Relevante ähnliche Merkmale* von (O,M,E) und (O*,M*,E*) *aufspüren.*

Schritt 4: *Listen anlegen:* Welche Objekte O* aus dem analogen Bereich (O*,M*,E*) können Objekte O im Lernbereich (O,M,E) darstellen? Welche Begriffe ... sollen sich *entsprechen?*

Schritt 5: *Stelle Hypothesen* über den analogen Lernbereich (O*,M*,E*) *auf* und überprüfe sie durch Experimente.

Schritt 6: Übertrage die entdeckten Gesetze in den primären Lernbereich[12] und teste sie nun in (O,M,E). Dies ist in jedem Fall nötig!

Schritt 7: Finde heraus, wo die Analogie zusammenbricht (Grenzen der Analogie).

Schritt 8: Diskutiere über Sinn und Zweck von Analogien (Metakognition der Analogiemethode).

5. Im Bereich der Atom- und Kernphysik werden eine ganze Reihe von analogen Experimenten vorgeschlagen, weil die Versuche im primären Lernbereich nicht durchgeführt werden können bzw. nicht durchgeführt werden dürfen.

Analogversuche in der Atom- und Kernphysik

Ein Beispiel: Wir betrachten den Analogversuch, der zur Rutherfordstreuung[13] vorgeschlagen wird: ein an einem Faden aufgehängter, elektrisch geladener Tischtennisball pendelt in Richtung auf eine gleichartig geladene größere Metallkugel. Bei kleiner Geschwindigkeit des Tischtennisballs und geringem Abstand seiner Bahn von der Metallkugel kann man bei sorgfältigem Experimentieren die *Abstoßung des Tischtennisballs durch die Ladung der Metallkugel* beobachten.

Ein Beispiel: Analogversuch Rutherfordstreuung

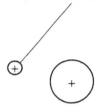

Aber was hat dieser Analogversuch vom Verfahren her mit den tatsächlichen Streuexperimenten gemeinsam? Auf der Handlungsebene doch nichts. Natürlich lassen sich formale Analogien (s. Tiemann, 1993) zwischen den beiden Versuchen herstellen, etwa, dass der an einem Faden aufgehängte, mit Grafit bestrichene Tischtennisball den α-Teilchen entspricht, und dass der Tischtennisball so auf die Metallkugel „geschossen" wird, wie die α-Teilchen auf die Goldfolie bzw. einen Atomkern.

Was ist im Analogversuch vom „Schießen" übriggeblieben?

Das Tischtennisballpendel wird ja nur aus der Mittellage ausgelenkt und pendelt langsam und nahe an der geladenen Kugel vorbei. Nur so lässt sich die Abstoßung in Form einer Richtungsänderung des Tischtennisballs beobachten. Das Bedeutungsumfeld von „Schießen" umfasst sicher nicht dieses gezielte Loslassen einer als Pendel aufgehängten Kugel. „Schießen" ist keine langsame Bewegung. Daher kann das durchgeführte analoge Experiment zu falschen Assoziationen hinsichtlich des rutherfordschen Streuversuchs führen.

Aber auch darüber hinausgehend mag physikalische Forschung als eine Art Spielerei erscheinen. Vom Kämpfen und Ringen um sinnvolle Daten, wie das in den naturwissenschaftlichen Disziplinen notwendig ist (vgl. Kuhn, 1976[2], 268), ist da nichts zu bemerken.

Der offenkundige *„Als-ob-Charakter" von Analogversuchen* verhindert häufig eine ernsthafte Auseinandersetzung der Schüler mit dem analogen Lernbereich. Es können motivationale Probleme auftreten.

Das führt den Lehrer in eine scheinbar unlösbare Dichotomie: Damit der Analogversuch für ein besseres Verständnis etwa des rutherfordschen Streuversuchs eine Lernhilfe ist, muss er einfach und ungefährlich sein. Wenn er einfach ist, werden wichtige Ziele des Physikunterrichts verhindert. Hier beginnt eine *heikle Gratwanderung zwischen diesen widersprüchlichen Anforderungen an Analogversuche.*

Man kann experimentelle Analogien einsetzen, um wichtige Vorgänge und Begriffe der modernen Physik zu veranschaulichen

Trotz dieser Problematik sollte man *gelegentlich auch auf experimentelle Analogien zurückgreifen*, um wichtige Vorgänge und Begriffe der modernen Physik zu veranschaulichen, wenn sie didaktisch relevant sind und in kurzer Zeit durchgeführt werden können.

3.4 Über die Elementarisierung physikalischer Objekte und Methoden

3.4.1 Zur Elementarisierung physikalischer Objekte

1. Die Naturwissenschaften der Neuzeit wurden u. a. durch *Vereinfachungen* geschaffen, nämlich dadurch, dass auf die Beschreibung vieler Qualitäten verzichtet wurde, die natürliche und künstliche Objekte in der Alltagswelt charakterisieren. Das trifft insbesondere auf physikalische Objekte zu.

Ein physikalisches Objekt entsteht durch die physikalische Zugriffs- und Betrachtungsweise

Das so „geschaffene" physikalische Objekt ist dadurch gekennzeichnet, dass sinnlich wahrnehmbare Qualitäten eines Objekts wie Geruch, Form, Farbe unter physikalischem Aspekt häufig irrelevant geworden sind und auf ihre Beobachtung und Registrierung verzichtet wird. Auch andere, im täglichen Leben wesentliche Eigenschaften, wie Verwendungszweck, Kosten und Nutzen werden zumindest nicht primär in die physikalische Betrachtungsweise einbezogen. Die Fülle der Aussagen über reale Objekte unserer Welt wird reduziert auf solche, die in einem theoretischen Zusammenhang quantitativ fassbar sind. Aus dem natürlichen oder künstlichen Objekt ist ein physikalisches geworden.

Als zu Beginn des 19. Jahrhunderts die Nachfolger Newtons mit ihrer physikalischen Betrachtungsweise einen Absolutheitsanspruch verbanden, war dies der Anlass heftiger Kontroversen, bei denen u. a. Goethe den Widerpart spielte. Dieser prangerte die Vereinfachung durch die physikalische Methode als Verarmung und Verlust an; er hielt deren Ergebnisse für irrelevant, weil sie Ganzheiten in Elemente zerlegte und dadurch zerstörte, weil sie die seelische und geistige Bedeutung eines Phänomens unberücksichtigt ließ. Heute stehen Wissenschaftler wieder am Pranger, obwohl der Absolutheitsanspruch der physikalischen Betrachtungsweise grundsätzlich aufgegeben ist. Im Gefolge dieser Anti-Science-Bewegung wird den Naturwissenschaftlern eine gewisse Blindheit vor den „wahren" Problemen des Lebens unterstellt, sowie fehlende ethische Prinzipien hinsichtlich der Folgen ihres Tuns. Allerdings ist auch zu konstatieren, dass der Absolutheitsanspruch der Naturwissenschaften auch

heute noch nicht bei allen Wissenschaftlern und Laien zurückge-
nommen wurde.

2. Während die ersten Naturwissenschaftler, wie etwa Galilei, diese
Vereinfachungen an den Objekten nur in Gedanken vornahmen, werden im Physikunterricht die *physikalisch irrelevanten Merkmale* an
den Objekten häufig von vornherein weggelassen. Beispielsweise
wird ein Pendel durch eine an einem Faden hängende, farblose Metallkugel demonstriert, so als könnte das pendelnde Objekt nicht
etwa auch das Tintenfass auf meinem Schreibtisch oder der große
Feldstein sein, den Martin Wagenschein an einem Seil in das Klassenzimmer hängte oder, wie bei Galilei, eine Lampe an einer Kette
(im Dom zu Pisa), um das nämliche Phänomen zu untersuchen[14].

An diesem Beispiel „Pendel" soll eine Kontroverse in der Physikdidaktik verdeutlicht werden: Sollen physikalische Objekte auch als
Bestandteil unserer Umwelt erkennbar und verstanden werden, oder
sollen physikalisch irrelevante Eigenschaften möglichst weggelassen
werden, damit sie die Schüler nicht verwirren?

> Sollen physikalisch irrelevante Eigenschaften an den Gegenständen weggelassen werden, damit sie die Schüler nicht verwirren?

In den vergangenen Jahren ist eine Renaissance sogenannter *Freihandversuche* (Hilscher, 1998) zu beobachten, bei denen *Objekte der
Lebenswelt* für Versuche des Physikunterrichts verwendet werden.
Man schätzt dabei den *Gewinn an Motivation* durch solche Objekte
höher ein als den *Zeitverlust* durch die noch nicht lernökonomisch
maßgeschneiderten, in experimentellen Anordnungen verwendeten
lebensweltlichen Dinge. Außerdem ist es ein wichtiges Ziel des Physikunterrichts diesen *Prozess der Vereinfachung der Objekte* als Aspekt der physikalischen Methode einsichtig zu machen.

Von solchen Zielvorstellungen her ist Wagenscheins Sarkasmus verständlich, wenn er von „der eingemachten Natur" in den Glas-
schränken der Physiksammlungen spricht (vgl. Wagenschein,
1982, 66). Denn bei der Vorführung der „eingemachten Natur" wird
nicht nur auf diesen Prozess der Vereinfachung verzichtet, sondern es
ist darüber hinaus auch schwierig sich vorzustellen, dass Physik
etwas mit der Welt da draußen außerhalb des Klassenzimmers zu tun
hat.[15] Natürliche Objekte wie der mit Eisenpulver bestreute Magnet-
stein üben auf die Kinder auch heute noch eine größere Faszination
aus als der rot-grün gefärbte Stabmagnet.

> **Unser Plädoyer für eine „sinnliche Schulphysik" impli-ziert, auf eine Elementarisierung physikalischer Objekte im Allgemeinen zu verzichten**

3.4.2 Zur Elementarisierung physikalischer Methoden

Der Ausdruck „physikalische Methoden" hat mindestens zwei Bedeutungen. Einerseits sind damit Verfahrensweisen in der Wissenschaft gemeint, die man global mit „Experimentieren" und „Theoretisieren" kennzeichnen kann. Andererseits gibt es auch eine Metaphysik der „physikalischen Methode" in der Wissenschaftstheorie, die durch Stichworte wie „induktive Methode", „Verifikation", „Experimentum Crucis" usw. charakterisiert ist (s. Kap. 4).

1. Im engeren Sinne des Begriffs „Physikalische Methoden" ist etwas Typisches der Physik gemeint, nämlich die *experimentellen und theoretischen Methoden, die zur Bestätigung oder Widerlegung von physikalischen Hypothesen und Theorien* verwendet werden. Dafür ist eine möglichst große Genauigkeit der aus Hypothesen *deduzierten Prognosen* notwendig und große Zuverlässigkeit der im Experiment gewonnenen Daten. Für diese Intentionen wurde das Methodenrepertoire von Beginn an vergrößert und die speziellen Messtechniken verfeinert. Das Raffinement sowohl der experimentellen als auch der theoretischen Methoden wächst weiter, sowohl bei den verwendeten Geräten als auch bei den Auswerteverfahren. Nicht selten ist für den naturwissenschaftlichen Fortschritt das beste verfügbare Gerät oder Auswerteverfahren nicht gut genug, sondern bessere müssen erst neu entwickelt werden.

Die experimentellen und theoretischen Methoden werden notwendig immer raffinierter

Metaphysisches Prinzip der Einfachheit in der Physik

Bei der Auswahl der Messmethoden spielt außerdem ein metaphysisches *Prinzip der Einfachheit* eine Rolle, das insbesondere die Theoriebildung in der Physik von Anfang an wie ein roter Faden durchzieht. „Einfachheit" der experimentellen Methode bedeutet: *Transparenz und leichte Verständlichkeit der Messmethode, einfache und zuverlässige Registrierung und Auswertung der Daten, geringer materieller und zeitlicher Aufwand bei großer Genauigkeit.* Ein überdauerndes Interesse gilt einfachen Messverfahren für die Bestimmung der *physikalischen Grundgrößen und den wichtigen Naturkonstanten.*

Die physikalische Methodologie ist äußerst schwierig

2. Die physikalische Methodologie ist äußerst schwierig zu lernen. Es genügen weder technische Fertigkeiten für experimentelle Methoden, noch mathematische Fertigkeiten im Umgang mit Theorien. *Ein Student muss sich über Jahre hinweg einleben in diese Welt* anscheinend sinnloser Apparaturen, Phänomene und damit verknüpften wissenschaftlichen Vorstellungen. Der englische Physiker Ziman meint, dass ein Physikstudent in seiner kurzen Ausbildung selten Zeit und Gelegenheit hat, „um das *ganze Paradigma* (der Physik (E. K.)) aufzunehmen, und er verlässt die Universität mit wenig mehr als

Indoktrination, was die höheren Aspekte seines Gebietes betrifft" (Ziman, 1982, 105).

Schweben Physikdidaktiker in den Wolken, wenn sie „physikalische Methoden lernen" auch für Schüler fordern?

3. Im Physikunterricht spielt die experimentelle Methode spätestens seit der Jahrhundertwende eine große Rolle, als von pädagogischer Seite *eine formale, auf Fähigkeiten zielende Bildung* gefordert wurde, anstatt der „*materialen", auf Faktenwissen zielenden Bildung.* Für den Physikunterricht wurde dies als eine notwendige *stärkere Berücksichtigung von Experimenten* interpretiert und entsprechende Forderungen beispielsweise in den „Meraner Beschlüssen" 1905 aufgestellt. Dabei ist die maximale Interpretation dieser Beschlüsse, dass auch *die Schülerinnen und Schüler allgemeinbildender Schulen wie Wissenschaftler experimentell arbeiten* sollen.

Wir stellen hier nicht die Frage, ob der faktische Physikunterricht unserer Zeit dem damals antizipierten Unterricht entspricht (s. u.a. Muckenfuß, 1995, 25 ff.). Vielmehr soll erörtert werden, wie die für den Unterricht vorgeschlagenen *Vereinfachungen insbesondere der experimentellen Methoden* zu beurteilen sind.[16]

Beginnen wir mit einigen allgemeinen Bemerkungen über Theorie und Experiment: Den Darstellungen von Feyerabend (1981) folgend, können physikalische Theorien grundsätzlich nicht auf *autonomen* Beobachtungsdaten unanfechtbar und sicher aufgebaut werden. Solche gibt es nicht. Vielmehr wird gegenwärtig in der Wissenschaftstheorie von theoriegeleiteten Messverfahren und theorieabhängigen Daten gesprochen. Charakteristisch ist die Auffassung Kuhns (1976[2], 268):

Physikalische Theorien können nicht auf autonomen Beobachtungsdaten unanfechtbar und sicher aufgebaut werden

„Quantitative Tatsachen sind nicht mehr einfach ‚das Gegebene'. Man muss um sie und mit ihnen kämpfen, und in diesem Kampf erweist sich die Theorie, mit der sie verglichen werden sollen, als die schärfste Waffe. Oft kommen die Wissenschaftler nicht zu Zahlen, die sich gut mit der Theorie vertragen, solange sie nicht wissen, welche Zahlen sie der Natur abzuringen versuchen müssen."

Auch beim Experimentieren stehen am Anfang Theorien oder Hypothesen über die zu untersuchenden Objekte, über die Messgeräte und Messmethoden. Kann ein Schüler zu sinnvollen Daten kommen, wenn er die Theorien nicht kennt? Kann er um Daten kämpfen, wenn er weder das Methodenrepertoire kennt, geschweige denn beherrscht? Es fehlt ihm noch „physikalisches Fingerspitzengefühl", jenes „implizite Wissen" (s. Polanyi, 1985) und jene Intuition, die beide nur in jahrelanger fachlicher Ausbildung durch „tiefes Eintauchen" in die Physik erworben werden können. Darüber hinaus erscheint der Schüler auch von seinen psychischen Dispositionen her für diesen Kampf nicht gerüstet.

Sind physikalische Methoden für den Physikunterricht zu schwierig?

Wenn obige Charakterisierung zutrifft, kann die Schlussfolgerung nur lauten: Physikalische Methoden sind für den Physikunterricht zu schwierig. Diese These wird im folgenden noch weiter diskutiert.

4. Angesichts des von den Meraner Beschlüssen ausgehenden fachdidaktischen Schwerpunkts „Methodenlernen", wurden verschiedenartige Vereinfachungen versucht. Von besonderer Bedeutung ist dabei die Einschränkung von Untersuchungen auf das Qualitative (s. 3.1.2.). Man muss sich allerdings im Klaren sein, dass dabei neben dem Verzicht auf Genauigkeit und auf entsprechende mathematische Darstellungen bereits in der *Auswahl der Phänomene durch den Lehrer* (z.B. Brechung) *eine Vereinfachung* entsteht. Denn der Lehrer wählt diese Phänomene auf dem Hintergrund seiner eigenen Theoriekenntnisse aus. Böhme & van den Deale (1977) haben an Beispielen aus der Geschichte der Naturwissenschaften deutlich gemacht, wie schwierig der Weg zu einem solchen „zentralen Phänomen" oft ist.

Beobachten Lehrer und Schüler dasselbe?

Beobachten Schüler mit unterschiedlichem Vorverständnis dasselbe? Beobachten Lehrer und Schüler dasselbe „zentrale Phänomen"?

Dieser Gesichtspunkt wird an den Untersuchungen Newtons und Goethes zur Farbenlehre deutlich: Was für Newton ein zentrales Phänomen ist (Farbzerlegung von weißem Licht in einem Prisma), ist für Goethe ein Kunstprodukt, das durch das Glas hervorgerufen wird.[17]

Beschränkung auf charakteristische Phänomene der Schulphysik

Kann man durch eine solche Vereinfachung der Methode, nämlich der *Beschränkung auf charakteristische Phänomene der Schulphysik,* die zuvor entwickelte These als widerlegt betrachten, experimentelle Methoden seien im Unterricht allgemeinbildender Schulen zu schwierig?

Aber dann wäre auch noch zu fragen, ob für ein solches, *bloß qualitatives Programm*, wie es z.B. in der Hauptschule, z.T. auch in der Sekundarstufe I und in Grundkursen der Sekundarstufe II verfolgt wird, noch der Anspruch erhoben werden kann, der in dem hehren Ziel „physikalische Methoden lernen" impliziert ist.

5. Kann die physikalische Methodologie in elementarisierter Form auf den Unterricht übertragen werden? Insbesondere, wie kann deren

wissenschaftstheoretische Reflexion im Unterricht erfolgen, wenn dieses Methodengefüge gar nicht festzulegen ist?

Wie in Kap. 1 skizziert, meinen wir nicht, dass auf diese Lerninhalte verzichtet werden soll, sondern dass es gute lernpsychologische und didaktische Gründe gibt, dass *Schüler selbst „physikalisch arbeiten"*, d. h. physikalische Fragestellungen auch experimentell zu lösen versuchen. Wir wenden uns gegen den Etikettenschwindel „Methode der Physik", denn dieser Anspruch kann im Allgemeinen nicht eingelöst werden. Wenn in Lehrplänen die wissenschaftstheoretische Reflexion der physikalischen Methodik auf die Stichworte „induktiv" und „deduktiv" beschränkt bleibt, bedeutet dies eine Trivialisierung dieses Lernziels. Statt dessen sollte man wesentliche Züge wissenschaftlichen Arbeitens nicht nur an geeigneten (z. B. auch historischen) Beispielen illustrieren oder simulieren, sondern auch in angemessener *exemplarischer Laborarbeit* die Schüler selbst die Probleme *wissenschaftlichen Arbeitens* erfahren lassen. Dies kann z. B. in Projekten erfolgen, in denen die Ergebnisse nicht schon im Voraus vorliegen, wie z. B. in den durch Anweisungen genau vorgeschriebenen Schülerversuchen.

Schüler sollen selbst „physikalisch arbeiten"

Die Schüler sollen die Probleme wissenschaftlichen Arbeitens in angemessener exemplarischer Laborarbeit selbst erfahren

Ferner sollten *Exkursionen in physikalische Laboratorien* u. a. einen Einblick in die Komplexität der Methodologie der heutigen Forschung gewähren. Nur auf dem Hintergrund derartiger eigener Erfahrungen und Eindrücke ist eine angemessene wissenschaftstheoretische Reflexion über physikalische Methoden möglich.

Exkursionen in physikalische Laboratorien sollen Einblick in die Komplexität der Methodologie der heutigen Forschung geben

3.5. Zusammenfassung und Ausblick

1. Die Elementarisierung und didaktische Rekonstruktion physikalischer Inhalte ist ein wesentlicher Teil der Unterrichtsvorbereitung. Die dafür entwickelten heuristischen Verfahren (3.1.3) und die daraus entstandenen Produkte – die elementaren Darstellungen der Physik – sind ein wichtiger Bestandteil oder sogar *der Kern der Physikdidaktik*. Die durch didaktische Rekonstruktionen entwickelten Erklärungsmuster müssen auch in ihren Einzelheiten (Erklärungsglieder) *begründet und verständlich* sein. Dazu wird das begriffliche System der Physik vereinfacht, durch verschiedene Darstellungsweisen veranschaulicht oder mit ähnlichen, vertrauten „Dingen" (Entitäten) verglichen.

Elementarisierung und didaktische Rekonstruktion sind der Kern der Physikdidaktik

2. Drei hauptsächliche Kriterien bestimmen die didaktischen Rekonstruktionen der Physikdidaktik: *die fachliche Relevanz, die psychologische Angemessenheit (Adäquanz) und die didaktische Relevanz.* Das Problem, ob eines dieser Kriterien vorrangig ist, wird für Lernende unterschiedlich beantwortet: Bei Physikstudentinnen und

Drei Kriterien

-studenten muss zweifellos die *fachliche Relevanz* der Hauptgesichtspunkt von didaktischen Rekonstruktionen sein, während man bei den Kindern der Grundschule auf jeden Fall *Verständlichkeit* für diese Adressaten fordern muss, psychologische Angemessenheit von Erklärungen. Aufgrund dieses Aspekts sollten Grundschullehrer ein physikalisches Thema im Unterricht wegfallen lassen, wenn keine diesen Aspekt zufriedenstellende Vereinfachungen gelingen. Außerdem beeinflussen auch die Ziele, mit welcher Genauigkeit und Gründlichkeit bestimmte Teile der begrifflichen und methodischen Struktur, sowie notwendige fachüberschreitende Inhalte im Physikunterricht gelernt werden sollen.

Hinsichtlich der Prioritätenfrage der drei Kriterien für die Sekundarstufen allgemeinbildender Schulen gilt: *didaktische und fachliche Relevanz sowie psychologische Adäquanz müssen grundsätzlich immer berücksichtigt werden.* Die drei Kriterien stehen in wechselseitiger Abhängigkeit (Interdependenz der drei Kriterien). Ihre Überprüfung gehört zum „Abschlusscheck" jeder Unterrichtsvorbereitung.

3. Um mit den. beschriebenen *heuristischen Verfahren* zu „guten" didaktischen Rekonstruktionen zu kommen, *sind gründliche Physikkenntnisse, physikdidaktische Literaturkenntnisse, Schulerfahrung und vor allem Kreativität* erforderlich.

Offene Liste für mögliche Verfahren der didaktischen Rekonstruktion

Mit den in Abschnitt 3.1.3 beschriebenen Möglichkeiten liegt *eine Liste* vor, die vor allem aus der Praxis und für die Praxis des Physikunterrichts entwickelt wurde. Diese *Liste ist grundsätzlich unvollständig,* d. h. auch, *offen für neue Verfahren.* Die Praxis wird schließlich über ihre Relevanz für den Unterricht entscheiden, nicht die theoretischen Ansätze, ob diese nun aus der Lernpsychologie, der Soziologie, der Pädagogik oder der Physikdidaktik kommen. Weil das Unterrichtsgeschehen gegenwärtig noch zu komplex ist, um Erklärungsmuster durch Theorien deduzieren zu können, bleiben neue originelle didaktische Rekonstruktionen für den Physikunterricht weiterhin vor allem das Feld von *Bastlern, Tüftlern, Künstlern an Schule und Hochschule.*

Physikalische Methodologie neu darstellen

4. Die physikdidaktische Forderung nach einer „sinnlichen Physik" impliziert, dass die im Unterricht gezeigten Phänomene, verwendeten Objekte i. Allg. nicht elementarisiert und didaktisch rekonstruiert werden. Die Thematisierung wissenschaftstheoretischer Fragen im Physikunterricht erfordert, die physikalische Methodologie darzustellen. Ich werde versuchen, Ihnen im folgenden Kapitel 4 einige neuere Informationen dafür zu liefern.

3.6 Ergänzende und weiterführende Literatur

„ Elementarisierung und didaktische Rekonstruktion", dieses „Herzstück" der Physikdidaktik erscheint gegenwärtig auf der theoretischen Ebene als konsolidiert. Natürlich hat sich die Bedeutung von „schülergerechter didaktischer Rekonstruktion" (psychologischer Angemessenheit) mit den Änderungen in der Lern- und Entwicklungspsychologie verändert. Gegenwärtig bedeutet „schülergerecht" vor allem: Berücksichtigung der Alltagsvorstellungen über spezifische physikalische Inhalte wie „elektrischer Stromkreis", „Atommodelle" und dgl. (s. Duit (2002) in Kircher, E. & Schneider, W.B. (Hrsg.). „Physikdidaktik in der Praxis").

Weiterhin voller Leben, d.h. innovativ und kreativ, sind die vielen Beispiele für Elementarisierungen der modernen Physik, aber auch der schon klassischen Schulphysik in den physikdidaktischen Zeitschriften. Besonders erwähnenswert sind in diesem Zusammenhang die von W. B. Schneider herausgegebenen (z. Zt.) fünf Bände „Wege in der Physikdidaktik".

Da ich auch die gezielte Verwendung von *Analogien als eine mögliche didaktische Rekonstruktion* betrachte, möchte ich auf die Dissertation von Wilbers (2000) verweisen, die neben einem guten Überblick auch einige neue Aspekte der Analogienutzung enthält.

Anmerkungen

[1] Die Vernichtung dieser Ozonschicht hat negative Auswirkungen für Flora und Fauna, weil dadurch vermehrt kurzwellige UV- Strahlung auf die Erdoberfläche gelangt.

[2] Für schulisches Lernen wichtige Theorien der Psychologie und der Soziologie sollen bei Elementarisierungen berücksichtigt werden. Dabei besteht das Problem, dass die Relevanz von Theorien dieser Disziplinen nicht einheitlich beantwortet wird.

[3] Jung (1973) hat eine solche Liste angegeben, die dort aufgeführten „Arten" der „Vereinfachung" erörtert und durch Beispiele illustriert.

[4] Üblicherweise wird ein Elektromagnet mit 50 Hz Wechselspannung verwendet, um Weg-/Zeitmarken auf einem Papierstreifen hervorzurufen ($\Delta t = 0,02$ s). Man kann auch an einem erhitzten Glasrohr eine Spitze „ziehen" und dieses dann mit Tinte füllen. Die Tintentropfen auf einem Papier erfüllen den gleichen Zweck wie die elektromagnetisch erzeugten Markierungen. Sie müssen didaktisch entscheiden: Welchen der Versuche setzen Sie im Unterricht ein?, den Standardversuch einer Lehrmittelfirma mit guten Messergebnissen oder den improvisierten Versuch mit dem „Tinten-Tropfwagen" mit ungenaueren Messergebnissen, den die Schüler aber vielleicht noch verbessern können?

[5] Der theoretische Hintergrund dieses Abschnitts ist die Wahrnehmungspsychologie. Sie spielt für Medien im Unterricht eine besondere Rolle. In Kap. 6 wird darauf ausführlicher eingegangen.

[6] Vor der Interpretation einer symbolischen Darstellung (z.B. Schaltskizze) müssen natürlich die Symbole gelernt werden. In den unteren Schulstufen wird dazu ein Zwischenschritt eingeführt, indem bei einer „halbsymbolischen Darstellung" die physikalischen Objekte noch für jeden erkennbar sind, weil sie „Oberflächenähnlichkeit" besitzen.

[7] Schnotz (1994, 131 ff.) nennt folgende Gestaltungsprinzipien (ausführlicher s. 6.2):

- *Syntaktische Klarheit*: die einzelnen Komponenten des logischen Bildes sind eindeutig erkennbar.
- *Semantische Klarheit*: funktional zusammenhängende Komponenten sind einheitlich dargestellt. Unterschiedliche Komponenten sollen sichtbare Unterschiede aufweisen.
- *Innere Ordnung*: die Darstellungselemente der Diagramme sind quantitativ oder alphabetisch geordnet.
- *Sparsamkeit*: Logische Bilder sollen sich auf das Wesentliche beschränken

[8] Für Lernsituationen kann man, Hesse (1991) folgend, unterscheiden: *analoges Zuordnen* im Zusammenhang mit Vergleichen, *analoges Verstehen*, wenn bekannte Kontexte zur „*Erklärung*" von unbekannten Kontexten herangezogen werden und *analoges Problemlösen*.

[9] Hesse (1991) betrachtet es als besonders überraschendes Ergebnis seiner Untersuchungen an Studenten, dass 40 % dieser erwachsenen Lerner sich beim Problemlösen ebenfalls an den ähnlichen bzw. unähnlichen Merkmalen der „Oberfläche" der beiden Bereiche orientieren. Warum die Überraschung? Im Allgemeinen nimmt man an, dass gut ausgebildete Erwachsene nach der „Tiefenstruktur" suchen, das sind die Gesetzmäßigkeiten und Theorien. Wer sich daran orientiert, ist i. Allg. erfolgreicher, weil es die „Tiefenstruktur" ist, die das Verhalten der Dinge naturwissenschaftlich beschreibt, erklärt, prognostiziert, nicht die „Oberflächenstruktur".

[10] Natürlich hat hier das physikalische Wissen über die grundsätzlich didaktisch relevanteren Eigenschaften und Relationen aus (O, M, E) Priorität vor denen aus (O*, M*, E*) .Es genügt im Allgemeinen, die *Eigenschaften und Relationen des elektrischen Stromkreises zu kennen, die durch die Wasseranalogie nicht verständlich gemacht werden können* (z. B. elektrische und magnetische des elektrischen Stromes). Die nicht auf den elektrischen Stromkreis übertragbaren physikalischen Entitäten des Wasserstromkreises sind in der Schulphysik im Allgemeinen nicht didaktisch relevant.

[11] Gegenwärtig können zwar didaktische Gründe für oder gegen diese Analogietypen angeführt werden. Entsprechende empirische Untersuchungen (z. B. Kircher & Hauser, 1996, Komorek, 1997) stecken noch in den Anfängen.

[12] Glynn u. a. (1987, 17) sprechen von „Schlussfolgerung". Aufgrund der bisherigen Erörterungen wird diese Ausdrucksweise ebenso für falsch gehalten, wie die Auffassung von Glynn u. a., Analogien könnten für den *primären Lernbereich „Erklärungen" liefern* und „Voraussagen" machen.

[13] Bei der Rutherfordstreuung werden α-Teilchen auf eine dünne Goldfolie „geschossen". Die positiv geladenen α-Teilchen werden durch (die positiv geladenen) Kerne der Goldatome abgelenkt

[14] Wenn auch diese Anekdote wie verschiedene andere über Galilei erfunden zu sein scheint (Schmutzer & Schütz, 1975, 40), ändert das nichts an dem Argument .

[15] Einen Teilaspekt dieses Problems formulierte Sexl (1982) ironisch: *„Non scholae sed PHYWE discimus".* Das Sprachspiel bezieht sich auf die Lehrmittelfirma Phywe.

[16] Die i. Allg. mit anspruchsvoller Mathematik verknüpften Methoden der theoretischen Physik müssen nach gegenwärtigen Auffassungen erst gar nicht als Inhalt eines allgemeinbildenden Physikunterrichts in Erwägung gezogen werden.

[17] Goethes zentrales Phänomen, die Betrachtung von weißen und schwarzen Flächen durch ein Prisma, wird kaum noch beachtet, weil es in heutiger physikalischer Betrachtung eine Randerscheinung in doppelter Hinsicht ist: ein Kantenspektrum (vgl. Teichmann u. a. 1981).

4 Über physikalische Methoden

Wir beschäftigen uns in diesem Kapitel vor allem mit der *physikalischen bzw.* der *naturwissenschaftlichen Methodologie.* Das bedeutet nicht die speziellen Handlungsmuster, die z. B. für die Bedienung physikalischer Geräte notwendig sind, sondern allgemeine Vorgehensweisen, um begriffliche und methodische Strukturen der Physik zu erzeugen. Dafür ziehen wir die Wissenschaftstheorie zu Rate.

Obwohl die Ergebnisse *wissenschaftstheoretischer Analysen keine Handlungsanweisungen für die Physiker sind, sind* wissenschaftstheoretische Überlegungen zur Methodologie für die *Physikdidaktik in verschiedener Hinsicht relevant[1]:*

1. Gemäß dem grimsehlschen Diktum (Grimsehl, 1911, 2), dass *„die naturwissenschaftliche Forschungsmethode ... auf jeder Stufe des Physikunterrichts das Vorbild für die Unterrichtsmethode"* sein soll, müsste die Methode natürlich explizit darstellbar sein, bevor sie auf den Unterricht übertragen werden kann. Nach den folgenden Darstellungen erweist sich aber die naturwissenschaftliche Methode als so komplex, dass *Grimsehls Diktum i. Allg. nicht realisierbar* ist. Wir werden aber darüber hinaus argumentieren, dass Grimsehls Diktum auch nicht mehr den heutigen Auffassungen eines *allgemeinbildenden Physikunterrichts* entspricht.

2. Die *naturwissenschaftliche Methodologie ist ein inhaltliches Element des Physikunterrichts* und eine Grundlage für wissenschaftstheoretische Reflexionen „über Physik". Die Arbeiten z. B. Kuhns, Feyerabends und Lakatos' machen deutlich, dass die *traditionellen Darstellungen* der naturwissenschaftlichen Methodologie (4.1.), die sogenannte *induktive und die deduktive Methode unzureichend sind.*

Die neueren wissenschaftstheoretischen Darstellungen (4.2) relativieren zwar ein wenig die Bedeutung des Experiments für die Entwicklung der Physik. In einem möglicherweise lange andauernden Prozess sind es letztendlich aber doch die empirischen Daten, die in den Naturwissenschaften das „letzte Wort" über eine Theorie haben, weil sie *„Spuren der Realität"* enthalten können.

3. Diese Darstellungen über physikalische Methoden bilden außerdem einen Hintergrund für die in Kapitel 5 dargestellten „Methoden im Physikunterricht" und für das weiterhin *wichtigste Medium des Physikunterrichts,* das *Experiment* (s. Kapitel 6): Dieses ist: *Lernhilfe, Lernobjekt, unverzichtbarer Bestandteil der physikalischen Methodologie.*

| 4.1 Standardmethoden der Naturwissenschaften | 4.2 Historische Beschreibungen naturwissenschaftlicher Theoriebildungen | 4.3 Theoriebildung in der Physik – Modellbildung im Physikunterricht |

4.1 Standardmethoden der Naturwissenschaften

4.1.1 Zur induktiven Methode

1. Nach immer noch verbreiteter Auffassung unter Naturwissenschaftlern und Naturwissenschaftslehrern werden naturwissenschaftliche Erkenntnisse *induktiv* gewonnen. Man beruft sich auf Galilei,
der angeblich mit dieser Methode die neuen Naturwissenschaften
schuf und auf Newton, der diese Methode nach eigener Auffassung
anwandte, als er seine Hauptwerke „Opticks" und „Principia" ver-
fasste. Der französische Physiker Pierre Duhem hat um 1900 physik-
historische Quellen herangezogen, und in seinen Analysen keine
Bestätigung dafür erhalten, dass Newton dieser Methode tatsächlich
gefolgt ist (Duhem, 1908, Nachdruck 1978, 253 ff.).

Was bedeutet der Ausdruck „induktive Methode"? Üblicherweise ist
damit der Weg gemeint, der von den aus *Experimenten gewonnenen
Daten ausgehend zu physikalischen Gesetzen und Theorien* führt. Popper (1976[6], 3) schreibt:

„Als induktiven Schluss oder Induktionsschluss pflegt man einen
Schluss von *besonderen* Sätzen, die z.B. Beobachtungen, Experi-
mente usw. beschreiben, auf *allgemeine* Sätze, auf Hypothesen oder
Theorien zu bezeichnen."

Ist dieser induktive Schluss überhaupt in den Naturwissenschaften
anwendbar?

Popper wendet dagegen ein, dass eine solche induktive Schlussfolgerung sich auch nach noch so vielen verifizierenden Beobachtungen
als falsch erweisen kann. „Bekanntlich berechtigen uns noch so viele
Beobachtungen von weißen Schwänen nicht zu dem Satz, dass alle
Schwäne weiß sind" (Popper, 1976[6], 3). Zur Rechtfertigung des induktiven Verfahrens müsste das „Induktionsprinzip" als allgemeiner
Satz eingeführt werden. Das steht aber in einem Widerspruch zur
Annahme der „Induktivisten", dass allgemeine Sätze nur empirisch-
induktiv hergeleitet werden können. Popper stellt dar, dass jede Form
der Induktionslogik zu einem unendlichen Regress oder zum Aprio-
rismus führt (vgl. Popper, 1976[6], 5), in dem das Induktionsprinzip als
„a priori gültig" betrachtet wird.

**Die induktive Me-
thode führt in
empirischen
Systemen zu
logischen Wider-
sprüchen**

Die induktive Methode führt in empirischen Systemen zu logischen
Widersprüchen.[2] Sie werden hier nicht weiter ausgeführt, weil sie zu
weit von der Physikdidaktik wegführen würden. Vielmehr wird im

Folgenden von der Physik, der Wissenschaftsgeschichte, schließlich von Seiten des Unterrichts her argumentiert.

2. Dem Induktionsschluss in der Physik liegen zwei protophysikalische Annahmen zugrunde:

1. Die Gleichförmigkeit des Naturgeschehens, die in der These „Die Natur macht keine Sprünge" zusammengefasst wurde.

2. Die durchgängige Kausalität[3] im Naturgeschehen mit eindeutigen Folgen.

Zwei physikalische Gründe gegen den Induktionsschluss in der Physik

Sowohl das *„Gleichförmigkeitsprinzip"* als auch das *Kausalitätsprinzip* können in der modernen Physik *nicht aufrecht erhalten* werden: Für den Zerfall eines Atomkerns gibt es keine „Ursache" im klassischen Sinne, d. h. eine verursachende Kraft. Und die These: „Die Natur macht keine Sprünge" – eine populäre Formulierung des 19. Jahrhunderts für das „Gleichförmigkeitsprinzip" – wurde für atomare Vorgänge geradezu in ihr Gegenteil verkehrt: *Raumzeitliche Änderungen erfolgen nach der Quantentheorie nur durch „Sprünge".*

Wenn also die beiden oben erwähnten protophysikalischen Grundlagen des Induktionsschlusses fehlen, ist dieser zumindest im atomaren und subatomaren Bereich auch nicht anwendbar. Es sei denn, man versteht das Induktionsprinzip und eine damit zusammenhängende „induktive Methode" nur als ein *heuristisches Verfahren zur Gewinnung von Hypothesen.*

3. Muss man also das Induktionsprinzip auf die klassische Physik einschränken? Auf die Physik der uns umgebenden Lebenswelt? Auf die Physik der „mittleren", uns unmittelbar zugänglichen Dimension[4], die unsere ersten lebensweltlichen Erfahrungen prägt und die auch den Beginn des physikalischen Unterrichts prägen soll?

Wir betrachten den in dieser Dimension typischen Forschungsprozess etwas detaillierter, insbesondere die hier auftretenden und zu interpretierenden *physikalischen Phänomene*, sowie die sie produzierenden Experimente.

Was ist ein Phänomen?

„Phänomene" meint zunächst die den Sinnen zugängliche Naturerscheinung – eine „Äußerung" der Realität unter den in der Natur vorkommenden Bedingungen, wie etwa Blitz und Donner, der Regenbogen. Für v. Weizsäcker (1988, 508) sind Phänomene „sinnliche Wahrnehmungen an realen Gegenständen, die wir vorweg begrifflich interpretieren". Aus dem Naturphänomen wird ein physikalisches, wenn dieses untersucht bzw. experimentell erzeugt und erforscht wird (z. B. brownsche Molekularbewegung).

Ein solches „physikalisches Phänomen" entsteht durch ein komplexes Zusammenwirken zwischen den verwendeten Geräten und der

Realität. Dabei ist die physikalische Deutung des Phänomens von allgemeinen Theorien (in obigem Beispiel: Theorien über die Existenz von „kleinsten Teilchen") und speziellen Hypothesen über das zu untersuchende Phänomen. (im Beispiel: „kleinste Teilchen" stoßen auf kolloidale Teilchen, die durch ein Mikroskop sichtbar sind)

Reine Phänomene

Dieser Zusammenhang führt im Verlauf der Forschung in vielen Fällen dazu, *„reine" Phänomene*[5] zu erzeugen. Aber Newtons Zerlegung des Lichts durch Prismen und Goethes prismatische Versuche[6] zeigen, dass die gleiche naturwissenschaftliche Fragestellung zu ganz unterschiedlichen *reinen Phänomenen* führen kann, wenn verschiedene Theorien – hier über die Farben des Lichts – der Erzeugung der Phänomene zugrunde liegen. Die Phänomene der Naturwissenschaften sind nicht nur das einfach Gegebene, sondern vor allem das in zähem Ringen Produzierte, das Spuren der Realität enthält – ein Produkt der Experimentierkunst und der theoretischen Phantasie. *„Phänomene sind ausgewählte und idealisierte Experimente*, deren Eigenschaften Punkt für Punkt denen der zu beweisenden Theorien entsprechen", meint Feyerabend (1981, 174) im Zusammenhang mit Newtons Untersuchungen zur Lichtbrechung. Absichtsvoll zugespitzt formuliert Jung schließlich: „Physik ist in erster Linie ‚Produktion' reiner Phänomene" (Jung, 1979, 19). Das heißt, Goethes auch didaktisch interpretierbare Maxime: *„Man suche nur nichts hinter den Phänomenen; sie selbst sind die Lehre", ist für die modernen Naturwissenschaften nicht akzeptabel*, weil sie letztlich deren Existenzberechtigung in Frage stellt.

Phänomene sind in komplexer Weise mit „Theorien" verknüpft

Was bleibt angesichts dieser Tatsachen von der „induktiven Methode" in den Naturwissenschaften übrig, auch nur im Bereich der unmittelbar wahrnehmbaren Realität, dem „Mesokosmos", wenn der Ausgangspunkt dieser Methode, die Phänomene, bereits in komplexer Weise mit „Theorien" verknüpft sind? Ich meine, im engeren Sinne dieses Begriffs: *nichts*[7].

Wahrnehmung ist von subjektiven Einstellungen und Erwartungen abhängig

Es gibt, wie Psychologie und Physiologie nachgewiesen haben, keine von subjektiven Einstellungen und Erwartungen unbeeinflusste Wahrnehmung. In wissenschaftstheoretischer Formulierung heißt das, dass es „keine natürliche (d. h. psychologische) Abgrenzung zwischen Beobachtungssätzen und theoretischen Sätzen" gibt (Lakatos, 1974, 97).

4. Hartmann (1959) versucht wenigstens den Ausdruck „induktive Methode" zu retten. Er beschreibt als „Element der sogenannten induktiven Methode der Naturwissenschaften" (Hartmann, 1959, 119): die *Analyse, die Synthese, die Induktion und die Deduktion*, wobei die Elemente *„ein Methodengefüge"* darstellen. Der Biologe Hartmann wusste, dass in der Forschung weder eine feste Rei-

henfolge noch ein permanenter Schwerpunkt innerhalb dieses Methodengefüges besteht, sondern dass diese in den konkreten Forschungssituationen von Fall zu Fall entschieden werden. Hartmann karikiert im Grunde den üblichen Begriff „Induktion"[8], wenn er Galileis Untersuchungen, die zum Fallgesetz führen, als Prototyp für „exakte Induktion" erklärt, dann aber ausführt, dass „bei Galilei die Theorie erst zum Ersinnen und Ausführen des Experiments auf der schiefen Ebene führte" (Hartmann, 1959, 144): Galileis Methode würde man üblicherweise als *deduktiv* bezeichnen.

Hartmanns Auffassungen über naturwissenschaftliche Methodologie nehmen Argumente der neueren *historisch orientierten Wissenschaftsphilosophie* voraus. Hartmann erkennt sogar *teleologische Gesichtspunkte* als heuristische Verfahren auch in den Naturwissenschaften. Er weiß, dass Induktion und *Phantasie* bei naturwissenschaftlichen Entdeckungen eine große Rolle spielen, er klebt nicht an einer angeblich genau festgelegten Methode, sondern nur an dem Ausdruck „Induktion", gemäß der seit Bacons „Neues Organ der Wissenschaften" (1620) beginnenden wissenschaftstheoretischen Tradition.

In neuerer Zeit hat sich die Wissenschaftstheorie weitgehend von der hinter dem Ausdruck „Induktion" stehenden Wissenschaftsauffassung distanziert. Whitehead (1987, 34) fasst zusammen:

„Dieser Zusammenbruch der Methode eines strikten Empirismus beschränkt sich nicht auf die Metaphysik. Er tritt immer dann ein, wenn wir nach den allgemeinen Prinzipien suchen. In den Naturwissenschaften wird dieser Rigorismus durch die baconsche Induktionsmethode repräsentiert, die der Wissenschaft auch nicht den geringsten Fortschritt ermöglicht hätte, wäre sie wirklich konsequent verfolgt worden."

Die „induktive Methode" erweist sich in den Naturwissenschaften als eine Chimäre; „die experimentelle Naturwissenschaft ist nie so betrieben worden, wie es Bacon vorschwebte" (Dijksterhuis, 1983, 446).

Die experimentelle Naturwissenschaft ist nie so betrieben worden, wie es Bacon vorschwebte

5. Kann die „induktive Methode" damit noch „Vorbild für die Unterrichtsmethode" (Grimsehl, 1911, 2) im physikalischen Unterricht sein?

Seit etwa Mitte des 19. Jahrhunderts[9] werden das induktive und das deduktive Verfahren als Methoden der Physik und der Physikdidaktik betrachtet; dies findet seinen Niederschlag in Physikdidaktiken (s. z. B. Knoll, 1978; Töpfer & Bruhn, 1976) und Physikbüchern für

Schüler bis in unsere Zeit. In der Didaktik von Bleichroth u. a. (1991, 266) wird allerdings nur noch von „induktiver Gedankenführung" gesprochen. Außerdem wird gefordert „die Vorläufigkeit und Anfälligkeit induktiven Denkens" zu thematisieren.[10] Es wird auch nicht mehr der enge Zusammenhang zwischen Methode der Naturwissenschaften und Methode des naturwissenschaftlichen Unterrichts hergestellt. Freilich ist in Kommentaren zu Lehrplänen und Schulbüchern eine solche Auffassung noch nicht durchgängig zu erkennen.

6. Ist die „induktive Methode" heute nur noch eine vereinfachende Redeweise, eine didaktische Reduktion eines komplexen naturwissenschaftlichen Methodengefüges, möglicherweise auch eine „Trivialisierung" (Kircher, 1985, 23), von der sich die Physikdidaktik trennen sollte? Ist die Diskussion um die „induktive Methode" letztlich nur ein Streit um einen Ausdruck?

Die Praxis des „induktiven" Unterrichtens manipuliert die Schüler

Die hier vorgetragene Kritik richtet sich vor allem gegen die der „induktiven Methode" immanente Praxis des Unterrichtens. Denn *diese Praxis manipuliert die Lernenden*, wenn sie durch sogenannte „*generalisierende Induktion*" fraglos und vorschnell, das Vorverständnis der Schülerinnen und Schüler übergehend, aus wenigen Messdaten allgemeine physikalische Gesetze „gewinnt".

… zeichnet ein unzutreffendes Bild der Naturwissenschaft

Lehrende können sich bei einem solchen Vorgehen bis heute für hinreichend abgesichert halten, wurde diese Methode doch bis in die neuere Zeit in Schulbüchern und physikdidaktischen Lehrbüchern als wesentlicher Teil der „Methode der Naturwissenschaften" dargestellt. Neben diesen inhumanen Zügen des Unterrichtens wird durch eine solche Praxis explizit oder implizit auch ein *unzutreffendes Bild der naturwissenschaftlichen Forschung* erzeugt – im Detail und im Ganzen.[11]

4.1.2 Zur hypothetisch-deduktiven Methode

In der gegenwärtigen Wissenschaftstheorie wird das von Bacon ausgehende induktivistische Forschungsprogramm als *nicht durchführbar* betrachtet (u. a. Popper, 1976[6]; Stegmüller, 1986). Es wurde nach dieser Auffassung in der Geschichte der Naturwissenschaft auch nicht durchgeführt.

Wie verläuft dann aber der Entwicklungsprozess der Wissenschaften?

Von Popper wird das *hypothetisch-deduktive Verfahren* als angemessene Beschreibung des naturwissenschaftlichen Erkenntnisprozesses betrachtet:

„Aus der vorläufig unbegründeten Antizipation, dem Einfall, der Hypothese, dem theoretischen System, werden auf logisch-deduktivem Weg Folgerungen abgeleitet; diese werden untereinander und mit anderen Sätzen verglichen, indem man feststellt, welche logischen Beziehungen (z.B. Äquivalenz, Ableitbarkeit, Vereinbarkeit, Widerspruch) zwischen ihnen bestehen" (Popper, 1976[6], 3).

Für Popper stellt sich der Sachverhalt also wie folgt dar: Die Erkenntnisgewinnung beginnt z.B. mit einer wissenschaftlichen Hypothese, aus der unter Einschluss von Randbedingungen einzelne Aussagen (Basissätze) gewonnen werden, die durch Beobachtungen *falsifizierbar sein müssen*. Die *nicht widerlegten Basissätze* sind dadurch nicht „wahr", sondern „*bewährt*" – vorläufig.

Popper: wissenschaftliche Hypothesen müssen falsifizierbar sein

Popper relativiert die hypothetisch-deduktive Methode: „Niemals zwingen uns die logischen Verhältnisse dazu ... bei bestimmten ausgezeichneten Basissätzen stehen zu bleiben und gerade diese anzuerkennen oder aber die Prüfung aufzugeben" (Popper, 1976[6], 69).

Trotzdem wird von *allen wissenschaftlichen Aussagen Falsifizierbarkeit* als *„Abgrenzungskriterium"* gegenüber nicht falsifizierbaren und damit auch *nichtwissenschaftlichen Aussagen* gefordert. In den empirischen Wissenschaften geschieht die Falsifikation durch ein *„entscheidendes Experiment"*.

Popper folgend widerlegt ein solches *„Experimentum Crucis" eine physikalische Theorie* ohne wenn und aber. Während aber beliebig viele Experimente eine Theorie nicht endgültig verifizieren können, genügt ein einziger negativer Ausgang eines Experiments, um eine Theorie zu falsifizieren. Das bedeutet auch, diese dadurch aufgeben zu müssen[12].

Popper: Ein „Experimentum Crucis" widerlegt eine physikalische Theorie

Je unwahrscheinlicher eine Aussage einer Theorie ist, desto leichter ist die Aussage und damit die Theorie *prüfbar*, desto größer ist deren empirischer Gehalt, desto mehr informiert dieser über die Welt. In Poppers Theorie der Falsifikation „äußert" sich die Realität bei der empirischen Überprüfung der Basissätze nicht in einem positiven Sinne, d.h. so, dass man der Realität[13] bestimmte Eigenschaften zuschreiben könnte. Es kann nur festgestellt werden, welche Eigenschaften und Prozesse in der Realität nicht vorkommen. Naturgesetze

Je unwahrscheinlicher eine Aussage desto größer ist deren empirischer Gehalt

haben den Charakter von Verboten. Anstatt die Realität zu beobachten, wird diese einem objektiven Prüfungsverfahren unterzogen (Popper, 1976[6], 382).

2. Der naturwissenschaftliche Erkenntnisprozess stellt sich damit formal wie folgt dar:

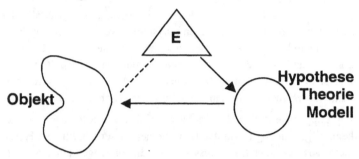

Abb. 4.1: Schematische Darstellung des hypothetisch-deduktiven Erkenntnisprozesses

Ausgehend von Hypothesen z.B. über ein physikalisches Objekt wird dessen Verhalten unter bestimmten experimentellen Bedingungen prognostiziert. Im Realexperiment werden Daten gewonnen, die „Spuren der Realität" enthalten und *vorläufige Aussagen* darüber ermöglichen, wie „sinnvoll" die Hypothese ist. Die Frage der *Prüfbarkeit einer Hypothese*, die Entscheidung für oder gegen eine Hypothese, die Entwicklung der naturwissenschaftlichen Theorien, können aufgrund der bisherigen Darstellungen noch nicht oder nur einseitig beantwortet werden.

Poppers Auffassungen sind idealisierte Darstellungen der Naturwissenschaften und deren Methoden

Daher wird die hypothetisch-deduktive Auffassung des Erkenntnisprozesses hier als eine *mögliche Idealisierung* übernommen, ohne die zuvor skizzierte Art und Weise der Falsifikation von Theorien als durchgängig zutreffend anzunehmen.

Die folgenden Darstellungen, die sich an der *Geschichte der Naturwissenschaften* orientieren, zeichnen ein zutreffenderes *Bild der Theoriebildung, das heißt auch der naturwissenschaftlichen Methoden.* Sie unterscheiden sich von den bisher skizzierten wissenschaftstheoretischen Standardauffassungen beträchtlich. Wendel (1990) bezeichnet diese wissenschaftstheoretischen Ansätze als *„moderner Relativismus".*

4.2 Historische Beschreibungen naturwissenschaftlicher Theoriebildung

4.2.1 Naturwissenschaftliche Revolution und Normalwissenschaft.

1. Nach traditioneller Auffassung entstand naturwissenschaftliches Wissen *kumulativ*. Von primitiven Anfängen häufte sich das Wissen über die Natur an. Die anfänglich unvollkommenen Theorien wurden verbessert und erweitert; sie wurden *immer präzisere und umfassendere Beschreibungen der Realität.* Angeblich wurde auf diese Weise das Gebäude der Naturwissenschaften errichtet (s. Kuhn, 1976[2], 15 ff.).

T.S. Kuhn gibt ein anderes Bild von der Entwicklung der Naturwissenschaften. Nach Kuhns Auffassung müssen sich auch naturwissenschaftliche Modelle und Theorien gegen den Widerstand der *vorherrschenden Modellvorstellungen und Theorien* durchsetzen; Kuhn spricht von „Paradigma".

2. Was bedeutet dieser Begriff, der zu einem festen Bestandteil der wissenschaftlichen Umgangssprache geworden ist?

Was ist ein Paradigma?

Der Ausdruck „*Paradigma*" wird schon bei Kuhn (1976[2]) vieldeutig verwendet. Von besonderem Interesse ist Kuhns *soziologische Interpretation* des Begriffs.

Ein Paradigma ist nicht nur ein *gut gelungenes Beispiel* für die Wissenschaftler, die mit dem Paradigma zu tun haben. Es ist auch ein *Vorbild*, das das Handeln und Denken dieser Subjekte beeinflusst und prägt. Die soziologische Bedeutung eines Paradigmas besteht also darin, dass eine Gruppe von Individuen *über diesen Begriff soziologisch definiert* werden kann. Es gehören nämlich genau diejenigen Individuen zu der Gruppe, der „wissenschaftlichen Gemeinschaft", die ein gemeinsames Paradigma für ihre wissenschaftliche Tätigkeit akzeptieren und es auch verteidigen, damit leben und sterben!

Ein physikalisches Paradigma beeinflusst und prägt die Experten

Kuhn benutzt den Begriff „Paradigma" neben dieser soziologischen Bedeutung vor allem auch als „*Theorie im weiteren Sinne*". In dieser Bedeutung gleicht der Begriff Paradigma dem Modellbegriff, indem er die in einer „Theorie im engeren Sinne" nicht enthaltenen metaphysischen und protophysikalischen Aspekte eines Gedankengebildes mit einschließt. Dabei braucht das Paradigma gar nicht in feste Regeln gegossen zu sein. Ein Paradigma der Physik braucht nur

Ein physikalisches Paradigma ist eine physikalische Theorie im weiteren Sinne

neuartig genug zu sein, „um eine beständige Gruppe von Anhängern anzuziehen und gleichzeitig noch offen genug, um der neuen Gruppe von Fachleuten alle möglichen ungelösten Probleme zu stellen" (Kuhn, 1976[2], 25).

3. Kuhn betont ausdrücklich, dass sich Paradigmen und damit zusammenhängend naturwissenschaftliche Revolutionen nicht nur auf jene großen physikalischen Theorien beziehen und deren Entstehungsprozess kennzeichnen sollen, wie z. B. die newtonsche Mechanik, die Elektrodynamik oder die Relativitätstheorie. Vielmehr kommen Paradigmen und deren Änderungen in der Wissenschaft häufig vor: sie beziehen sich manchmal nur auf „vielleicht weniger als 25 Personen" (Kuhn, 1976[2], 192). Die Etablierung von Paradigmen und ihre *Ablösung in einer wissenschaftlichen Revolution* ist dann etwas fast Alltägliches in der Wissenschaft und ist nicht nur auf Jahrhundertereignisse wie die Entwicklung der Relativitätstheorie beschränkt.

Aus einer neuen Theorie wird im Verlauf einer Revolution ein neues Paradigma, dieses verdrängt das bisherige

Kuhn spricht von *naturwissenschaftlichen Revolutionen*, wenn ein neues Paradigma ein altes verdrängt, mit der deutlichen Analogie zu einer politischen Revolution. Denn so wie bei dieser wird auch eine naturwissenschaftliche Revolution nicht ohne Kampf vor sich gehen. Die Anhänger des alten Paradigmas werden dieses verteidigen wie die Anhänger der bestehenden politischen Idee ihren Staat, wenn auch mit anderen Mitteln. Die Mittel der Naturwissenschaften zur Durchsetzung einer neuen Theorie sind aber nicht nur logischer oder experimenteller Art, wie die idealtypischen Darstellungen der Naturwissenschaften vermuten lassen. Denn die Aussagen des neuen und des alten Paradigmas können gar nicht miteinander verglichen werden, weil ihre Grundbegriffe etwas anderes bedeuten, selbst wenn die gleichen Ausdrücke verwendet werden. Sie sind inkommensurabel[14]. Kuhn (1976[2], 160) folgend, bedeutet etwa der Ausdruck „Raum" in der Relativitätstheorie etwas anderes als in der klassischen newtonschen Theorie.

Experimente können physikalischen Streit nicht (sofort) entscheiden.

4. Ein wichtiges Merkmal dieser neuen Betrachtung der Wissenschaftsentwicklung ist, dass Experimente keine Entscheidungen zugunsten eines Paradigmas im Augenblick des wissenschaftlichen Streits liefern: Die Experimente hängen von den Paradigmen ab; diese kann man aber nach Kuhns Auffassung nicht vergleichen. Außerdem kann das gleiche Experiment in verschiedenen Paradigmen eine unterschiedliche Interpretation und Bedeutung haben. Experimente und die dabei gemachten Beobachtungen sind *im Lichte von allgemeinen Theorien, von Weltbildern* zu sehen (vgl. Popper, 1976[6],

72). *Der nach unten fallende Stein wird im aristotelischen Weltbild und in der newtonschen Mechanik anders gedeutet.*

5. Wie kommt es dann aber zu einem *Paradigmawechsel*, zu einer naturwissenschaftlichen Revolution?

Dadurch, dass ein wissenschaftliches Paradigma auch eine *soziale Struktur und soziale Abhängigkeiten* schafft, wird es einem Wissenschaftler sehr erschwert, die wissenschaftliche Gemeinschaft zu verlassen. Der Wissenschaftler würde als ein Außenseiter behandelt und dann wohl ohne Einfluss auf die Wissenschaft sein. Den Schritt aus der wissenschaftlichen Gemeinschaft heraus vollziehen vor *allem junge Leute oder solche, die auf dem Gebiet neu sind.* Für sie können Probleme *Anomalien* sein, d. h. solche Probleme, die innerhalb des Paradigmas prinzipiell unlösbar sind und die auch das ganze Paradigma in Frage stellen.

Wie kommt es zu einem Paradigma-wechsel?

Nur in den *idealisierten ahistorischen Darstellungen von Lehrbüchern* übernimmt die wissenschaftliche Gemeinschaft eine Theorie aufgrund von Argumenten wie *Erklärungsmächtigkeit, Genauigkeit der Voraussage oder aufgrund ästhetischer Gesichtspunkte wie Einfachheit der Theorie.* Nach Kuhn ist der Prozess der Durchsetzung einer Theorie, die dann das neue Paradigma wird, dramatischer, weil dabei auch *subjektive Faktoren eine Rolle spielen*:

Subjektive Faktoren spielen eine Rolle

„In den Naturwissenschaften besteht die Prüfung niemals wie beim Rätsellösen einfach im Vergleich eines einzelnen Paradigmas mit der Natur. Vielmehr ist sie ein Teil des Wettstreits zwischen zwei rivalisierenden Paradigmen um die Gefolgschaft der wissenschaftlichen Gemeinschaft" (Kuhn, 1976[2], 156).

Man könnte gegen Kuhn argumentieren, dass in der Neuzeit auch immer eine rationale naturwissenschaftliche Argumentation stattgefunden hat. Dies wird von Kuhn nicht ausdrücklich bestritten. Er widerspricht aber der Auffassung, dass kontroverse Theorien gemäß den oben skizzierten traditionellen Auffassungen entschieden werden; dazu gehört auch Poppers Forschungsmethodologie (s. 4.1.2), wonach eine Theorie durch Experimente zu falsifizieren ist.

Denn: „Alle Experimente können bezweifelt werden: Ob sie wirklich relevant sind, ob sie genau waren. Und ebenso lassen sich auch alle Theorien mit einer bunten Reihe von Ad-hoc-Zurechtlegungen modifizieren, ohne dass sie aufhörten – was mindestens ihre wichtigsten Züge betrifft – dieselben Theorien zu bleiben" (Kuhn, 1974, 14).

Alle Experimente können bezweifelt werden

**Außerwissen-
schaftliche Gründe
entscheiden über die
Durchsetzung eines
neuen Paradigmas**

Wenn also aufgrund des hier geschilderten fehlenden Bezugs zwischen einem alten und neuen Paradigma zunächst keine rationale naturwissenschaftliche Verständigung möglich ist und wenn auch den Experimenten Beweiskraft fehlt, wie erfolgt dann die Durchsetzung eines Paradigmas? Die entscheidenden Gründe werden üblicherweise als *außerhalb der Wissenschaft* betrachtet: Überredung, die beeinflusst wird durch den Ruf des Wissenschaftlers und den seiner Lehrer, durch seine Nationalität (vgl. Kuhn, 1976[2], 163 f.). Aber auch die Aussicht auf Erfolg und wissenschaftlichen Ruhm mag einen Wissenschaftler zu dem neuen Paradigma übertreten lassen – ein *Übertritt fast wie zu einer religiösen Gemeinschaft durch eine „Bekehrung"*.

6. Welche experimentellen und theoretischen Aufgaben kommen auf einen Wissenschaftler zu, wenn er sich einem neuen Paradigma anschließt?

**Die „normale
Wissenschaft"**

Kuhn bezeichnet die Phase der Ausarbeitung und Anwendung der neuen Theorie als die *„normale Wissenschaft"*, in Abhebung zur Phase der Theoriebildung, der revolutionären Phase. In der *normalen Wissenschaft* werden Rätsel gelöst (vgl. Kuhn, 1976[2], 49), die innerhalb des Modells bestehen. Man könnte vermuten, dass bei dieser Tätigkeit nur wenig Kreatives zu leisten ist:

„Manchmal, wie beispielsweise bei einer Messung von Wellenlängen, ist außer den letzten Einzelheiten des Ergebnisses alles im voraus bekannt und im Allgemeinen ist der Erwartungsspielraum nur wenig breiter" (Kuhn, 1976[2], 49).

Dass diese Arbeit aber dann doch nicht ganz so langweilig ist, deuten die im folgenden skizzierten experimentellen und theoretischen Probleme der normalen Wissenschaft an:

**Experimentelle
Probleme**

Kuhn (1976[2], 39 ff.) unterscheidet 3 Klassen von „Fakten", *die in der normalen Wissenschaft experimentell gewonnen werden*:

aufschlussreiche
Fakten

• Die Klasse von Fakten, die *vom Paradigma als für die Natur der Dinge besonders aufschlussreich* bezeichnet wird, wie z.B., die Wellenlänge einer Spektrallinie, das magnetische Moment von Atomkernen. Die immer genauere Bestimmung von Daten machen die Entwicklung von Spezialgeräten nötig, deren Erfindung, deren Bau sowie deren Einsatz „hervorragendes Talent, viel Zeit und beträchtliche finanzielle Mittel" (Kuhn, 1976[2], 40) erfordern.

Fakten zum Vergleich
mit Voraussagen

• Die Klasse von Fakten, die *unmittelbar mit Voraussagen aus der Paradigmatheorie verglichen werden können*. Beispiel dafür sind etwa die Nachweise bzw. versuchten Nachweise der Existenz von Neutrinos oder Gravitonen. Bei solchen Experimenten ist die Theorie leitend für den Entwurf des Versuchs. So könnte man z. B. ohne die Theorie des β-Zerfalls die Versuche zum Nachweis der Neutrinos nicht planen.

- Die Klasse von Fakten, die *die restliche Sammlungstätigkeit der normalen Wissenschaft erfasst*, um noch bestehende Unklarheiten zu erhellen und Probleme zu lösen. Kuhn zählt dazu die genaue Bestimmung von Konstanten (z. B. Ladung des Elektrons), die Herleitung und den Ausbau von Gesetzen. Dabei unterscheidet Kuhn Sätze, die sich mit dem quantitativen bzw. dem qualitativen Aspekt der Gesetzmäßigkeiten der Natur befassen (Kuhn, 1976[2], 42 f.).

genaue Bestimmung
von Konstanten

Die *theoretischen Probleme der normalen Wissenschaft* entsprechen in etwa den experimentellen Aufgaben:

Theoretische
Probleme

- Das theoretische Modell wird dazu benutzt, um in Anwendungssituationen Voraussagen zu machen. Man wendet die Theorie an, z. B. bei der Entwicklung medizinischer Geräte.

Anwendung der
Theorie

- Das Modell wird auf Spezialfälle angewendet, um dadurch Übereinstimmung von Theorie und Daten festzustellen und um Theorie und Daten einander anzupassen. Zum Beispiel: Unter bestimmten Voraussetzungen (keine Ruhemasse, Spin ½, unendliche Lebensdauer, keine elektrische Ladung) müssen Neutrinos einen Wirkungsquerschnitt von ca. 10^{-44} cm^2 aufweisen.

Überprüfung der
Theorie

- Das theoretische Modell wird weiter ausgearbeitet oder umformuliert; z. B. wurde Newtons Mechanik von Lagrange, Hamilton, Jacobi und Hertz jeweils neu formuliert. Dadurch wurden aber auch substantielle Veränderungen bewirkt, eine Hoffnung, die sich ja auch mit der Axiomatisierung von Theorien verbindet.

Ausarbeitung der
Theorie

7. Auf Einzelheiten der kuhnschen Darstellungen wurde hier genauer eingegangen, weil die experimentellen und theoretischen Tätigkeiten eines Wissenschaftlers zu einer angemesseneren Interpretation des naturwissenschaftlichen Methodengefüges beitragen. Sie sind darüber hinaus auch auf dem Hintergrund der bisher aufgeschobenen fachdidaktischen Frage zu sehen: Können Schülerinnen und Schüler vergleichbare Tätigkeiten im Unterricht ausführen, wenn sie zuvor ein für sie neues Modell aufgestellt haben?

Können Schüler
vergleichbare
Tätigkeiten im
Unterricht
ausführen?

**Physiklernen
bedeutet, das
bisherige Weltbild
durch einen
Paradigmawechsel
zu ändern**

Kann Kuhns allgemeines Schema, wonach sich die Naturwissenschaften in einer Abfolge von revolutionärer Wissenschaft und normaler Wissenschaft entwickeln, auf den naturwissenschaftlichen Unterricht übertragen werden? Weist der naturwissenschaftliche Unterricht Ähnlichkeiten zu der geschilderten Situation des Paradigmawechsels auf, wenn Schüler neue Modelle lernen oder diese Modelle selbst entwickeln müssen? Üben die Alltagsvorstellungen der Schüler die Funktion eines veralteten Paradigmas aus? Das würde z. B. bedeuten, dass Schüler eine spezielle Sichtweise der „Welt" aufweisen, dass die bestehende Vorstellung immer wieder als Erklärungsmuster angewendet und von den Schülern wohl auch verteidigt würde. Nach dem vorherigen würden auch Beobachtungen durch Alltagsvorstellungen beeinflusst. Dies alles hätte weit reichende fachdidaktische Konsequenzen z. B. für die Stellung des Experiments im Unterricht, für die Auswahl der in der Schule vermittelten „Modelle", für die Unterrichtsmethoden.

Weitere Fragen drängen sich auf: Könnte es sein, dass ein Paradigmawechsel möglicherweise auch in der Schule nicht nur durch logische und experimentelle Mittel vollzogen werden kann? Müsste jeder Schüler eine Anomalie erkennen und einen „Gestaltwechsel" vollziehen, bevor er eine neue Theorie lernt? Gehören dazu dann auch Überredung und Propaganda, da man sich über die alte und die neue Theorie schlecht verständigen kann, weil sie *inkommensurabel* sind?

**Gehören auch
Überredung und
Propaganda in den
Physikunterricht?**

Man könnte gegen diese Fragen pauschal einwenden: Naturwissenschaftler verhalten sich anders als Kinder. Sie verfügen über ein andersartiges Problemlösungsinventar, und für sie sind die Ziele allgemeinbildender Schulen nicht normativ. Die in den vergangenen Jahren im Inland und Ausland durchgeführten empirischen Untersuchungen über das *„Schülervorverständnis"* (Niedderer, 1988; Schecker, 1985), *„Schülervorstellungen"* (u. a. Kircher, 1986, Jung, Wiesner & Engelhardt, 1981, v. Rhöneck, 1986, Wiesner, 1986 u. 1992) sowie die verschiedenen Ansätze, diese im Physikunterricht zu ändern, zu differenzieren oder auszulöschen, deuten die Relevanz einiger dieser Fragen für den Physikunterricht an. Hodson (1988, 31 f.) hat ähnliche Auffassungen zur Relevanz der kuhnschen Thesen für den Unterricht vertreten.

4.2.2 Naturwissenschaften als „historische Tradition"

Noch weiter als Kuhn entfernt sich Feyerabend in seinen Schriften (1981, 1986) von den hier skizzierten Standardauffassungen über naturwissenschaftliche Methoden.

Nach seiner Auffassung sind „*streng genommen ... alle Wissenschaften Geisteswissenschaften*" (Feyerabend, 1981, 42). Daher sind also auch die Naturwissenschaften einer „*historischen Tradition*" zuzuordnen, wie die typischen Geisteswissenschaften, Sprachwissenschaften, Geschichtswissenschaften und dergleichen.

1. Eine historische Tradition „enthält komplizierte Begriffe zur Beschreibung fein artikulierter Vorgänge und Ereignisse. Die Begriffe sind reich an Inhalt, arm an Ähnlichkeiten und somit an deduktiven Beziehungen" (Feyerabend, 1981, 35). In historischen Traditionen werden Begriffe durch *Listen* dargestellt und *nicht durch Definitionen*. Diese Listen enthalten *Beispiele, die implizit den Begriff charakterisieren*. Die Listen sind offen, können also durch neue Beispiele verlängert und gegebenenfalls auch wieder gekürzt werden. Man lernt die Liste durch „*Eintauchen ... wie ein Kind eine Sprache lernt und nicht durch das Studium abstrakter Prinzipien*" (Feyerabend, 1981, 35).

Physiklernen: „Eintauchen" in die Physik, so wie ein Kind eine Sprache lernt?

Der Naturwissenschaftler ist daher *kein objektiver Richter*, der die Evidenz einer Theorie beurteilt, sondern Teil des Prozesses, der die Evidenz erzeugt und auf dieser Basis *Verallgemeinerungen beurteilt*. Feyerabend (1981, 36) beschränkt diese Aussage nicht auf Wissenschaftler, sondern hält sie für jeden „*Leser einer Liste*", also auch für Schüler, für zutreffend! Die Naturwissenschaften sind keine Musterbeispiele „*abstrakter Traditionen*"[15]. Es sind nach Auffassung von Feyerabend „*historische Traditionen*" – Episoden in der Kulturgeschichte der Menschheit die in der Neuzeit unter dem Anspruch angetreten ist, „abstrakte", das heißt im Sinne Feyerabends allgemeingültige Regeln für die Natur gefunden zu haben und noch zu finden.

Der Naturwissenschaftler ist kein objektiver Richter

In Feyerabends historischer Betrachtung werden *durch die Naturwissenschaften Theorien geschaffen, im Sinne einzelner Beispiele auf einer „Liste"*. Diese Beispiele sind ohne einen engen Zusammenhang untereinander, ohne jedes feste Regelwerk, ohne präzise definierte Voraussetzungen, ohne Reflexion des eigenen Tuns: eben im Sinne einer historischen Tradition, aber mit dem Charme des Menschlichen und Allzumenschlichen.

**Gegen den Metho-
denzwang in der
Naturwissenschaft**

Feyerabend (1986) fasst einen wesentlichen Aspekt seiner wissenschaftstheoretischen Analysen der Geschichte der Naturwissenschaften in dem Buch „Against method" zusammen.

Die naturwis-
senschaftliche
Methode gibt es nicht

Für den Naturwissenschaftler gibt es also nicht *die* naturwissenschaftliche Methode, etwa Poppers Methode der Falsifikation. Um
erfolgreich zu arbeiten, muss er *streng festgelegte methodische Regeln ablehnen.* So kann auch eine anscheinend widerlegte und daher
unvernünftig, ja absurd erscheinende Hypothese in der Wissenschaft
weiterverfolgt werden, weil sie sich in der Zukunft noch als fruchtbar erweisen kann.

2. Damit ist Feyerabends Auffassung, Naturwissenschaft als „historische Tradition", soweit skizziert, um daran mögliche fachdidaktische
Erörterungen und Fragen zu knüpfen.

Soll Physik als „abstrakte Tradition" gelehrt werden, wie das im
Allgemeinen im Physikunterricht geschieht oder eher als „historische
Tradition" im Sinne von Beispielen auf einer „offenen Liste"? *Wie
kann ein Schüler „eintauchen", um die Physik zu lernen* unter den
gegenwärtigen Bedingungen des Physikunterrichts, mit Lehrplänen,
Lehrmitteln, Lehrern, die implizit an Physik als abstrakter Tradition
ausgerichtet bzw. ausgebildet sind?

**Exemplarischer
Unterricht**

Feyerabends „Beispiele auf einer Liste" könnte man als „exemplarischen Unterricht" interpretieren. Die Idee „einzutauchen in die Physik ... so wie das Kind eine Sprache lernt" kann zu mehreren methodischen Vorschlägen des Physiklernens in Beziehung gesetzt werden:

**Lernen am
„Modell"**

- Lernen am „Modell", das explizites und/ oder implizites physikalisches Wissen vermitteln kann (Lehrer, Wissenschaftler,
  manche Eltern).

Genetisches Lernen

- Genetisches Lernen (s. 5.2)

**Außerschulisches
Lernen**

- Außerschulisches individuelles Lernen oder Lernen in Gruppen
  in Abhängigkeit von der sozialen Umgebung (Freundschaftsgruppen).

Das auch von Feyerabend diskutierte Problem der Inkommensurabilität
von Modellen ist für die Physikdidaktik interessant, betrifft es doch das
allgemeine Problem, neue Begriffe und Theorien zu lernen:

**Schüler ziehen
lebensweltliche
Erfahrungen zur
Interpretation
physikalischer
Phänomene heran**

Da *die ursprünglichen Begriffe der Kinder* von der Alltagswelt geprägt sind, *bedeuten diese häufig etwas anderes als die physikalischen Begriffe.* Daher ist für die Kinder ein neuer physikalischer
Begriff zunächst unverständlich, „inkommensurabel" mit dem All-
tagsbegriff. Erst nach einem „Gestaltwechsel" wird der neue Begriff

verstanden. Untersuchungen, die Redeker (1979) durchführte, weisen darauf hin, dass *die Schüler allein lebensweltliche Erfahrungen zur Interpretation physikalischer Phänomene heranziehen.* Schüler haben kein physikalisches Vorverständnis, sie sind nicht auf dem Wege zur Physik, wie Wagenschein u. a. (1973) meint. Den „Gestaltwechsel" von der lebensweltlichen Sichtweise zur physikalischen Sichtweise kann der Lehrer nicht erzwingen, sondern nur vorbereiten (Redeker, 1979, 371 ff.).

Als aufmerksamer Leser ist Ihnen bestimmt die Ähnlichkeit zwischen einem „Gestaltwechsel" und der Situation der „Begegnung" (s. 1.4) aufgefallen. Nachdem ganz unterschiedliche theoretische Ansätze zum gleichen Ergebnis kommen, können wir davon ausgehen, dass Physiklernen auch *unstetig* verlaufen kann.

Physiklernen kann auch unstetig verlaufen

4.2.3 Naturwissenschaften als abstrakte und historische Tradition

Lakatos (1974) versucht in seinem „methodologischen" bzw. „raffinierten" Falsifikationismus sowohl die skizzierten wissenschaftstheoretischen Standardauffassungen als auch die historischen Beschreibungen der Naturwissenschaften zu berücksichtigen. Wie Kuhn und Feyerabend hält er wissenschaftliche Theorien zunächst nicht nur für unbeweisbar, sondern alle auch für unwiderlegbar.

Lakatos: Wissenschaftliche Theorien sind unbeweisbar und auch unwiderlegbar

1. Der Naturwissenschaftler versucht mit methodologischer Raffinesse das Problem der empirischen Basis als Entscheidungsmittel für die Akzeptanz naturwissenschaftlicher Theorien zu lösen. Er lässt gut bewährte Theorien in die Konstruktion und Anwendung der Beobachtungstechnik eingehen und akzeptiert und benutzt diese als Hintergrundkenntnis kritiklos, obwohl diese Theorien grundsätzlich falsch sein können!

Die wissenschaftliche Gemeinschaft entscheidet bei der Sichtung der Ergebnisse wie weit ein Wissenschaftler die experimentelle Technik regelgerecht und professionell bei der Gewinnung seiner Daten eingesetzt hat. Entsprechend wird die durch diese Technik gewonnene „empirische Basis" beurteilt. Eine Theorie, die mit diesen Daten und den daraus gewonnenen Aussagen in Konflikt gerät, „kann man wohl ... falsifiziert nennen, aber sie ist nicht falsifiziert in dem Sinn, dass sie widerlegt wäre" (Lakatos, 1974, 106).

Die wissenschaftliche Gemeinschaft

Es kann dadurch sogar vorkommen, dass eine sozusagen „falsifizierte" Theorie zur Beseitigung der „wahren" und zur Annahme der „falschen" Theorie führt. *Übereinkünfte der wissenschaftlichen Gemein-*

Konventionen der wissenschaftlichen Gemeinschaft entscheiden darüber, ob eine Theorie „falsifiziert" oder „empirisch bewährt" ist

schaft entscheiden auf verschiedenen Ebenen, ob eine Theorie „wissenschaftlich", „falsifiziert" oder „empirisch bewährt" ist. Aber diese Konventionen unterscheiden sich von denen etwa Duhems (1978) dadurch, dass sie als ausdrücklich und bewusst veränderbar und revidierbar aufgefasst werden, und sie enthalten ein wissenschaftsimmanentes Kriterium, das Lakatos (1974, 131) „*progressive Problemverschiebung*" nennt.

Eine progressive Problemverschiebung liegt dann vor, wenn eine neu vorgeschlagene Theorie auch zu neuen Tatsachen führt. Trotz dieses Kriteriums kann der Wissenschaftler entscheiden, ob er Widerlegungen seiner Theorie akzeptiert oder nicht.

2. Die Wissenschaftsgeschichte zeigt allerdings, dass der Spielraum des Individuums begrenzt ist, sich den Konventionen zu entziehen oder gar entgegenzustellen, die durch die jeweils zuständige wissenschaftliche Gemeinschaft implizit festgelegt wurden. So beschloss bereits 1775 die Pariser Akademie der Wissenschaften, keine Konstruktionen zum „Perpetuum mobile" mehr zu prüfen, also trotz der Behauptung der Erfinder, damit eine neue Tatsache vorweisen zu können. In unserer Zeit wird die beträchtliche Anzahl der Amateure, die annimmt, die Relativitätstheorie widerlegt zu haben, als Außenseiter behandelt und auf wissenschaftlichen Tagungen wie etwa der Jahrestagung der Deutschen Physikalischen Gesellschaft auch nicht mehr für Kurzreferate zugelassen. Dieses Beispiel ist also eher als eine Bestätigung für Kuhns Charakterisierung der Naturwissenschaften aufzufassen, spricht also eher gegen die rationalistischen Auffassungen von Lakatos.

Im Lichte dieser Beispiele ist Lakatos' methodologischer Falsifikationismus als eine *idealtypische Konzeption der Naturwissenschaften und deren Forschungsmethodologie* zu betrachten. Lakatos versucht die von Kuhn und Feyerabend neu interpretierten wissenschaftshistorischen Fakten in Poppers Falsifikationskonzeption zu integrieren.

Fachleute legen die fachinternen Kriterien der Wissenschaft fest

Die Konventionen, die darin enthalten sind, sind die Konventionen von Fachleuten, die fachinterne Kriterien der Wissenschaft festlegen, also ohne äußeren, z.B. politischen Einfluss. Die Annahme neuer, auch alternativer Theorien hängt neben der Einhaltung der Konventionen auch davon ab, ob sie dazu beitragen, neue Tatsachen zu produzieren. Es gibt daher keine Falsifikation vor dem Auftauchen einer solchen „besseren" Theorie und diese steht wieder in Konkurrenz mit anderen, künftigen. Durch diese zeitlich unbegrenzte Konkurrenz erhält die Falsifikation einen „historischen Charakter". „Entscheidende Experimente" kann man nur *im Nachhinein* als solche erkennen und zwar im Lichte einer überholenden Theorie (vgl. Lakatos, 1974, 117 f.)

Die mit einem bestimmten wissenschaftlichen Problem zusammenhängende Theoriereihe nennt Lakatos „Forschungsprogramm". Dieses ist ausgezeichnet durch *eine vereinheitlichende Idee, heuristisches Potential und Kontinuität*. Es wirkt wie ein Paradigma. Lakatos *hebt rationale Argumente und die empirische Grundlage* stärker hervor als Kuhn. Freilich arbeitet die Rationalität viel langsamer „als die meisten Leute glauben, und dass sie selbst dann fehlbar ist" (Lakatos, 1974, 168).

Kuhn betont dagegen dogmatische, psychologische und soziologische Aspekte in den Wissenschaften. „Wissenschaftlichen Fortschritt" kann er nicht erklären, will es auch nicht.

Da wissenschaftsimmanent betrachtet, *Fortschritt* offensichtlich ist, kann dies auch zur Auffassung führen, dass Kuhns Darstellung zwar zu einem bestimmten Zeitpunkt für einen Forscher existenziell wichtige Züge der Wissenschaft beschreibt, diese in *sehr globaler Betrachtung aber nur Randerscheinungen sind*.

3. Ganz anders ist die Bedeutung für die Physikdidaktik zu beurteilen. Wir nehmen an, dass Lernen im Sinne eines „Forschungsprogramms" von Lakatos für den physikalischen Unterricht zumindest der Sekundarstufe I zu anspruchsvoll ist. Dagegen dürfte die kuhnsche Beschreibung der Wissensgenese für das Physiklernen fruchtbarer sein, weil sich diese Auffassungen mit pädagogischen Theorien und Ergebnissen der Unterrichtsforschung zu neuen Unterrichtskonzepten verknüpfen lassen (s. z. B. Kircher, 1995, 205).

Randnotiz: Ein Forschungsprogramm enthält eine vereinheitlichende Idee, heuristisches Potential und Kontinuität

4.3 Theoriebildung in der Physik – Modellbildung im Physikunterricht

4.3.1 Über Theoriebildung in der Physik

1. Jeder Naturwissenschaftler wird von den vorherrschenden oder auch früheren gesellschaftlichen, kulturellen, religiösen Gegebenheiten beeinflusst. Weil diese Einflüsse i. Allg. nicht bewusst in die Arbeit des Naturwissenschaftlers eingehen, werden sie hier als *allgemeiner geistiger Hintergrund* bezeichnet. Dieser Hintergrund trägt auch zu den *individuellen Weltsichten des Wissenschaftlers* bei, die ihrerseits die Entwicklung einer physikalischen Theorie tangieren können. Wir erwähnen die *Suche nach dem Stein der Weisen*, der Traum vom Jugendelixier bei den Alchimisten des Mittelalters, das

Randnotiz: Der allgemeine geistige Hintergrund einer Kultur und individuelle Weltbilder beeinflussen die physikalische Theoriebildung

Ptolemäische Weltbild, Aristoteles' Glaube an den *natürlichen Ort* für alle Gegenstände, Leibniz' metaphysische Annahme von der *Harmonie der Welt*, spezielle Auslegungen religiöser Schriften, wie der Bibel, die Kepler und Newton beeinflussten, materialistische Auffassungen, die seit Marx' „Das Kapital" als „allgemeiner Hintergrund" vieler Naturwissenschaftler wirkten.

Die *individuellen Weltsichten der Naturwissenschaftler* des 20. Jahrhunderts sind vielfältig und in den autobiografischen Darstellungen u. a. von Heisenberg (1973), Einstein (1953) und den philosophischen Schriften C. F. v. Weizsäckers nachweisbar. Ich möchte hier nur als Beispiel erwähnen, dass Heisenbergs Weltbild nach dessen eigener Auffassung (Heisenberg, 1973) durch Platon geprägt war und dass zumindest Heisenbergs späte Arbeiten über Elementarteilchentheorien von dieser „Weltsicht" beeinflusst waren.

Verschiedene Techniken als Voraussetzung der Theoriebildung

2. Naturwissenschaftliche Theoriebildung hängt auch vom *Standard verschiedenartiger „Techniken"* ab. Die Ausarbeitung einer Hypothese zu einer physikalischen Theorie erfordert z. B. *mathematische Techniken*. Maxwell konnte zur Formulierung seiner Theorie der Elektrodynamik auf die mathematischen Arbeiten u. a. von Gauß und Green zurückgreifen.

Für die Entwicklung der Wellenmechanik erwies es sich als günstig, dass um 1925 die Theorie der Kugelfunktionen als „Handwerkszeug" vorlag. Heutzutage hängt die Ausarbeitung der Elementarteilchentheorien nicht nur von mathematischen Theorien ab. Dafür sind leistungsfähige Computer, also *wissenschaftlich-industrielle Techniken* notwendig.

Die Überprüfung von Theorien durch Experimente ist auch heute noch ohne die *handwerklichen Techniken*, etwa in den Werkstätten der Universitäten, nicht möglich. Außerdem benötigen die Wissenschaftler *kommunikative Techniken* für den Erfahrungsaustausch und die Publikation.

Wichtigste Voraussetzung zur Bildung von Theorien ist für den Wissenschaftler die Beherrschung naturwissenschaftlicher Denk- und Arbeitsweisen, die man auch als naturwissenschaftliche Techniken auffassen kann.

Diese Techniken brauchen nicht voll entwickelt zu sein. Der übliche Fall ist eher der, dass einige dieser Techniken zumindest weiterentwickelt werden müssen. Selbst in der „Normalwissenschaft", in der nur noch „Rätsel" gelöst werden, müssen noch experimentelle Techniken entwickelt werden (s. 4.2.1).

3. Nach allgemeinen Hintergründen und individuellen Weltbildern, allgemeinen und individuellen Techniken als *Voraussetzungen*, werden nun die *Anlässe* naturwissenschaftlicher Theoriebildung betrachtet.

Physikalische Phänomene

Diese Anlässe beruhen nach traditioneller Auffassung im wesentlichen auf der intrinsischen Motivation des Individuums. „Sehen, was die Welt im Innersten zusammenhält", ist der Antrieb für Forschung. *Natürliche, zufällig oder künstlich erzeugte Phänomene können Anlässe für neue Theorien sein.* Ein „Gestaltwechsel" lässt bekannte Phänomene in neuem Lichte sehen und verstehen.

Anlässe der Theoriebildung

Intrinsische Motivation

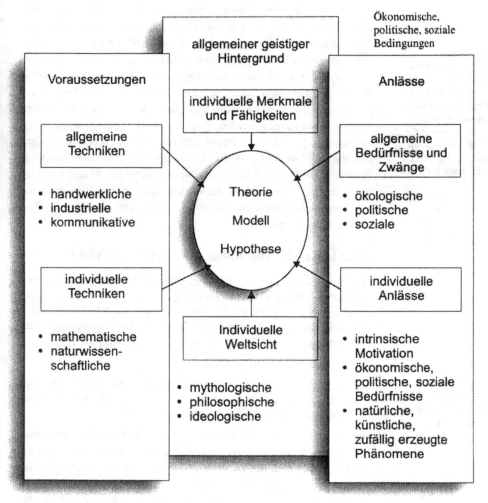

Abb. 4.2: Einflüsse auf die naturwissenschaftliche Theoriebildung (Kircher, 1995)

Nicht nur im Rahmen der marxistischen Philosophie geben auch die *ökonomischen, politischen und sozialen Bedingungen* Anlass zu naturwissenschaftlicher Forschung. Diese Bedingungen beeinflussen sowohl das Individuum, etwa wegen der Perspektive des persönlichen Erfolgs, als auch Forschungsprogramme und damit die „wissenschaftliche Gemeinschaft". Forschungsministerien und Industriekonzerne sind über die Vergabe von Forschungsmitteln Anlass für die Wissenschaftsentwicklung, für Forschungsprogramme und damit mittelbar auch für die Theoriebildung.

4. *Hintergründe, Voraussetzungen, Anlässe* stellen zwar die *Bedingungen dar für neue Theorien*, aber sie führen nicht zwangsläufig dorthin, *weil es einen standardisierbaren Weg zur wissenschaftlichen Theorie nicht gibt.* Das gilt insbesondere für die Phase der Hypothesen- bzw. Modellbildung. Es kann günstige Bedingungen geben und ungünstige, und die günstigen mögen häufiger zu neuen Theorien führen als die ungünstigen, *im Kern bleibt die Erfindung neuer Hypothesen ein kreativer Vorgang* eines oder mehrerer Individuen, der nicht erzwungen werden kann. Zu neuen Begriffen oder den elementaren Gesetzen der Physik „führt kein logischer Weg, sondern nur die auf Einfühlung in die Erfahrung sich stützende Intuition" (Einstein, 1953, 109). Lakatos (1974, 181) setzt den Akzent teilweise etwas anders: „Die Richtung der Wissenschaft ist vor allem durch die schöpferische Phantasie bestimmt und nicht durch die Welt der Tatsachen, die uns umgibt".

**Einstein:
Zu neuen Begriffen oder den elementaren Gesetzen der Physik führt kein logischer Weg, sondern nur die auf Einfühlung in die Erfahrung sich stützende Intuition**

4.3.2 Über Modellbildung im Physikunterricht

Wir wollen nun die Frage verfolgen, ob trotz der Komplexität der naturwissenschaftlichen Theoriebildung (s. Abb. 4.2), weiterhin die traditionelle These vertreten werden kann, dass die Modellbildung im naturwissenschaftlichen Unterricht grundsätzlich den gleichen Bedingungen unterliegt wie die Theoriebildung in den Naturwissenschaften.

Die Antwort „ja" fällt nicht leicht.

1. Wie in den Ausdrücken „Modellbildung" und „Theoriebildung" angedeutet, werden *unterschiedliche Anforderungen an die Ergebnisse* der Wissenschaft bzw. des Physikunterrichts gestellt.

Unterschiede zwischen Wissenschaft und Unterricht

Ein weiterer wesentlicher Unterschied besteht darin, dass im Unterricht den *allgemeinen Bedingungen* (Voraussetzungen, Hintergründe, Anlässe der Modellbildung) eine geringere, den *individuellen Bedingungen* eine größere Bedeutung zukommt. Die allgemeinen Bedürfnisse einer Gesellschaft sind für die Schüler nicht in der Weise erfahrbar und bewusst, dass diese sich wesentlich auf die Modellbil-

Individuelle Bedingungen haben im Unterricht eine größere Bedeutung

dung im Unterricht auswirken. Die allgemeinen Techniken sind für die Schüler nicht oder wenig zugänglich. Als allgemeiner geistiger Hintergrund der Modellbildung fließen bei Schülern i. Allg. andere thematische Bereiche ein als bei einem Naturwissenschaftler.

Natürlich sind auch die individuellen Bedingungen dieser beiden Gruppen nicht identisch. Die teilweise differenzierten individuellen Weltsichten der Naturwissenschaftler werden bei Schülerinnen und Schülern und anderen Laien zutreffender als common sense oder Alltagsvorstellungen bezeichnet. Diese beeinflussen möglicherweise in stärkerem Maße die Modellbildung im Unterricht als vergleichsweise die individuellen Weltsichten eines Naturwissenschaftlers die Theoriebildung. Wenn die Hypothesen von den Schülern überprüft werden sollen, benötigen auch sie individuelle Techniken, aber natürlich ohne die Raffinesse der in den modernen Naturwissenschaften angewendeten mathematischen und experimentellen Techniken. Schüler und Naturwissenschaftler verfügen nicht nur über ein unterschiedliches Repertoire an Techniken, sondern unterscheiden sich auch in der Professionalität der Anwendung dieser Techniken.

Unterschiedliches Repertoire an Techniken

Unterschiedliche Professionalität der Anwendung der Techniken

2. Im Rahmen dieser wissenschaftstheoretischen Betrachtungen wurde erörtert, dass *die* naturwissenschaftliche Methode nicht in Einzelheiten im Voraus angebbar, d. h. nicht im Sinne eines Algorithmus anwendbar, nur in groben Zügen planbar ist. Ferner sind die in den Naturwissenschaften entwickelten theoretischen und experimentellen Techniken in einer Weise kompliziert geworden, dass diese selbst der Naturwissenschaftler – Physiker, Chemiker, Biologe – nur noch in seinem Spezialgebiet beherrscht; der Physiklehrer kennt viele moderne Techniken (wie die Molekularstrahlepitaxie) nur noch vom Hörensagen.

Angesichts dieses Sachverhalts erscheint die traditionelle These: Der Physikunterricht folgt der physikalischen Methode – als eine Übertreibung. Die Schüler können angesichts der Entwicklung der Physik nicht deren Methodologie und nicht deren Wissensbestände erarbeiten, wie es Naturwissenschaftsdidaktiker und Naturwissenschaftler z. B. in den Meraner Beschlüssen 1905 früher forderten.

Der Physikunterricht kann i. Allg. den modernen physikalischen Methoden nicht folgen

Damit wenden wir uns gegen Grimsehls Leitgedanken, dass die physikalische Methode Vorbild für die Unterrichtsmethode ist, dass also Methoden des Physikunterrichts von der Physik bestimmt werden. Physikalische Methoden sind nicht a priori für den Physikunterricht qualifiziert. Sie können nur über die Lernziele, vor allem als Prozessziele und Konzeptziele Einfluss auf die Unterrichtsmethode nehmen. Die induktive Methode, die Grimsehl explizit aufführt, ist wissen-

Physikalische Methoden können nur über Lernziele Einfluss auf die Unterrichtsmethode nehmen

schaftstheoretisch dubios, und für die *unterrichtsmethodische Fachterminologie ist der Ausdruck entbehrlich.* Dieses Methodenschema hat zu einem *unzutreffenden Bild der Wissenschaften* beigetragen. Gravierender erscheint allerdings, dass dadurch eine Unterrichtspraxis toleriert oder gar gefördert wird, die wesentliche Grundsätze der allgemeinen Pädagogik und der Lernpsychologie ignoriert.

Allgemeingut der gegenwärtigen Physikdidaktik

Wir betrachten es als Allgemeingut der gegenwärtigen Physikdidaktik, dass sich die Unterrichtsmethode in erster Linie an *methodischen Implikationen der allgemeinen und speziellen* Lernziele orientiert, an den *soziokulturellen und anthropogenen Voraussetzungen der Lernenden,* an *organisatorischen Gegebenheiten der Schule* und vor allem an *einem humanen Bild des Menschen.*

4.3.3 Über die Bedeutung von Experimenten in der Physik und im Physikunterricht

Durch den *modernen Relativismus* (u. a.) Duhems, Kuhns, Feyerabends, Lakatos' wurde die *immense Komplexität der Methodologie* der modernen Naturwissenschaften (Physik) deutlich.[16] Welche Rolle spielen Experimente bei der Theoriebildung (s. dazu Reinhold, 1996)?

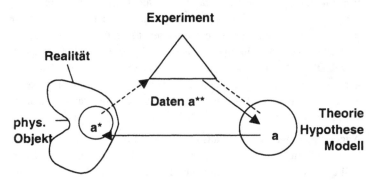

Abb. 4.3: Das Experiment als Bindeglied zwischen Theorie und Realität (physikalischem Objekt).

Wir nehmen an, dass eine Hypothese zur Beschreibung und Erklärung eines physikalischen Objekts kreativ erfunden und entwickelt wurde (s.4.3.2). Dann wird versucht, die Hypothese durch eine Voraussage über Vorgänge und Ereignisse in der Realität (vorläufig) zu bestätigen oder (vorläufig) zu widerlegen. Zur Überprüfung wird ein spezielles Experiment entwickelt, das die Überprüfung der Aussage a aufgrund der Wirkungen a* des physikalischen Objekts gestattet. Die Wirkungen a* führen zu Daten a**, die das Experiment liefert. Diese Daten sind quantitativer Art und können mit quantitativen Voraussagen der Theorie, des Modells, der Hypothese verglichen werden.

Aber: Weder der Zusammenhang zwischen Experiment und Hypothese, noch zwischen Experiment und physikalischem Objekt ist eindeutig (s. 1.2.2): So sind etwa die an einer Beschleunigeranlage (z.B. CERN) gewonnenen Daten nur durch das Zusammenwirken verschiedener physikalischer Theorien (nicht nur der Elementarteilchenphysik) und mit Hilfe von Großcomputern mehr oder weniger eindeutig zu interpretieren. Sie können auch mit unterschiedlichen Theorien kompatibel sein. Aber als Ergebnis langjähriger Forschungen wissen wir trotzdem *zuverlässig* Bescheid von der Existenz der Quarks, und das trotz der empirischen Unterbestimmtheit physikalischer Theorien.

> **Weder der Zusammenhang zwischen Experiment und Hypothese, noch zwischen Experiment und physikalischem Objekt ist eindeutig**

Sie erinnern sich, in Abschnitt 4.2 wurde hervorgehoben, dass eine Theorie nicht schon durch ein einzelnes Experiment endgültig bestätigt (bewährt), noch endgültig widerlegt ist. Eine Theorie gilt vor allem dann von der wissenschaftlichen Gemeinschaft als „bewährt", wenn sie erfolgreich ist, um für relevant erachtete physikalische Probleme zu lösen und wenn die aus verschiedenen direkten und indirekten Messungen gewonnenen Daten kompatibel sind (s. 1.2.2).

Insgesamt hat sich die Bedeutung von Experimenten in der Nano- oder gar Femto-Welt[17] einerseits und im Kosmos andererseits verringert, weil die Phänomene nur durch einen immensen experimentellen und finanziellen Aufwand erzeugt und registriert werden können. Diese Experimentieranlagen sind in hohem Maße theorieabhängig konzipiert und betrieben. Spielerisches Hantieren mit „Geräten des Alltags" als Ausgangspunkt für Entdeckungen wie bei Galilei (Fernrohr), Newton (Prismen), Faraday (Magnet und Drahtspule) hat in der modernen Physik keinen Erfolg.

2. Allgemeinbildender Physikunterricht befasst sich vor allem mit qualitativen Erklärungen; dafür genügen qualitative Experimente. Sie zeigen grundlegende Phänomene der Schulphysik z.B. der Optik (Brechung), der Elektrizitätslehre (Oersteds Versuch, faradaysche Induktionsversuche). Die qualitativen Experimente sind Grundlage für Realitätserfahrungen und für Wissen über Grundlagen unserer technischen Welt. Insofern sind die *Experimente auch primäre Lernobjekte* des Physikunterrichts wie physikalische Begriffe, Gesetze und Theorien. Darüber hinaus werden *Experimente als Lernhilfen* eingesetzt, indem sie die begriffliche und die methodische Struktur der Physik veranschaulichen, leichter verständlich machen können. Dieser Aspekt wird ausführlicher in Kapitel 6 thematisiert.

> **Qualitative Experimente**

**Quantitative
Experimente**

Quantitative Experimente sind besonders geeignet, *wissenschafts-theoretische Aspekte der Physik zu illustrieren*:

- das Wechselspiel von Theorie und Experiment
- die Bedeutung quantitativer Experimente für die Entwicklung der Physik und der Technik
- für das Ringen um sinnvolle Daten und deren Interpretation
- für genaues Beobachten und sorgfältiges Experimentieren

Missverständnisse

Mit Experimenten im Physikunterricht sind auch einige Missverständnisse verknüpft:

- dass das quantitative Experiment eine Theorie endgültig beweist oder endgültig widerlegt
- dass experimentelle Daten und prognostizierte Daten vollkommen übereinstimmen müssen
- dass von experimentellen Daten „induktiv" auf ein physikalisches Gesetz geschlossen wird
- dass „überzeugende" Experimente vor allem von der Darbietung (Show) des Lehrers abhängen

**Experimente haben
im Physikunterricht
weiterhin eine
herausragende
Bedeutung**

Trotz der möglicherweise geringeren Bedeutung von Experimenten in der modernen Physik, haben Experimente im Physikunterricht einen herausragenden Platz:

- weil die Schulphysik sich vorwiegend mit der anschaulicheren klassischen Physik befasst,
- weil mit Schülerexperimenten eine Reihe relevanter Unterrichtsziele verknüpft ist (s. 6.6.),
- weil Experimente ein unverzichtbarer Bestandteil der physikalischen Methodologie sind,
- weil Experimente den Physikunterricht erlebnisreicher und zufriedenstellender machen können.

3. Nachtrag: Was ist ein Experiment?

Eine kurze Antwort für diejenigen, die alles schwarz auf weiß nach Hause tragen wollen:

Definition

Bei einem Experiment werden von einem Experimentator in einem realen System bewusst gesetzte und ausgewählte natürliche Bedingungen *verändert, kontrolliert und wiederholt beobachtet*.

Überlegen Sie nun, welche Aspekte von Experimenten in dieser „Definition" nicht enthalten sind!

4.4 Ergänzende und weiterführende Literatur

Die professionelle erkenntnis- und wissenschaftstheoretische Literatur (z.B. Stegmüller) ist fast unüberschaubar groß. Einen engeren Bezug zur Physikdidaktik hat Duhems „Ziel und Struktur physikalischer Theorien" (1908), (neu erschienen 1980). Dieses Buch nimmt manche Auffassungen des modernen Relativismus vorweg. Zu Letzterem zählt insbesondere auch Kuhns „Die Struktur wissenschaftlicher Revolutionen" (1962). In den USA hat dieses Buch sogar die Naturwissenschaftler in ihrem Verständnis der Naturwissenschaften beeinflusst. Auch wenn T.S. Kuhn seine Paradigmatheorie selbst relativiert hat, ist diese Publikation, wie in diesem Kap. 4 skizziert, von so beträchtlicher didaktischer Bedeutung, dass für mich „Die Struktur wissenschaftlicher Revolutionen" gegenwärtig eine wichtige Pflichtlektüre vor allem der Naturwissenschaftsdidaktiker ist. Außerdem möchte ich Vollmers „Was können wir wissen?" (1988) als einen gut und verständlich geschriebenen Einstieg in die erkenntnis- und wissenschaftstheoretische Literatur empfehlen. Noch enger mit dem Problemkreis „Wissenschaftstheorie und Physikdidaktik" sind Walter Jungs Arbeiten verbunden (z.B. Jung 1975, 1979, 1986). Auch die Habilitationsschriften von Wolze (1989), Kircher (1995), Reinhold (1996) sind in diesem Zusammenhang ebenso zu erwähnen, wie Häußlings Dissertation „Physik und Didaktik" (1976). Eine ganze Reihe von zum Teil unveröffentlichten Dissertationen befasst sich mit erkenntnis- und wissenschaftstheoretischen Inhalten im Physik-/ Chemieunterricht und und zum Teil auch noch mit empirischen Untersuchungen über diesen thematischen Bereich: (Jupe (1971), Kircher (1977), Schecker (1984), Meyling (1990), Develaki (1998), Saborowski (2000), Höttecke (2001).

Anmerkungen

[1] Für W. Kuhn (1991) ist die Wissenschaftstheorie von noch größerer Bedeutung für die Physikdidaktik als hier vertreten. Kuhn (1991, 143) zählt die Wissenschaftstheorie zu den *vier Dimensionen* der Physikdidaktik. Ich gehe davon aus, dass *wissenschaftstheoretische Fragen eng mit erkenntnistheoretischen Fragen verknüpft*, aber Letzteren nachgeordnet sind. *Wissenschaftstheoretische Fragen berühren keine Leitbilder der Gesellschaft und der allgemeinbildenden Schule* (s. Kap.1), sondern implizieren ein zweifellos *wichtiges Richtziel* des Physikunterrichts, nämlich „über Physik lernen" im engeren Sinne. Dazu gehören nicht nur die im folgenden diskutierten wissenschaftstheoretischen Probleme der physikalischen Methodologie, sondern auch Fragen wie: Was ist ein (theoretisches) *Modell, eine Theorie?* Was versteht man in der Physik unter einer *Erklärung?* Was ist ein *Experiment?*
[2] Vgl. dazu z. B. die sehr detaillierten Analysen Stegmüllers (1970, 1986), insbesondere die „skeptischen Schlussbetrachtungen" (Stegmüller, 1970, 361 ff.). Eine Zusammenfassung der wissenschaftstheoretischen Diskussion geben Siegl (1983) und Wolze (1989, 42 ff.). An Petersens (1977) wissenschaftstheoretische Analyse schließt eine interessante didaktische Diskussion an.
[3] Zum Begriff „Kausalität" siehe u. a. Vollmer (1988b, 39 ff.).
[4] Vollmer (1988a, 41 ff.) hat dafür den Ausdruck „Mesokosmos" geprägt.
[5] „Reines Phänomen" bedeutet hier, ein von Nebenwirkungen „gereinigtes" Phänomen, also eine Idealisierung der Realität. Jung (1979) diskutiert weitere Aspekte dieses Ausdrucks „reines Phänomen".
[6] Vgl. z. B. Teichmann u. a. (1981, 46 ff.).
[7] Schon Duhem (1908, 272) schreibt: „Der physikalische Unterricht nach der rein induktiven Methode, wie sie Newton formuliert hat, ist eine Chimäre. Derjenige, der behauptet, diese Chimäre erreichen zu können, narrt sich selbst und seine Schüler."
[8] Induktion: „die Verfahren, die von Aussagen über einen oder wenige Fälle einer Gesamtheit zu Aussagen über alle Fälle der Gesamtheit führen" (Der große Brockhaus Bd. 5, 1954, 664).

[9] Vgl. Schuldts historische Skizze (1986, 45 ff.) über „die Methode der Wissenschaft und die Methode des Unterrichts" und Lind (1992).

[10] Der Ausdruck „induktive Gedankenführung" erinnert an die aristotelische Auffassung von „Induktion" (Epagogé). Siegl (1983, 78 ff.) folgend, enthält der Ausdruck „Epagogé" sowohl die Bedeutung „summative (vollständige) Induktion" als auch „Induktion anhand von exemplarischen Fällen". Siegl (1983, 76) erläutert diesen Weg: „Man kann vom Einzelnen zum Allgemeinen kommen, indem man zum Allgemeinen hinführt oder indem das Allgemeine mittels des Einzelnen hergebracht wird."
Die didaktische Bedeutung von Epagogé wird durch Petersens (1977, 188) Erläuterung deutlich, wonach der Lernende „von diffusen Vormeinungen zu einem begründeten Prinzipienwissen hingeführt wird." Lernen „muss mit dem uns Vertrauten, d. h. dem unserem Vorverständnis Naheliegenden beginnen" (Petersen, 1977, 192). Dies ist ein wesentlicher Unterschied zu Bacons Induktion, denn dort werden Vorurteile („Idole") kategorisch ausgeschlossen (Bacon, 1620, 32 ff.). Das ist der tiefere Grund, warum „Induktion" im Sinne des auf Bacon zurückgehenden, angeblichen naturwissenschaftlichen Verfahrens hier für die Didaktik abgelehnt wird. Denn die „Vorurteile" der Kinder können gar nicht für den Lernprozess ausgeschlossen werden und sie sollen es auch nicht.
Nach Petersen (1977, 187) liegt die Bedeutung der „älteren Induktionsansätze" (d. h. vor Bacon (E.K.)) „in der Möglichkeit einer kreativen Wissensvermittlung", die von der Vorerfahrung der Schüler ausgeht. Damit sind die Ausdrücke „Epagogé" und, falls die hier gegebene Interpretation zutrifft, der neue Ausdruck „induktive Gedankenführung" in die Nähe von Wagenscheins „genetischem Unterricht" gerückt.

[11] Siehe dazu die zusammenfassenden Arbeiten über empirische Untersuchungen „about the nature of science" u. a. von Lederman (1992) .

[12] Diese wissenschaftstheoretische These wird von Lakatos (1974, 113 ff.) „naiver Falsifikationismus" genannt. Selbst Popper wendet sich gegen eine solche „zwingende" Falsifikation mit der Bemerkung: „Wer in den empirischen Wissenschaften strenge Beweise verlangt oder strenge Widerlegungen, wird nie durch Erfahrung eines Besseren belehrt werden können" (Popper 1976[6], 23). Experimentelle Widerlegungen können ad hoc nur die „Peripherie" einer Theorie ändern, aber nicht deren „Kern" (s. Lakatos, 1974, 129 ff.)

[13] Es wird häufig übersehen, dass der als kritischer Rationalist bezeichnete Popper sich unmissverständlich zu realistischen Auffassungen bekennt: „Ich schlage vor, den Realismus als die einzige vernünftige Hypothese zu akzeptieren - als eine Vermutung, zu der noch nie eine vernünftige Alternative angegeben worden ist" (Popper, 1973, 54).

[14] Der Ausdruck „inkommensurabel" wird vor allem im Sinne von „unvergleichbar" verwendet. Die wörtliche Übersetzung, etwa „nicht messbar" ist zu eng, weil die „Inkommensurabilität" bei verschiedenen Paradigmen des gleichen physikalischen Bereichs sich nicht nur auf Wahrnehmungen und damit zusammenhängend auf Beobachtungsdaten bezieht, sondern vor allem auf die Bedeutungsunterschiede von Begriffen, sowie auf die unterschiedlichen Methoden der Bewertung von Forschungsergebnissen (s. Feyerabend, 1978, 178).

[15] Abstrakte Traditionen enthalten Begriffe, die präzise definiert und strengen Kontrollen unterworfen sind. Sie lassen sich auf viele Arten verknüpfen, sie sind reich an deduktiven Verbindungen. Die vielen Kenntnisse, Intuitionen, Gefühle und Fähigkeiten, die in den Listenbeispielen der historischen Tradition stecken, „verlieren an Inhalt und Menschlichkeit" (Feyerabend, 1981, 86), wenn daraus eine abstrakte Tradition wird.

[16] Die hier diskutierten Relativierungen der traditionellen Auffassungen über die naturwissenschaftliche, im speziellen die physikalische Methodologie nötigen nicht zur grundsätzlichen Aufgabe realistischer Positionen. Diese Relativierungen, die durch Unbestimmtheiten der Sprache und die empirische Unterbestimmtheit der physikalischen Theorien bedingt sind, werden auch nicht durch den Nachweis von philosophischen Zirkelschlüssen beiseite geschoben (Wendel, 1990, 69 ff.). Denn diese Relativierungen sind aus der Sicht der physikalischen Gemeinschaft physikintern akzeptabel; die Aufgabe realistischer Positionen wäre dies nicht.

[17] Die Nano-Welt ist von der Größenordnung der Atome (ca. 10^{-9} m). Die großen Beschleunigeranlagen (CERN) sind „Mikroskope", mit denen Längen gemessen werden können, die kleiner als 10^{-15} m sind.

5 Methoden im Physikunterricht

Über Unterrichtsmethoden sind viele Ausdrücke im Umlauf, die Gleiches oder fast Gleiches bedeuten, von Universität zu Universität, von Studienseminar zu Studienseminar.

1. Ein wichtiger Ordnungsversuch im babylonischen Sprachengewirr der Pädagogik und Didaktik unterscheidet *fünf Methodenebenen* (Schulz, 1969; 1981). Dieses Klassifikationsschema ist auch in neueren pädagogischen Publikationen über Unterrichtsmethoden (Meyer, 1987 a u. b) noch als Gliederungsschema zu erkennen.[1] Allerdings ist das, was sich in diesen fünf „Schubladen" befindet, teilweise verändert. Es sind neue „Methoden" hinzugekommen wie „Freiarbeit" und damit zusammenhängend z. B. „Lernzirkel" oder „Stationen von Lernzirkeln". Andere „Methoden" wie zum Beispiel der „Projektunterricht" haben in den vergangenen zwanzig Jahren an Bedeutung gewonnen, so dass es heute angemessen ist, Projektunterricht ausführlicher darzustellen als in der Vergangenheit (z. B. Duit, Häußler & Kircher, 1981). Wir hoffen, dass die zugrunde gelegte Klassifikation nachvollziehbar, die verwendeten Termini verständlich sind. Wie Glöckel (1999) sind wir wider Methodendogmatismus, aber auch wider Methodensalat!

2. Methoden sind nicht unabhängig von Zielen und Ziele sind nicht unabhängig von Methoden[2]. Wir verwenden die *implizierte didaktische Relevanz von Methoden* als ein wichtiges Kriterium für die Ausführlichkeit der Darstellung einzelner Methoden. Das bedeutet beispielsweise, dass Gruppenunterricht ausführlicher dargestellt wird als Frontalunterricht, weil der Gruppenunterricht vielfältigere und gegenwärtig wohl auch wichtigere Ziele einschließt

3. In Abschnitt 5.1 wird unter dem Ausdruck *„methodische Großformen"* (Meyer, 1987a) „Projekte", „Spiele" und „Offener Unterricht – Freiarbeit", sowie die traditionellen Großformen „Kurs" und „Unterrichtseinheit" diskutiert. Auf der 2. Methodenebene (5.2) werden *„physikspezifische Unterrichtskonzepte"*, wie „exemplarischer Unterricht" und „genetischer Unterricht" skizziert, ferner „entdeckender" und „darbietender" Unterricht. Mit diesen Unterrichtskonzepten sind i. Allg. spezifische *Artikulationsschemata* verknüpft, die eine Unterrichtsstunde strukturieren helfen (5.3). Bei den in 5.4 dargestellten *„Sozialformen"* wird zwischen „individualisiertem Unterricht", „Gruppenunterricht" und „Frontalunterricht," differenziert[3]. Die 5. Ebene enthält *„Handlungsformen des Physiklehrens und -lernens"*. Wir erwähnen diese Methodenebene nur in der folgenden Übersicht.

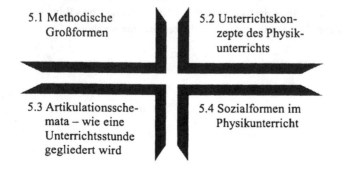

5.1 Methodische Großformen

5.2 Unterrichtskonzepte des Physikunterrichts

5.3 Artikulationsschemata – wie eine Unterrichtsstunde gegliedert wird

5.4 Sozialformen im Physikunterricht

Übersicht über Methoden im Physikunterricht

- *Methodische Großformen*: Spiel, Freiarbeit, Projekt, Unterrichtseinheit, Kurs ...

- *Physikmethodische Unterrichtskonzepte*: genetischer Unterricht, exemplarischer Unterricht, entdeckender Unterricht, darbietender Unterricht...

- *Artikulationsschemata*: Grundschema der Artikulation, problemlösender Unterricht, sinnvoll übernehmender Unterricht...

- *Sozialformen des Unterrichts*: Einzelunterricht (individualisierter Unterricht), Gruppenunterricht, Partnerarbeit, Frontalunterricht...

- *Handlungsformen des Physiklehrens und -lernens*: Diktieren, Erzählen, Lesen, Schreiben, Zeichnen, Spielen, Experimentieren, Vortragen...

Erläuterungen zu den verwendeten Fachausdrücken

Methodische Großformen: Diese Bezeichnung entspricht dem von Schulz (1969) verwendeten Ausdruck „Methodenkonzeptionen". Methodische Großformen bilden die oberste Methodenebene. Meyer (1987a, 115) nennt als Beispiele den *Lehrgang, das Projekt, das Trainingsprogramm, sowie Kurs, Lektion, Unterrichtseinheit, Workshop, Projektwoche, Praktikum, Exkursion, Vorhaben.* Wir können hier nicht alle diese Ausdrücke näher erläutern; wir fügen andererseits noch *Spiele und Freiarbeit* hinzu.

Physikdidaktische Unterrichtskonzepte enthalten explizit oder *implizit Prinzipien wie Physik unterrichtet werden soll.* Unterrichtskonzepte sind mehr oder weniger durch pädagogische oder psychologische Theorien, vor allem durch die Schulpraxis legitimiert. Mit entdeckendem und darbietendem Unterricht hängen „Unterrichtsverfahren" zusammen (ausführlich s. Duit, Häußler & Kircher, 1981, 101 ff.).

Artikulationsschemata sollen den Unterrichtsverlauf strukturieren. Gleichbedeutende Ausdrücke dafür sind „Stufen-" oder „Phasenschemata". Die Orientierung an einem Artikulationsschema ist Lehranfängern zu empfehlen.

Sozialformen bestimmen die Kommunikations- und Interaktionsstruktur zwischen Schülern untereinander und zwischen Lehrern und Schülern.

Handlungsformen des Lehrens und Lernens beziehen sich auf Unterrichtssituationen, die sich absichtsvoll oder unbeabsichtigt einstellen und die human bewältigt werden müssen. Wir diskutieren diese kleinsten Interaktionseinheiten hier nicht näher.[4]

5.1 Methodische Großformen

Unter „methodischen Großformen" versteht man im Allgemeinen Unterricht, der sich über einen längeren Zeitraum erstreckt. Neben diesem gemeinsamen äußerlichen Merkmal unterscheiden sich methodische Großformen darin, bestimmte Ziele zu fördern bzw. zu vernachlässigen, außerdem durch ihre innere Struktur, den Grad ihrer Planbarkeit, ihrer Lenkung durch Lehrer, durch ihre Offenheit für Schüleraktivitäten, durch ihre Relevanz für die Gesellschaft, für die Allgemeinbildung, durch ihre Möglichkeiten moderne Kulturtechniken zu lernen und anzuwenden, durch ihre impliziten Möglichkeiten die Rituale der Schule zumindest für Augenblicke zu vergessen.

Methodische Großformen fördern bestimmte Ziele und vernachlässigen andere

Mit der Aufnahme von „Spiel" und „Freiarbeit" haben wir zwei „bunte Vögel" in die Liste der methodischen Großformen aufgenommen. Insbesondere Spiele scheinen auf den ersten Blick nicht in die Liste der Großformen zu passen. Wir kennen das Argument: Physikunterricht ist viel zu wichtig, viel zu sehr mit Arbeit verbunden, um bloßes Spiel zu sein. Aber wie steht es beispielsweise mit dem Lernziel „Freude an der Physik" in der Schulwirklichkeit?

Wir müssen auf jeder Methodenebene „Monokulturen" vermeiden. Die im Folgenden erläuterten Großformen sollen als *methodische Leitlinien* fungieren, die sich *gegenseitig ergänzen*. Wir gehen davon aus, dass dadurch methodische „Monokulturen" verhindert werden.

Lehrer sollen methodische „Monokulturen" vermeiden

5.1.1 Spiele im Physikunterricht

1. Spiele werden als „Urphänomen" (Scheuerl, 1994, 113), als „primäre Lebenskategorie" (Huizinga, 1956, 11) charakterisiert. Sie sind in vielerlei Hinsicht ambivalent, weder gut noch böse, weder pädagogisch sinnvoll noch sinnlos. „Das Spiel liegt außerhalb der Disjunktion Weisheit – Torheit, ... der von Gut und Böse" (Huizinga, 1956, 14).

Spielen bedeutet in eine Quasi-Realität einzusteigen. Durch Spielen und während des Spielens entsteht ein Freiraum, frei von den Sanktionen der umgebenden Realität. Ein Spieler spielt freiwillig aus Freude und Spaß am Spiel, „das er als intensive Gegenwart erlebt" (Wegener-Spöhring, 1995, 7). „Es lässt ihn alles Zeitmaß vergessen, angesichts von Phänomenen, die scheinhaft in ewiger Gegenwart auf der Stelle kreisen, und die schwebend stille stehen über dem Strome der Zeit" (Scheuerl, 1994, 95). Trotzdem setzt das Spiel den Spielenden Grenzen durch Regeln, die sie nicht übertreten dürfen. „Frei,

Merkmale des Spiels:

- Ambivalenz
- Quasi-Realität
- Freiheit
- Geschlossenheit
- Gegenwärtigkeit

unbestimmt ist das Spiel immer nur innerhalb eines Maßes" (Scheuerl, 1994, 92).

Außerdem enthalten Spiele häufig das Moment des Wettstreits, der Auseinandersetzung, der Aggressivität, aber daneben Tendenzen zum Ausgleich, der Balance; Fanclubs von Fußballvereinen verbrüdern sich wieder nach Beleidigungen, Randalen, Schlägereien.

Diese Merkmale müssen nicht immer alle und im gleichen Ausmaß bei einem Spiel vorhanden sein. Hinter Wettkampfspielen stehen häufig nicht Selbstvergessenheit und Verspieltheit, sondern bitterer Ernst, Verbissenheit, Tränen, manchmal Verlogenheit, Betrug.

Können durch Spiele Einstellungen zur Physik verändert werden?

2. In neuerer Zeit wird aus verschiedenen Gründen das Spiel *aus pädagogischer Sicht* betrachtet, national und international. Die Gründe sind verschieden: Es können dafür Misserfolge der Schule in Betracht gezogen werden bei erzieherischen wie bildenden Aufgaben der Schule – etwa die Zunahme von Gewalt und Kriminalität unter Jugendlichen oder die eher mittelmäßigen Fähigkeiten in der Mathematik und in der Physik, wie sie in der TIMS-Studie (Baumert & Lehmann, 1997) für deutsche Schülerinnen und Schüler offensichtlich wurden. Möglicherweise kann das Sozialverhalten Jugendlicher z. B. über Rollenspiele beeinflusst werden; vielleicht können Spiele die Einstellungen zu den Naturwissenschaften ändern oder deren abstrakte Begriffe veranschaulichen. Darüber hinaus könnten Spiele auch den Lebensstil einer Gesellschaft im Überfluss charakterisieren, und es könnte von daher angemessen erscheinen, diesen Lebensstil schon als Kind zu internalisieren und in bestimmte Bahnen zu lenken. Sie sehen, es gibt in diesem Bereich viele offene Fragen der Naturwissenschaftsdidaktik.

Einsiedler (1991) folgend hat das Spiel einen *kulturellen Eigenwert*. Außerdem ist es entwicklungsbedeutsam im Hinblick auf *kognitive und soziale Fähigkeiten*.

Zwei sich ergänzende Paradigmen der Schule: Arbeit und Spiel

Wir skizzieren hier einige pädagogische Gründe, die *für Spiele in Bildung und Erziehung im Unterricht aller Schulstufen* sprechen. Dabei gehen wir nicht so weit, ein gegenwärtiges Paradigma der Schule, nämlich „Arbeit" in Frage zu stellen und dafür „Spiel" als neues Paradigma in der Schule zu erwägen (z. B. Wegener-Spöhring, 1995, 288). Warum sollte es nicht zwei Paradigmen nebeneinander geben – wie in der Physik „Teilchen" und „Welle" – die sich gegenseitig ergänzen und dabei je eigenständige Ziele und Inhalte in verschiedenen Kontexten involvieren?

Im Zusammenhang mit einer solchen kompensatorischen Funktion des Spiels zum Paradigma „Arbeit" argumentieren wir:

- Spielen ist ein „soziales Ereignis" von seltener Dichte, das Fähigkeiten zu sozialer Kommunikation und Interaktion erfordert, nämlich Grundqualifikationen zu sozialem Handeln wie Einfühlungsvermögen, Flexibilität, Integrationsfähigkeit, Rücksichtnahme, Toleranz. (s. Krappmann, 1976, 42).

  Spiele im Physik-unterricht fördern:
  soziale Ziele

- In Spielen kann das Mögliche, das Ungenaue, wenig Trennscharfe, das Implizite auch des naturwissenschaftlichen Alltagswissens zum Vorschein kommen; es kann das Irreale, Phantastische, Träumerische zugelassen werden – neben der Relativitätstheorie auch Sciencefiction.

  Kreativität

- Durch spielerisches Handeln entstehen Entwürfe der Realität nicht nur als Vorstufe, sondern als Voraussetzung des wissenschaftlichen Arbeitens. „Wahrnehmungsleistungen, motorische Fertigkeiten sowie Intelligenzleistungen... werden großenteils durch Spielaktivität erworben" (Oerter, 1977[17], 225). Solche Aktivitäten sind „lebensnotwendig und konstitutiv für die Menschwerdung" (Oerter, 1993, 13).

  Voraussetzungen für wissenschaftliches Arbeiten

- Durch Spiele kann der Physikunterricht „entschleunigt" werden durch einen „subjektiven, erlebnisbezogenen, verschwenderischen Umgang mit Zeit" (Wegener-Spöhring, 1995, 287).

  „Entschleunigung" des Physikunterrichts

Insgesamt wird vor einer Instrumentalisierung der Spiele durch die Pädagogik gewarnt (s. Einsiedler, 1991, 156), wie auch vor einer engen Interpretation von „Spiel" als bloße Übungsspiele in der Phase der Vertiefung oder zur bloßen Motivation als Einstieg. Eine enge Bindung an Ziele der Wissensvermittlung, der Bezug auf die Sache, der die meisten Unterrichtsaktivitäten bestimmt, versperrt sehr leicht den Weg zu Erlebnissen, die nur ein freies Spielen ermöglicht.

3. Erste Publikationen über Spiele im Physikunterricht stammen aus den ersten Jahrzehnten des 20. Jahrhunderts. Dussler (1932) analysierte zahlreiche Spiele im Hinblick auf ihre Einsatzmöglichkeiten im Physikunterricht. In der neueren Physikdidaktik wurde „Spielorientierung" von einer Arbeitsgruppe um v. Aufschnaiter u. a. (1980) und Schwedes (1982) diskutiert und an selbst entwickelten Unterrichtsbeispielen empirisch untersucht. Darüber hinaus hat sich die Physikdidaktik kaum an der internationalen Diskussion über pädagogische Perspektiven des Spiels beteiligt. Möglicherweise hat das den Physikunterricht dominierende Paradigma „Forschung" bzw. „Entdeckung" entsprechende Aktivitäten verhindert.[5]

Klassifikation von Spielen

Wir folgen Einsiedlers (1991) Klassifikation von Spielen (*psychomotorische Spiele, Phantasie- und Rollenspiele, Bauspiele, Regelspiele*). Diese Klassifikation, die vor allem auf Spiele der Grundschule und des vorschulischen Bereichs zugeschnitten ist, erweist sich auch für Spiele in einem allgemeinbildenden Physikunterricht der Sekundarstufen als sinnvoll, den wir im Blickfeld haben. Indem wir Beispiele skizzieren, zeigen wir Breite und Tiefe dieser methodischen Großform auch für den Physikunterricht (s. Treitz, 1996[4]).

Psychomotorische Spiele im Physikunterricht:

- Geschicklichkeitsspiele

- Mit *„psychomotorischen Spielen"* sind in erster Linie *Geschicklichkeitsspiele* in einem physikalischen Kontext gemeint. Manche sind altbekannt, wie „Ball an die Wand" oder „Schatten fangen". Häufig können solche Spiele von den Schülern selbst erfunden, gestaltet, gebaut werden. Beispiele: „Magnetfische angeln", „Fische stechen" (Achtung: Lichtbrechung), „elektronischer Irrgarten". Außerdem zählen hierzu auch *Trickversuche,* die z. B. mit dem „labilen Gleichgewicht" zu tun haben, etwa „Jonglieren".

- gespielte Physik

- gespielte Analogien

Eine wichtige Untergruppe der psychomotorischen Spiele sind die von Schülern *gespielten Analogien.* Damit werden abstrakte Begriffe und Modellvorstellungen illustriert: die Aggregatzustände, Gasdruck und Gasvolumen, Ausdehnung bei Erwärmung interpretiert durch das Teilchenmodell. Oder aus der Elektrizitätslehre: Der elektrische Stromkreis, der Widerstand, Strom und Stromstärke interpretiert im Elektronenmodell. Den gespielten Analogien geht im Allgemeinen die physikalische Information voraus. Dann können Schüler und Schülerinnen ihrer Phantasie freien Lauf lassen, wie ein Begriff dargestellt werden soll, unter den nicht sehr strengen Bedingungen, die für Analogien gelten (s. 3.3). Zur Illustration dieser Begriffe wird mit wenigen Handgriffen das Klassenzimmer umgestaltet oder sogar der Physikunterricht für kurze Zeit in die Turnhalle verlegt wie in jener 9. Jahrgangsstufe, in der die elektrische Spannung an der Kletterwand mit dort eingehängten Gymnastikbänken veranschaulicht wurde, wobei SchülerInnen hochkletterten und dann die Bänke hinunter rutschten. Die Arbeit/Schüler entspricht dabei der Arbeit/Elektron; wir sind mit dieser Analogie also ganz nahe an der physikalischen Definition von „Spannung" (s. Kircher & Hauser, 1995).

Bei dieser Art psychomotorischer Spiele steht natürlich das Lernen des Begriffs im Vordergrund; nicht die Schulung der Psychomotorik. Wie bei allen Gruppenspielen wird auch das soziale Verhalten bei solchen gespielten Analogien tangiert.

Phantasie- und Rollenspiele

- *Phantasie- und Rollenspiele* fördern Flexibilität und Kreativität. Indem Kinder und Jugendliche in Rollen schlüpfen und diese ohne ernsthafte Folgen durchspielen können, gewinnen sie nicht nur Handlungskompetenz auf Vorrat, sondern auch Zufriedenheit, Stolz und Freude darüber, eine wichtige Rolle kompetent gespielt zu haben. Solche positiven Emotionen im Spiel scheinen die Bedeutung des Phantasiespiels für die seelische Gesundheit auszumachen (s. Einsiedler, 1991, 83). Mit dem Hineinschlüpfen in eine Rolle ist häufig ein Perspektivenwandel verbunden, der anschließend Anlass für Metagespräche über die verschiedenen Rollen sein kann.

Phantasie- und Rollenspiele können im Physikunterricht besonders in Projekten vorkommen. Wie in 5.1.3 noch näher ausgeführt, sind Projekte fachüberschreitend oder interdisziplinär. Ergreifen Sie als Physiklehrerin die Initiative, um z.B. bei einem Projekt „Lärm" mit der Deutschlehrerin zusammenzuarbeiten, um zu dieser Thematik mit einer Schülergruppe ein Phantasie- oder ein Rollenspiel auszuarbeiten, etwa: „Ein Außerirdischer in der Großstadt" oder „Brauchen wir eine Umgehungsstraße – auch durch ein Naturschutzgebiet?"

- Spielprojekte

Auch die Geschichte der Physik kann Anregungen für Rollenspiele liefern, etwa die Auseinandersetzung Goethes mit der newtonschen Optik. Ein solches Spiel setzt natürlich gründliche Fallstudien voraus, die im Allgemeinen über die Physik hinausführen. In entsprechender Weise gilt, dass *Fallstudien* wie von Duit, Häußler & Kircher (1981) beschrieben, letztlich zu Rollenspielen führen.

- historische Rollenspiele

- Regelspiele sind im Allgemeinen *Konkurrenzspiele*, bei denen es Gewinner und Verlierer gibt. Seit Mitte der 70er-Jahre werden auch Spiele entwickelt, „die das gemeinsame Spielerlebnis, einfallsreiche Bewegungsabläufe und wechselseitiges Vertrauen stärker betonen als Leistung, Gewinnstreben und Kampf" (Einsiedler, 1991, 139), sogenannte *Kooperationsspiele*. Optimistische Annahmen über den Einfluss von Kooperationsspielen gehen davon aus, dass in der modernen Gesellschaft wünschenswerte Dispositionen wie Kooperationsfähigkeit und Solidaritätsfähigkeit über das Spiel hinaus entstehen. Außerdem könnten egoistische und rivalisierende Tendenzen der Konkurrenzspiele vermieden werden.

Regelspiele
- Konkurrenzspiele
- Kooperationsspiele

Empirische Studien legen es nahe, dass Kinder und Jugendliche die Spielsituation von Realsituationen unterscheiden, so dass *kein derartiger wünschenswerter Transfer* eintritt. Kritiker argumentieren, dass Kooperationsspielen die Spieldynamik, die Spannung fehlt. Ferner wird einfach nur konstatiert, dass Kinder mit zunehmendem Alter Wettbewerbsspiele bevorzugen. Einsiedler (1991, 141 ff.) plädiert dafür, *beide Spielformen* zu *verwenden*, unter Umständen sogar bei der gleichen Thematik.

Da kommerzielle physikalische Spiele in der skizzierten Breite nicht vorliegen, gilt es aus der Not eine Tugend zu machen und die Schüler selbst Spiele erfinden zu lassen. Neben Regelspielen in Anlehnung an bekannte Würfelspiele mit „Ereigniskarten", „Fragekarten" und einem Punktesystem, kommen dafür Kartenspiele (Memory, Frage-Antwort-Spiel), Brettspiele und auch themenspezifisches „physikalisches Roulett" in Frage (s. Walter, 1996). Durch ein Moment des Zufalls haben auch leistungsschwächere Schüler und Schülerinnen bei diesem physikalischen Spiel ihre Gewinnchancen.

Selbstgebaute Spiele sind Markenzeichen für die Originalität und Kreativität einer Klasse

Man muss allerdings einräumen, dass diese Eigenbauspiele wegen fehlender Professionalität bezüglich der Spielidee und der handwerklichen Ausführung vor allem für ihre Erfinder attraktiv sind. Man könnte daran denken, dass die eigenen Spiele eine Klasse durch die Schule begleiten, als eine Art Markenzeichen für die Originalität und Kreativität einer Klasse.

Konstruktionsspiele

- *Konstruktionsspiele* sollen technisches Verständnis fördern. In der Primar- und Orientierungsstufe ist dabei in erster Linie an kommerzielle Baukästen zu denken mit reichhaltigen Vorschlägen für den Bau funktionsfähiger mechanischer, elektrischer und elektronischer Geräte und Anlagen. Anspruchsvoller und kreativer kann die Erfindung technischer Spielereien sein, wie „Papierbrücken" oder „Fahrzeuge" (s. Sigler-Held, 1997) in der Grundschule. In der Sekundarstufe können „Fluggeräte", Papierschwalben, Bumerang, Drachen, Heißluftballone, Segelflugzeuge und Raketen gebastelt werden oder unterschiedliche Antriebe für „Schiffe", die Labudde (1993, 86 ff.) von Studierenden konstruieren ließ. In Wettbewerben können außer der Funktionsfähigkeit der Geräte weitere Kriterien berücksichtigt werden wie Originalität, Umweltverträglichkeit, Kosten und Beschaffung der verwendeten Materialien.

Spezielle Einstellungen und spezifisches Verhalten der Lehrkräfte

4. Spiele im Unterricht erfordern spezielle Einstellungen und spezifisches Verhalten der Lehrkräfte während des Spiels oder der Spielphasen im Unterricht. Die Forschungsgruppe Spielsysteme (1984, 98 ff.) empfiehlt u.a. folgende Verhaltensweisen:[6]

Die Lehrkraft sollte

- Spielsituationen von anderen Unterrichtssituationen für die Schüler klar unterscheidbar machen
- ihre Rolle während des Spiels klar beschreiben und sich daran halten
- möglichst verschiedene und vielfältige Materialien und Problemstellungen für Spielsituationen anbieten

> - Spielanregungen nicht als Arbeitsanweisungen geben
> - Spiele nicht stören, sondern als Berater fungieren
> - Spiele von den Schülern beenden lassen
> - bewusst wahrnehmen und aushalten, dass sie während eines Spiels unterbeschäftigt, auch untätig sein kann.

5. Spielen muss in allen Schulstufen gefördert werden:

Spielförderung

> - Freies Spielen vor dem Unterricht, in den Pausen, in Spielstunden mit selbst entwickelten Spielen
> - Spielförderung in speziellen Unterrichtseinheiten und Projekten
> - Gespielte Analogien zur Veranschaulichung von physikalischen Sachverhalten und Begriffen einsetzen
> - Durch Nachdenken über Spiele und Spielen (Metakognition).

5.1.2 Offener Unterricht[7] – Freiarbeit

1. Wir erläutern im Folgenden „offenen Unterricht", weil die methodischen Implikationen dieses Begriffs (s. Einsiedler, 1981) für einen zeitgemäßen Physikunterricht relevant sind (s. Berge, 1993).

„Offener Unterricht" bedeutet vor allem eine Öffnung für Schüler[8] zu *mehr Selbständigkeit, mehr Mitverantwortung*, das heißt *mehr „Mündigkeit"*. Dabei muss die Persönlichkeit und die besondere Lerngeschichte der Lernenden beachtet und geachtet werden. Für die Schulpraxis bedeutet das spezifische Lernangebote und Wahlmöglichkeiten für einzelne Schüler oder kleine Schülergruppen, sogenannten „*individualisierten Unterricht*". Um unterschiedliche anthropogene und soziokulturelle Voraussetzungen, sowie unterschiedliche Lernstile zu berücksichtigen, erfolgt eine „*innere Differenzierung*" in der Klasse. In einigen Modellschulen wie der Bielefelder Laborschule, werden diese didaktischen und methodischen Grundsätze (u. a. „Individualisierung" durch offenen Unterricht mit innerer Differenzierung) seit Jahrzehnten praktiziert.

Offener Unterricht
- mehr Selbständigkeit
- mehr Selbstverantwortung

Obwohl manche Lehrkräfte zum Teil langjährige Erfahrungen mit offenem Unterricht haben, ist die Effektivität dieser Unterrichtskonzeption im Vergleich mit lehrerzentriertem Unterricht wenig geklärt. Zuverlässige empirische Untersuchungen stehen noch aus. Trotz dieses Defizits argumentieren wir in diesem Zusammenhang wie Brügelmann (1998, 13): „Wenn uns Selbständigkeit, Mitverantwortung und Eigenaktivität als pädagogische Ziele wichtig sind, dann ist ein Unterricht vorzuziehen, der mit diesen Prinzipien übereinstimmt,

Noch fehlen Vergleichsuntersuchungen

solange keine Verluste/ Nachteile in anderen bedeutsamen Zielbereichen nachgewiesen sind."

Traditionelle Lehrerrolle ändern

Erfolgreicher Unterricht, also auch „offener Unterricht" steht und fällt mit entsprechend ausgebildeten Lehrerinnen und Lehrern. Gegenüber der traditionellen Lehrerrolle ist allerdings ein Umdenken nötig (s. Schorch, 1998, 124). „Offener Unterricht" erfordert

- erhöhte Anforderungen für Vorbereitung und Organisation, sowie ein neues Rollenverständnis (Identifikation mit der Helferrolle),
- kritische Auswahl und ggfs. Selbstherstellung von Materialien,
- Bewältigung räumlicher und finanzieller Schwierigkeiten,
- vor allem die unerschütterliche Überzeugung, dass Kinder zu eigenverantwortlichem Lernen und Arbeiten bereit und fähig sind.

2. Auf der methodischen Ebene bedeutet offener Unterricht freies Arbeiten in Einzel-, Partner- oder Gruppenarbeit – „Freiarbeit". Diese Form des offenen Unterrichts steht damit auch, wie z.B. Spiele und Projekte in einem *Spannungsverhältnis von Freiheit und Selbstverantwortung*: Die Lernenden haben Freiheiten in der Wahl der Aufgaben und damit der Lernmaterialien und deren Anspruchsniveau, sowie in der Wahl der Partner, mit denen sie die Aufgabe lösen

Lehrende und Lernende verpflichten sich zu selbst bestimmten Regeln („Klassenvertrag")

wollen. Die Selbstverantwortung ist freilich durch Regeln eingegrenzt, zu denen sich Lehrende und Lernende in einem „Klassenvertrag" verpflichten (s. z.B. Zorn, 1999). Diese Regeln bestimmen den *sozialen Umgang* zwischen den Betroffenen ebenso, wie den *Umgang mit den Lernmaterialien* und die *Art der Bearbeitung und Ausarbeitung eines Themas*. Im Allgemeinen wird auch im voraus festgelegt, dass *auf eine Benotung der Freiarbeit verzichtet* wird.

Umwandlung des Klassenzimmers in Lernlandschaft

Neben dem oben skizzierten Umdenken der Lehrkräfte im Hinblick auf ihre vorbereitenden organisatorischen Tätigkeiten und auf ihre Helferrolle im Unterricht ist auch eine Umwandlung des Klassenzimmers notwendig. Schorch (1998, 124) spricht vom Werkstattcharakter eines Klassenzimmers, von einer „Lernlandschaft"[9].

3. Freiarbeit muss gelernt werden. Mayer (1992, 29) hat für die Einführung von Freiarbeit folgendes Verlaufsschema vorgeschlagen:[10]

1	2	3	4	5
Planungsphase	Info-/Materialbeschaffungsphase	Arbeitsphase	Diskussionsphase (Kontrollphase)	Integrationsphase
Gesprächskreis (Einführung – Planung)	Einzel-/ Partner-/ Gruppen oder vorbereitende „Hausarbeit"	Einzel-/ Partner-/ Gruppenarbeit	Gesprächskreis (Vorstellung/ Vortrag /Begutachtung)	Einordnen – Einheften – Ausstellen
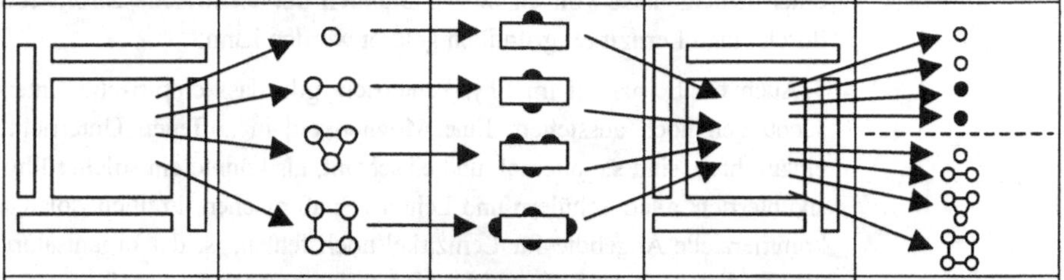				
Plenum am Klassentisch (Kreisgespräch)	Am Regalsystem, Suchen in Schulräumen und im Schulbezirk	An den Arbeitsplätzen oder in den Funktionsbereichen („Ecken")	Plenum am Klassentisch (Kreisgespräch)	Regale; Ordner; Ausstellungsflächen

Abb. 5.1: Zur Einführung von Freiarbeit (nach Mayer, 1992, 29)

Für die Einführung der Freiarbeit können von Lehrkräften vorbereitete „Lernstationen" verwendet werden (s. Hepp, 1999). Dabei entfällt die „Planungsphase" für die Schüler. Diese durchlaufen möglichst alle Stationen in selbst gewählter Reihenfolge; man spricht von einem „Lernzirkel". Wir skizzieren einen solchen Lernzirkel an einem Beispiel aus dem Physikunterricht.

4. Der von Zorn (1999) entwickelte Lernzirkel „Elektrischer Stromkreis" enthält sechs Lernbereiche („Elektrische Energiequelle/ Verbraucher", „Parallel- und Reihenschaltung", „Schaltsymbole und Schaltskizze", „Bedeutung der Elektrizität – Gefahren durch Elektrizität", „Leiter und Nichtleiter", „Modelle zum elektrischen Stromkreis") und dazu insgesamt 28 Lernstationen für Schüler zwischen acht und zwölf Jahren:[11]

Ein Lernzirkel enthält Lernbereiche und Lernstationen

Die Lernstationen sind die kleinsten Sinneinheiten eines Lernzirkels. Sie werden durch didaktische Analysen konzipiert. Zur Gestaltung dieser Lernstationen sind *der methodischen Phantasie keine Grenzen gesetzt*. Spiel und „wissenschaftliches" Arbeiten wechseln sich ab: Experimentieren an einer Lernstation, einen kleinen Aufsatz schreiben an einer anderen, physikalische Kreuzworträtsel lösen, an einem Laptop von einer CD über eine beliebte naturwissenschaftliche TV-Kindersendung („Löwenzahn") Informationen über den Stromkreis gewinnen oder auch nur lernen wie man einen Laptop bedient.

Lernzirkel sollen multimedial aufgebaut sein

Lernzirkel im Physikunterricht sollen *multimedial aufgebaut* sein (s. Kap. 6). Sie können sowohl zur Einführung in die Thematik als auch zur Übung und Sicherung relevanter Fakten, Begriffe und Gesetze eingesetzt werden. Im Falle der Einführung eines thematischen Bereichs ist der Lernzirkel und die darin vorkommenden Aktivitäten nur als ein erster Überblick zu verstehen, der Interesse wecken und das Vorwissen aktivieren soll. Natürlich kann man nicht erwarten, dass bei einer Arbeitsphase von ca. 2 – 3 Stunden der elektrische Stromkreis durch einen Lernzirkel gründlich gelernt werden kann.[12]

5. Auch für Lernzirkel im Physikunterricht gilt, dass empirische Untersuchungen noch ausstehen. Eine Möglichkeit, in „offenen Unterricht" einzuführen, sind sie allemal, und es scheint, als könnte ein solcher Physikunterricht allen Schülern und Lehrern Spaß machen. Freilich, solange kommerzielle Angebote für Lernzirkel noch fehlen, ist der organisatorische und planerische Aufwand für die Lehrkräfte noch sehr groß.

Konsequenz: Lehrer und Lehrerinnen müssen sich gegenseitig unterstützen mit Ideen und Materialien und ermuntern zum Weitermachen mit offenem Unterricht und Freiarbeit.

5.1.3 Das Projekt

1. Der Projektunterricht entstand am Anfang des 20. Jahrhunderts in den USA und wurde vor allem durch Dewey und Kilpatrick ausgearbeitet und propagiert. Dem Motto „learning by doing" folgend, tritt der Lehrer bei Projekten in den Hintergrund; er wirkt vor allem organisierend und beratend. Ursprünglich befassten sich schulische Projekte ausschließlich mit *gesellschaftlich relevanten Themen*. Dabei sind die Schüler an der Planung beteiligt und tragen auch Verantwortung für den Verlauf und die Ergebnisse eines Projekts.

Schüler sind an der Planung beteiligt und tragen Verantwortung für den Verlauf und die Ergebnisse eines Projekts

Im Zusammenhang mit der Reformpädagogik der 20er-Jahre wurden ähnliche pädagogische Ideen auch in Deutschland durch Kerschensteiner und andere verwirklicht. In den Reformdiskussionen der 60er und 70er-Jahre wurden von neuem traditionelle Unterrichtsmethoden in Frage gestellt und Defizite im Unterricht und in der Schule kritisiert. Kritikpunkte waren dabei unter anderem die Diskrepanz zwischen Schule und alltäglichem Leben, der stark fachbezogene Unterricht, das Lehrer-Schüler-Verhältnis und auch Unterrichtsinhalte, mit *geringer Relevanz für die Schüler*. Die wieder entdeckte Projektmethode versprach hier Verbesserungen. Vor allem in den neu entstandenen Gesamtschulen wurden zahlreiche Projekte durchgeführt. Die neu konzipierte Projektmethode[13] (z. B. Frey, 1982) berücksichtigt stärker pädagogische Aspekte. Das heißt, sie ist vorwiegend an den Interessen und

Bedürfnissen der Schüler orientiert, während die gesellschaftliche
Bedeutung nicht mehr im Sinne einer notwendigen Bedingung für
„Projekte" in der Schule verstanden wird. Dies hat Auswirkungen
sowohl auf die Themenwahl (s. Mie & Frey, 1994, Hepp u.a., 1997)
als auch für das „Grundmuster" von Projekten (s. Frey, 1982, 54).
Legt man die Lehrpläne der verschiedenen Schularten zugrunde,
scheint sich am Ende des 20. Jahrhunderts die Projektidee in
Deutschland endgültig durchgesetzt zu haben; Projekte sind in allen
Schulstufen vorgesehen.

Die neu konzipierte Projektmethode berücksichtigt vor allem pädagogische Aspekte

2. Was ist das Besondere des Projektunterrichts?

Otto (1974) nennt folgende Merkmale:

- *Bedürfnisbezogenheit*
  Die Schüler sollen für das Projektthema intrinsisch motiviert
  sein, d.h. die Lösung der durch das Projekt gestellten Aufgabe
  muss ihnen wichtig sein.

- *Situationsbezogenheit*
  Das soll eine Brücke schlagen zwischen der „theoretischen"
  Schule und der Alltagswelt, indem die Thematik so gewählt
  wird, dass sie dazu beiträgt, Lebenssituationen außerhalb der
  Schule zu bewältigen.

- *Selbstorganisation des Lehr-Lern-Prozesses*
  Hierbei geht es darum, Verantwortungsbewusstsein und Organi-
  sationsfähigkeit bei den Kindern zu stärken, indem sie Zielsetzung, Planung und Durchführung eines Projektes wesentlich
  mitbestimmen oder selbst übernehmen.

- *Kollektive Realisierung*
  Das notwendige Zusammenarbeiten mehrerer, größtenteils un-
  abhängiger Gruppen fördert die Einsicht in die Nützlichkeit von
  Teamarbeit zur Bearbeitung und Lösung komplexer Zusammenhänge.

- *Produktorientiertheit*
  Da am Ende des Projekts ein „greifbares" Ergebnis steht, ergibt
  sich für die Schüler eine zusätzliche Motivation, da sie auf ein
  konkretes, vorzeigbares Ziel hinarbeiten.

- *Interdisziplinarität*
  Ein Projekt ist nicht fach-, sondern sachgebunden, woraus sich
  die Notwendigkeit zur Zusammenarbeit auch mit fachfremden
  Sachbereichen ergibt. Dadurch erhalten die Schüler erste Einblicke in interdisziplinäre Arbeitsweisen, die nötig sind, um komplexe Situationen lösen zu können. Weiterhin sehen Schüler,
  dass sich unterschiedliche Disziplinen gegenseitig befruchten
  und so Fortschritte für beide erreicht werden können.

• *Gesellschaftliche Relevanz*
Im Allg. wird eine gesellschaftlich relevante Problematik bearbeitet und so ein Bezug zwischen Schule und Gesellschaft hergestellt.

Projektorientierter Unterricht: Nicht alle Merkmale sind erfüllt

In einem Projekt sind in der Regel nicht alle diese Merkmale erfüllt. Treffen nur einige Merkmale aus obiger Auflistung zu, so spricht man von *projektorientiertem Unterricht.* Eine scharfe Trennung zwischen Projekt und projektorientiertem Unterricht ist nicht möglich; die Diskussion darüber ist ein Randproblem, das wir hier nicht weiter verfolgen.

Das gilt übrigens auch für die Diskussion, ob die „gesellschaftliche Relevanz" ein notwendiges Merkmal des Projektunterrichts ist. Bei der neuen Projektmethode ist die Art und Weise, wie der Unterricht abläuft vorrangig, d. h. wie die gemeinsamen und individuellen Möglichkeiten genutzt werden, soziale, kognitive, affektive und psychomotorische Kompetenzen und Einstellungen zu erwerben.[14]

3. Wie verläuft ein Projekt?

Grundmuster nach Frey (1982)

Frey (1982, 52 ff.) schlägt ein *Grundmuster* für Ablauf von Projekten vor, das *sieben Komponenten* enthält. Natürlich sind weder dieses Grundmuster noch die einzelnen Komponenten zwingend. Das heißt, das Schema ist als Orientierungshilfe anzusehen und nicht als strikt einzuhaltende Arbeitsvorschrift.

- Projektinitiative

• *Projektinitiative*
Von Seiten der Schüler oder des Lehrers wird ein Projekt angeregt. Eine angebotene Idee wird diskutiert und dann entschieden, ob und in welcher Form die Projektidee aufgegriffen wird. Das bedeutet, es werden verschiedene Aspekte (z. B. physikalische, technische, historische, gesellschaftliche, ästhetische, literarische) einer Thematik in einer Diskussionsrunde herausgearbeitet, noch im Klassenverband. Wir empfehlen, zwischen der „Projektinitiative" und dem weiteren Projektverlauf einige Tage „Nachdenkzeit" einzuschieben, um die Ideen ausreifen zu lassen und um das personale Umfeld der Schüler informell in das Projekt mit einzubeziehen.

- Auseinandersetzung mit der Projektinitiative

• *Die Auseinandersetzung mit der Projektinitiative beinhaltet zwei Elemente*

1. Element: Die Teilnehmer verständigen sich über einen zeitlichen und kommunikativen Rahmen, in dem die Auseinandersetzung stattfinden soll. Diese Vereinbarungen sollen dafür sorgen, dass das Projekt nicht schon am Anfang aufgrund von Problemen scheitert, die z. B. mit dem Sozialverhalten der Schüler untereinander zu tun haben.[15]

2. Element: Vor der inhaltlichen Auseinandersetzung mit der Projektinitiative werden Gruppen und zwar aufgrund des Interesses der Schüler an den möglichen Teilthemen gebildet (Gruppenbildung

aufgrund „sachbezogener Motivation"). Falls sich im Verlauf der nun folgenden Diskussion herauskristallisiert, dass das Projekt nicht durchführbar ist oder keine Zustimmung findet, wird es abgebrochen. Ein Abschluss schon im Vorfeld eines Projekts sollte jedoch die Ausnahme sein, um den Schülern nicht die nötige Motivation für die Durchführung weiterer Projekte zu nehmen. Im Falle der Akzeptanz erfolgt die *Anfertigung einer Projektskizze.*

- *Entwicklung des Betätigungsfeldes*

Bildungsbedeutsame Inhalte des thematischen Bereichs sind auszuloten und zu skizzieren; außerdem wird ein detaillierter Plan über den zeitlichen Verlauf und den inhaltlichen Umfang des Projekts erstellt. Die „Entwicklung des Betätigungsfeldes" bedeutet „auszumachen, wer etwas tut, wie jemand etwas tut und unter Umständen auch, wann jemand etwas tut" (Frey, 1982, 57). Mittelbar Beteiligte, z. B. kommunale Behörden, Fachleute aus dem Handwerk oder der Industrie, kooperierende Lehrer aus anderen Fächern müssen spätestens hier in die Überlegungen mit einbezogen werden. Außerdem muss eine sinnvolle Arbeitsteilung diskutiert und entschieden werden.

Als Ergebnis dieser Phase soll *ein Projektplan* stehen, der den weiteren Ablauf festlegt und von dem nicht ohne triftigen Grund abgewichen werden sollte. Der Projektplan jeder Gruppe muss organisatorische Details enthalten wie Listen z. B. über die benötigten Materialien und das Handwerkszeug (für informierende Plakate, den Bau eines technischen Gerätes oder für die Durchführung eines physikalischen Versuchs), über die relevante Literatur, über Aktivitäten in- und außerhalb der Schule, über Geräte zur Dokumentation des Projekts (Foto, Videokamera, Computer).

- *Aktivitäten im Betätigungsfeld*

Die Gruppen befassen sich nun verstärkt mit den Teilgebieten, für die sie sich entschieden haben. Dabei sind alle Arten von Tätigkeitsformen möglich. Bei Projekten im Physikunterricht beschäftigt man sich vor allem mit „Hardware"-Produkten: mit physikalischen Grundversuchen zum thematischen Bereich, mit dem Zerlegen von Geräten (z. B. Fahrrad, Fernsehgerät, Fotoapparat, Moped), mit dem Bau von Geräten oder Modellen von Geräten (Fernrohr, Solarofen, Heißluftballon, Segelflugzeug, Raketen, Radio). „Software"-Produkte, häufig Plakate, liefern Informationen z. B. über die historische Entwicklung der Raumfahrt, über die Folgen von Lärm für die Gesundheit, über kommunale Maßnahmen gegen Verkehrslärm, über die Bedeutung von Farben für Menschen und Tiere, über die Prob-

- Entwicklung des
  Betätigungsfeldes

- Aktivitäten im
  Betätigungsfeld

leme der Entsorgung von radioaktivem Müll. Die Aufgabe des Lehrers ist hierbei die Koordination der einzelnen Gruppen, sowie Hilfestellung und Beratung bei evtl. auftretenden Problemen organisatorischer, fachlicher, handwerklicher oder auch sozialer Art.

- Projektabschluss

• *Projektabschluss*

Wir weichen hier von den Vorschlägen Freys (1982) für den Abschluß eines Projekts ab: Der „normale" Abschluss eines Projekts enthält die Elemente *Vorbereitung der Präsentation, Präsentation, Reflexion des Projektverlaufs, Reflexion „Projekte – Schule – Gesellschaft"*. Wie die Erfahrung zeigt, ist für den im folgenden skizzierten „bewussten Abschluss eines Projekts" mindestens ein Schultag vorzusehen.

Die üblichste und vielleicht auch für die Schüler befriedigendste Art ist die eines *bewussten Abschlusses*. Hierbei werden die Ergebnisse veröffentlicht und Produkte im Rahmen einer Vorführung vorgestellt und in Gebrauch genommen.

Die Präsentation der Produkte muss in der Gruppe sorgfältig vorbereitet werden

Eine solche Präsentation der Produkte ist für die Schüler die Krönung des Projektes, da sie hier im Gegensatz zum sonst üblichen Unterricht ein konkretes Ergebnis vorzuweisen haben und so zeigen können, welche Leistungen sie im Verlauf des Projektes erbracht haben. Die Erfahrung zeigt, dass diese Präsentation, zu der auch Schüler anderer Klassen, eventuell Eltern, die lokale Presse eingeladen sind, sorgfältig in den Gruppen vorbereitet werden muss. Grundsätzlich gilt: An der Präsentation ist jedes Gruppenmitglied beteiligt, unterstützt die Gruppe jedes Mitglied, muss Kritik vorab in der Gruppe ausgetragen werden, nicht in der Öffentlichkeit während der Präsentation.

Reflexion des Projektverlaufs

Schließlich wird in einer ersten Diskussion der Verlauf des Projekts reflektiert, das Erhoffte und das Erreichte verglichen, die kleinen und großen organisatorischen, fachlichen, handwerklichen und menschlichen Schwierigkeiten und ihre Bewältigung erörtert.

Bedeutung des Projekts für das Schulleben und darüber hinaus

Ein letztes Element des bewussten Abschlusses eines Projekts ist die Diskussion, welche *Bedeutung das Projekt für das Schulleben und darüber hinaus für den Alltag* hat, wie es auch schulextern weiterwirken kann (z. B. durch die Schülerzeitung, durch das Mitteilungsblatt der Gemeinde, durch die lokale Presse, durch Bürgerinitiativen, durch Diskussionen mit der Stadtverwaltung oder Parteien).

- Fixpunkte

• *Fixpunkte*

Fixpunkte sind vornehmlich in Mittel- und Großprojekten wichtig, um nicht in einen orientierungslosen Aktionismus zu verfallen. Auf Wunsch einer Gruppe wird ein „Fixpunkt" in den Projektablauf eingeschoben (für eine Gruppe bzw. alle Gruppen), um bisher Geleistetes zu beurteilen und zu koordinieren oder auch um Probleme zu besprechen. „Fixpunkte sind die organisatorischen Schaltstellen eines Projekts" (Frey, 1982,131).

- *Metainteraktionen*

Wie die Fixpunkte, so sind auch die Metainteraktionen zeitlich nicht festgelegt, sondern werden bei Bedarf eingeschoben. Hierbei geht es darum, dass Schüler und Lehrer sich kritisch und distanziert mit ihrem eigenen Tun auseinandersetzen. Es wird besprochen, ob der kommunikative Rahmen von Anfang an gestimmt hat oder ob er abgeändert werden muss. Es werden besonders gute oder schlechte Arbeitsphasen diskutiert. Auch Spannungen und soziale Probleme innerhalb der Gruppe sollen hier aufgearbeitet werden.

4. Zusammenfassende Bemerkungen über Projektunterricht

Die Alltagswelt der Schüler wird immer stärker dominiert von Tätigkeiten, die wenig Raum lassen für eigene Erfahrungen. Selbständiges und selbsterfahrendes Handeln tritt in den Hintergrund.

Der Projektunterricht bietet die Chance, eigene Erfahrungen aus erster Hand zu sammeln und bei komplexen Themen der Alltagswelt auch die Grenzen eigenen Tuns zu erfahren. Durch eigenverantwortliche Tätigkeiten in Kleingruppen bietet sich die Möglichkeit der sozialen Integration von stilleren und schwächeren Schülern, die sich in der Großgruppe, dem Klassenverband eher zurückziehen. In den kleinen Gruppen sind alle aufeinander angewiesen, die immer aktiven, manchmal vielleicht vordergründigen Schüler ebenso wie die ruhigen, vielleicht nachdenklichen. Die Teilnahme von Schülern aus mehreren Jahrgangsstufen und Klassenverbänden bietet zusätzlich die Möglichkeit zur „vertikalen Sozialisation", die im üblichen Unterricht nicht vorkommt.

Verschiedene Probleme können ein Projekt erschweren oder gar verhindern.

- Ein Projekt erfordert viel Zeit und kann nicht im Rahmen des üblichen Stundenplans durchgeführt werden. Deshalb sind, wie im vergangenen Jahrzehnt vielfach geschehen, ausdrücklich für Projekte ausgewiesene *Freiräume in den Lehrplänen* erforderlich.

- Nicht nur für eine anzustrebende Interdisziplinarität eines Projekts ist man auf die *Kooperationsbereitschaft des Lehrerkollegiums* angewiesen.

- Nicht jedes physikalische Thema der gegenwärtigen Lehrpläne eignet sich für ein Projekt. Nach einer *didaktischen Analyse* (s. Kap. 2) erweist es sich, ob zu einem Thema mehrere relevante Sinneinheiten entwickelt werden können. Im Idealfall soll

Marginalien:

- Metainteraktionen

Projektunterricht ermöglicht kognitive, affektive und psychomotorische Erfahrungen in und mit komplexen Situationen der Lebenswelt

Freiräume in den Lehrplänen

Kooperationsbereitschaft des Lehrerkollegiums

diese Untergliederung in *Sinneinheiten durch die Schüler* selbst erfolgen. Bei geringer Projekterfahrung der Schüler werden solche Teilthemen vom Lehrer vorgeschlagen.

- Es können juristische Probleme auftauchen, wenn z. B. bei *außerschulischen Aktivitäten* die Aufsichtspflicht berührt wird. Derlei Angelegenheiten müssen im Voraus mit *den Erziehungsberechtigten und der Schulleitung* abgeklärt werden.

Keine Noten in Projekten

- Es widerspricht der Projektidee, Einzelleistungen bzw. Gruppenleistungen zu benoten. Eine Entscheidung, während des Projekts einen „notenfreien Raum" einzurichten, kann immer noch auf Widerstände im Lehrerkollegium und bei den Eltern stoßen.

Nacharbeiten zu einem Projekt:

Physikalische Zusammenhänge herstellen

Grundlegende physikalische Begriffe vertiefen

- Schulische Erfahrungen deuten an, dass durch Projekte kein zusammenhängendes physikalisches Wissen vermittelt wird. Ein Projekt verfolgt eher Leit-, Richt- und Grobziele (Verständnis allgemeiner Zusammenhänge, Verständnis grundlegender physikalischer Begriffe und Gesetze) als Feinziele (Wissen von Fakten, Fachausdrücken, Gesetzen). Das bedeutet, dass es sinnvoll ist, ein Projekt nachzuarbeiten, d. h. nach dem Projekt notwendige physikalische Zusammenhänge herzustellen und relevante Begriffe zu vertiefen und zu integrieren.

Ein Projekt sollte nicht scheitern!

- Wir meinen, ein Projekt sollte nicht scheitern. Das bedeutet, es sollte immer ein bewusster Abschluss angestrebt werden.[16] Durch die Präsentation der Produkte und der anschließenden Reflexion des Projekts sollen die Schüler die Sinnhaftigkeit ihres Projekts erfahren und zu weiteren ähnlichen Aktivitäten im außerschulischen Raum angeregt werden.

- Mit zunehmender Projekterfahrung wird eine Lehrkraft das notwendige Maß an Selbstvertrauen und Gelassenheit entwickeln, um ein so komplexes Unterrichtsvorhaben in einer angemessenen Form zu koordinieren und zu organisieren, als „Mädchen für alles" einzuspringen und dabei Ruhe auszustrahlen, den Überblick zu bewahren. Sie werden es schaffen!

5.1.4 Die Unterrichtseinheit – der Kurs

Wir haben bisher verschiedene Formen des offenen Unterrichts diskutiert und betrachten nun den in der Tradition der Schule entstandenen Regelunterricht.

Unterrichtseinheit: eine Sinneinheit

Schon im ausgehenden 18. Jahrhundert wurde von Schleyermacher gefordert, den Lernstoff in Sinneinheiten anzuordnen und entsprechend zu lehren. Solche Sinneinheiten können nur eine einzelne

Unterrichtsstunde dauern, sie können sich aber auch über einen Schultag, eine Schulwoche, über Monate erstrecken. Seit der Curriculumreform der 60er-Jahre ist dafür der Ausdruck „Unterrichtseinheit" üblich.

Unterrichtseinheiten, wie z. B. die am IPN entwickelten Unterrichtseinheiten für den Physikunterricht der Sekundarstufe I, müssen nicht der Fachlogik folgen, wie Sie es von den Physikvorlesungen her kennen. Die Konzeption und der Aufbau einer Unterrichtseinheit folgen allgemeinen pädagogischen, psychologischen und fachlichen Kriterien. Diese Unterrichtseinheiten können *fachspezifisch, fachüberschreitend, fächerüberschreitend* sein und dabei verschiedene Sozialformen fördern und pflegen.

Unterrichtseinheiten müssen nicht der Fachlogik folgen

2. Das Kurssystem wurde in der Bundesrepublik im Zusammenhang mit der Reform der gymnasialen Oberstufe in den 70er-Jahren eingeführt, um individuelle Begabungen und Interessen besser zu fördern als im traditionellen Frontalunterricht. Diese Förderung wird auch dadurch noch verstärkt, dass eine kleinere Anzahl an Lernenden einen Kurs bilden und sich daher eine Lehrkraft intensiver um einzelne Schülerinnen und Schüler kümmern kann[17].

Kurssystem soll individuelle Begabungen und Interessen fördern

Charakteristisch für einen Kurs ist seine u. U. sehr spezielle Thematik, sein zeitlicher Umfang und seine Zusammensetzung:

Im Kurssystem der gymnasialen Oberstufe dauert ein Kurs i. A. ein halbes Schuljahr; die Kurse an der Universität erstrecken sich über ein Semester, aber unter Umständen auch nur über eine oder zwei Wochen oder sogar nur über ein verlängertes Wochenende. Die Zusammensetzung der Teilnehmer orientiert sich am jeweiligen Interesse am Fach, aber auch an der sozialen Konstellation innerhalb einer Gruppe (Sympathie oder Antipathie zwischen den Kursteilnehmern) an der individuellen Leistungsfähigkeit der jeweiligen Schülerinnen und Schüler im entsprechenden Fachgebiet, an der fachlichen, didaktischen und sozialen Kompetenz der Lehrkraft.

Neben diesem reinen Kurssystem wird ein Kern-Kurssystem unterschieden, wobei es für jedes System eine Vielzahl unterschiedlicher Modelle gibt (vgl. Keim, 1987). Das Kern-Kurssystem unterscheidet sich vom Kurssystem dadurch, dass es einen, für alle verpflichtenden *Kernunterricht* gibt und ergänzend zu diesem je nach Neigung und Begabung Zusatzkurse angeboten werden, von denen allerdings eine festgelegte Mindest-, bzw. Höchstanzahl belegt werden muss. Wir verzichten hier darauf, die Unterschiede beider Konzeptionen und die verschiedenen Realisierungsmöglichkeiten näher zu erörtern.

3. Vor- und Nachteile eines Kursunterrichtes

Viele Arbeiten, die für „Jugend forscht" eingereicht werden, haben ihren Ursprung in Kursen oder kursähnlichen Arbeitsgemeinschaften an den Schulen. Zweifellos können durch die Wahl bzw. die Abwahl von Fächern individuelle Neigungen und Begabungen grundsätzlich besser gefördert und entwickelt werden. Wenn jahrgangsübergreifende Kursbelegungen möglich sind, entstehen neue soziale Beziehungen unter den Schülern.

Durch die Wahlfreiheit der Lernenden werden demokratische Elemente in die bisher hierarchisch aufgebaute Schule hineingebracht. Da die schulischen und sozialen Folgen der Kurswahl unmittelbar erlebt werden, sind Schüler gezwungen, vor einer Entscheidung Vor- und Nachteile, Komplikationen und Konsequenzen gründlich abzuwägen. Da Sympathie oder auch Abneigung zwischen Lehrern und Schülern einen ganz erheblichen Einfluss auf das Unterrichtsklima und damit auf den Lernerfolg hat, ist es im Interesse aller, wenn sich Lernende über die Kurswahl für die Lehrenden entscheiden können, mit deren Art des Umgangs und des Lehrstils sie am besten zurechtkommen.

Mit der Wahlfreiheit ist auch eine Reihe von Problemen verbunden (vgl. Keim (1987)):

Im Falle einer mangelnden Beratung von Schülern und Eltern bei gleichzeitigem vielfältigen Kursangebot besteht *die Gefahr der Überforderung der Jugendlichen* bei der Auswahl der für sie geeigneten und sich sinnvoll ergänzenden Kurse. Weiterhin führt Keim (1987) an, dass die *Auflösung der festen Klassenverbände eine Gemeinschaftsbildung beeinträchtigen* kann und zur Zersplitterung des sozialen Umfeldes der Schüler führt. Das gelegentlich angeführte Argument, in einem Kurs würden soziale Lernziele zu kurz kommen, mag die Schulwirklichkeit treffend charakterisieren. Falls in Physikkursen Gruppenunterricht oder entdeckender Unterricht praktiziert wird und so auch Lernziele gefördert werden, die über den kognitiven Bereich hinausgehen (z. B. soziale Lernziele), ist obiges Argument irrelevant.

Kurssystem erfordert einen auf Aufklärung und Selbstbestimmung ausgerichteten Lehrplan

Allerdings: Ein noch so durchdachtes Kursmodell ist unzureichend oder sogar gefährlich, wenn es parallel dazu an einem auf Aufklärung und Selbstbestimmung hin ausgerichteten Lehrplan fehlt (s. Keim, 1987). Daher betrachtet Keim das 1972 von der Kultusministerkonferenz (KMK) beschlossene Kurssystem für die gymnasiale Oberstufe als zum Scheitern verurteilt, da diesem seiner Meinung nach weder bildungspolitische Rahmenbedingungen noch ein pädagogisch durchdachtes Konzept zugrunde liegt.

5.2. Unterrichtskonzepte des Physikunterrichts

Wir beschreiben die folgenden physikmethodischen Konzepte: *exemplarischer Unterricht, genetischer Unterricht, entdeckender und darbietender Unterricht*. Die physikmethodischen Konzepte thematisieren vor allem die Form und Art der Wissensvermittlung und des „Verstehens". Letzteres war das Grundanliegen Martin Wagenscheins. Dessen Verständnis von „Verstehen" *erfordert genetischen, exemplarischen und sokratischen Unterricht* (Wagenschein, 1968).

Wagenschein: „Verstehen" erfordert genetischen, exemplarischen, sokratischen Unterricht

Wenn wir hier den exemplarischen und den genetischen Unterricht näher charakterisieren, ist dies allerdings mehr als eine bloße Referenz für diesen bedeutenden Physikdidaktiker im 20. Jahrhundert. Wir meinen, dass eine pädagogisch orientierte Physikdidaktik auch in Zukunft subjektorientiert sein muss. Physikunterricht kommt daher nicht an Wagenschein vorbei. Andererseits hat die Entwicklung und weite Verbreitung der neuen Medien zu wesentlichen Änderungen in der Gesellschaft geführt. Man braucht keine hellseherischen Fähigkeiten, um aufgrund dieser neuen Medien Änderungen vorherzusagen für *die Bedeutung von Wissen*, für den *Erwerb von Wissen*, für den Umgang mit Wissen und für das Verständnis von Wissen. Physikunterricht muss daher auch instruktionsorientiert sein, wie z. B. im „darbietenden Unterricht".

Physikunterricht muss auch in Zukunft subjektorientiert sein

Physikunterricht muss auch instruktionsorientiert sein.

5.2.1 Exemplarischer Unterricht

1. Der Physiker Ernst Mach forderte angesichts des ständig und immer rasanter anwachsenden Wissens in seiner Disziplin „exemplarisches Lehren"[18]. In den fünfziger Jahren führte Martin Wagenschein diesen Begriff in die pädagogische und didaktische Diskussion ein.[19] Es ist vor allem ein *Auswahlprinzip* eines Lehrfaches *für didaktisch relevante Inhalte*. Im Falle des Schulfaches Physik entstammen solche besonders wichtigen Inhalte vor allem *der begrifflichen, der methodischen und der Metastruktur der Physik* (s. Abschnitt 1.2).

Gründlichkeit durch Selbstbeschränkung

Diese Inhalte werden repräsentativ für viele weitere ähnliche Inhalte im Unterricht thematisiert (s. z. B. Köhnlein, 1982, 135). Am besonderen Beispiel sollen allgemeine Züge der Physik erarbeitet, verstanden und auf weitere Beispiele übertragen werden, etwa die Bedeutung von Messungen, von Messungenauigkeiten, von Experimenten in der Physik. Dabei reicht nicht immer ein einzelnes Beispiel. Nur wenn „das vergleichende *Erforschen der Variationsmöglichkeiten* eines Beispiels und die *Heraushebung des Gemeinsamen* als eine Vermutung oder ein methodisches Prinzip" (Köhnlein, 1982, 9)

Allgemeine Züge der Physik sollen erarbeitet, verstanden und auf weitere Beispiele übertragen werden

Kern der exemplarischen Methode

möglich ist und auch realisiert wird, ist das Beispiel nicht nur ein isolierter Sachverhalt, sondern der *Kern der exemplarischen Methode*. Dabei entsteht eine Beziehung zwischen einem Lerngegenstand und einem Lernenden. Das heißt, eine solche Lernsituation ist *exemplarisch für etwas und für jemanden* (s. Köhnlein, 1982, 8 f.). Dabei ist das exemplarische Betrachten das Gegenteil des Spezialistentums. Es sucht im Einzelnen das Ganze (s. Wagenschein, 1968, 12 f.).

Exemplarisches Lehren bewirkt insofern Zeitgewinn, weil Physik nicht mehr umfassend, möglichst vollständig gelehrt wird. Die dadurch gewonnene Zeit wird von den Schülern intensiv genutzt, um einen exemplarischen Inhalt *gründlich zu verstehen*, exemplarisch zu lernen. Für Lehrende und Lernende ist aber noch eine weitere Arbeit zu leisten. Zum Verstehen gehört auch das Wissen um die *Querverbindungen zwischen Einzelphänomenen*. Das führt zum Durchschauen komplizierterer Zusammenhänge und letztendlich zur Ausbildung des naturwissenschaftlichen Weltbildes. Es müssen die „Einzelkristalle des Verstehens" (Wagenschein, 1976[4], 207) zusammengefügt werden, so dass für die Lernenden ein *authentisches Bild der Wissenschaft Physik* entsteht. Dieses besitzt Relevanz für die Lebenswelt, d. h. für die *Gesellschaft* und für das Weltbild und den *Lebensstil* der Individuen. Das bedeutet dann auch, dass wichtige *technische Geräte* wie der Computer im Physikunterricht *ebenfalls exemplarisch thematisiert* werden.

Intensives Arbeiten

Gründliches Verstehen

Querverbindungen zwischen Einzelphänomenen

2. Köhnlein (1982, 5 ff.) unterscheidet, *illustrierende, „belegende"* (bestätigende) und *einführende* Beispiele. Es sind die „einführenden" Beispiele, die für ein erstes Verständnis der Physik unbedingt notwendig sind. Sie sind besonders eng mit dem exemplarischen Unterricht verknüpft. Für die einführenden Begriffsbildungen der Physik gibt es anscheinend gar keine andere Möglichkeit, als sich an *einfachen*[20], *überzeugenden*, *motivierenden* Beispielen aus der Lebenswelt der Schüler zu orientieren. Sie werden zunächst auf dem Hintergrund von Alltagserfahrungen mit Hilfe der Umgangssprache interpretiert. Dabei werden originelle Wortschöpfungen der Schülerinnen und Schüler für neue Sachverhalte akzeptiert, von der Klasse übernommen und erst dann durch Fachausdrücke der Physik ersetzt, wenn dafür ein Bedürfnis entsteht, wenn sie von den Lernenden als notwendig empfunden werden.

Einführende Beispiele sind notwendig

Für das *Entdecken neuer Zusammenhänge*, für das *Bilden neuer Begriffe*, für die *Systematisierung des neu Gelernten* muss die Möglichkeit zu intensiver Beschäftigung geschaffen werden. Wagenschein hat deshalb „Epochenunterricht" gefordert. Wir plädieren dafür, dass allgemeinbildender naturwissenschaftlicher Unterricht in Schwerpunkten unterrichtet wird, in Epochen z. B. von 1 – 3 Wochen: in diesem Zeitraum also nur Physik oder Chemie oder Biologie, 6 – 8 Unterrichtsstunden pro Woche. Die dafür notwendigen organisatorischen Maßnahmen sollten auch in deutschen Schulen realisierbar sein.

In Epochen unterrichten

3. Zusammenfassung:

Auch der exemplarische Unterricht benötigt didaktische Vorgaben darüber, was im Physikunterricht relevant ist und was „exemplarisch" thematisiert werden soll. Wir haben unsere diesbezüglichen Zielvorstelllungen in Kap. 2 dargestellt; sie gehen über die „Funktionsziele" Wagenscheins[21] (1965, 257 f.) hinaus.

Der exemplarische Unterricht gibt kein Artikulationsschema für den wünschenswerten Verlauf des Unterrichts vor[22].

Exemplarischer Unterricht impliziert:

- Konstruktives Auswählen von Themen, aus denen sich *typische physikalische Strukturen, Arbeits- und Verfahrensweisen, repräsentative Erkenntnismethoden* exemplarisch gewinnen lassen

- intensive Auseinandersetzung mit einfachen, relevanten, motivierenden „physikhaltigen" *Beispielen aus der Lebenswelt* der Schülerinnen und Schüler

- die Notwendigkeit, *Zusammenhänge herzustellen* zwischen den Beispielen, den „Einzelkristallen des Verstehens"

- die organisatorische Maßnahme: Epochenunterricht.

5.2.2 Genetischer Unterricht

Die Idee von „natürlichen" und besonders wirksamen Lehr-/ Lernmethoden reicht, wie Schuldt (1988) skizziert, mindestens bis zu Comenius im 17. Jahrhundert zurück. Man soll „von der Natur lernen und den Wegen nachgehen, die sie bei der Erzeugung der zu längerer Lebensdauer bestimmten Geschöpfe einschlägt" (Comenius, 1960, 107). Die Dinge werden also „am besten, am leichtesten, am sichersten ... so erkannt, wie sie entstanden sind" (Comenius, 1960, 139). Diese später „historisch-genetisch" und „individual-genetisch" genannten Vorstellungen über das Lernen tauchen auch in der Folgezeit immer wieder auf. Sie orientieren sich an den dominierenden Weltbildern (wie z. B. der Evolutionstheorie) einer Epoche, an psychologischen Theorien (z. B. der genetischen Erkenntnistheorie Piagets) oder normativen pädagogischen Auffassungen („Schule vom

Comenius:

Die Dinge werden am besten, am leichtesten, am sichersten so erkannt, wie sie entstanden sind

Kinde aus") und differenzieren dadurch die ursprünglichen Ideen immer wieder bis in unsere Zeit. Der genetische Unterricht besitzt heute im wesentlichen drei Aspekte (s. z. B. Köhnlein, 1982) :

**Individual-
genetischer Aspekt**

• Der individual-genetische Aspekt berücksichtigt Vorwissen, Vorerfahrungen und die entwicklungspsychologischen Möglichkeiten zur Entwicklung von Kenntnissen und Fähigkeiten im Schüler

**Logisch-genetischer
Aspekt**

• Der logisch-genetische Aspekt betont das Nachentdecken naturwissenschaftlicher Sachverhalte. Es werden die inneren Strukturen des Lerngegenstandes verstehend nachvollzogen.

**Historisch-
genetischer Aspekt**

• Der historisch-genetische Aspekt folgt im wesentlichen dem Prozess der Erkenntnisgewinnung in der Geschichte der Naturwissenschaften.[23]

Wir diskutieren hier nur den individual-genetischen Aspekt, der schülerorientierten Unterricht bedeutet. Daran schließt sich eine Skizze von Wagenscheins Interpretation von „genetischem Unterricht" an.

1. Der individual-genetische Unterricht geht von grundlegenden Erfahrungen, von *Vorverständnissen*, von *Weltbildern* der Schüler aus. Diese Vorstellungen werden weiterentwickelt und geändert, ohne jedoch zu schnell eine, dem Lernenden noch fremde Methode der Wissensaneignung vorzuschlagen oder *anzuordnen* (die naturwissenschaftlichen Methoden), unverstandenes Wissen (z. B. physikalische Begriffe) *überzustülpen*, in *verfrühte Fachterminologie* zu verfallen. „Der Weg des Unterrichts ist nicht der Wissenschaftsgeschichte verpflichtet, sondern sucht didaktisch fruchtbare Situationen nach Maßgabe der sich entwickelnden Fassungskraft und Interessenlage der Schüler" (Köhnlein, 1982, 89).

**Alltagsvorstellungen
berücksichtigen**

Hierbei kommt den Alltagsvorstellungen, die ein Schüler bisher von einem bestimmten Thema hat eine besondere Bedeutung zu. Wir wollen dieses in den vergangenen Jahrzehnten weltweit, insbesondere in der Physikdidaktik betriebene, auch heute noch aktuelle Forschungsgebiet kurz skizzieren:

Beispiel

Viele Schüler stellen sich vor, dass auf einen physikalischen Körper immer eine Kraft einwirken muss, damit er in Bewegung bleibt. Daran ändert sich wenig, wenn im Physikunterricht Newtons Trägheitsprinzip (1. newtonsches Axiom) thematisiert wird. Demonstrationsexperimente genügen in der Regel nicht, um (in unserem Beispiel) die Alltagsvorstellung im Sinne der newtonschen Mechanik zu ändern.

„Vorstellungen bestimmen die Deutung neuer Erfahrung durch Selektion und Transformation der Daten, und sie bestimmt die Produktion neuer Erfahrung durch Steuerung von Erwartungen, die aus den
Vorstellungen folgen... Der Lehrer, der sich der Tatsache nicht be-
wußt ist, daß die Schüler mit Vorstellungen ausgestattet sind, der sie
als tabula rasa ansieht, muß in vielfältiger Weise von der Wirkung
seines Unterrichts überrascht werden ... Alles deutet darauf hin, daß
die wissenschaftlichen Vorstellungen nur unzureichend angenommen
wurden und daß die Schüler bald wieder in ihre eigenen Vor-
Vorstellungen zurückfallen" (Jung, 1981, 9).

Die Frage ist nun, wie soll der Lehrer mit solchen Vorstellungen
umgehen?

Die allgemeine didaktische Auffassung ist, dass Schülerinnen und
Schüler dort „abgeholt" werden sollen, wo sie entwicklungs- und
lernpsychologisch „stehen". Dabei müssen Physiklehrer den „Dialog" zwischen den Alltagsvorstellungen der Schüler und den physikalischen Vorstellungen viel ernster nehmen als bisher. Und es genügt auch nicht, bei der Einführung eines neuen thematischen Bereichs bloß an das Vorwissen anzuknüpfen (s. Jung, 1986). Den Physiklehrern sollte bewusst sein, dass das Lernen der neuen wissenschaftlichen Vorstellungen ein lange andauernder Vorgang ist. Man
kann das Lernen der Physik mit dem Einleben in eine fremde Kultur
vergleichen. In der Terminologie Kuhns (1976) ist dafür ein
Paradigmawechsel nötig (s. Abschnitt 4.2).

**An Alltagsvor-
stellungen anknüp-
fen genügt nicht**

Werden die Alltagsvorstellungen nur verdrängt, greifen die Lernenden
später wieder darauf zurück und vergessen das eventuell im Unterricht
gelernte physikalische Wissen. Es bildet sich im Unterricht aber auch
„Hybridwissen" (Jung, 1986), inkonsistente Vermischungen von Alltagsvorstellungen und wissenschaftlichen Vorstellungen. Im Zusammenhang mit der Diskussion, wie der „Rückfall" in Alltagsvorstellungen verhindert werden kann, wurde auch der Vorschlag gemacht
(Driver, 1989), dass Schüler Einsicht in die Beziehungen zwischen
Alltagswissen und wissenschaftlichem Wissen gewinnen, also Metakognition auch in diesem Bereich. Es scheint, als könnte ein physikalisches Weltbild nur über einen lange anhaltenden Diskurs zwischen den
am Lernprozess Beteiligten und durch einen „fruchtbaren Moment",
ein intensives „Aha-Erlebnis", durch eine „Begegnung" mit der Physik
internalisiert werden. Es ist allerdings zweifelhaft, dass unter gegenwärtigen schulischen Bedingungen eine Mehrzahl der Schüler dieses
Ziel erreicht.

**Wie stabile Alltags-
vorstellungen
ändern?**

**Wagenschein:
„Genetisch"
bedeutet genetisch –
sokratisch –
exemplarisch**

sokratischer Dialog

2. Wagenschein (1968) fasst den Begriff „genetischer Unterricht"
weiter als zuvor und führt aus:

„,Genetisch' bedeutet genetisch – sokratisch – exemplarisch. ... Die
sokratische Methode gehört dazu, weil das Werden, das Erwachen
geistiger Kräfte, sich am wirksamsten im Gespräch vollzieht. Das
exemplarische Prinzip gehört dazu, weil ein genetisch-sokratisches
Verfahren sich auf exemplarische Themenkreise beschränken muss
und auch kann" (Wagenschein, 1968, 55). Wie Sokrates in seinen
berühmten Dialogen, so soll auch der Lehrer das Gespräch mit den
Schülern führen: nicht dozierend, dogmatisch, sondern als einen Dialog mit Zeit zum Nachdenken, ein Herantasten an die Begriffe. Die
Initiative muss beim Schüler bleiben, um zu vermeiden, dass dieser
nur leere Worthülsen von sich gibt, ohne deren Inhalt wirklich zu verstehen. Wichtig ist nicht ein bestimmter Begriff, sondern der Weg, der
zur Begriffsbildung führt. „Die Begriffe sollen erst benutzt werden,
wenn sie sich im forschenden Lernen im Geist des Schülers konstitu-
iert haben" (Schuldt, 1988, 12)[24]. Für Wagenschein ist genetischer
Unterricht mehr als eine Methode. Es ist für ihn Pädagogik, weil diese
mit dem werdenden Menschen und mit dem Werden des Wissens in
ihm zu tun hat. Das Kind ist schon auf dem Wege zur Physik, „wir
brauchen ihm also nur entgegenzukommen und es abzuholen da, wo es
von sich aus gerade steht, wir werden die Physik in ihm auslösen"
(Wagenschein, 1976[4], 73).

Ist ein Kind schon „auf dem Wege zur Physik", die man als Lehrender durch genetischen Unterricht nur noch auslösen muss? Die Auffassung Wagenscheins ist umstritten (s. z. B. Redeker, 1978).

**Wagenschein:
Genetischer
Unterricht versucht
einen bruchlosen
Übergang von vor-
wissenschaftlichen
Erfahrungen hin
zur Physik**

Wagenscheins „genetischer Unterricht versucht einen bruchlosen
Übergang von den vorwissenschaftlichen Erfahrungen zu den wissenschaftlich abgesicherten Erkenntnissen in einem Prozess zuneh-
menden Verstehens. *Verstehen* heißt verbinden, zu adäquaten Erklärungen kommen, Zusammenhänge herstellen und schließlich: einen
Sachverhalt in Gedanken nach den Regeln und unter dem Aspekt des
Faches nachkonstruieren. Indem der genetische Weg zeigt, wie man
zu bestimmten Ergebnissen kommt (und kommen konnte), ist er für
die *Erhaltung der Motivation*, für das *Behalten* und für den *Transfer*
von größter Bedeutung" (Köhnlein, 1982, 95) .

Wagenschein fasst die Vorteile des genetischen Lehrens wie folgt
zusammen:

1. Es bemüht sich um die „Einwurzelung" (im Sinne Simone Weils), ohne die es keine Formatio (= Bildung) gibt. Denn Spaltung der Person ist der Gegensatz zur Bildung.

2. Es lehrt zuerst das produktive Suchen, Finden und das kritische Prüfen und gibt damit ein authentisches Bild der lebenden Wissenschaft.

3. Es macht Gebrauch von der angeborenen Denk- und Lernlust des Kindes. Daher sein hoher Wirkungsgrad" (Wagenschein, 1968, 93).

Wie für den „exemplarischen Unterricht" gilt auch für den „genetischen Unterricht", dass ein spezifisches Artikulationsschema nicht erforderlich ist [25].

3. Zusammenfassende Bemerkungen:

1. Genetischer Unterricht ist schülerorientiert in doppelter Weise

Genetischer Unterricht: berücksichtigt individuelle Lernerfahrungen, fördert individuell die Genese der Physik

- im Hinblick auf die individuellen Lernvoraussetzungen im weitesten Sinne

- im Hinblick auf die individuelle Genese der Physik unter Mitwirkung von Lernenden und Lehrenden.

2. Als besonders relevante Lernvoraussetzungen haben sich die Alltagsvorstellungen der Schüler über physikalische Begriffe, Methoden, Weltbilder herausgestellt. Durch internationale Forschung sind diese Voraussetzungen des Physiklernens zwar weitgehend bekannt, ihre volle Bedeutung werden diese Forschungsergebnisse erst dann erlangen, wenn sie im Physikunterricht verwendet werden.

Alltagsvorstellungen sind wesentliche Lernvoraussetzungen

3. Die Änderung der in der Lebenswelt verankerten Alltagsvorstellungen ist sehr schwierig; sie kann durch genetischen Unterricht (i. S. Wagenscheins) erfolgen. Über diese Form des Physiklernens gibt es zahlreiche Dokumente über erfolgreich erscheinenden Unterricht (z. B. Wagenschein, Banholzer & Thiel (1973)), aber keine systematischen Forschungen bzw. Forschungsergebnisse.

4. Bisher erscheint der notwendig sensible, feinabgestimmte, sich abwechselnde Einsatz des exemplarischen, sokratischen, genetischen Lernens verhältnismäßig wenigen „geborenen" Lehrerinnen und Lehrern möglich zu sein. Durch die Kenntnis vieler relevanter Alltagsvorstellungen und durch die zu erwartenden Forschungsergebnisse über Bedeutungsänderungen von Begriffen und Begriffssystemen („conceptual change") besteht die Aussicht, „genetischen Unterricht" als physikmethodisches Basiskonzept in die Lehrerbildung aufzunehmen.

Genetischer Unterricht als physikmethodisches Basiskonzept der Lehrerbildung

5. Genetischer Unterricht erfordert eine Umdeutung der Lehrerrolle. Lehrkräfte sind keine Instruktoren sondern in erster Linie Moderatoren von Lernprozessen im weiteren Sinne.

6. Die Bezeichnung „genetischer Unterricht" ist auf den deutschen Sprachraum beschränkt. Wir wollen diesen Ausdruck beibehalten als Metapher für „humanes Lernen der Physik" (s.1.5.2).

5.2.3 Entdeckender Unterricht

Entdeckender Unterricht basiert einerseits auf der Lernpsychologie Bruners (1960), andererseits kann dieses schülerorientierte (u.a.) physikmethodische Konzept auch durch pädagogische Ideen etwa der Reformpädagogik begründet werden.

Im schulischen Kontext ist mit „entdecken" natürlich nicht physikalische Forschung mit neuen Ergebnissen gemeint, sondern subjektiv Neues für Lernende. Wenn Hinweise, Ratschläge oder Anweisungen für den Entdeckungsprozess von Lehrenden gegeben werden, spricht man von „gelenkter Entdeckung". Fehlen solche Hilfen, wird der Ausdruck „forschen" bzw. „Forschender Unterricht" verwendet.

Lernpsychologische Begründung des entdeckenden Lernens

1. In die lernpsychologische Begründung des „entdeckenden Lernens" gehen folgende Hypothesen ein (s. Ausubel u.a., 1981[3]):

> • Das entdeckende Lernen erzeugt in einzigartiger Weise Motivation und Selbstvertrauen
>
> • Das entdeckende Lernen ist die wichtigste Quelle für intrinsische Motivation
>
> • Entdeckendes Lernen sichert das Gelernte langfristig im Gedächtnis
>
> • Die Entdeckungsmethode ist die Hauptmethode der Vermittlung von Fachwissen
>
> • Die Entdeckung ist eine notwendige Voraussetzung, um vielfältige Problemlösetechniken zu lernen.

Von Kritikern des entdeckenden Lernens (z.B. Ausubel, 1974) wurden diese recht zugespitzten Hypothesen relativiert und das methodische Konzept des *sinnvoll übernehmenden Unterrichts*, eine Form des darbietenden Unterrichts dagegen gesetzt (s. 5.2.4).

Im Physikunterricht sind entdeckendes und sinnvoll übernehmendes Lernen wichtig

Wir werden argumentieren, dass aus didaktischen Gründen beide methodischen Konzepte und die damit zusammenhängenden Unterrichtsformen (Unterrichtsverfahren) im Physikunterricht sinnvoll und notwendig sind.

2. Wir gehen davon, dass Kinder i. Allg. neugierig sind und wir nehmen an, dass entdeckendes Lernen besonders geeignet ist, diese Neugierde zu befriedigen. Dabei lernen die Kinder und Jugendlichen vor allem Methodisches, naturwissenschaftliche Fähigkeiten und Fertigkeiten (Prozessziele) wie genaues Beobachten, sorgfältiges Experimentieren – eine didaktisch reduzierte methodische Struktur der Physik. Entdeckendes Lernen geschieht in den Sozialformen Gruppenunterricht und individualisierter Unterricht. Damit sind soziale Ziele involviert wie Zusammenarbeit und Hilfsbereitschaft, Einstellungen wie Flexibilität und Ausdauer bei der Lösung von physikalisch-technischen Problemen, Werthaltungen wie „Freude an der Physik". Erfolgserlebnisse beim entdeckenden Lernen stärken das Selbstbewusstsein, können zur „Ich-Identität" beitragen (s. 5.4).

Ziele des entdeckenden Unterrichts

Diese Fülle relevanter Ziele ist für uns maßgebend, dass wir entdeckendes Lernen als unverzichtbar für den Physikunterricht halten. In welchem Maße Bruners psychologische Hypothesen empirisch bestätigt sind, ist für uns nachgeordnet.

Entdeckendes Lernen ist unverzichtbar für den Physikunterricht

3. Entdeckender Unterricht lässt sich stichwortartig wie folgt charakterisieren:

Schülerorientierter Unterricht
Unterrichtsziele <ul><li>*Prozessziele*: Erlernen physikalischer Denk- und Arbeitsweisen</li><li>*soziale Ziele* (Gruppenarbeit): Persönlichkeitsentwicklung, Kommunikationsfähigkeit</li><li>unmittelbare Realitätserfahrung durch Schülerversuche (führt nicht unbedingt zu besseren Lernergebnissen)</li><li>Erfolgserlebnisse (intrinsische Motivation, führt zu längerfristigem Interesse)</li></ul>
Organisation <ul><li>Vorbereitung: Schülerarbeitsmittel bereitstellen; (oft Ausstattungs- und Zeitproblem)</li><li>Planung: längerfristige Grobplanung</li><li>Unterrichtsorganisation: Epochenunterricht (mind. Doppelstunde); Schüler agieren, Lehrer berät nur bei Problemen; Unterrichtsverlauf offen</li></ul>
Implizite Probleme <ul><li>zeitlicher Aufwand</li><li>Lehrplanerfüllung</li><li>organisatorischer (evtl. auch finanzieller) Aufwand</li><li>Oberflächliche Begriffsbildung (?!)</li></ul>

5.2.4 Darbietender Unterricht

Darbietender Physikunterricht hängt eng mit rezeptivem Lernen zusammen, mit Wissenserwerb, in dem der Lehrervortrag und ein dazu sinnvolles Demonstrationsexperiment eine wichtige Rolle spielen und in dem die Schüler äußerlich passiv sind. Die dafür typische Sozialform ist der Frontalunterricht (s. 5.4.3).

Sinnvoll übernehmender Unterricht

Informationen müssen für Lernende bedeutungsvoll sein

1. Der kanadische Psychologe Ausubel (s. Ausubel u. a., 1981[3], 30 ff.) wendet sich entschieden gegen eine einseitige Bevorzugung des entdeckenden Lernens. Er hält eine bestimmte Form des rezeptiven Lernens, den *sinnvoll übernehmenden* Unterricht, vor allem für effektiver als entdeckendes Lernen, wenn es um das Lernen und Behalten von begrifflichen Strukturen (Konzeptziele) geht. Dieses sinnvolle (rezeptive) Lernen unterscheidet sich von mechanischem Lernen dadurch, dass bewusst und gezielt so an das Vorwissen der Lernenden angeknüpft wird, dass die *Informationen für den Lernenden eine Bedeutung* haben, Sinn machen. Nur dann kann es in der kognitiven Struktur verankert, d. h. dauerhaft behalten werden.

Ein einfaches, nichtphysikalisches Beispiel wird Sie überzeugen: Wenn ich Ihnen eine 6-stellige Zahl mit zufällig gewählten Ziffern nenne, können Sie ohne spezielles Training diese Ziffern nach fünf Minuten nicht wiederholen. Die 6-stellige Telefonnummer Ihrer Partnerin oder Ihres Partners können sie sich sehr leicht merken, eben weil diese *Information eine Bedeutung* für Sie hat.

Guter darbietender Unterricht stellt hohe Anforderungen an den Lehrer

Für wichtige Kompetenzen des darbietenden Unterrichts ist Didaktik und Schulpraxis nötig

2. Für darbietenden Unterricht sind spezifische Fähigkeiten des Faches und ihrer Didaktik erforderlich wie zum Beispiel die *überzeugende Demonstration von Phänomenen* durch souveränes Experimentieren, die *Erklärung komplexer Phänomene* durch Zerlegen der dazugehörigen Theorie in kleine, aufeinander aufbauende, verständliche Sinneinheiten (s. 3.1.3). Es gehört auch das überzeugende Auftreten der Lehrkraft vor der Klasse dazu, für das es keine allgemeingültigen Regeln gibt. In Abschnitt 5.4.3, bei der Charakterisierung des Frontalunterrichts werden einige Stichworte zum Lehrerverhalten aufgeführt. Dieses kann nicht allein theoretisch erworben werden, auch nicht durch eine auf Schulerfahrung basierende Physikdidaktik, sondern nur im Zusammenhang mit Schulpraxis und durch vorbildlichen Unterricht erfahrener Kolleginnen und Kollegen (Lernen am Modell). Diese gründliche Einführung in die Praxis des darbietenden Physikunterrichts geschieht gegenwärtig vor allem durch die 2. Phase der Lehrerbildung. Wir beschränken uns darauf, im folgenden Abschnitt 5.3 einige Strukturierungshilfen für den darbieten-

den Unterricht zu skizzieren, sogenannte Artikulationsschemata, die vor allem in der Lehrtradition des Physikunterrichts entstanden sind.

3. Darbietender Unterricht in Stichworten:

Lehrerorientierter Unterricht
• Lehrökonomie: Vorbereitung, Durchführung
• Lernökonomie: effektiver Unterricht (?)
Unterrichtsziele
• Konzeptziele: (Vor allem) begriffliche Struktur der Physik; Aufbau einer relevanten kognitiven Struktur in einer bestimmten Zeit
• Förderung der fachlichen Kompetenz der Schüler (dafür spricht, dass die Schüler genauer lernen, dagegen, dass Schüler bei Überforderung oft völlig „abschalten")
Organisation
• Vorbereitung: Aufbau und Erprobung von Demonstrationsversuchen
• Planung: kurzfristig und detailliert für erfahrene Lehrende
• Unterricht: Lehrerversuch und -vortrag, oft fragend-entwickelnder Unterricht, Assistenz von Schülern bei Demonstrationsversuchen
Implizite Probleme
• oft nur verbales Wissen
• Motivation (kann sehr gering sein)
• Mitarbeit der Schüler (oft nur mäßig)
• Verständnisschwierigkeiten (z. B. wegen monotoner Darbietung und/ oder ungeeigneten Elementarisierungen)

5.3 Artikulationsschemata – wie eine Unterrichtsstunde gegliedert wird

5.3.1 Übersicht über einige Artikulationsschemata

1. Eine Unterrichtsstunde ist durch „Phasen" oder „Stufen" gegliedert. Dafür wurden im Verlaufe der Geschichte der Pädagogik verschiedene Vorschläge gemacht (s. Meyer, 1987a). Wir orientieren uns an dem im deutschen Sprachraum weitgehend akzeptierten Schema von Roth (1963), *das fünf* Stufen umfasst:

**Artikulations-
schema von Roth**

- Stufe der Motivation

- Stufe der Schwierigkeiten

- Stufe der Lösung

- Stufe des Tuns und Ausführens

- Stufe des Bereitstellens, der Übertragung, der Integration

**Grundschema für
die Artikulation
einer Unterrichts-
stunde**

2. Wir fassen diese 5 Stufen für die folgenden Ausführungen zu drei Phasen zusammen und bezeichnen diese Gliederung als *Grundschema für die Artikulation einer Unterrichtsstunde*:

- *Motivation* (Phase der Motivation und der Problemstellung)

- *Erarbeitung* (Phase der Problemlösung)

- *Vertiefung* (Phase der Integration, des Behaltens, des Transfers, der Anwendung) .

**„Einstieg" in den
Physikunterricht**

In der *Phase der Motivation* wird versucht, die Schüler für ein bestimmtes Problem zu interessieren, dieses Problem zu strukturieren und allen Schülern verständlich zu machen, so dass die Schüler sinnvolle Hypothesen bilden können. Dies geschieht durch einen dem Thema, den Zielsetzungen, der Klassensituation, den Vorkenntnissen und den Schülervorstellungen angemessenen *„Einstieg"*. In der Phase der Motivation muss den Schülern genügend Zeit zur Verfügung stehen, um Ideen für Problemlösungen ungeprüft, man könnte fast sagen, unkritisch aufzustellen und zunächst auch dann beizubehalten, wenn sie von Mitschülern kritisiert oder abgelehnt werden.

In der anschließenden *Phase der Erarbeitung* werden die Lerninhalte von den Schülern selbst erarbeitet oder vom Lehrer dargeboten. Im Physikunterricht spielen hier Experimente eine zentrale Rolle.

Schließlich wird in der *Phase der Vertiefung* das Gelernte geübt, um es dauerhaft zu behalten, außerdem angewendet und Zusammenhänge mit dem Vorwissen und den Vorerfahrungen hergestellt.

Wir halten das Grundschema zumindest in der 1. Phase der Lehrerbildung für ausreichend. Dieses ist auch deshalb relevant, weil es *nicht fachspezifisch* ist. Wir stellen es in diesem Abschnitt noch ausführlich dar (5.3.2, 5.3.3, 5.3.4).

**Formen des
entdeckenden
Unterrichts**

3. Spezifischer auf den naturwissenschaftlichen Unterricht bezogen ist der sogenannte „Problemlösende Unterricht". Hierzu existieren lokal in Studienseminaren entwickelte Artikulationsschemata, die sich in der Anzahl der Phasen unterscheiden. Wir ordnen den *„Problemlösenden Unterricht"* dem *entdeckenden Unterricht* zu. Man

müsste etwas genauer von „gelenkt entdeckendem Unterricht" sprechen, weil die Lehrkraft den Ablauf wesentlich beeinflusst.

Problemlösender Unterricht (orientiert an Schmidkunz – Lindemann (1992))

Phasen	Didaktische Strukturierung
1. Problemge-winnung	1a: Problemgrund
	1b: Problemerfassung (Problemfindung, -stellung)
	1c: Problemerkenntnis, Problemformulierung
2. Überlegungen zur Problem-lösung	2a: Analyse des Problems
	2b: Lösungsvorschläge
	2c: Entscheidung für einen Lösungsvorschlag
3. Durchführung eines Lösungsvor-schlages	3a: Planung des experimentellen Lösevorhabens
	3b: Praktische Durchführung des Löse-vorhabens
	3c: Diskussion der Ergebnisse
4 Abstraktion der gewonne-nen Erkennt-nisse	4a: Ikonische Abstraktion (graf. Darstellung)
	4b: Verbale Abstraktion (physik. Gesetz)
	4c: Symbolische Abstraktion (physik. Gesetz)
5. Wissenssiche-rung und Anwendung	5a: Anwendungsbeispiele
	5b: Wiederholung (Festigung)
	5c: Messung des Unterrichtserfolgs

Artikulations-schema für „Problemlösenden Unterricht"

Weitere Formen des entdeckenden Unterrichts sind der „nacherfindende Unterricht" und die „Modellmethode". Für letztere liegt auch ein Artikulationsschema vor (s. Kircher, 1995, 205 ff.).

4. Der *„sinnvoll übernehmende Unterricht"* ist die wichtigste Form des darbietenden Unterrichts. Er folgt dem allgemeinen didaktischen Prinzip „vom Allgemeinen zum Besonderen" und ähnelt dadurch dem „analytischen Verfahren". Eine Besonderheit des darbietenden Unterrichts sind sogenannte Vorausorganisatoren („advance organizer"), die die Kluft überbrücken zwischen dem Vorwissen und dem was neu gelernt werden soll. Ein Advance Organizer ist eine Art „Überblick", der das Lernziel, den Inhalt, vielleicht die Arbeitsmethode und die Arbeitsschritte allgemein umschreibt (Peterßen, 1997, 120 f.). Der Advance Organizer kann auch ein Vergleich sein, der den Schülern verständlich ist, etwa der Vergleich der Elektrizität mit Wasser, bzw. des elektrischen Stromkreises mit dem Wasserstrom-

Formen des darbietenden Unterrichts

sinnvoll übernehmender Unterricht

kreis (s. 3.3.2). Aufgrund der von Ausubel (1974) genannten Merkmale rekonstruieren wir das folgende Artikulationsschema:

Artikulations-schema für sinnvoll übernehmenden Unterricht

Einstieg: Advance Organizer (Überblick, Vergleich)

Erarbeitung (Darbietung des organisierten Lernmaterials (Lernstoff) durch den Lehrer):

- Fortschreitende Differenzierung des Themas/ des Vergleichs: Von qualitativen Aussagen zu quantitativen, von physikalischen Eigenschaften zu metrischen Begriffen, Fakten, Gesetzen durch eine Folge kleiner Sinneinheiten, die einer „inneren Logik"[26] folgen.
- Festigung während der fortschreitenden Differenzierung: In einer Folge von Sinneinheiten wird erst dann zur nächsten Sinneinheit fortgeschritten, wenn die zuletzt behandelte *klar, gut organisiert und stabil in der kognitiven Struktur verankert* ist.
- Integrative Aussöhnung: Ähnliche Begriffe (aus Schülersicht) werden *getrennt eingeführt* (z. B. Stromstärke und Spannung) und danach verglichen und „integrativ ausgesöhnt" (im Beispiel durch das ohmsche Gesetz).

- *Vertiefung*: Ähnliche Aufgaben und Beispiele (horizontaler Transfer) und Problemlösen (vertikaler Transfer).

Weitere Formen des darbietenden Unterrichts sind der „synthetische (aufbauende)", der „analytische (zergliedernde)" Unterricht, der „fragend-entwickelnde" Unterricht.[27]

Methodenkompetenz der Lehrkraft

5. Die methodenkompetente Lehrkraft verfügt auch im Unterricht über mehrere Artikulationsschemata. Lehranfänger sollten versuchen, derartige Schemata nach und nach flexibel anzuwenden. Bezogen auf das Grundschema bedeutet dies, dass Lehrer *verschiedene Arten des Einstiegs beherrschen, verschiedene methodische Möglichkeiten in der Phase der Erarbeitung einsetzen (z. B. Schülerversuche und Demonstrationsversuche, Analogversuche) und in der Phase der Vertiefung* herkömmliche und neue Medien sinnvoll nutzen. Im Verlauf zunehmender Schulerfahrung entstehen „Mischformen" zwischen entdeckendem und darbietendem Unterricht, Unterrichtsabschnitte, die eher lehrer- bzw. schülerorientiert sind.

Keine festen Zeitvorgaben für die Phasen des Unterrichts

Wir plädieren, dass von vornherein kein festes Zeitmaß für die drei Phasen des Unterrichts festgelegt wird, etwa 10 Minuten „Einstieg", 20 Minuten Erarbeitung und 15 Minuten „Vertiefung". Die Dauer der verschiedenen Phasen sollte von der motivierenden Wirkung und der Komplexität des Lerngegenstandes sowie von der Leistungsfähigkeit und Leistungsbereitschaft der Schülerinnen und Schüler abhängig gemacht werden.

5.3.2 Die Phase der Motivation

1. Der amerikanische Psychologe Berlyne spricht im Zusammenhang mit dem Wecken des Schülerinteresses durch ungewöhnliche und überraschende Vorgänge und Phänomene von der *Motivation durch einen kognitiven Konflikt* (s. Lind, 1975). Ein kognitiver Konflikt entsteht ganz allgemein gesagt dann, wenn das Wahrgenommene mit dem bisherigen Wissen, den bisherigen Erfahrungen nicht übereinstimmt. Die Wahrnehmung wird dann als ungewöhnlich oder überraschend empfunden. Wir versuchen uns diese Theorie durch eine graphische Darstellung zu veranschaulichen:

Motivation durch einen kognitiven Konflikt

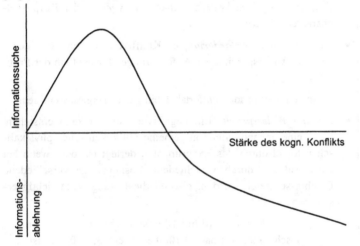

Abb. 5.2: Veranschaulichung von Berlynes Theorie des kognitiven Konflikts

Wenn die Stärke des kognitiven Konflikts zunimmt, dann nimmt zunächst auch die Informationssuche zu bis zu einem Maximum. Wird die Stärke des kognitiven Konflikts weiter erhöht, dann nimmt die Informationssuche wieder ab und schlägt schließlich sogar ins Negative um. Das bedeutet Weigerung nach weiterer Informationssuche, eine weitere Beschäftigung mit dem Thema wird abgelehnt.

Berlyne nennt folgende Situationen (Lind, 1975, 97), die geeignet sind, einen kognitiven Konflikt und – als dessen Folge – eine sachbezogene Motivation zu erreichen. Wir erläutern diese Situationen durch physikalische Beispiele.

Situationen für kognitive Konflikte

- *Überraschung:* Konflikt zwischen Erwartung und Beobachtung.

  Beispiel: Aus einer Milchdose fließt keine Milch, wenn die Dose nur ein Loch besitzt und umgedreht wird

- *Zweifel:* Konflikt zwischen Glauben und Nichtglauben.

  Beispiel: Behauptungen des Lehrers: „Hans (25 kg) kann mit Fritz (50 kg) wippen".

- *Ungewissheit:* Mehrere Lösungen eines Problems scheinen möglich, aber welche ist die richtige? Gibt es mehrere richtige Lösungen?

  Beispiel: Hat Licht Wellencharakter *(Huygens)* oder Korpuskelcharakter *(Newton)?*

- *Widerstreitende Anforderungen:* Konflikt zwischen verschiedenen, sich widersprechenden Anforderungen hinsichtlich der Problemlösung

  Beispiel: Ein Auto soll komfortabel, billig und energiesparend sein

- *Direkter Widerspruch:* Ein kognitiver Konflikt kann entstehen, wenn eine angenommene allgemeine Gültigkeit einer physikalischen Regel durch das Experiment widerlegt ist, oder wenn bei einer Aufgabe durch verschiedene Lösungswege verschiedene Ergebnisse erzielt werden, obwohl die Lösungswege richtig erscheinen.

- Beispiel: Ein Körper wird mit $10\ m/s^2$ beschleunigt. Wie groß ist seine Geschwindigkeit nach 10 000 Stunden? $3{,}6 \cdot 10^8\ m/s$ ist aber größer als die Lichtgeschwindigkeit!

Kognitive Konflikte auslösen können:
- **Neuheit,**
- **Inkongruität,**
- **Komplexität,**
- **Unsicherheit**

Konflikt auslösend können also nach *Berlynes* Motivationstheorie die Unterrichtsgegenstände *dann* sein, wenn sie die Gegenstandsvariablen *Neuheit, Nichtübereinstimmung* (Inkongruität), *Komplexität* und *Unsicherheit* aufweisen. Natürlich wird Unterricht nicht allein dadurch erfolgreich, wenn punktuell etwa allein während des Einstiegs ein kognitiver Konflikt erzeugt wird, sondern nur dann, wenn bei Schülerinnen und Schülern ein dauerhaftes Interesse erzeugt wird, z. B. durch wiederholte Erfolgserlebnisse in selbständigem Fragen, Informationssuchen und Problemlösen.

2. Verschiedene Einstiege im Physikunterricht

Einstieg über Naturbeobachtung

- *Einstieg über Naturbeobachtung*

Ein Vorgang in der Natur findet häufig das Interesse der Schüler. Man kann hier die Unterscheidung treffen, ob die Beobachtung und die damit verbundene Fragestellung vom Lehrer ausgeht oder von

Schülern in den Unterricht gebracht werden. Häufig muss der Lehrer Naturbeobachtungen erst „frag würdig" machen, wie etwa in dem folgenden Beispiel von *Wagenschein*.

Beispiel: Wie weit ist der Mond entfernt?

Wagenschein (1976[4]) zeigt exemplarisch, wie durch einfache geometrische Konstruktionen die Entfernung aller nicht zu weit von der Erde entfernten Himmelskörper bestimmt werden kann. Hier wird der kognitive Konflikt vielleicht durch den Zweifel der Schüler erzeugt, wie dieses Problem überhaupt und mit welchen Mitteln von ihnen gelöst werden kann.

• *Einstieg über ein physikalisch- technisches Gerät*

Bei dem Einstieg über ein physikalisch-technisches Gerät äußern die Schüler z. B. Vermutungen über die Funktion des Geräts, über dessen Inbetriebnahme, über seine Bedeutung usw.. Es wird auf die wesentlichen Funktionen des Gerätes aufmerksam gemacht, die im Verlauf des Unterrichts genauer beobachtet und durch entsprechende Experimente untersucht werden. Das Interesse der Schüler an bestimmten technischen Geräten wird dazu benutzt, um physikalische Denkweise und physikalische Inhalte zu verdeutlichen. Es wird also nicht der übliche Weg beschritten, bei dem zuerst ein physikalisches Prinzip gelernt wird und Technik als Anwendung der Physik dargestellt wird.

Beispiel: Warum fliegt eine Rakete?

Hier wird an dem komplexen technischen Gerät „Rakete" schließlich das 3. newtonsche Axiom (actio = reactio) herausgearbeitet.

• *Einstieg über qualitative Versuche*

Bei diesem Einstieg geht *es* darum, durch verschiedenartige Phänomene eines bestimmten Objektbereiches Interesse für diesen zu wecken und mit diesem vorläufig vertraut zu werden.

Beispiel: Elektrischer Strom (s. *Wagenschein*, 1976[4], 276 ff.)

Es werden verschiedene Phänomene des elektrischen Stromes demonstriert (Glühen eines Drahtes, Kurzschluss, Lämpchen in verzweigten und nicht verzweigten Stromkreisen). Es wird untersucht, inwieweit diese Phänomene eine Vorstellung vom „Fließen" der Elektrizität unterstützen.

Unter dem Stichwort „*Freihandversuche*" werden derzeit qualitative Versuche auch als Einstiege propagiert. Für Freihandversuche werden Materialien aus der Alltagswelt eingesetzt (z. B. eine OHP-Folie, ein Trinkhalm für elektrostatische Versuche). Für diese Versuche ist

Einstieg über ein physikalisch-technisches Gerät

Einstieg über qualitative Versuche

kein großes Experimentiergeschick nötig, so dass sie von den Schülern auch zu Hause durchgeführt werden können (s. Hilscher, 1998).

Einstieg über Schlüsselbegriffe

• *Einstieg über Schlüsselbegriffe*

Beispiel: Was ist elektrischer Strom?

Schüler können über grundlegende Begriffe eines thematischen Bereiches (Schlüsselbegriffe) wie z.B. „Elektrischer Strom" oder „Elektronen" motiviert werden, durch direkte Fragen nach den Vorstellungen der Schüler über diese Begriffe, sowie nach der Bedeutung dieser Begriffe: „Was ist eigentlich elektrischer Strom, was ist eigentlich ein Elektron, was stellt ihr euch darunter vor?"

Historischer Einstieg

• *Historischer Einstieg*

Wir unterscheiden: Historische Erzählung und historische Quellentexte als Einstieg.

Lehrererzählungen tendieren zu Anekdotischem. So im Unterricht charakterisiert und bei entsprechender Begabung des Lehrers für spannende Erzählungen, ist diese Art Einstieg schon in der Grundschule möglich (z.B. „Edison und die Glühlampe").

Historische Quellentexte müssen für Schüler der Sekundarstufe I meistens umgearbeitet werden, um für diese verständlich zu sein. Der Nachteil einer solchen Umarbeitung liegt darin, dass die historische Authentizität verloren gehen kann. Insgesamt ist ein historischer Einstieg erst möglich, wenn bei den Schülern z.B. durch Quellenstudium im Geschichtsunterricht sich Grundlagen für Textinterpretationen gebildet haben. Erst dann kann diese Art des Einstiegs sinnvoll im Physikunterricht eingesetzt werden (am Ende der Sekundarstufe I und in der Sekundarstufe II).

Beispiel: Das Beharrungsgesetz (1. newtonsches Axiom)

Es wird die Entdeckung des Beharrungsgesetzes in der Geschichte mit Quellentexten von *Aristoteles, Kepler, Galilei,* u.a. dargestellt (vgl. *Wagenschein,* 1976[4], 266 ff.).

Einstieg über ein aktuelles Problem

• *Einstieg über ein aktuelles Problem*

Im Sinne einiger in Kapitel 1 genannten Zielsetzungen kommt den gegenwärtig in der Gesellschaft diskutierten Problemen dann eine besondere Bedeutung als Einstieg zu, wenn dabei auch physikalisch - technisches Wissen zur Lösung herangezogen werden muss. Themen im Zusammenhang mit der Energieversorgung oder mit dem Umweltschutz werden in absehbarer Zeit nicht ihre Aktualität verlieren.

Audiovisuelle Medien (s. Kapitel 6) können hier gute Dienste leisten. Die Behandlung aktueller Probleme sollen sich nicht nur auf die physikalisch-technische Seite des Problems beschränken.

Beispiel: „Computer verändern unser Leben". Hier könnten etwa folgende Teilthemen bearbeitet werden: „Computer und Freizeit", „Computer und Arbeitsplatz", „Computer und Verwaltung".

* *Einstieg über ein technisches Problem*

Wenn im Unterricht die Induktion in Abhängigkeit von der Windungszahl behandelt wurde, kann sich (z. B.) folgende auf technische *Lösungen* zielende Frage ergeben: „Wie können wir Hochspannungen (niedrige Spannungen) erzeugen?"

* *Einstieg über eine Bastelaufgabe*

Es wird z. B. ein Modell eines Elektromotors nach einer Vorlage gebastelt (nachmachenden Unterricht). Danach wird das Elementare eines Elektromotors herausgearbeitet (s. Kap. 3.1).

* *Einstieg über ein Spiel*

Die in 5.2.1 beschriebenen Spiele können grundsätzlich als Einstieg verwendet werden zur Motivation oder zur Erzeugung eines kognitiven Konflikts, „Spielzeuge" wie die „Lichtmühle", der „kartesische Taucher", die „keltischen Wackelsteine".

5.3.3 Zur Phase der Erarbeitung

Die Phase der Erarbeitung ist häufig nur in der *Planung des Unterrichts* von der Phase der Motivation *zu trennen*. Im tatsächlichen Unterricht ist der Übergang von der Problemerfassung und Problemstrukturierung (Motivationsphase) zur Problemlösung (Phase der Erarbeitung) im Allgemeinen nicht genau festzulegen. Die Phase der Erarbeitung beginnt dann, wenn aus vagen Ideen physikalische Hypothesen zur Lösung des Problems sich herauskristallisiert haben.

Im Physikunterricht werden in der Phase der Erarbeitung Experimente gegenüber anderen Medien bevorzugt eingesetzt. Die zuvor gewonnenen Hypothesen werden durch ein qualitatives oder ein quantitatives Experiment überprüft.

Wir stellen hier dar, welche Schritte beim Experimentieren in der Phase der Erarbeitung grundsätzlich notwendig sind. Ausführlichere Erläuterungen zum Experiment in der Physik und im Physikunterricht finden Sie in Kap. 4 und Kap. 6.

Einstieg über ein technisches Problem

Einstieg über eine Bastelaufgabe

Einstieg über ein Spiel

Phase der Erarbeitung: Experimente werden bevorzugt eingesetzt

1. Hypothesenbildung
   - Sammeln von Lösungsvorschlägen
   - Auswahl und Konkretisierung einer Hypothese
2. Planung des Experimentes
   - Aufbau des Experimentes (Skizze und Beschreibung)
   - Festlegung der Variablen, die konstant gehalten/ die variiert werden sollen
   - Beschreibung des Ablaufes
   - Voraussage des Ergebnisses des Experimentes
3. Durchführung des Experimentes
   - Kontrolle der Variablen
   - Fixierung der Beobachtungen und Messergebnisse in einem Protokoll (u. a. z. B. in die Tabellen)
4. Auswertung des Experimentes
   - qualitative Diskussion der Ergebnisse
   - quantitative Auswertung des Experimentes: Darstellung der Messergebnisse in Diagrammen; Auswertung und Interpretation von Diagrammen; Fehlerbetrachtung
   - Formulierung des Ergebnisses
   - Vergleich des Ergebnisses mit der Hypothese
5. Rückblickende Erörterung des Experimentes
   - Operative Vereinfachungen und ihr möglicher Einfluss auf das Ergebnis
   - nur näherungsweise erfüllte physikalische Bedingungen und ihr Einfluss auf das Ergebnis
   - Vorschläge zur Verbesserung des Experimentes
6. Allgemeine Erörterung des Ergebnisses
   - Einordnung des Ergebnisses in schon bekannte Theorien
   - Grenzen der neu gewonnenen Aussagen
   - Anwendung der neu gewonnenen Aussagen
   - Diskussion des allgemeinen physikalischen Hintergrundes (z. B. Annahmen über „Raum" und „Zeit").

Nicht jedes Thema kann im Physikunterricht durch ein Experiment so ausführlich erarbeitet werden, wie es die genannten Schritte nahe legen. Häufig müssen auch andere Medien (z. B. das Lehrbuch) herangezogen werden.

Keine Übereile!   In der Phase der Erarbeitung darf keine Übereile entstehen. Man sollte sich als Lehrer nicht an dem vorschnellen „ich hab's" des Klassenbesten orientieren, sondern eher an den Langsamen und Bedächtigen (s. *Wagenschein*, 1968).

5.3.4 Zur Phase der Vertiefung

Die Phase der Vertiefung hat folgende Aufgaben.

Das Neugelernte soll
- behalten,
- in eine Beziehung zum bisher Gelernten gebracht (integriert),
- auf neue Situationen übertragen (transferiert),
- technisch angewendet werden.

Außerdem wird überprüft, wie weit die Lernziele erreicht worden sind. Die Überprüfung des Lernerfolgs ist ausführlich in Kap. 7 dargestellt.

1. Wir greifen die immer noch relevanten Vorschläge zur Vertiefung von *Mothes* (1968) und *Haspas* (1970) auf, die auf großer pädagogischer Erfahrung beruhen, auch ohne dass die einzelnen Maßnahmen genauer analysiert und ihre adressatenspezifische Wirksamkeit bisher empirisch untersucht wäre:

- Rückschau auf den Verlauf der Stunde (mündlich)
- Stichworte und wesentliche Skizzen in ein von den Schülern gestaltetes Physikheft
- Beobachtungsaufgaben über Anwendungen im Alltag
- Selbständige Arbeit mit dem Schulbuch und Nachschlagewerken (Tabellen, Formelsammlungen, Internet)
- Lösen spezieller Aufgaben zum behandelten Lehrstoff (Anwendungsaufgaben, Denkaufgaben)
- Lösen experimenteller Aufgaben
- ein Modell oder ein Gerät anzufertigen
- Eine Hausarbeit über den Stundenverlauf mit weiteren Sinnzusammenhängen des Alltags
- eine Betriebsbesichtigung
- Wiederholung in periodisch stattfindenden Übungs- und Festigungsstunden

Lehrervortrag

Unabhängig davon, ob durch darbietenden oder entdeckenden Unterricht neues Wissen erworben wurde, kommt dem *Lehrervortrag in der Phase der Vertiefung* eine wesentliche Bedeutung zu. Dies gilt insbesondere für das Behalten und die Integration des Gelernten, weil die Lehrkraft individuell auf die Schüler, auf ihre Fähigkeiten und ihre Interessen eingehen kann – ein Schulbuch kann dies natürlich nicht. Mindestens genau so wichtig ist ein *Unterrichtsgespräch*,

Unterrichtsgespräch

weil Schüler unmittelbar ihr Interesse, Wünsche zur Wiederholung spezieller Lerninhalte artikulieren können. Im Unterrichtsgespräch werden auch falsche Auffassungen der Schüler offenbar, so dass Missverständnisse korrigiert werden können.

2. Wir gehen noch etwas näher auf das Transferieren (Übertragen) des Neugelernten ein, auf den horizontalen und den vertikalen Transfer.

Horizontaler Transfer

Beim horizontalen (lateralen) Transfer geht es um die *Übertragung des zuvor Gelernten auf ähnliche Beispiele*, z. B. um die Anwendung eines physikalischen Gesetzes oder eines bestimmten Arbeitsverfahrens in einem *geänderten Kontext*. Horizontaler Transfer liegt bei-

Beispiel

spielsweise vor, wenn man im Unterricht „Die goldene Regel der Mechanik" bei einfachen Maschinen am Beispiel der schiefen Ebene und des Flaschenzuges erarbeitet hat und ihn dann auf eine Transmissionsmaschine (z.B. Fahrrad) überträgt. Horizontaler Transfer kann etwas vereinfacht mit „Anwendung auf neue Beispiele" gleichgesetzt werden.

Vertikaler Transfer

Der *vertikale Transfer* stellt höhere Anforderungen an den Schüler. Dort kann das erarbeitete Gesetz oder Arbeitsverfahren nicht weitgehend unverändert übernommen werden. Vielmehr müssen hier weitere physikalische Gesetze herangezogen werden, und es sind im allgemeinen Verknüpfungen mit anderen Themenbereichen notwendig.

Beispiel

Wenn z.B. das Gesetz des exponentiellen Abfalls ($y = c \cdot e^{-const. \cdot x}$) von einem Sachgebiet (z.B. radioaktiver Zerfall) auf ein anderes (z. B. Entladung eines Kondensators) übertragen wird oder wenn der Satz von der Erhaltung der Energie zunächst im Bereich der Mechanik aufgestellt und dann auf andere Gebiete (z.B. Elektrik, Chemie) erweitert wird, kann man vom vertikalen Transfer sprechen.

Der Transfer des Gelernten ist für Schüler schwierig:

Transferieren muss geübt werden

- Das neu Gelernte ist zunächst noch auf den engen Bereich der Phänomene und Sachverhalte beschränkt, an denen es erarbeitet worden ist. Man kann mit der Übertragung des Gelernten durch die Schüler *um so weniger rechnen, je unterschiedlicher die ursprüngliche Lernsituation und die Transfersituation* sind.

- Es dauert eine gewisse Zeit, bis neu erworbenes Wissen so in die kognitive Struktur des Schülers integriert ist, dass es umfassend angewendet werden kann (s. Häußler, 1981).

- Die Schwierigkeiten, die die Schüler beim transferieren haben, erfordern, dass das Übertragen von Lerninhalten auf neue Situationen im Unterricht geübt wird.

3. Es sei erwähnt, dass die Phase der Vertiefung keineswegs mit der Unterrichtsstunde abgeschlossen sein muss. Eine solche restriktive Auffassung würde ja voraussetzen, dass sich Problemlösungen der Schüler immer in das Zeitmaß einer Unterrichtsstunde einpassen lassen. Häufig wird eine Stunde durch die Überlegung abgeschlossen, welche unerledigt gebliebenen Sonderprobleme in der nächsten Stunde aufgegriffen werden sollen und wie sie z. B. durch Beobachtungsaufgaben, durch Informationen aus Büchern und Internet vorbereitet werden können.

4. Im Zusammenhang mit den TIMSS- Ergebnissen für die Bundesrepublik (Baumert u.a., 2000[a,b]) befasst sich MNU 2001 auch mit einer *neuen Aufgabenkultur* im Physikunterricht an Gymnasien. Dabei beziehen sich die folgenden Gesichtspunkte für *Aufgaben und Arbeitsaufträge* nicht nur auf die Phase der Vertiefung und die Mehrzahl der empfohlenen Maßnahmen nicht nur auf das Gymnasium.

Aufgaben und Arbeitsaufträge

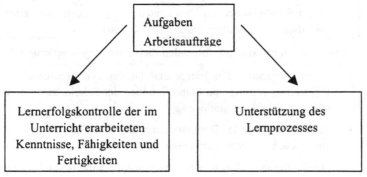

Abb. 5.3: Zur Funktion von Aufgaben (MNU 2001,XII)

„Aufgaben, die der Lernerfolgskontrolle dienen, sollen

- vermittelte Lerninhalte festigen,

- Routinen vertiefen helfen,

- Themen und Stoffinhalte untereinander vernetzen d. h. auch länger zurückliegende Unterrichtsinhalte systematisch einbeziehen,

- abwechslungsreich und lebensweltorientiert formuliert sein und aktuelle Bezüge berücksichtigen,

- die Schüler auch dazu anleiten, Aufgabenergebnisse sinnvoll abzuschätzen,

- eine kritische Auseinandersetzung mit den Ergebnissen anregen.

Aufgaben, die der Unterstützung des Lernprozesses dienen, sollen

- Alltagsvorstellungen der Schüler aufgreifen, so dass diese aus physikalischer Sicht von ihnen hinterfragt werden,

- abwechslungsreich und lebensweltorientiert sein und aktuelle Bezüge berücksichtigen,

- fachübergreifend und anwendungsbezogen naturwissenschaftliche und technische Bezüge bieten,

- verschiedene Zugangsweisen und Lösungswege ermöglichen,

- Kreativität und Problemlösekompetenz der Schüler ermöglichen,

- Möglichkeiten bieten, numerische Verfahren sinnvoll auszuwählen und einzusetzen,

- auch bei entsprechenden Voraussetzungen gelegentlich in einer Fremdsprache formuliert werden (MNU 2001, XII).

Diese Maßnahmen sind mit folgenden Zielvorstellungen verknüpft:

- „dazu beitragen, selbständige und kooperative Arbeitsweisen, Eigenverantwortung und Selbstvertrauen der Schüler zu fördern wie z. B. Lernen an Stationen,

- eine experimentelle Durchdringung des Arbeitsauftrages mit anschließender Präsentation erlauben,

- die Schüler in die Lage versetzen, selbständig mit neuen Medien umzugehen wie z. B. digitale Messwerterfassung, computergestützte Modellbildung, Simulationsprogramme, Internet-Recherchen (Medienkompetenz),

- den Schülern die Möglichkeit eröffnen, aus Fehlern zu lernen,

- den kritischen Umgang mit erreichten Lernergebnissen und möglichen Fehlern unterstützen" (MNU 2001, XII).

Neben der offensichtlich geplanten unmittelbaren Umsetzung dieser Vorschläge über die Lehrpläne, ist natürlich auch die mittelbare Umsetzung über die Lehrerausbildung und Lehrerfortbildung notwendig. Die in MNU 2001 vorgeschlagenen Maßnahmen zielen vor allem auf einen *effektiveren Physikunterricht*.

effektiverer Physikunterricht

Wir dürfen allerdings die Leitidee einer individuellen und gesellschaftlichen Verantwortung in einer humanen Schule dabei nicht aus den Augen verlieren (siehe Kap. 1).

5.4. Sozialformen im Physikunterricht

Es werden i. Allg. folgende Sozialformen unterschieden: *Gruppenunterricht, individualisierter Unterricht* und *Frontalunterricht.*[28]

Der *Gruppenunterricht* nimmt unter den Sozialformen des Unterrichts einen besonderen Platz ein. Er gilt als *die* schülerorientierte Sozialform schlechthin. Die große Bedeutung, die ihr in der didaktischen Literatur zugesprochen wird, steht in einem Gegensatz zur Lern- und Lehrpraxis, in der Gruppenunterricht nur selten vorkommt. Durch die Einführung der neuen Medien in die Schule wird künftig *individualisierter Unterricht* wichtiger werden als bisher. Da aber dadurch auch der Gruppenunterricht wegen seiner kompensatorischen Funktion zum individualisierten Unterricht noch wichtiger wird, sei der Schluss erlaubt, dass der *Frontalunterricht* künftig in der Schulpraxis an Bedeutung verliert.

Gruppenunterricht und individualisierter Unterricht haben künftig eine größere Bedeutung

5.4.1 Gruppenunterricht

1. Der Gruppenunterricht ist eine sehr alte Form des Unterrichtens. Er wurde schon im Helfersystem der Reformationsschulen und auf den ein- und zweiklassigen Landschulen praktiziert, solange wie diese bestanden. Der Begriff „Gruppenunterricht" wurde von Johann Friedrich Herbart im 19. Jahrhundert geprägt. Eine gezielte Aufarbeitung der Theorie des Gruppenunterrichts durch die Pädagogik fand aber erst nach dem 2. Weltkrieg statt.

Was charakterisiert eine Gruppe?

Eine Gruppe wird durch gefühlsbetontes Handeln, einen von allen Gruppenmitgliedern anerkannten Grundbestand von Normen und Werten, einer Rollenverteilung der einzelnen Gruppenmitglieder und durch Sensibilität für die Selbst- und Fremdwahrnehmung vereinigt. Diese Eigenschaften der Gruppe helfen Aufgaben leichter zu bewältigen als es dem Einzelnen möglich wäre. Durch diese soziologischen Eigenschaften wirkt eine Gruppe auf ihre Mitglieder erzieherisch d. h. auch deren Einstellungen und Werthaltungen beeinflussend und prägend.

Eine Gruppe wirkt auf ihre Mitglieder erzieherisch

In einer Gruppe entwickelt sich eine spezifische Gruppendynamik, die in bestimmten Phasen abläuft. Eine solche Gruppendynamik entsteht in jeder Gruppe, die in persönlichem Kontakt über längere Zeit zusammenarbeitet. Dabei werden Machtverhältnisse in Frage gestellt und dann neu etabliert. Gruppendynamische Erkenntnisse lassen sich aber nur bedingt auf schulischen Unterricht übertragen, denn Schulklassen sind keine freiwilligen Zusammenschlüsse, sondern Zwangsvereinigungen über eher kurze Zeit bei hohem Leistungsdruck. Die Gruppendynamik macht vor allem deutlich, dass auch ohne „direkte Führung" durch den Lehrer ein Lernen mit gutem Erfolg möglich ist (s. Meyer, 1987b, 238 ff.).

2. Die Bildungsreform am Ende der 60er-Jahre brachte neue Impulse in die Diskussion des Gruppenunterrichts. Es war offensichtlich, dass die sich verändernden Rahmenbedingungen in der Gesellschaft ein hohes Maß an „Ich-Stärke" oder „Ich-Identität" erfordern, nicht nur Anpassung an die traditionellen gesellschaftlichen Werte. Man erkannte auch, dass die Zielvorstellungen „individuelle" und „gesellschaftliche Emanzipation" im herkömmlichen Schulbetrieb mit seiner Vorherrschaft des Frontalunterrichts und weisungsgebundenem Lernen kaum zu verwirklichen sind.

Soziales Lernen erfordert Gruppenunterricht

Das schulische Konzept „soziales Lernen", soll bei Schülerinnen und Schülern durch Gruppenunterricht die Fähigkeit und Bereitschaft entwickeln, Konflikte zu ertragen. Sie sollen außerdem zu solidarischem Handeln erzogen werden. Das bedeutet, dass man zwar Selbstbewusstsein entwickeln muss, aber zugleich auf andere Rücksicht nimmt. Dies macht den Aufbau von Kommunikations-, Interaktions- und Handlungskompetenzen nötig, aber auch Empathie und Verantwortungsbewusstsein. Meyer (1987b, 251) fasst diese Überlegungen zu den folgenden drei Begründungen für Gruppenunterricht zusammen:

- Durch die Ausweitung der Selbständigkeit sollen die Schüler zu mehr *Selbständigkeit im Denken, Fühlen und Handeln* angeregt werden.

- Durch die Arbeit in kleinen Gruppen soll *die Fähigkeit und Bereitschaft zum solidarischen Handeln* unterstützt werden.

- Durch den phantasievollen Wechsel der Darstellungsweisen (Symbolisierungsformen) und Handlungsmuster soll die *Kreativität* der Schüler gefördert werden.

Der Anspruch des sozialen Lernens ist nicht nur eine Angelegenheit der Schule

Solche anspruchsvollen Ziele (s. Kap. 2) sind natürlich nicht nur über den Gruppenunterricht allein zu erreichen, sondern *erfordern entsprechend veränderte Lehrpläne, neue Unterrichtsmethoden (z.B. Projekte) und neue Medien.* Diese allgemeinen Ziele zeigen aber auch, dass der Anspruch des sozialen Lernens nicht nur eine Angelegenheit der Schule ist, sondern dass Eltern und die Erzieher von Jugendgruppen in Vereinen und Verbänden maßgeblich involviert sind. „Die Leistungsfähigkeit der Schule wird überstrapaziert, wenn sie im Alleingang die Reform der Gesellschaft vorantreiben soll, - wenn schon, so müssen Schul- und Gesellschaftsreform Hand in Hand gehen" (Meyer, 1987b, 241).

3. Gruppenunterricht hat eine äußere und eine innere Seite.

Die äußere Seite des Gruppenunterrichts regelt die räumlich-sozial-kommunikative Situation im Unterricht. Der Lehrer tritt in den Hintergrund, darf aber die Verantwortung für den Unterrichtsablauf und die initiierten Lernprozesse nicht aus der Hand geben.

Die innere Seite des Gruppenunterrichts beinhaltet vor allem die Vermittlung und Aneignung der methodischen Struktur der Physik (s. Kap. 2). Diese Fähigkeiten sollen außerdem dazu beitragen, dass die Schülerinnen und Schülern selbstbestimmt, gemeinsam und kreativ handeln können. Ferner sollen soziale Ziele wie Kommunikationsfähigkeit und Kooperationsfähigkeit angestrebt werden.

Vor dem Gruppenunterricht sind folgende Fragen zu klären:

Vorbereitung von Gruppenunterricht

- Ist das Thema geeignet, arbeitsgleichen/arbeitsteiligen Gruppenunterricht durchzuführen?

- Sind bei den Schülern die nötigen Voraussetzungen (Kooperationsbereitschaft und -fähigkeit) für Gruppenarbeit vorhanden?

- Ist der Raum für Gruppenarbeit geeignet? (Bewegliches Gestühl ist erforderlich. Daher sind die Physikräume in Gymnasien und Realschulen häufig ungeeignet). Können die geplanten Versuche im Klassenzimmer durchgeführt werden? (Wie erfolgt dann z. B. die Versorgung mit Elektrizität, Wasser, Gas?)

- Nach welchen Gesichtspunkten sollen die Gruppen gebildet werden?[29]

- Sind die benötigten Arbeitstechniken (z. B. graphische Darstellung von Messdaten) hinreichend vertraut und geübt?

- Sind die Arbeitsaufträge für die Gruppen verständlich und eindeutig formuliert?

- Sind die zeitlichen Vorgaben realistisch? Wie werden die Gruppen sinnvoll beschäftigt, die die Arbeitsaufträge in kürzerer Zeit durchgeführt haben?

Die Lehrkraft sollte

- Verhaltensregeln mit den Schülern vereinbaren,

- während des Unterrichts die Gruppen beobachten[30] im Hinblick auf Störungen und inadäquates Arbeitsverhalten,

- vor allem Ruhe bewahren in unübersichtlichen Situationen und nicht den Mut verlieren, wenn der Gruppenunterricht nicht gleich beim ersten Versuch optimal abläuft.

4. Das in 5.3 beschriebene methodische Grundschema (Einstieg, Erarbeitung, Vertiefung) kann auch für Unterricht mit Gruppenarbeit verwendet werden. Auf die lehrerorientierte Einstiegsphase im Plenum folgen schüleraktive Phasen, Erarbeitung, sowie Vertiefung (Übung und Anwendung) und danach eine Auswertung der Arbeitsergebnisse im Plenum. Für den Physikunterricht bedeutet dies folgende Strukturierung:

Integration von Gruppenunterricht in den Unterrichtsablauf

1. Das neue Unterrichtsthema wird eingeführt (s. „Einstiege" 5.3)
   (Plenum)

2. Arbeitsaufträge für den Gruppenunterricht werden diskutiert und festgelegt
   (Plenum)
   (Im PhU: häufig *arbeitsgleiche*, selten *arbeitsteilige* Gruppenarbeit)

3. Die Gruppen A(1) bis A(n) werden gebildet
   (i.a. keine leistungshomogene, sondern Interessengruppen)

4. Gruppen A(1) bis A(n) arbeiten
   (auf Rollenwechsel in den Gruppen achten)

5. Die Ergebnisse der Gruppenarbeit werden zusammengetragen
   (Plenum)
   (mündliche Berichterstattung, Poster, Experimente)

6. Die Ergebnisse werden interpretiert, diskutiert und angewendet
   (Plenum)
   ↓

7. Reflexion des Gruppenunterrichts

5. Im Physikunterricht wird zwischen *arbeitsgleichem und arbeitsteiligem Gruppenunterricht* unterschieden. Eine Gruppe besteht aus 3 – 5 Schülern.

Arbeitsgleicher Gruppenunterricht

Für den *arbeitsgleichen Gruppenunterricht* werden die Gerätesätze mindestens in vierfacher Ausfertigung benötigt. Für diesen Fall können ca. 20 Schüler gleichzeitig in Gruppen arbeiten. Die Fachräume für Gruppenunterricht (Physik/Chemie) sind allerdings i. Allg. für eine größere Schülerzahl ausgelegt.

Die Lehrmittelfirmen liefern zu den Geräten auch die Versuchsanleitungen (z. B. „Das hookeschen Gesetz", „Die Goldene Regel der Mechanik" usw.). Das ist „nachmachender" Gruppenunterricht, der i. A. nicht zu kreativem Handeln anregt. Wegen seiner ausschließlich

fachimmanenten Aufgabenstellungen ist arbeitsgleicher Gruppenunterricht mit vorgefertigten Schülergerätesätzen nur dann attraktiv,
wenn es der Lehrkraft gelingt, aus der schlichten fachlichen Frage:
Wie lautet das hookeschen Gesetz? ein individuelles Problem der
Schüler zu generieren.

Arbeitsteiliger Gruppenunterricht ist interessanter als arbeitsgleicher
Gruppenunterricht. Er ist auch relevanter hinsichtlich der Ziele, aber
anspruchsvoller und schwieriger hinsichtlich der Durchführung. Arbeitsteiliger Gruppenunterricht kommt sowohl in Projekten als auch im
Fachunterricht vor. Wie in 5.1.3 skizziert ist der Gruppenunterricht im
Projekt fachüberschreitend und thematisiert gesellschaftliche Implikationen eines technischen Gerätes (z. B. Computer) oder von Industrieanlagen (z. B. Kernkraftwerke). Insgesamt sind bei einem Projekt größere
Eigeninitiative, größere planerische und organisatorische Fähigkeiten
nötig als bei arbeitsteiligem Gruppenunterricht.

Arbeitsteiliger Gruppenunterricht

Wir kommen daher zu folgender Einschätzung: *Arbeitsgleicher Gruppenunterricht ist einfacher durchzuführen* als arbeitsteiliger. Es ist für
einen Lehrer leichter, diese Art der Gruppenarbeit zu organisieren, den
einzelnen Schülergruppen zu helfen, den jeweiligen Arbeitsfortschritt in
den Gruppen zu erkennen, den Überblick zu behalten. Aus didaktischer
Sicht ist *arbeitsteiliger Gruppenunterricht relevanter*. Die methodische
und didaktische Krönung ist natürlich das Projekt, weil Fesseln des
Fachs und der Schule überwunden werden können.

Arbeitsgleicher GU	Arbeitsteiliger GU	Projekt
Modellversuche zur Lochkamera • Grundbegriffe • Schärfentiefe • Helligkeit des Bildes	„Moderne Kamera" • Abb. durch Linsen • Entfernungsmesser • Belichtungsautomatik • Verschlusszeiten	„Moderne Kamera" • phys. Abbildungen • mod. Kameratechnik • Die Macht des Fotos (Werbung) • Foto und Kunst

Beispiel aus der Optik[31]

6. Warum wird in der Schule nur 5 – 10 % des Unterrichts als Gruppenunterricht abgehalten ?

Gruppenunterricht ist fraglos mit größerem *Zeit- und Materialauf-
wand* verbunden. Diese Begründung ist allerdings heutzutage insofern nicht mehr überzeugend, als die neuen Lehrpläne der 90er-Jahre
nicht nur Gruppenunterricht fordern, sondern – auch damit zusammenhängend, dass der Umfang des Lehrstoffs reduziert wurde. Nach
meinem Einblick verfügen auch die meisten Physiksammlungen über
Schülergerätesätze. Ein echtes Problem sind die großen Klassenstär-
ken in der Sekundarstufe I. Werden große Klassen aus finanziellen

Warum ist Gruppenunterricht noch selten?

Gründen nicht geteilt, wird regelmäßige Gruppenarbeit im Physikunterricht sehr erschwert, wenn nicht unmöglich gemacht.

Der geringe Anteil an Gruppenunterricht liegt auch daran, dass Physiklehrer (des Gymnasiums und der Realschule) in der 1. und 2. Phase der Lehrerbildung noch zu *selten für Gruppenunterricht ausgebildet* werden. Da Gruppenunterricht *mehr Zeit für die Vor- und Nachbereitung* benötigt, könnte dieser Tatbestand ebenfalls Gruppenunterricht verhindern. Außerdem: Es fehlt in dieser Sozialform die Gelegenheit, die der Frontalunterricht bietet, nämlich die Qualitäten der Lehrkraft beim Experimentieren bzw. beim Erklären der Physik zu demonstrieren![32]

Gruppenunterricht ist im Physikunterricht nötig

Trotzdem: Gruppenunterricht ist im zeitgemäßen Physikunterricht nötig, weil dadurch Schüler in der Gruppe ein Zusammengehörigkeitsgefühl entwickeln, bei dem sie sich ohne Zwang entfalten können. Sie werden angeregt, sich aktiv am Unterricht zu beteiligen und erhalten über die verschiedenen Wege, die sie zum Lösen des Problems eingeschlagen haben, größere Selbständigkeit. Mit der Zeit können Schülerinnen und Schüler schon zu Beginn eines Arbeitsauftrages abschätzen, wie *sorgfältig* sie bei qualitativen bzw. bei quantitativen Versuchen arbeiten müssen, um möglichst genaue Daten zu erhalten, wie die zur Verfügung stehende Zeit optimal genutzt wird, welche Vorbereitungen nötig sind, um die Ergebnisse attraktiv zu präsentieren.

Zusammenfassung:

1. Für den Gruppenunterricht existieren relevante pädagogische, psychologische, sozialtheoretische und gesellschaftspolitische Begründungen.

2. Gruppenarbeit bedeutet zielgerichtete Arbeit, soziale Interaktion und sprachliche und symbolische Verständigung durch und über physikalische Theorien.

3. Gruppenunterricht benötigt *mehr Vor- und Nachbereitungszeit* als der Frontalunterricht. Gruppenunterricht ist risikoreicher, aber dafür lebendiger, interessanter und letztlich auch *befriedigender für Schüler und Lehrer.*

4. Gruppenunterricht wird im Physikunterricht kaum praktiziert, obwohl dieses Fach dafür besonders geeignet ist. Durch Schülerversuche besteht die Möglichkeit die Lebenswelt und den Alltag besser zu verstehen und fachliche und soziale Kompetenzen zur Lebensbewältigung zu erwerben. Durch Gruppenunterricht wird Physikunterricht wertvoller und sinnvoller.

5. Gruppenunterricht ist aufgrund der involvierten Ziele (fachliche, soziale) die wichtigste Sozialform des Physikunterrichts. Sie dient auch zur *Vorbereitung von Projektunterricht*.

6. Gruppenunterricht kann dazu beitragen, dass *Physikunterricht wieder attraktiver* wird.

5.4.2 Individualisierter Unterricht

Individualisierter Unterricht liegt vor, wenn keine Interaktionen zwischen den Schülern, sowie zwischen diesen und der Lehrkraft stattfinden. Individualisierter Unterricht bedeutet *ungestörte Einzelarbeit der Lernenden*.

1. Individualisierter Unterricht kann in *jeder Phase* des Unterrichts vorkommen: Alle Schüler erhalten in der Phase des Einstiegs z.B. die Kopie eines Zeitungsartikels und verschaffen sich einen Überblick über wichtige Fakten und Argumente eines aktuellen Problems (z.B.: Ist erdferne Raumfahrt nötig? Wie teuer ist Atomstrom wirklich?). In der Phase der Erarbeitung versuchen die Lernenden sich mit Hilfe des Schulbuchs beispielsweise ein Modell über den Ferromagnetismus zu verschaffen oder basteln einen Elektromotor, einen Bumerang usw. Insbesondere in der Phase der Vertiefung wird häufig mittels Schulheft, Arbeitsbogen oder bei Basteleien individuell gearbeitet, arbeitsgleich.

Individualisierter Unterricht ist in jeder Phase des Unterrichts möglich

In einem Projekt kann sich eine Gruppe für eine bestimmte Zeit auflösen, um durch Arbeitsteilung rasch relevante Informationen zu gewinnen in der Bibliothek und mit Hilfe des Computers im Internet. Die einzelnen Gruppenmitglieder können auch Versuche vorbereiten, Informationstexte auf Plakate schreiben, ein Video aufnehmen über die Projektarbeit. Man kann von einem arbeitsteiligen individualisierten Unterricht sprechen, wenn die Einzelarbeiten sich wie bei einem Mosaik zu einem sinnvollen Ganzen zusammenfügen. In einem Projekt wechseln sich individualisierter Unterricht und Gruppenunterricht ab aufgrund von Entscheidungen in der Gruppe. Noch prägnanter als bei einem Projekt ist das *individualisierte Lernen ein Merkmal eines Lernzirkels*.

Individuelles Arbeiten im Projekt

3. „Die Menschen stärken und die Sachen klären", dieses Motto von Hentigs (1985; 1996) trifft besonders auf individualisierten Unterricht zu. Dieser fördert die Selbständigkeit und die Individualität der Lernenden durch den Erwerb spezifischer Fähigkeiten und Fertigkeiten, wie etwa die Bedienung und Nutzung moderner Medien. Bei erfolgreicher Einzelarbeit kann ein spezifisches und/ oder ein allge-

Unterschiedliche Anforderungen im individualisierten Unterricht

meines Interesse an der Physik gefördert, aber bei sich häufendem Misserfolg auch das Gegenteil bewirkt werden. Natürlich wird der aufmerksame Lehrer dies rechtzeitig erkennen und durch Aufmunterungen, Tipps und Lernhilfen versuchen, dauerhafte Frustrationen bei den Lernenden zu verhindern. Die Anforderungen bei individualisiertem Unterricht sind sowohl bei Lehrenden als auch bei Lernenden höchst unterschiedlich. So erfordert beispielsweise das Ausfüllen eines Lückentextes in einem Arbeitsbogen keine besonderen fachspezifischen Fähigkeiten. Während der freie Aufbau von elektronischen Schaltungen Ausdauer, Geduld, beträchtliche fachliche Kenntnisse, experimentelles Geschick und Erfahrung erfordern bei Lernenden und hilfsbereiten Lehrenden.

Neue Medien: der Unterschied der fachlichen Kompetenz zwischen Lehrenden und Lernenden wird geringer

3. Durch den Aufbau eines weltweiten, rund um die Uhr verfügbaren Informationsnetzes, gerade auch für den naturwissenschaftlich technischen Bereich, wird das individuelle Lernen an Bedeutung gewinnen. So ist zu erwarten, dass im Physikunterricht der physikalische Wissens- und Kompetenzunterschied zwischen Lehrenden und Lernenden geringer wird. Dafür wird die methodische und didaktische Kompetenz der Lehrerinnen und Lehrer noch stärker als bisher gefragt (Wie kann man Spezialistenwissen allgemeinverständlich darstellen? Wie kann die Informationsflut sinnvoll bearbeitet werden? Wie zuverlässig ist das Internetwissen?). Das gilt auch für die soziale Kompetenz: Wie kann man die jungen Spezialisten in eine Klassengemeinschaft integrieren, wie beurteilen, wie loben und tadeln, wie allgemein bilden?

Auswirkungen auf die Lehrerbildung

Es ist keine Frage, dass diese Kompetenzverschiebungen einer künftigen Lehrkraft auch Auswirkungen auf das Selbstverständnis der Lehrerinnen und Lehrer haben wird und Auswirkungen auf die Lehrerbildung haben muss: Der Lehrende wird auch aus diesem äußeren Grund künftig eher *Moderator von Lernprozessen sein als ein Instruktor.*

5.4.3 Frontalunterricht

Frontalunterricht:

- Lernende werden gemeinsam unterrichtet
- Lehrender steuert den Unterricht

Frontalunterricht ist ein zumeist an einem physikalischen Thema orientierter, durch Demonstrationsversuche illustrierter, durch Sprache und mathematische Relationen vermittelnder Physikunterricht, in dem die Lernenden (die „Klasse") gemeinsam unterrichtet werden und in dem der Lehrer zumindest dem Anspruch nach die Arbeits-, Interaktions- und Kommunikationsprozesse steuert und kontrolliert (nach Meyer, 1987b, 183)

1. Frontalunterricht hängt eng mit darbietendem Unterricht zusammen. Er kann eine *effektive Art der Wissensvermittlung* sein, wenn, wie im genetischen Unterricht oder im sinnvoll übernehmenden Unterricht auf bereichsspezifische Schülervorstellungen, auf das Interesse der Schülerinnen und Schüler, auf deren Fähigkeiten zu lernen und auf deren Lerntempo Rücksicht genommen wird. Dann wird Frontalunterricht von engagierten und leistungsstarken Lehrern und Lernern als befriedigend und sinnvoll erlebt, weil er *direkte Rückmeldungen des eigenen Lehr- bzw. Lernerfolgs liefert*. Außerdem wird im Frontalunterricht das *Sicherheitsbedürfnis* der Lehrer befriedigt, d. h. Frontalunterricht kann die Unterrichtsdisziplin sichern (s. Meyer, 1987b, 192; Meyer, H. & Meyer, M.A., 1997, 34 f.).

effektive Art der Wissensvermittlung

Frontalunterricht kann die Unterrichtsdisziplin sichern

Bis es soweit ist, benötigen Lehrerinnen und Lehrer allerdings mehrjährige Schulerfahrungen, um *selbstbewusst vor der Klasse* zu stehen, den eigenen *Lehrstil, Sprachstil, Handlungsstil, Urteilsstil, Umgangsstil mit Schülern* zu finden. Im Detail bedeutet das: *kontrollierte und eindeutige Gestik* zu internalisieren, *Schüler situations- und sachangemessen zu loben und zu tadeln, faire Lernerfolgskontrollen* und *adäquate Hausaufgaben* zu stellen, eine flüssige, ansehnliche Tafelschrift, eine variable Stimmlage zu entwickeln, nicht die Ruhe in unübersichtlichen Situationen zu verlieren, für nervige oder faule oder leistungsschwache Schüler die *gleiche Geduld und Zeit* aufzubringen wie für die eifrigen, sozialangepassten, leistungsstarken.

Guter Frontalunterricht erfordert viele Kompetenzen

2. Bitte erschrecken Sie nicht vor dieser sicherlich noch unvollständigen Liste von wünschenswerten Eigenschaften, Einstellungen und Werthaltungen eines Lehrers, einer Lehrerin. Nobody is perfect! Sie sollten sich aber bewusst sein, dass viele dieser Merkmale insbesondere im Frontalunterricht notwendig sind, weil ihr Fehlen hier ganz offensichtlich wird.

3. Im Physikunterricht ist es notwendig frontal zu unterrichten,

- wenn große Klassen nicht geteilt werden können, um Gruppenunterricht durchzuführen,

- wenn adäquate Ausstattung (Raum, Material) fehlt,

- wenn Schülerversuche verboten (Kernphysik),

- wenn attraktive Demonstrationsversuche möglich sind.

Außerdem kann es didaktisch sinnvoll sein,

- dass der Lehrer einen Überblick oder eine Zusammenfassung komplexer Sachverhalte (frontal) gibt,

- dass der Lehrer einen attraktiven Demonstrationsversuch durchführt, anstatt unattraktive Schülerversuche durchführen zu lassen,

- dass der Lehrer schrittweise elementarisierte Erklärungen bei komplexen Phänomenen und Geräten (z. B. Wirbelstrombremse) gibt,

- dass der Lehrer aus Zeitmangel eine physikalische Aufgabe selbst vorrechnet,

- dass der Lehrer auch die Gelegenheit hat „seine" Musterstunde zu halten, auch wenn dies Frontalunterricht bedeutet.

Individualisierter Unterricht und Gruppenunterricht sind mit relevanteren Zielen verknüpft als Frontalunterricht

Insgesamt ist aber zu beachten, dass *individualisierter Unterricht und Gruppenunterricht häufig mit relevanteren Zielen* verknüpft sind als *Frontalunterricht*. Aber im Sinne von Methodenkompetenz und Methodenvielfalt und dem damit verknüpften Motivationsgewinn für Lehrerinnen und Lehrer, für Schülerinnen und Schüler hat auch das frontale Unterrichten seinen Platz im Physikunterricht. Wenn Sie sich für frontales Unterrichten entscheiden, vergessen Sie bitte nicht die oben aufgeführten didaktischen Mängel und Schwierigkeiten.

5.5 Ergänzende und weiterführende Literatur

1. Die Methodik des Physikunterrichts der vergangenen Jahrzehnte ist geprägt durch die Erforschung spezifischer Lernvoraussetzungen, den Alltagsvorstellungen. In einer umfassenden Bibliografie (Pfundt & Duit, 1994) sind mehr als dreitausend Arbeiten über das Vorverständnis, die Alltagsvorstellungen von Schülern und Lehrern zu naturwissenschaftlichen Sachverhalten (Vorgänge, Modelle, Begriffe) aufgeführt; noch aktueller Pfundt & Duit (1998) im Internet: http://www.ipn.de.

2. Ein weiterer wichtiger Aspekt der Methodendiskussion ist *die Hinwendung zu offenem, fachüberschreitendem Unterricht*. Die hier näher beschriebenen „methodischen Großformen", *Projekte und Lernzirkel*, werden gegenwärtig über die Lehreraus- und Lehrerfortbildung in die Schulpraxis eingeführt. Dies trifft bisher für „Spiele im Physikunterricht" noch nicht zu. Daher möchte ich hierzu wichti-

ge physikdidaktische Literatur noch einmal zusammenfassend darstellen: die Beispiele der Bremer Forschungsgruppe (1984), „Spiele mit Physik!" (Treitz, 1996[4]) und der weiter reichende Ansatz „Erlebniswelt Physik" (Labudde, 1993), der auch Spiele einschließt.

Meine Auffassungen über die Bedeutung von Spielen (auch) im Physikunterricht orientiert sich außerdem an der pädagogischen Literatur. Ich erwähne hier noch einmal: Einsiedler (1991), Scheuerl (1994[12]).

3. Absichtlich bleiben in der „Physikdidaktik" die Übersichten über verschiedene Artikulationsschemata des lehrer- und schülerzentrierten Unterrichts unerwähnt, die ich in Duit, R. Häußler, P. & Kircher, E. (1981) dargestellt habe. Meines Erachtens genügen die in 5.2 und 5.3 aufgeführten Unterrichtskonzepte und Artikulationsschemata sowohl für die Ausbildung als auch für die Schulpraxis. Stattdessen ist es mir heute wichtiger, beispielsweise genauere Hinweise für Gruppenarbeit im Physikunterricht zu geben.

Anmerkungen

[1] Eine sinnvolle und übersichtliche Klassifikation der traditionellen Methoden des Physikunterrichts gibt Haspas (1970, 99).
[2] In der Pädagogik wird der Ausdruck „Implikationszusammenhang" (Blankertz, 1969) verwendet. Er bedeutet die *wechselseitige Abhängigkeit zwischen Zielen, Inhalten, Methoden und Medien.* Das heißt aber nicht, dass jede dieser „Variablen des Unterrichts" in jeder Phase der Unterrichtsplanung gleiche Bedeutung hat.
[3] Sozialformen wie „Partnerarbeit" oder „Diskussionen im Sitzkreis" werden in unserem Überblick nicht näher beschrieben, weil sich diese Sozialformen nicht grundlegend von Gruppenunterricht unterscheiden
[4] Glöckel (1999) bezeichnet die „Sozialformen" und die „Handlungsformen" („Aktionsformen") als „Unterrichtsformen". (zum „Experimentieren" s. Kap. 6.2)
[5] Der Verfasser E. K. hat sich noch vor kurzem für eine bloß methodische und gegen eine didaktische Bedeutung von Spielen ausgesprochen (Kircher, 1995, 54). Mit Verweis auf Jonas (1984) erschien „Spiel" als zutiefst widersprüchlich zu einem Prinzip „Verantwortung".
Über sogenannte „Spielprojekte", wo sich die Kinder und Jugendlichen ihre (physikalischen) Spiele selbst bauen und über „gespielte Analogien" zur Veranschaulichung abstrakter physikalischer Vorgänge wie die Bewegung von Elektronen in einem Stromkreis, fand der Verfasser E. K. seinen Zugang zur Thematik. Eine Reihe schriftlicher Hausarbeiten von Lehramtsstudenten dokumentieren diesen Weg.
[6] Zum Lehrerverhalten bei Spielen s. auch Daublebsky (1988[9], 155 ff.).
[7] Die gegenwärtige pädagogische Diskussion über „offenen Unterricht" ist in der Nachfolge der sogenannten Reformpädagogen (z. B. Maria Montessori, Peter Petersen) zu sehen. Das heißt, diese Diskussion durchzieht (mit unterschiedlicher Intensität) das 20. Jahrhundert. Eine gute Übersicht gibt Zimmermann (1994).
[8] Brügelmann (1998, 16) nennt neben dieser „persönlichen Öffnung" noch die „institutionelle Öffnung" der Schule, die „organisatorische Öffnung" der Arbeitsformen, die „inhaltliche Öffnung" der Lernwege, die „politische Öffnung" der Entscheidungsverfahren im Unterricht und die „methodische Öffnung". Dieser Klassifikation folgend beschäftigen wir uns hier mit der „inhaltlichen und methodischen Öffnung".
[9] Ein fester Bestandteil ist eine Klassenbibliothek, die während der Freiarbeit natürlich beliebig zugänglich ist, eine Lernmateriliensammlung und ein Vorrat an Bürogeräten (u.a. Computer mit Internetanschluss) und Büromaterialien. Die dafür benötigten Schränke und Regale sind gleichzeitig Raumteiler für Bereiche, in denen rezeptiv bzw. aktiv gelernt wird.
[10] Für Grundschulen werden zunächst nur 1 – 2 Stunden Freiarbeit pro Woche, schließlich 1 – 2 Stunden täglich empfohlen. Batsching & Uttendorfer (1994) begannen ihren „offenen Unterricht" an einer Realschule mit einem Unterrichtsvormittag pro Woche; um schließlich auf dreimal 2 Stunden Freiarbeit pro Woche in verschiedenen Fächern überzugehen.

Dabei unterscheiden Batsching & Uttendorfer (1994, 124) „Stille Freiarbeit" und „kommunikative Freiarbeit", die jeweils 30 min. bzw. 60 min. in dem zweistündigen Freiarbeitsblock dauern.
[11] Dieser Lernzirkel wurde von Hauptschülern des 5. Jahrgangsstufe in etwa 3 Stunden durchlaufen. Weitere Beispiele für den Physikunterricht auch für die Sekundarstufe II finden sich in Zimmermann (1994).
[12] Eine einfachere Form des Lernzirkels ist der sogenannte „Übungszirkel". Sie werden in Fächern mit hohem Übungsanteil eingesetzt, wie z. B. Mathematik. Übungszirkel könnten natürlich auch die Vertiefung physikalischer Grundkenntnisse eingesetzt werden. Gegenwärtig werden erste Beispiele in der physikdidaktischen Literatur beschrieben (Hofmann, 1999).
[13] Zur historischen Entwicklung, zu Gemeinsamkeiten und Unterschieden zwischen der ursprünglichen und der „neuen" Projektmethode s. Frey (1982, 26 ff.).
[14] In der Schulpraxis zeigt sich eine Tendenz, die „gesellschaftliche Relevanz weder als eine notwendige noch eine hinreichende Bedingung des Projektunterrichts aufzufassen In einer sicher nicht repräsentativen Umfrage wurden die Merkmale eines Projekts 40 Chemielehrern und 22 Fach- und Schulleitern vorgelegt und nach ihrer Wichtigkeit in eine Rangfolge geordnet (Mie, 1988). Das Ergebnis dieser Befragung: die Bedürfnisbezogenheit und die Situationsbezogenheit standen an erster, bzw. an zweiter Stelle, gefolgt von Selbstorganisation des Lehr-Lern-Prozesses. Den letzten Platz in der Wichtigkeit belegte hier die gesellschaftliche Relevanz. Mie (1988, 99f.) äußert sich so:
„Projektunterricht ist ein Unterricht vom Kinde aus: es geht um *seine* Interessen, *sein* Leben und die Stärkung seiner Fähigkeiten, *sich* selbst zu Organisieren und Verantwortung zu übernehmen. Alle anderen Kriterien sind funktional darauf zu beziehen, haben sich dem unterzuordnen. (...) Gesellschaftliche Praxisrelevanz ist weder ein notwendiges noch hinreichendes Projektkriterium. (...) Im Zentrum des Projektes steht das gemeinsame Auffinden eines Tätigkeitsfeldes und der Einigungsprozess (ohne Lehrerdominanz)."
[15] Die zwei Jahrzehnte schulpraktischer Erfahrungen des Verfassers (E. K.) mit Projekten während der 1. Phase der Lehrerbildung, haben gezeigt, dass für eine erfolgreiche Durchführung von Projekten ein Mindestmaß an sozialem Verhalten in einer Klasse notwendig ist. Das bedeutet, dass Projektunterricht in „chaotischen" Klassen undurchführbar sein kann. Insgesamt kann man aber davon ausgehen, dass Projekte das soziale Verhalten der Schülerinnen und Schülern positiv beeinflussen.
[16] Frey (1982) hält nach jedem „Schritt" seines Grundmusters einen Abschluss des Projekts für möglich.
[17] Diese Reform ist auch im Zusammenhang mit einem späteren Studium der SchülerInnen zu sehen. Die vermutete bessere Studierfähigkeit wurde allerdings nicht erreicht, weil die ebenfalls angestrebte und auch erreichte größere Anzahl an Abiturienten nun dazu führte, dass die Universitäten überfüllt und zu Massenbetrieben der Ausbildung wurden.
[18] „Ich kenne nichts Schrecklicheres, als die armen Menschen, die zuviel gelernt haben... Ich wäre zufrieden, wenn jeder Jüngling einige wenige mathematische oder naturwissenschaftliche Entdeckungen sozusagen miterlebt und in ihren weiteren Konsequenzen verfolgt hätte" (Mach, 1923, 344) .
[19] Martin Wagenschein war maßgeblich an der 1951 verfassten sogenannten „Tübinger Resolution" beteiligt: „Leistung ist nicht möglich ohne Gründlichkeit und Gründlichkeit nicht ohne Selbstbeschränkung. Arbeiten können ist mehr als Vielwisserei. Ursprüngliche Phänomene der geistigen Welt können am Beispiel eines einzelnen, vom Schüler wirklich erfassten Gegenstandes sichtbar werden, aber sie werden verdeckt von einer Anhäufung von bloßem Stoff, der nicht eigentlich verstanden ist und darum bald wieder vergessen wird" (zitiert z. B. in Bleichroth u.a. 1991, 346 f.).
[20] Wagenschein hat in seinen Gymnasialklassen keine „einfachen" sondern für die Schüler komplexe Beispiele ausgewählt (z. B. „Warum ist Schnee weiß und Eis durchsichtig?"; „Warum sieht man den Mond manchmal voll, manchmal als Sichel und manchmal gar nicht?"; „Warum erscheint ein Ruder im Wasser geknickt?"; usw.).
Im Verlauf des Unterrichts konnte Wagenschein meisterhaft zeigen, wie solche komplex erscheinende Ausgangssituationen des Lernens, von Wagenschein „Einstiege" genannt, so zergliedert, in elementare Sinneinheiten zerlegt werden können, dass das physikalisch Wesentliche für alle Schülerinnen und Schüler transparent und verständlich, „einfach" erscheint: „Es bedeutet, daß man bei einem ‚Problem' ... einsteigt. (...) Wir steigen ... beim ‚Einstieg' von dem Problem aus hinab ins Elementare, wir suchen das, wonach es zu seiner Erklärung verlangt ... Das Seltsame fordert uns heraus, und wir fordern ihm das Einfache ab" (Wagenschein, 1968, 14 f.).
Zum komplexen Begriff „Einfachheit" s. Kircher (1995, 118 ff.).
[21] Wagenscheins „Funktionsziele:
„1. Erfahren, was in der exakten Naturwissenschaft heißt: eine erstaunliche Einzelerscheinung verstehen, erklären, eine Ursache finden.
2. Erfahren, wie man ein Experiment als eine Frage an die Natur ausdenkt, ausführt, auswertet und wie man daraus die mathematische Funktion gewinnt.
3. Erfahren, wie ein Teilgebiet der Physik mit einem anderen in Verbindung tritt.
4. Einsicht gewinnen in das, was ein ‚Modell' ist.

5. Erfahren, wie schließlich der physikalische Forschungsweg selber zum Gegenstand der Betrachtung wird, einer wissenschaftstheoretischen Betrachtung.

6. An einigen Begriffsbildungen erfahren, wie die physikalische Art, Natur zu lichten, geistesgeschichtlich geworden ist.

7. Erfahren, was das technische Denken vom forschenden Denken unterscheidet" (Wagenschein, 1954, 165 ff.).

Etliche Jahre später fügte Wagenschein noch ein, vor allem für die Mittelstufe bedeutsames Funktionsziel hinzu:

„8. Erfahren, wie ohne verfrühte Mathematisierung und ohne Modellvorstellungen ein phänomenologischer (und ‚quantitativer') Zusammenhang herzustellen ist, der das ganze Grundgefüge der Physik gliedert und zusammenhält" (Wagenschein, 1965, 258).

[22] Köhnlein (1982, 49 ff.) spricht von den „Phasen des exemplarischen Unterrichts". Diese erweisen sich als ausgewählte Schritte des „problemlösenden Unterrichts" (s. 5.3.).

[23] Im 19. Jahrhundert basierte dieser Ansatz auf dem „phylogenetischen Grundsatz" Ernst Haeckels, der besagt, dass die Keimesentwicklung des Einzelwesens (Ontogenese) die Stammesentwicklung (Phylogenese) nachvollzieht.

Vor allem die Anhänger des Pädagogen Herbart sahen hier eine Analogie zu der angeblich parallel verlaufenden Entwicklung von naturwissenschaftlichem Denken im Individuum und der historischen Entwicklung von Theorien, Modellen und Gesetzen. Dieses entwicklungspsychologische Argument ist aber weder in der Biologie noch in der Soziologie oder in der Naturwissenschaftsdidaktik begründet. In neuer Zeit haben sich Niedder (1988) und Jung (1988) auch kritisch mit „historisch-genetischem Lernen" (Niedderer) bzw. dem „Historisch-genetischem Prinzip" (Jung) auseinandergesetzt. Haspas (1970, 122 ff.) hat seine „historisierend-genetische Methode" am Beispiel „Dampfmaschine illustriert.

[24] Das Sokratische wird bei Wagenschein nicht als Hebammenkunst verstanden (Mäeutik), „sondern als ein Gespräch mit Pausen zum Nachdenken, ein Zuhören und Ausreden lassen, ein Herantasten lassen... Man muss den Schüler erst stammeln lassen, ehe er seine Sprache präzisiert. Sonst redet er nur etwas nach, ohne es wirklich zu verstehen" (Schuldt, 1988, 11 f.).

[25] Die von Duit, Häußler & Kircher, (1981) vorgeschlagenen drei Phasen für den Unterrichtsablauf des genetischen Unterrichts erweisen dieses physikmethodische Konzept ebenfalls als eine Form des „Problemlösenden Unterrichts". Das trifft auch auf den „Algorithmus des genetischen Unterrichts" (Haspas, 1970, 122), bzw. „Algorithmus der genetischen Methode" (Töpfer & Bruhn, 1976) zu.

[26] Ausubel (1974, 362 f.) führt u.a. folgende Aspekte auf, die die „innere Logik" beeinflussen: Präziser, konsistenter Gebrauch von Begriffen, Gebrauch von konkret-empirischen Hilfen (Versuchsreihen) und relevanter Analogien, Konformität mit der „Logik des Faches" (Struktur der Disziplin), sequentielle Organisation nach der Schwierigkeit

[27] Wie in Kapitel 4 ausführlich dargestellt, halten wir die Ausdrücke „induktive Methode" und „deduktive Methode" in schulischem Kontext, also auch in der Physikdidaktik für mißverständlich und daher für entbehrlich.

[28] Heutzutage wird „Partnerarbeit" als eigenständige Sozialform betrachtet. Wir fassen hier „Partnerarbeit" als „Kleingruppenarbeit" auf, durch die insbesondere die Kooperationsfähigkeit gefördert und geübt werden kann, neben Prozesszielen im Zusammenhang mit der methodischen Struktur der Physik.

[29] Bürger (1978, 177 f.) unterscheidet vier Möglichkeiten der Gruppenbildung:

- "Freie Gruppenbildung: Die Schüler finden sich in der Regel in Freundschaftsgruppen zusammen;
- Gruppenbildung auf der Basis soziographischer Daten: Ziel ist gleichfalls die Bildung von harmonischen Gruppen;
- Bildung von Leistungsgruppen: Schüler von möglichst gleichem Leistungsstand kommen in die gleiche Gruppe;
- Bildung von Interessengruppen: Schüler mit gleichen Interessen setzen sich zusammen".

Insgesamt sollten begrenzt leistungsheterogene Gruppen gebildet werden. Bei arbeitsteiligem Gruppenunterricht ist außerdem die interessenbezogene Gruppenbildung zu favorisieren.

[30] Gutte (1976, 93) schlägt folgende Beobachtungspunkte vor:

- Gibt es Spannungen zwischen Einzelnen?
- Dominiert einer und macht der andere Gruppenmitglieder zu seiner Hilfstruppe?
- Wo wird ein einzelner von seiner Gruppe nicht akzeptiert?
- Wo gibt es Rivalitäten, die das gemeinsame Lernen paralysieren?
- Welche Normen bestimmen die gemeinsame Arbeit einer Kleingruppe?
- Wer wendet sich häufig aufmerksamkeitssuchend an den Lehrer?
- Wer organisiert die Aktivität in der Gruppe?
- Wer übt soziale Kontrolle in der Gruppe aus?
- Wer ist nicht in der Lage oder nicht bereit, sich mit „seiner Gruppe" zu identifizieren?
- Bekommen schwächere Gruppenmitglieder Hilfe von anderen?
- Gibt es eine starre Rollenverteilung in der Gruppe?
- Wie grenzen sich einzelne Kleingruppen voneinander ab?

[31] Zu experimentelle Einzelheiten dieses Beispiels s. z. B. Dahncke, Götz & Langensiepen, 1995, 327 ff.)

[32] Meyer (1987b, 252) diskutiert weitere Gründe für den geringen Anteil des Gruppenunterrichts in deutschen Schulen: Gruppenunterricht ist bei einem großen Teil der Lehrerschaft und Schüler unbeliebt und wird deshalb nur aus pädagogischem Pflichtgefühl heraus durchgeführt und nicht aus Überzeugung und ist deshalb schon im voraus zum Scheitern verurteilt. Die Widersprüchlichkeit des institutionellen Rahmens des schulischen Unterrichts – einerseits eine ständige individuelle Leistungsbeurteilung und Selektion des Schülers zu betreiben und anderseits Selbständigkeit und Solidarität des Schülers zu einem wichtigen Erziehungsziel zu machen – tritt im Gruppenunterricht offen zu Tage.

6 Medien im Physikunterricht

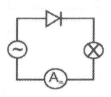

Das Medienangebot für den Physikunterricht ist beachtlich. Ein Beispiel aus dem Physikunterricht der zehnten Jahrgangsstufe zum Thema „Der p-n-Übergang von Halbleiterdioden" soll dies illustrieren.

Folgendes Experiment dient als Einstieg in die Unterrichtseinheit: Eine Glühbirne wird an eine Wechselspannungsquelle angeschlossen. Ein Gleichstrom-Messgerät zeigt in diesem Kreis natürlich keinen Strom an. Dies ändert sich allerdings, wenn eine Diode in den Kreis eingebaut wird. Gleichzeitig ist zu beobachten, dass die Lampe weniger hell leuchtet.

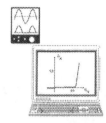

Die Diskussion dieser Effekte führt zu einem Folgeversuch, bei dem Strom und Spannung mit einem Oszilloskop genauer untersucht werden. Dabei wird erkannt, dass die Diode nur einen pulsierenden Gleichstrom durchlässt. Um das Verhalten der Diode auch noch quantitativ beschreiben zu können, wird schließlich die Diodenkennlinie mit einem Computer-Messsystem aufgenommen und ausgedruckt.

Im weiteren Unterrichtsverlauf werden Modellansätze für das Verhalten der Ladungsträger am p-n-Übergang entworfen und schließlich ein Videofilm gezeigt, der die Leitungsmechanismen in Trickdarstellungen zeigt.

Im letzten Teil der Unterrichtsstunde wird das Schulbuch eingesetzt und verschiedene Grafiken zum p-n-Übergang diskutiert und interpretiert.

Am Anfang der nächsten Stunde werden die Diodenkennlinie und verschiedene Schemazeichnungen zum p-n-Übergang am Arbeitsprojektor anhand von vorgefertigten Transparenten wiederholt. Dann werden verschiedene Diodenschaltungen in Skizzen am Overheadprojektor entworfen und besprochen.

Dieselben Schaltungen sind mit Zusatzinformationen und Versuchsanleitungen auf einem Arbeitsblatt abgedruckt. Es dient als Anleitung für die nachfolgenden Schülerversuche, in denen die Schülerinnen und Schüler selbst verschiedene Anwendungen aufbauen und untersuchen können.

Als Hausaufgabe ist wahlweise ein Aufgabenteil aus dem Schulbuch oder ein Computerprogramm mit Informations- und Frageteil durchzuarbeiten (im Computerpool oder zu Hause).

Die technische Seite eines so medienbeladenen Unterrichts wird Physiklehrer weniger überfordern. Probleme zeigen eher folgende Fragen: Wie sind die Präsentationsqualitäten beim Medieneinsatz, speziell auch beim Demonstrationsversuch? Wie wird ein Medium oder ein Versuch eingeführt? Welche Abstraktionsschritte fordern sie, welche Hilfen zur Veranschaulichung können sie wirklich bieten? Wie kann der Lehrer mit diesen Medien Denkanstöße geben, die Schüler motivieren und aktivieren?

Die technische Entwicklung im Medienbereich ist beeindruckend. Dennoch werden auch neue Unterrichtsmedien vorwiegend Bild, Ton und Text als Ausdrucksmittel verwenden. Ein effektiver Medieneinsatz im Unterricht setzt also erst einmal den kompetenten Umgang mit diesen Ausdrucksmitteln voraus. Leider ist im Gegensatz zu der rasanten technischen Entwicklung gerade beim Umgang mit bildhaften Darstellungen ein besonderes Kompetenzdefizit zu beklagen, denn „in der Praxis erlebt man oft ein drastisches Missverhältnis von technischer Entwicklung und pädagogischem Ungeschick im Umgang mit Bildmedien" (Weidenmann, 1991, 8).

Das Kapitel 6 befasst sich deshalb auch mit diesen Grundlagen des Medieneinsatzes und ist in folgende Abschnitte gegliedert:

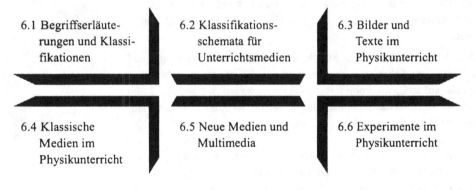

6.1 Begriffserläuterungen und Klassifikationen

6.2 Klassifikationsschemata für Unterrichtsmedien

6.3 Bilder und Texte im Physikunterricht

6.4 Klassische Medien im Physikunterricht

6.5 Neue Medien und Multimedia

6.6 Experimente im Physikunterricht

Bei aller Begeisterung für (neue) Medien sollte dem Lehrer stets bewusst bleiben, dass Medien dazu dienen, einem Lernziel näher zu kommen. Auch wenn moderner Unterricht kaum mehr ohne die Darstellungsmöglichkeiten moderner Medien auskommen kann und soll, bleiben Medien ein Mittel zum Zweck. Ihr Einsatz wird erst durch die Lernziele legitimiert und durch ein methodisches Grundkonzept getragen.

6.1 Begriffserläuterungen und Klassifikationen

Bereits Comenius formulierte in seiner 1657 gedruckten didactica magna als *„goldene Regel für alle Lehrenden"*: „Alles soll wo immer möglich den Sinnen vorgeführt werden, was sichtbar dem Gesicht, was hörbar dem Gehör, was riechbar dem Geruch, was schmeckbar dem Geschmack, was fühlbar dem Tastsinn." (Comenius, Ausgabe 1954, 135). Medien helfen uns, diesem Ziel näher zu kommen.

Der erste Abschnitt definiert grundlegende Begriffe und grenzt Mediendidaktik gegenüber Medienpädagogik ab. Dann werden verschiedene Aspekte von Medien und des Medieneinsatzes zusammengetragen und verschiedene Klassifikationsschemata betrachtet.

6.1.1 Medium, Medienpädagogik, Mediendidaktik

1. Der Begriff Medium umfasst ganz allgemein eine Vielzahl von Hilfsmitteln für den Unterricht. Sie dienen einer besseren Informationsübermittlung.

- **Medien sind Mittler, die Informationen übertragen können.**　　Medien

Im weitesten Sinne könnte man auch den Lehrer dazu zählen. Zu weit gefasste Definitionen sind aber nicht zweckdienlich, weil man dann bei jeder Aussage erst wieder spezifizieren muss, welches Medium überhaupt gemeint ist. Deshalb folgt hier die Einschränkung:

- **Unterrichtsmedien sind nichtpersonale Informationsträger. Sie sind Hilfsmittel für den Lehrer oder Lernmittel in der Hand des Schülers.**　　Unterrichtsmedien

Eine Unterklasse sind AV-Medien. Der Begriff steht für technische Informationsquellen oder -träger, die Informationen auditiv und/oder visuell übermitteln.　　AV-Medien

Neben AV-Medien übernehmen im Physikunterricht auch Experimentiergeräte bzw. physikalische Schulversuche eine besondere Mitteilungsfunktion. Wegen ihrer herausragenden Rolle im Physikunterricht werden sie speziell im Kapitel 6.6 unter mediendidaktischen Aspekten betrachtet.

Wenn auch Medien primär Informationen vermitteln und meist ein Mittel zur Veranschaulichung sind, so übernehmen sie doch aus methodischer Sicht weitere Funktionen im Unterricht, z.B. Motivierung, Bezüge zum Alltag herstellen, fehlende Primärerfahrung erset-

Didaktik

Pädagogik

zen, usw. Hierzu sind auch einige Anmerkungen in Abschnitt 6.3 zu finden.

2. Medien können auch selbst zum Unterrichtsgegenstand (Lernobjekt) werden. Die Fähigkeit zum angemessenen und kritischen Umgang, vor allem auch mit den neuen Massenmedien, ist ein wichtiges pädagogisches Ziel. In diesem Zusammenhang sind Mediendidaktik und Medienpädagogik voneinander abzugrenzen.

„Mediendidaktik ist eine wissenschaftliche Teildisziplin (der Didaktik), die sich mit den theoretischen Grundlagen und den praktischen Einsatzmöglichkeiten von Medien beim Lehren und Lernen im Unterricht beschäftigt." (Schröder & Schröder, 1989, 87)

„Die Medienpädagogik beschäftigt sich mit der Erziehung des Heranwachsenden zu einem kritischen Umgang mit den Medien." (Schröder & Schröder, 1989, 87)

Medien können also aus verschiedenen Blickrichtungen betrachtet werden: Einmal als Mittel zur Gestaltung des Unterrichts (Mediendidaktik) oder aber als Unterrichtsgegenstand bzw. als Inhalt (Medienpädagogik). Nachfolgend beschäftigen wir uns nur mit Medien als Lehr- und Lernhilfe im Sinne einer Mediendidaktik.

6.1.2 Klassifikationsschemata für Unterrichtsmedien

Klassifikationen haben allgemein das Ziel, einen Gegenstandsbereich in sinnvolle Teilmengen zu zerlegen. Die Literatur zeigt mehrere Möglichkeiten zur Einteilung von Medien, die sich an unterschiedlichen Aspekten orientieren (z. B. an der Technik oder dem angesprochenen Sinnesorgan).

Nachfolgend sind drei Klassifikationsschemata weiter ausgeführt.

1. Klassifikation nach technischen Aspekten

- Zu den sog. *vortechnischen Medien* zählen:
  Tafel, Wandkarte, Atlas, Wandbild, Modell, Buch, Karte, Text

- Bei *technischen Medien* werden unterschieden:
  Tonmedien (Rundfunk, Kassettenrecorder, CD-Player)
  Bildmedien (Diaprojektor, Arbeitsprojektor, Filmprojektor)
  Audiovisuelle Medien (Wiedergabegeräte für Tonbildreihe, Tonfilmgerät, Fernseher, Videorecorder, Multimedia-Computer).

Hier sind primär äußere Gesichtspunkte entscheidend. Buch, Diaprojektor, Video, Computer oder Poster sind zwar unterschiedliche Medien, wenn sie aber alle das gleiche statische Bild wiedergeben, werden die Unterschiede lernpsychologisch eher zweitrangig.

Eine Charakterisierung der Hardware kann jedoch sinnvoll sein, um den technischen Umgang mit dem Gerät, mögliche Einsatzformen, den Vorbereitungsaufwand oder auch die Verfügbarkeit zu spezifizieren.

2. Klassifikation nach informationspsychologischen Aspekten

Die Unterscheidung zwischen *visuellen, auditiven, audiovisuellen* und *haptischen* (Tastsinn) Medien stellt in den Vordergrund, welche Sinne das Medium anspricht und welche Informationskanäle genutzt werden.

Angesprochene Sinnesbereiche

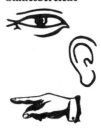

Oft werden Untersuchungen zitiert, die eine Überlegenheit kombiniert visuell-akustischer Darbietungen gegenüber rein visuellen Darstellungen und noch deutlicher gegenüber rein akustischen Ausführungen zeigen. Losgelöst von inhaltlichen Faktoren und methodischen Konzepten sind solche Aussagen aber nicht sachgemäß. So betont Weidenmann (1991), dass ein Wissenserwerb von vielen Faktoren abhängt, und der angesprochene Sinneskanal mitunter nur zweitrangig ist. Beispielsweise kann ein Text in Schriftform visuell dargeboten oder aber vorgelesen werden. Für einen Lernenden, der gut lesen kann, dürfte dies im Vergleich zur inhaltlichen Aufbereitung von geringerer Bedeutung sein. Eine neue Qualität ergibt sich aus mediendidaktischer Sicht erst dann, wenn ein gesprochener Text zusätzlich durch bildhafte Darstellungen veranschaulicht wird, d. h. die Information gleichzeitig in verschiedenen Symbolsystemen angeboten wird.

„Jeder, der sich Wissen aneignet, jeder, der Wissen vermitteln will, kann dies nicht ohne die Verwendung von Zeichen bewerkstelligen. Das Wissen steckt gewissermaßen im Gebrauch der jeweils verwendeten Zeichen." (Kledzik, 1990, S.40)

Symbole, Codesysteme

Die neuere Medienforschung berücksichtigt vor allem auch die Symbolsysteme, in denen Information angeboten wird (in Texten, Bildern oder Zahlen). Während das Symbolsystem Schrift relativ klar durch den Zeichenvorrat (Buchstaben), die Syntax (Kombinationsregeln) und die Semantik (Bedeutung sprachlicher Zeichen) festgelegt ist, sind bildhafte Ausdrucksmittel deutlich vielschichtiger und oftmals stark kontextbezogen.

Weidenmann (1991) unterscheidet hauptsächlich die drei Symbolsysteme Sprache, Zahlen und Bilder. So wird von dem „*Medium Sprache*" oder dem „*Medium Bild*" gesprochen, unabhängig davon, auf welcher Hardware sie realisiert werden. Weitere Unterscheidungen können relevant sein. So kann z. B. das Symbolsystem Sprache geschrieben oder gesprochen angeboten werden. Symbolsysteme nutzen unterschiedliche Ausdrucksmittel. Beispielsweise bietet der gesprochene Text als Gestaltungsmöglichkeiten Betonung, Pause, Tonlage an. Dem steht beim geschriebenen Text der zeitlich ungebundene Zugriff mit Möglichkeiten zu Wiederholung und Rückgriff gegenüber. Bei Bildern sind nicht nur realitätsnahe Abbildungen von symbolischen Darstellungen wie Diagrammen abzugrenzen (vgl. 6.2).

Bildertyp	Darstellungsmittel	Operationen
Abbilder	Konturbegrenzungen, lineare Perspektive, Überlappung	Figur-Grund-Trennung, räumliche Vorstellung bei Überschneidungen in der dritten Dimension
Film, Video	Kamerabewegung, Bildschnitt, sequentielle Abfolge	Wechsel des Beobachterstandpunktes nachvollziehen, räumlich-zeitliche Zusammenhänge erkennen
Logische Bilder, Diagramme	Flächen und Linien in grafischen Bezugssystemen	Elemente und ihre Relationen erkennen
Karten, Grafiken	Äquipotentiallinien (Höhenlinien), Feldlinien	Höhe von Landflächen, Energieniveaus, Kraftrichtungen erkennen
Cartoon	angedeutete Bewegungen und Abläufe	Bewegung von Objekten identifizieren

Die zielgerechte Informationsaufnahme aus Texten, Zahlen oder Bildern stellt allerdings auch spezifische Anforderungen an den Lernenden. Beispielsweise zeigt die oben stehende Tabelle, welche Ausdrucksmittel verschiedene bildhafte Darstellungen nutzen und welche Operationen sie vom Betrachter fordern. Die Übersicht orientiert sich an einer Zusammenstellung von Levie (1978). Vor allem bei komplexen Inhalten gewinnt auch das Symbolsystem, mit dem Information übermittelt werden soll, didaktisch-methodische Relevanz.

Mit der Repräsentation variiert auch die Art der Abstraktion. So orientiert sich die folgende Einteilung an der *Darstellungs-/Repräsentationsebene-* (vgl. Schröder & Schröder, 1989):

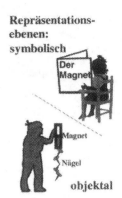

Repräsentations-
ebenen:
symbolisch

Objektale Medien: Medien, die als Objekte vorliegen (z. B. Pflanzen, magnetische Materialien, Gebrauchsgegenstände, Modelle)

Ikonische Medien: Medien, die optische und/oder akustische Informationen vermitteln (Bilder, Arbeitsfolien, Film, Videobänder)

Symbolische Medien: Medien, die eine spezielle Symbolik verwenden (Text, Kartenmaterial, Schaltpläne)

objektal

3. Klassifikation nach didaktisch-methodischen Aspekten

Handlungsformen:

Der Text eines Buches erscheint zunächst starr und statisch vorgegeben. Dennoch erschließt er eine breite Palette unterrichtlicher Aktivitäten: Gemeinsames Lesen, Aussuchen und Hervorheben wesentlicher Aussagen, Zusammenfassungen schreiben, Fragen zum Text formulieren, Anmerkungen und Ergänzungen verfassen, Aussagen diskutieren. Auch die Abbildung auf einer Overheadfolie wird nicht einfach nur gezeigt – sie wird erläutert, besprochen, diskutiert. Entsprechende Handlungsformen sind im Unterricht auch bei Videofilmen, Computerprogrammen oder einem Tafelbild sinnvoll und nötig. So macht es einen wesentlichen Unterschied, ob der Lehrer den *t-v*-Zusammenhang für ein Fahrzeug im Experiment aufnimmt, die Daten Schritt für Schritt aus einer Wertetabelle in ein *t-v*-Diagramm an der Tafel überträgt und dabei das Vorgehen mit den Schülern durchspricht oder ob er nur einen fertigen Computerplot auf dem Arbeitsprojektor zeigt.

aktiv

passiv

Der Lehrer kann natürlich auch mit den Schülern auf einem Arbeitstransparent Schritt für Schritt Messwerte in ein Diagramm übertragen und dieses auswerten. Primär lernrelevant sind die Handlungsformen und die Einbindung eines Mediums in den Lehr-Lernprozess. Die genannten Aspekte würden eine Einteilung nach den geforderten Lernaktivitäten nahe legen. Die Frage, ob Tafel oder Arbeitsprojektor das grundlegend bessere Medium ist, wird in diesem Zusammenhang wohl nicht mehr gestellt. Allerdings bieten die verschiedenen Geräte unterschiedliche Möglichkeiten, die situationsbedingt besonders vorteilhaft sein können (z. B. eine Overheadfolie zur Wiederholung oder zum Anknüpfen an bereits behandelte Themen).

Wichtig im Unterrichtsalltag ist zudem das Binden von Aufmerksamkeit und deren Ausrichtung auf das Medium. Ansonsten gehen Informationen und mitunter ganze Sinneinheiten verloren. Moderner Medieneinsatz verlangt von Lehrern also nicht nur technische Fertigkeiten, sondern auch didaktische und methodische Kompetenz beim Einsatz verschiedener Darstellungs- und Symbolformen. Konkrete Überlegungen zum Einsatz von Medien beanspruchen einen zunehmend größeren Teil der Unterrichtsvorbereitung. Gleichzeitig wird auch deutlich, warum pauschale Medienvergleiche (z.B. ob Buch, Computer oder Lehrfilm effektiveres Lernen bewirken) nicht sachgerecht sein können und aus einer unpräzisen Fragestellung resultieren.

6.2 Grundlagenwissen zum Medieneinsatz

Auch für neue Medien bleiben Bild, Ton und Schrift die wichtigsten Ausdrucksmittel. Sie sind so einzusetzen, dass der Lernende die Inhalte erfassen kann. Daher sind Grundkenntnisse über den Prozess der Informationsaufnahme und über die Verwendung von Bild und Text wichtige Voraussetzung für einen effektiven Medieneinsatz. Das Kapitel 6.2 befasst sich deshalb mit Wahrnehmung, Gedächtnis und der Encodierung von Wissen.

6.2.1 Wahrnehmung und Gedächtnis

Zunächst wird das Konzept eines Mehrspeichermodells in Anlehnung an Atkinson und Shiffrin (1968) vorgestellt. Wenn dieser Ansatz auch stark vereinfacht, so kann er doch für einige wichtige Rahmenfaktoren sensibilisieren und auf die beschränkte kognitive Verarbeitungskapazität aufmerksam machen.

1. Das Gedächtnis ist nach Atkinson & Shiffrin in drei wesentliche Systeme unterteilt (vgl. auch Abb. 6.1):

Das sensorische Gedächtnis

Das *sensorische Gedächtnis* besteht aus den sog. sensorischen Register, die eng an die Sinnesorgane gekoppelt sind. Sie können direkt die Sinnesreize für eine kurze Zeit speichern (max. 2 Sekunden).

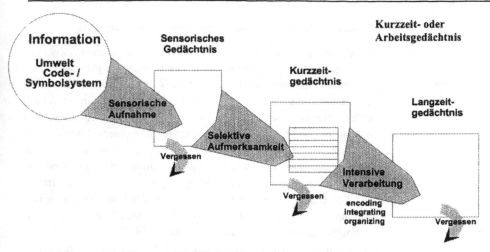

Abb. 6.1: **Der Informationsfluss in Anlehnung an das Gedächt-nismodell von Atkinson und Shiffri**

Das *Kurzzeitgedächtnis* hat bei der bewussten Verarbeitung von Informationen eine zentrale Bedeutung. Allerdings sind Kapazität und Speicherungsdauer stark begrenzt. Die Angaben laufen auf maximal 7 Informationseinheiten (Chunks) hinaus, die im Kurzzeitgedächtnis ca. 20 Sekunden präsent sein können. Was als ein „Chunk" bzw. als eine Informationseinheit zu gelten hat, ist vom Vorwissen abhängig und subjektiv geprägt. (Für den Elektroniker kann beispielsweise „ein Transistor in Emitterschaltung" eine Informationseinheit sein; der Nicht-Fachmann muss dagegen alle Bauteile und ihr Zusammenwirken in mehreren Teilstufen betrachten.)

Das *Langzeitgedächtnis* hat eine enorme Kapazität und Speicherdauer für Wissen in den verschiedensten Codierungsformen. Allerdings hat wohl jeder bereits erfahren, dass ein dauerhaftes Speichern von Wissen nicht immer einfach zu realisieren ist. Auch wissenschaftlich sind die Details bei weitem nicht abgeklärt.

Langzeitgedächtnis

2. Noch wichtiger als die Kenntnis der Gedächtnissysteme sind Grundkenntnisse über Informationsübertragungs- und Verarbeitungsprozesse. Sie sind in der Abb. 6.1 als dicke Pfeile symbolisiert. Relevant sind vor allem folgende Schnittstellen:

- Die sensorische Aufnahme und präattentive Wahrnehmung
- Die selektive Aufnahme von Informationen ins Bewusstsein
- Die Verarbeitung (bei begrenzten Kapazitäten im Kurzzeitgedächtnis)
- Der Aufbau und die Verankerung von Wissensstrukturen im Langzeitgedächtnis.

Sensorische Aufnahme und präattentive Wahrnehmung

Über welche Sinne wird die Information aufgenommen? Zuhören unterliegt anderen Bedingungen als Lesen, auch bei gleichen Inhalten. Zudem haben Sinneskanäle ebenfalls eine begrenzte Kapazität, und die Wahrnehmung über einen Sinnesbereich allein ist relativ anfällig für Fehlinterpretationen. Einige Schwierigkeiten lassen sich reduzieren, wenn das Informationsangebot mehrere Sinneskanäle anspricht und verschiedene Codes benutzt. So ist es sinnvoll, zur Erläuterung komplexer bildlicher Darstellungen nicht nur Lesetext zu präsentieren, sondern gleichzeitig gesprochenen Text anzubieten. Die Lernenden müssen dann nicht mit dem Blick hin- und herspringen, und über den gesprochenen Text lassen sich Blickrichtung und Betrachtungsfolge gut steuern (Weidenmann 1995).

Sinneskanäle

Unmittelbar mit der Sinneswahrnehmung beginnt bereits eine Informationsverarbeitung. Diese Prozesse werden zwar kaum bewusst erlebt, sie determinieren aber die Informationsaufnahme und sind damit auch für den Medieneinsatz relevant. Die sog. präattentive Wahrnehmung beinhaltet Wahrnehmungsprozesse, die nicht durch Überlegungen gesteuert werden, die schnell und noch vor einer bewussten Verarbeitung ablaufen. Dazu gehören Erkennen, Identifizieren und Gruppieren bildlicher Komponenten. Punkte, Linien und Flächen werden in sinnvolle Gruppen geordnet, z.B. als Gegenstände, Personen, Geländeformen. Solche Ordnungsprozesse lassen sich zum Teil nach den „Gestaltgesetzen" von Wertheimer (1938) verstehen. Dazu gibt es eindrucksvolle Beispiele:

Präattentive Wahrnehmung

Nach dem *Gesetz der Nähe* werden bevorzugt Elemente zu einem Objekt zusammengefasst, die enger beieinander liegen. In dem nebenstehenden Beispiel werden links eher vier waagrechte Zeilen, rechts drei vertikale Reihen erkannt.

Nach dem *Gesetz der Ähnlichkeit* steigt die Tendenz zum Zusammenschluss von Elementen, wenn ihre Ähnlichkeit wächst. In der Abb. wird demnach bevorzugt eine Zeilenstruktur erkannt.

Die Abbildung am Rand illustriert das *Gesetz der Kontinuität* oder der „guten Fortsetzung". Danach werden in der Skizze eher zwei sich kreuzende Linienzüge als zwei aneinanderliegende, geknickte Linien erkannt.

Nach dem *Gesetz der Geschlossenheit* oder der „guten Gestalt" besteht die Tendenz, geschlossene bzw. vollständige Figuren zu sehen. Fehlende (verdeckt scheinende) Teile werden „sinnvoll" ergänzt.

Das *Gesetz der Symmetrie* besagt, dass symmetrische Bildteile eher einander zugeordnet bzw. als Struktur angesehen werden als asymmetrische.

Relevanz gewinnen solche Gesetzmäßigkeiten beispielsweise bei der Gestaltung von Arbeitstransparenten, aber auch bei Versuchsaufbauten (siehe 6.6). So ist es sinnvoll, nach dem Gesetz der Nähe inhaltlich zueinander gehörende Informationen auch räumlich zusammenzustellen. Form- und Farbgebung können nach dem Gesetz der Ähnlichkeit inhaltliche Zusammenhänge oder Bezüge intuitiv anzeigen.

Bei der präattentiven Wahrnehmung spielen auch bekannte Schemata und Muster eine Rolle. So nehmen Schüler ein *t-x*-Diagramm mitunter ganz anders wahr als ein Physiklehrer – im Extremfall vielleicht sogar als Berg- und Talstrecke. Fehlinterpretationen hängen oft mit solch oberflächlichen Betrachtungsfehlern zusammen.

Zusammenfassend ist festzuhalten:
Bereits die präattentive menschliche Wahrnehmung beruht auf der sinnvollen Interpretation sensorischer Information. Was „sinnvoll" ist, wird subjektiv bestimmt und ist auch von Erfahrungen geprägt. Ordnungs- und Gestaltprinzipien beeinflussen die Informationsaufnahme.

Aufnahme und Verarbeitung im Kurzzeitgedächtnis

Nur eine kleine Auswahl der sensorischen Aufnahme wird tatsächlich weiterverarbeitet. Neben den Prozessen der Symbol- und Mustererkennung ist für die Weiterverarbeitung sensorischer Information vor allem das Prinzip der selektiven Aufmerksamkeit entscheidend. Selbst häufig angebotene Informationen werden nicht unbedingt gespeichert: Können Sie auf Anhieb sagen, welche Prägung ein 10-Pfennigstück oder welchen Aufdruck ein 100-DM-Schein hat? Wenn erstaunlich wenig Menschen darauf antworten können, liegt das bestimmt nicht an einem Informationsdefizit. Vielmehr fehlt schlichtweg das Bedürfnis, die Details einer Münze oder eines Geldscheins genau zu kennen. Gerade beim Medieneinsatz, der eine hohe Informationsdichte ermöglicht, ist deshalb die Lenkung der Aufmerksamkeit auf besonders relevante Informationen entscheidend. Außerdem muss die Informationsaufnahme motiviert sein.

In diesem Zusammenhang ist auch das Prinzip der „dosierten Diskrepanz" zu nennen. Bilder oder Textpassagen, die rahmenkonform sind, d. h. die nicht von den Erwartungen abweichen, werden tendenziell eher oberflächlich verarbeitet (Friedmann, 1979). Abweichun-

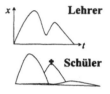

Arbeitstransparente

Versuchsaufbauten

Prinzip der selektiven Aufmerksamkeit

Rahmentheorie und dosierte Diskrepanz

gen erregen dagegen stärker die Aufmerksamkeit (z. B. unerwartete Gegenstände auf einem Bild), vorausgesetzt, sie verlangen kein vollkommen neues Verständnis.

Begrenzte Verarbeitungskapazität

Im Kurzzeitgedächtnis zerfällt die Information innerhalb weniger Sekunden, wenn sie nicht weiterverarbeitet wird. Durch ständiges Memorieren kann ein Inhalt zwar länger präsent bleiben; dies belastet allerdings das Arbeitsgedächtnis. Auch hier kann der Lehrer Medien als Hilfsmittel einsetzen, z. B. die Tafel, um wie auf einem Notizzettel wichtige Informationen verfügbar zu halten. Merken Sie sich zum Test die Worte „beis niek tsi sinthcädeg rhi" und versuchen Sie gleichzeitig den Text weiterzulesen. (Wir kommen gleich wieder auf dieses Beispiel zurück.) Durch eine Flut von Neuinformationen können die Speicherzeiten im Kurzzeitgedächtnis stark absinken. Somit hat der Lehrer beim Medieneinsatz auch die Aufgabe, das Informationsangebot zu dosieren, Informationen dann anzubieten, wenn sie benötigt werden und die Aufmerksamkeit auf wesentliche Inhalte zu fokussieren.

Wissen im Langzeitgedächtnis

Verknüpfung

Auf die neuronalen Grundlagen des Langzeitgedächtnisses kann hier nicht eingegangen werden. Unterrichtsrelevant ist aber die Erkenntnis, dass für eine dauerhafte Speicherung die Verknüpfung mit bereits bekanntem Wissen wichtig ist. Eine besondere Art ist die Verknüpfung physikalischer Formeln mit bildhaften Vorstellungen oder experimentellen Erfahrungen. Hierzu sind Medien als Hilfsmittel geradezu prädestiniert.

Encodierung

Haben Sie noch die fremdartigen Worte im Gedächtnis („beis niek tsi sinthcädeg rhi")? Sie können diese problemlos länger behalten, wenn Sie die Codierung ändern und den Text rückwärts lesen: „Ihr Gedächtnis ist kein Sieb". Das Beispiel zeigt, wie hilfreich die angemessene Codierung von Informationen ist. Allgemein besteht ein wesentlicher Teil der Lernarbeit darin, auf der Basis von bereits vorhandenem Wissen und unter Nutzung verfügbarer Techniken eine günstige Codierungsform zu finden.

Aktivierung und Elaborationskonzept

Außerdem wird eine Information um so besser in das kognitive System aufgenommen (und behalten), je intensiver sie verarbeitet und angewendet wird. Eine aktive Auseinandersetzung mit Inhalten macht Wissen zudem flexibler verfügbar. Craik & Lockhart (1972) drücken dies in ihrem Konzept der Verarbeitungstiefe aus. Je nach Intensität der Verarbeitung verbleiben unterschiedlich tiefe „Spuren" im Gedächtnis. Das Elaborationskonzept sieht sogar Verstehensleistungen in hohem Maße als Ergebnis von Art und Anzahl der Elaborationen, d. h. dem Herstellen von Bezügen und Verknüpfungen zum Vorwissen (Anderson & Reder, 1979).

Abschließend sei noch betont, dass die Informationsverarbeitung genau genommen natürlich kein einfach gerichteter Prozess ist, wie dies in Abb. 6.1 erscheint. Sie durchläuft mehrere Schritte mit Rückgriffen und Wechselwirkungen zu vorhandenen Wissensstrukturen.

6.2.2 Symbolsysteme und kognitive Repräsentation

Information und Wissen lassen sich in verschiedenen Symbolsystemen codieren und präsentieren (verbal, bildlich, in Ziffern und Zeichen). Dabei ist vor allem auch bei multicodalen Informationsangeboten über Medien die Vertrautheit des Lernenden mit den Codes sicherzustellen. Zwei wichtige Repräsentationsarten sind die bildhaft-analoge und die sprachliche Darstellung. Die Form, in der Wissen gespeichert wird bzw. werden soll, kann durch die Art des Informationsangebotes vorbereitet werden. Allerdings darf man sich dabei keine einfachen Abbildungsvorgänge vorstellen. Weidenmann (1995) weist auf komplexe Zusammenhänge zwischen Präsentation, Verarbeitung und Speicherungsform im Gedächtnis hin.

Bereits die Theorie der dualen Codierung unterscheidet verbal- und bildorientierte Repräsentations- und Codierungssysteme (Paivio, 1986). Tatsächlich belegen auch hirnphysiologische Befunde, dass unterschiedliche Bereiche des Gehirns bei der Verarbeitung von Sprache und Bildern aktiv sind („Sprachhirn", „Bilderhirn"). Beide Systeme sind aber funktional eng miteinander gekoppelt und in der Regel über Referenzen stark verflochten.

Prinzip der multiplen Codierung

Vorteile kombiniert verbal und visuell dargebotener Information sind an vielen Stellen auch empirisch belegt. Eine Übersicht geben Metaanalysen von Levin u. a. (1987). Allgemein wird durch eine mentale Multicodierung des Inhaltes die Verfügbarkeit von Wissen verbessert. Dies erleichtert insbesondere Suchprozesse beim Problemlösen. Auch aus der Theorie der kognitiven Flexibilität (Spiro et al., 1988) ist abzuleiten, dass Wissen in verschiedenen Formen präsentiert werden und in verschiedenen Szenarien eingebunden sein soll.

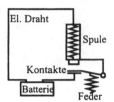

Für die Repräsentation naturwissenschaftlicher Inhalte sind *mentale Modelle* derzeit in der Lernpsychologie von theoretischem und bei der Entwicklung von Multimediaanwendungen von hohem praktischen Interesse. Es handelt sich dabei um *analoge, kognitive Repräsentationsformen* komplexer Zusammenhänge, wie z. B. Vorstellungen zu Bau und Funktionsweise eines Oszilloskops. Ein weiteres, klassisches Beispiel ist die elektrische Klingel in den Betrachtungen von de Kleer & Brown (1983). Die Funktion mentaler Modelle kommt beim Analysieren, Planen, Vorhersagen, Erklären von Prozessabläufen zum Tragen. „Ein mentales Modell ist die Repräsentation eines begrenzten Realitätsbereichs in einer Form, die es erlaubt, externe Vorgänge intern zu simulieren, um Schlussfolgerungen zu ziehen und Vorhersagen zu treffen." *(Ballstaedt, Molitor, Mandl, 1989, 111)* Theorien zu mentalen Modellen bieten einen vielversprechenden theoretischen Hintergrund für den Medieneinsatz, da Medien als externe Repräsentationen viele Prozesse und Zusammenhänge visualisieren können und so die Entwicklung sinnvoller innerer/ mentaler Modelle erleichtern (zu mentalen Modellen siehe Johnson-Laird, 1980, Forbus & Gentner, 1986, Seel, 1986, Steiner, 1988).

6.2.3 Bildhafte Darstellungen

Schließen Sie die Augen und denken Sie an Ihre ersten Schultage. Wie viele Bilder fallen Ihnen ein, wie viele Sätze, die damals gesprochen wurden? – Unser Gedächtnis zeigt beim Erinnern und Wiedererkennen von Bildern erstaunliche Leistungen. Gleichzeitig sind Bilder eine zentrale Darstellungsform für Unterrichtsmedien. Daher ist dieser Abschnitt speziell dem Einsatz von Bildern gewidmet.

Bildhafte Darstellungen kommen einem wissenschaftlichen Lernen aber nur zugute, wenn der Betrachter auch die notwendigen Fähigkeiten besitzt, die Bildinhalte zu entschlüsseln und weiterzuverarbeiten. Deshalb sind aus didaktischer Sicht verschiedene Arten von Bildern zu unterscheiden. Sie verwenden unterschiedliche Techniken für die Darstellung von Sachverhalten, und fordern unterschiedliche Fertigkeiten und Fähigkeiten des Betrachters. Gegebenenfalls müssen Zeichenkonventionen wie Pfeile, Sprechblasen oder technische Symbole verstanden werden. Issing (1983) unterscheidet demzufolge: *Abbildungen, analoge Bilder* und *logische Bilder*.

Abbildungen

1. *Abbildungen* übermitteln wesentliche Merkmale der visuellen Wahrnehmung von Objekten und Szenen der Umwelt. Sie zeigen primär die äußerlichen Strukturen ihres Referenz-Objekts. Dies gilt für Fotografien bis hin zu Strichzeichnungen.

Ein Bild überwindet räumliche und zeitliche Distanz und kann Sachverhalte aus der schwer zugänglichen Wirklichkeit zeigen. Als Anschauungsmaterial sind Abbildungen methodisch besonders hilfreich, wenn ein Gegenstand oder Vorgang weit weg ist, sehr selten auftritt, zu klein ist, sehr schnell oder langsam abläuft, unübersichtlich groß oder für die direkte Beobachtung zu gefährlich ist. Auch zum Aufzeigen von Details lassen sich Abbildungen einsetzen. Dabei können verschiedene Stilmittel die wesentlichen Elemente oder Beziehungen akzentuieren („Lupen"-Zeichnungen, Markierungen). Sinnvoll ist auch oft ein Ausblenden von Nebenreizen. Hier liegt eine Stärke von Zeichnungen. Details, die vom eigentlichen Inhalt eher ablenken, können einfach weggelassen werden. Auch die Realitätsnähe und damit der Abstraktionsgrad ist in gewissem Rahmen variabel (perspektivische Darstellung, Schatten, Farben).

Die Anforderungen an den Lernenden wachsen zum einen mit der Notwendigkeit, Beziehungen zu übergeordneten Lerninhalten aufzubauen und zum anderen mit der Komplexität der Abbildung. Letzteres erschwert mitunter ein zielgerechtes Erfassen der wesentlichsten Details.

2. *Analoge Bilder* dienen vor allem der Darstellung nicht direkt beobachtbarer Strukturen und Prozesse (z. B. Modellbild einer DNS oder Elektronenwolken zur Anzeige von Aufenthaltswahrscheinlichkeiten). Analoge Bilder nutzen entweder funktionale Analogien (Elektronendrift als Bild für den elektrischen Strom in Metallen) oder strukturelle Analogien (z. B. Atommodelle mit den Bausteinen Kern und Schale). Entsprechend helfen sie, Strukturen oder Funktionsweisen zu verstehen. Prinzipiell liegt allerdings bei allen Analogien eine Gefahr in unerwünschten Nebeninformationen, die evtl. zu Fehlvorstellungen führen. (Beispielsweise lassen sich beim bohrschen Atommodell angemessene Größenrelationen nicht direkt darstellen.)

3. *Logische Bilder* (Grafiken, Diagramme) zeichnen sich durch eine hochgradige Schematisierung und einen starken Abstraktionsgrad aus.

Beispiele sind Diagramme oder grafische Darstellungen von Daten oder Funktionszusammenhängen. Die Kommunikation erfolgt über Symbole, die selbst keine physikalischen Details zeigen. Die Darstellungscodes sind konventionalisiert, wie bei Schaltsymbolen aus der Elektronik, aber auch bei Tortendiagrammen zum Anzeigen von Größenanteilen, Liniengraphen, Säulendiagrammen, Konturplots... Prinzipiell eignen sich Diagramme und Grafiken zum Aufzeigen von Beziehungen und Verflechtungen zwischen verschiedenen Teilen

Analoge Bilder

Erweiterung des
bohrschen Atommodells nach
Sommerfeld

Logische Bilder

Gedämpfte Schwingung

eines Systems. Ziel ist die komprimierte Darstellung von Strukturen, Relationen, Konzepte, Theorien, Abläufen, ohne auf äußerliche Begleitfaktoren einzugehen. Besonders Liniengrafiken haben im physikalisch-wissenschaftlichen Informationsaustausch eine große Bedeutung. Während Tabellen zwar einzelne Werte mit großer Genauigkeit angeben können (z. B. auf 6 signifikante Stellen genau), machen Grafiken übergeordnete Zusammenhänge in der Regel effizienter sichtbar. Sie ermöglichen auch anschauliche Vergleiche zwischen Theorie und Messung.

Voraussetzung für den Einsatz ist wiederum, dass der Lernende mit dem Symbolsystem vertraut ist. Andernfalls sind ständig kognitive Kapazitäten für die Interpretation der Symbole belegt. Dies beschränkt die Verarbeitung der eigentlichen Inhalte.

Nach Schnotz (1995) bedarf es bereits spezieller kognitiver Schemata (d.h. kognitiver Arbeitsmuster), um Informationen aus Diagrammen abzulesen. Sie unterscheiden sich wesentlich von alltäglichen Wahrnehmungsmustern und müssen erst erlernt werden.

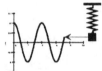

Eine besondere Lernhilfe ist die nebenstehende Abbildung (siehe auch Supplantationstheorie von Salomon, 1978). In dieser Computeranimation wird eine Federschwingung realitätsnah dargestellt und gleichzeitig das entsprechende t-y-Diagramm generiert. Der Zusammenhang zwischen realitätsnaher und abstrakter, grafischer Repräsentation wird direkt verständlich.[1]

Wenn ein Bild mehr sagen kann als tausend Worte, kann es damit aber auch Verwirrung stiften. Abgesehen von fachinhaltlichen Faktoren sind deshalb nach Schnotz (1994) vier allgemeine Gestaltungsprinzipien zu beachten:

- *Syntaktische Klarheit*: Die einzelnen Komponenten des logischen Bildes müssen für den Betrachter eindeutig erkennbar sein. Linien, Flächen und Punkte sollen sich deutlich vom Hintergrund absetzen und dürfen auch nicht zu klein sein. Eine Beschriftung sollte eindeutig der entsprechenden Bildkomponente zuzuordnen sein.

- *Semantische Klarheit*: Komponenten mit funktionellen Gemeinsamkeiten sollten auch gemeinsame visuelle Eigenschaften haben. Komponenten mit unterschiedlichen Funktionen sollten sich durch erkennbare Unterschiede abgrenzen. Das Ausdrucksmittel Farbe ist beispielsweise gut für qualitative Abgrenzungen geeignet.

- *Implizite Ordnung*: Eine erkennbare innere Strukturierung nach logischen Kriterien hilft in der Regel ein Diagramm besser zu erfassen und zu behalten. So kann sich z.B. die Reihenfolge, in der die unabhängige Variable in einem Balkendiagramm aufgetragen ist, an logischen Kriterien orientieren.

- *Sparsamkeit*: Durch einen Verzicht auf Effekte, die nicht der Informationsvermittlung dienen, wird vermieden, dass der Lernende wichtige Information erst aus dem Reizangebot herausfiltern muss.

Die Gestaltung von Diagrammen ist ein Aspekt, die Arbeit mit ihnen ein zweiter. Die nachfolgende Einteilung nach Wainer (1992) ist hilfreich, wenn es darum geht, die Anforderungen an den Lernenden zu dosieren und schrittweise auszubauen. Er klassifiziert die Informationsentnahme aus Diagrammen nach drei Ordnungen.

- Ablesen von Einzelwerten

- Erkennen von Relationen zwischen Einzelwerten, Ablesen von Variablenzusammenhängen (z.B. lineare Zusammenhänge)

- Relationen zwischen Entwicklungen oder Zusammenhänge zwischen Relationen erkennen.

6.3 Bilder und Texte im Physikunterricht

6.3.1 Die Funktion von Bildern

Zu den klassischen Funktionen von Bildern in Printmedien gehören nach Levin (1981) die *dekorative Funktion*, die *Repräsentations-, Interpretations-, Organisations-* und *Transformationsfunktion*. Neben der *Zeigefunktion*, *Fokusfunktion* und *Konstruktionsfunktion* (Weidenmann, 1991) sind noch *physikspezifische Visualisierungen* und die *Motivationsfunktion* zu nennen. Die nachfolgenden Beispiele zeigen verschiedene Einsatzmöglichkeiten für Bilder im Physikunterricht. Sie sind geordnet nach den Aspekten *Wissensvermittlung, Mehrfachcodierung, Strukturierung von Wissen und Motivation*.

1. Wissensvermittlung

- Zeigefunktion

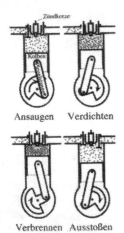

Ansaugen   Verdichten

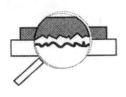

Verbrennen   Ausstoßen

Die *Zeigefunktion* zielt darauf, möglichst deutliche und angemessene bildhafte Vorstellungen zu vermitteln. Dies bleibt aber nicht nur auf das Abbilden von Gegenständen beschränkt, auch physikalische Abläufe lassen sich darstellen, z. B. die Arbeitsphasen beim 4-Takt-Ottomotor.

Da beim Lernen in der Regel neue, noch unbekannte Sachverhalte gezeigt werden, ist die Informationsdichte für den Lernenden i. A. hoch. Deshalb empfehlen sich zusätzliche methodische Maßnahmen, um die gezielte Aufnahme und Verarbeitung zu sichern. Dazu gehören *verbale Hinweise, Bildbeschriftung* und *Begleittext* oder auch eine stufenweise Ausdifferenzierung des Bildes durch *Overlaytechnik, Bilderserien* oder *Überblendtechnik* im Film.

- Fokusfunktion, Detaildarstellungen

Details auszuschärfen oder Fehlvorstellungen korrigieren, das kann ein Ziel von Ein- und Ausblendungen, Lupenaufnahmen, vergrößerten Querschnitten usw. sein. Voraussetzung ist, dass der Lernende bereits Vorkenntnisse besitzt, um die Details einordnen zu können. Bekannte Komponenten sind in der Regel zwar nur grob dargestellt; sie haben aber die wichtige Funktion, den Bezugsrahmen anzudeuten.

- Konstruktionsfunktion, Kombination von Einzelwissen

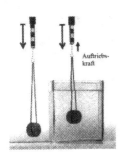

Auftriebs-kraft

Bilder dieser Art sollen helfen, Sachverhalte, Prozesse oder Vorgehensweisen aus vorwiegend bekannten Elementen zusammenzusetzen. Zusätzlich können symbolische Darstellungen den theoretischen Zusammenhang aufzeigen (z. B. Kraftvektoren). Die nebenstehende Abbildung befasst sich mit dem Auftrieb und knüpft an einen Demonstrationsversuch an.

- Physikspezifische Visualisierungen

Visualisierung bedeutet, Lerninhalte so zu codieren, dass sich dem Lernenden optische Vorstellungshilfen bieten.[5] Verschiedene Darstellungen können in der Physik direkt an die experimentelle Messwerterfassung anknüpfen. Ein Beispiel ist die Erklärung einer akustischen Schwebung. Die Darstellung von Tönen als Überlagerung harmonischer Schwingungen lässt sich direkt mit experimentell über ein Mikrophon erfassten Luftdruckschwankungen vergleichen.

Visualisierung kann auch die Umsetzung abstrakter Sachverhalte in bildhafte Analogien beinhalten. Hierzu gibt es ebenfalls eine Reihe fachspezifischer Darstellungsformen (z. B. zur Verteilung der Elektronendichte). Solche Analogien können wesentliche strukturelle Ähnlichkeiten zu bekanntem Wissen aufzeigen. Ziel kann auch sein, die Erzeugung behaltenssteigernder Vorstellungsbilder und den Aufbau mentaler Modelle zu unterstützten (Imagery).

Elektronendichte im Wassermolekül

2. Multiple Codierung

Die Kombination von Bild und Text kann eine multiple Codierung unterstützen. Die Bilder sind dabei eine Hilfe und Ergänzung zu den sprachlichen Ausführungen (Bilder als „Diener" des Textes). Der Schwerpunkt kann aber auch bei der bildhaften Beschreibung liegen, wobei der Text dann vorwiegend eine Organisations- und Interpretationsfunktion übernimmt. Weitere Funktionen von Bildern speziell im Zusammenhang mit Textdarstellungen sind auch bei Levin (1981) zu finden.

- Ersatz für komplexe Beschreibungen

Manche Sachverhalte sind schlichtweg zu komplex für die rein verbale Beschreibung (z. B. das Magnetfeld der Erde). Auch Situationsbeschreibungen sind oft verbal sehr aufwendig und mitunter über ein Bild schneller und ökonomischer zu realisieren.

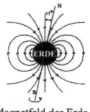

Magnetfeld der Erde

- Repräsentationsfunktion von Bildern

Bilder können den Inhalt von Textaussagen visuell widerspiegeln. Eine realitätsnahe Abbildung von Objekten, Aktivitäten oder Personen kann Behaltensleistungen steigern.

- Interpretationsfunktion, bildliche Konkretisierungen

Bilder können Textaussagen konkretisieren. Solche Anwendungen finden Sie laufend in diesem Buch. Dies bietet zusätzliche Hilfen für das Verständnis eines komplexen Wissensbereiches.

Ein Bild kann aber auch interpretativen Charakter erlangen, z. B. durch optische Akzentuierungstechniken wie Überzeichnungen, Ein- und Ausblendungen oder Verfremdung. (Professionelle Manipulationstechniken sind aus der Werbung bekannt.)

- Bildanleitungen

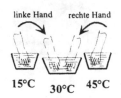

linke Hand   rechte Hand

15°C   30°C   45°C

Wärmeempfinden

Nicht nur in Bedienungsanleitungen für Geräte können Bilder einen realistischen Bezugsrahmen schaffen und den situativen Kontext herausstellen. Bilder können sogar die primäre Informationsquelle für Sachinformationen werden. Der Text übernimmt dann mehr organisierende Funktion.

- Dekorative Funktion von Bildern

Von einer dekorativen Funktion kann man sprechen, wenn Bilder zwar das Interesse des Lesers wecken sollen, aber keine wesentliche inhaltliche Bedeutung haben.

3. Organisation und Strukturierung kognitiver Inhalte

Bilder können die Aufmerksamkeit lenken und die Informationsaufnahme organisieren und strukturieren. So besteht eine Aufgabe von Tafelbildern oder Folien oft darin, Zusammenhänge und wesentliche Details hervorzuheben oder wichtige Ergebnisse zu betonen. Als Techniken für die Strukturierung und Organisation von Lehr-Lernprozessen sind in diesem Zusammenhang zu nennen:

- Concept maps

Inhalte, Konzepte und ihr Beziehungsgefüge werden räumlich-bildhaft angeordnet. Dies kann helfen, Wissensbereiche sinnvoll zu strukturieren.

- Advance organizer

Schwingungen

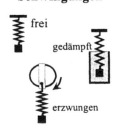

frei

gedämpft

erzwungen

Nicht nur Texte sondern auch bildhaft schematische Darstellungen können der Vorstrukturierung dienen und die Gliederung neuer Inhalte aufzeigen. Insbesondere können sie auch die inhaltliche Struktur eines Textes aufzeigen.

- Bezugsrahmen

Bilder können einen übersichtlich gegliederten Bezugsrahmen für das Verständnis eines Textes bereitstellen. Beispielsweise lassen sich zeitliche Beziehungen zwischen verschiedenen Arbeitsschritten illustrieren, räumliche Zusammenhänge wie bei Landkarten aufzeigen oder inhaltliche Einordnungen vornehmen.

- Gedächtnisstützende Funktion

Bei der Übertragung von Text oder Formeln in ein bildhaftes Format entstehen oft originelle Bildschöpfungen, die wie „Eselsbrücken" ein Speichern und Nutzen von Wissen erleichtern. Das nebenstehende Beispiel drückt das Ergebnis einer Energiebetrachtung aus.

4. Motivierung

Die intensive Beschäftigung mit Lerninhalten setzt ausreichende Motivation voraus. Bilder können Problemsituationen darstellen – überraschende, humorvolle oder ästhetische Momente enthalten und auf diese Weise zumindest den Anstoß zur Beschäftigung mit einem Sachverhalt geben. Sie sichern aber nicht zwangsläufig positive Lerneffekte, insbesondere nicht, wenn sie nur rein dekorative Funktionen haben (Levin 1981; Levin et al. 1987). Positive Effekte sind dagegen bei repräsentierenden, organisierenden oder interpretierenden Illustrationen nachgewiesen (Levin, 1987). Nach Ballstaedt et al. (1981) ist anzunehmen, dass eine Komplementarität oder besser die „ergänzende Verzahnung" von Text und Grafik entscheidend die Wirkung grafischer Gestaltungsmittel beeinflusst. Wesentlich dabei ist, dass dies zu einer tiefergehenden Verarbeitung der Inhalte führt.

6.3.2 Zum Instruktionsdesign mit Bildmedien

Die Unterrichtspraxis ist zu komplex um pauschale Vorgehensweisen zum Medieneinsatz festzulegen. Zumindest muss der Lehrer aber eine Sensibilität für Probleme entwickeln. So sollte er schnell und sicher folgende Fälle erfassen:

- Der Lernende betrachtet ein Bild nur oberflächlich. Wichtige Elemente und Details erreichen gar nicht das Bewusstsein.

- Der Betrachter versteht bestimmte Bildelemente nicht oder nur mangelhaft (z.B. die Symbolik). Die Bildaussage wird deshalb nicht richtig erfasst.

- Der Lernende betrachtet das Bild nicht zielgerecht im Hinblick auf das Lernziel. Nebensächlichkeiten rücken in den Vordergrund des Interesses. Das Bild gewinnt an Unterhaltungswert, wirkt aber nicht auf das Lernziel hin.

Folgende Hilfen des Lehrers kommen in Frage:

- Aufmerksamkeit lenken

- Bei Figuren-, Muster-, Grafeninterpretation helfen

- Zentrale Bildaussage herausarbeiten

- Wissensaufbau organisieren

Entsprechende Vorüberlegungen gehören in die Unterrichtsvorbereitung. So sind beispielsweise für jüngere Schüler konkrete Aufgabenstellungen wie Beschriften, Abzeichnen, Ergänzen von Bildteilen einzuplanen. Sie sollen die Aufmerksamkeit auf bestimmte Elemente lenken und letztlich **Verarbeitungstiefe** die *Verarbeitungstiefe der Bildinformation* verbessern. Bei der Arbeit mit Grafiken und Diagrammen sollte eine Orientierungsphase der inhaltlichen Diskussion vorausgehen. Dazu gehören (Weidenmann, 1991):

- Herausstellen, was die Achsen anzeigen

- Die Bedeutung von Sonderzeichen klarstellen

- Herausarbeiten, was die Kurven/Flächen anzeigen.

6.3.3 Texte im Physikunterricht

Auch bei verbalen Informationen können Gestaltgesetze (vgl. 6.2.1) **Assoziationen** eine Rolle spielen. Ein Beispiel sind Assoziationen nach dem Prinzip **und Prinzip der** der guten Fortsetzung, wie bei folgendem Kinderscherz: **„guten Fortsetzung"**

Sagen Sie ganz schnell hintereinander fünf mal Blut und antworten Sie schnell: Wann laufen Sie an der Ampel los? (Etwa bei Rotlicht?)

Einige Probleme der Bildverarbeitung lassen sich tatsächlich auch auf Text und Sprache übertragen und sind von grundlegendem theoretischen Interesse. Um den Rahmen nicht zu sprengen, werden hier aber nur kurz einige allgemeine Gestaltungsrichtlinien für Lehrtexte zusammengestellt.

1. Bei der Gestaltung von Lehrtexten sind neben äußerlichen Minimalforderungen, wie z.B. die Lesbarkeit der Schrift, die Aspekte *Verständlichkeit, eingearbeitete Organisationshilfen* und *sachgerechte Sequenzierung* der Aussagen zu beachten (Weidenmann, 1993).

Verständlichkeit Was macht einen Text klar und leicht verständlich und welches Konzept ist praktisch gut umsetzbar? Langer et al. (1993) haben vier Merkmalskomplexe zusammengefasst, die eine erste Orientierung bieten können. Danach haben verständliche Texte eine hohe Ausprägung folgender Faktoren, sog. „Verständlichkeitsmacher":

- *Einfachheit*: Geläufige, anschauliche Ausdrücke kommen in kurzen einfachen Sätzen vor.

- *Gliederung – Ordnung*: Zu unterscheiden ist zwischen einer äußeren Ordnung (Überschriften, Abschnitte, Hervorhebungen) und einer inneren Ordnung. Letztere beinhaltet, dass Informationen in sinnvoller Reihenfolge angeboten werden und Vor- und Zwischenbemerkungen eine inhaltliche Gliederung aufzeigen.

- *Kürze – Prägnanz*: Positiv sind Knappheit, hohe Informationsdichte, keine Weitschweifigkeiten oder leere Phrasen.

- *Anregende Zusätze*: Dazu gehören Beispiele, Einbettung einer Aussage in eine Episode, direkte Rede, Humor, Spannung.

Organisationshilfen

Bei längeren Texten bieten inhaltliche Übersichten eine wertvolle Hilfe. Außerdem verlangt sinnvolles Lernen ein Ordnen und Verflechten von neuem und vorhandenem Wissen.

Vorangestellte Organisationshilfen („advance organizers" nach Ausubel, 1974), unterstützen eine sinnbezogene Eingliederung neuer Informationen und geben auch Hinweise, wie eine bestimmte Lernaufgabe erfolgreich zu bewältigen ist. Advance organizers informieren über zentrale Konzepte in allgemeinerer Form, beziehen sich aber auf die Wissensstruktur des Lernenden. Sie gehen damit über inhaltliche Übersichten hinaus.

Zusammenfassungen können am Anfang oder am Ende eines Textes zu finden sein. Sie heben relevante Aussagen besonders hervor und fördern damit eine selektiv akzentuierte Lese- bzw. Lernstrategie. Der Leser wird besonders auf die hervorgehobenen Aussagen achten bzw. diese noch einmal ins Gedächtnis rufen. Möglicherweise wird er den Text diesbezüglich noch einmal durcharbeiten.

Weitere Hilfen sind *Überschriften, Randbemerkungen, explizite Zielvorgaben, Aufgaben* und *Fragen zum Text*. Insbesondere an Tafel oder Arbeitstransparent sind außerdem *Farbe, Schriftgröße* und *Schrifttyp* geeignete Gestaltungsmittel.

Sequenzierung von Informationseinheiten

Texte bieten die Information sequentiell an – im Unterschied zu Bildern, die verschiedene Informationen simultan darstellen können. Verständlichkeit setzt somit auch voraus, dass notwendige Vor- und Zusatzinformationen im Text rechtzeitig angeboten werden. Sollen sich Schlussfolgerungen aus mehreren Fakten ergeben, so ist zu berücksichtigen, dass Informationen um so leichter miteinander in Beziehung zu setzen sind, je näher sie im Text beieinander liegen. Die Sequenzierung, d.h. die Art, wie Informationen zusammengestellt oder getrennt angeboten werden, beeinflusst die Wahrscheinlichkeit für Verknüpfungen und Verflechtungen innerhalb einer kognitiven Wissensstruktur. Nach Ballstaedt et al. (1981) sind deshalb Bedeutungseinheiten so zu sequenzieren, dass für neue Bedeutungseinheiten die relevanten Anknüpfungspunkte noch aktiv im Gedächtnis vorliegen. Andernfalls sollten dem Lernenden zumindest Hilfen angeboten werden, verschiedene Anknüpfungspunkte zu finden. Darüber hinaus mobilisiert jede Textstelle Erwartungen und regt Gedanken an. Werden diese logisch weitergeführt und nicht abgebrochen, dann wird ein Text als folgerichtig empfunden.

In der Regel gibt die Fachsystematik schon erste Richtlinien für die Sequenzierung. Weitere Orientierungsgrundlagen sind Bezüge zwischen Vorwissen und neuem Wissen, die das Prinzip „vom Bekannten zum Unbekannten" stützen. Auch die Anwendungsorientierung kann Leitlinien aufzeigen (z. B. bei Bedienungsanleitungen).

Verarbeitungstiefe

2. Verarbeitungstiefe bei der Textarbeit: Bereits die Wiedergabe eines Textes mit eigenen Worten verlangt bewusstes Lesen. Außerdem können folgende Aufgabenstellungen eine zielgerichtete Textaufnahme unterstützen:

- Herausarbeiten von Hauptideen und grundlegenden Aussagen
- Kausalzusammenhänge, Ursache-Wirkung-Ketten, Gesetzmäßigkeiten und Rahmenbedingungen herausstellen
- Schwer verständliche Passagen markieren und diskutieren; evtl. auch Fachtermini als Anknüpfungspunkte wählen
- Informationen im Hinblick auf eine konkrete Problemstellung strukturieren und verwerten, Anwenden auf Beispiele.

RESÜMEE

Medien dienen im Unterricht nicht nur als Informationsquelle. Als wichtige Funktionen sind ebenso zu nennen:

- Motivierung
- Veranschaulichung
- Erarbeiten, Darstellen
- Reproduktion/Wiederholung
- Übung
- Kontrolle/Feedback
- Individualisierung/Differenzierung

Jeder Medieneinsatz ist im methodischen Gesamtkontext zu sehen. Die Fragen zur methodischen Analyse von Schröder & Schröder (1989) können auch andeuten, wie komplex die Zusammenhänge sind:

- Für welche Sozialformen eignet sich das Medium (Lehrervortrag, Still-/Einzelarbeit, Partnerarbeit z. B. am Computer)?
- In welcher Artikulationsstufe kann das Medium eingesetzt werden?
- Welche Unterrichtszeit wird beansprucht?
- Sind Lehrerinformationen oder weitere Medien hilfreich?
- Welche Arbeitstechniken verlangt der Medieneinsatz vom Schüler?
- Kann durch die Medien eine Differenzierung erfolgen?
- Welche Arbeitsanweisungen und Hilfen sind für ein selbständiges Arbeiten der Schüler nötig?

Medien dienen im Unterricht einer besseren Informationsvermittlung und der Bereitstellung lernrelevanter Informationen. Inhalte mögen noch so wichtig sein, ohne entsprechende Aufbereitung und Präsentation erreichen sie die Lernenden nicht. Einige lernpsychologische Grundlagen zur Informationsvermittlung, insbesondere zur Bildverarbeitung, wurden deshalb behandelt. Daraus lassen sich einige Aufgaben des Lehrers beim Medieneinsatz ableiten:

> - Die Kenntnis von Symbol- und Codesystemen sicherstellen
> - Die Informationsdichte angemessen wählen
> - Die Reihenfolge des Informationsangebotes abstimmen
> - Die Steuerung der Aufmerksamkeit (auch über Orientierungscodes)
> - Die benötigte Informationen aktuell verfügbar halten
> - Die Verankerung von neuem mit vorhandenem Wissen
> - Die Verarbeitungstiefe garantieren.

Bevor im nächsten Abschnitt die spezifischen Eigenheiten verschiedener Medien betrachtet werden, sei noch einmal betont, dass Medien prinzipiell ein Hilfsmittel sind, um einem Unterrichtsziel näher zu kommen. Das Ziel entscheidet letztlich über Sinn und Unsinn des Medieneinsatzes.

Primat der Ziele vor den Medien

6.4 Klassische Medien im Physikunterricht

Dieser Abschnitt befasst sich mit verschiedenen vortechnischen und technischen Geräten. Der kompetente Einsatz moderner Medien setzt ohne Zweifel auch einige technische Grundkenntnisse voraus. Die züglich muss jedoch auf Hinweise und Empfehlungen von Herst oder Verleih verwiesen werden. Wir gehen hier auf artspezifi; Darstellungs- und Präsentationsmöglichkeiten, aber auch auf typi: Anwendungsfehler ein. Dieses Kapitel behandelt klassische Unterrichtsmedien. „Neue Medien" werden danach behandelt.

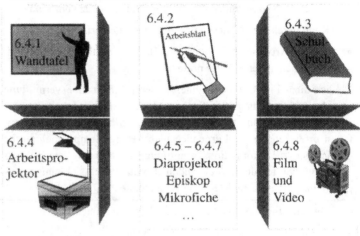

6.4.1 Die Wandtafel

Neben Wandbildern, -karten, Anschauungsmodellen, Präparaten und Büchern zählt die Wandtafel zu den vortechnischen Medien. Dennoch spielt sie im Klassenzimmer eine herausragende Rolle. Vor allem ist sie einfach zu handhaben, jederzeit verfügbar und die Schüler erleben die Entstehung des Tafelbildes in jeder Phase mit. Das Tafelbild kann den Ablauf der Unterrichtsstunde protokollieren, die Erarbeitung des Lernziels dokumentieren oder die Tafel kann wie ein Notizzettel Aussagen aufnehmen und verfügbar halten.

Einteilung und Strukturierung

Das Tafelbild sollte übersichtlich gegliedert sein und kurze prägnante Ausdrücke enthalten. Der Entwurf des Tafelbildes ist ein wichtiger Teil der Unterrichtsvorbereitung. Neuralgische Punkte sind vor allem Einteilung und Strukturierung. Dabei gilt, dass sich die *inhaltliche Gliederung in der räumlichen Anordnung, der Farbgebung und den Symbolformen* widerspiegeln soll. Dazu können u.a. folgende Maßnahmen dienen:

> - Teilziele und verschiedene Aussagen durch Kästchen, Farbe, Nummerierung, Teilüberschriften oder räumlichen Abstand *trennen*
> - Zusammenhänge und wechselseitige Beziehungen durch Pfeile, Farbgebung, Umrahmungen *verbinden*
> - *Akzente setzen* durch Unterstreichen, Schrift, Farbe.

Nicht zuletzt sollten Überschriften die jeweilige Zielsetzung klar erkennen lassen. Ein „roter Faden" sorgt für inhaltliche Klarheit und überbrückt kurzzeitige Konzentrationsschwächen der Lernenden.

Ein Vorteil des Tafelbildes ist, dass situationsbedingte Anpassungen an den Unterrichtsverlauf jederzeit möglich sind. Außerdem ergeben sich wegen der unmittelbaren Verfügbarkeit der Wandtafel im Klassenzimmer interessante Kombinationsmöglichkeiten mit anderen Medien. Beispielsweise können vorgefertigte Grafiken für den Arbeitsprojektor zu einem Unterrichtsgespräch führen, dessen Ergebnisse dann an der Tafel dokumentiert werden. Oder ein Videofilm wird abschnittsweise angehalten, besprochen und wesentliche Inhalte werden an der Tafel protokolliert.

Anpassungs- und Kombinationsmöglichkeiten

Auch physikalische Versuche sind an der Tafel möglich. Abgebildet ist ein Versuch aus der Statik. Rollen sind mit Tischklemmen am oberen Rand der Tafel befestigt. Damit lassen sich Experimente mit unterschiedlichen (Gewichts)-Kräften realisieren und direkt an der Tafel auswerten. Die Richtungen der Kraftvektoren (entlang der Seilstücke) lassen sich nämlich bequem übertragen und die direkte grafische Analyse der physikalischen Zusammenhänge wird möglich.

Wandtafel-Experimente

6.4.2 Das Arbeitsblatt

Ein Arbeitsblatt kann informieren, vertiefen oder kontrollieren. Als Klassensatz bietet es Differenzierungs- und Individualisierungsmöglichkeiten im Physikunterricht.

- Das *informierende* Arbeitsblatt stellt Text- und Bildmaterial ergänzend zum Schulbuch bereit.

- Das *vertiefende* Arbeitsblatt fordert vom Schüler ein Ergänzen, Vervollständigen, Bearbeiten von Text- oder Bilddarstellungen oder formuliert Aufgaben. Es dient dem Prinzip der Aktivierung und kommt während oder kurz nach der Erarbeitungsphase zum Einsatz.

- Das *kontrollierende* Arbeitblatt realisiert das Prinzip der Rückkopplung, z. B. durch Kontrollfragen.

Gestaltungsprinzipien, die beim Tafelbild bzw. allgemein bei der Textgestaltung angesprochen wurden, gelten entsprechend (siehe auch 6.2 und 6.3). Organisatorisch ist vor allem der Einsatz in Kombination mit dem Arbeitsprojektor interessant. Wenn Transparent und Arbeitsblatt identisch sind, können sie simultan von Lehrer und Schüler bearbeitet werden. Alternativ kann aber auch die Erarbeitung zuerst gemeinsam am Arbeitsprojektor erfolgen und das Arbeitsblatt dann nachträglich zur Festigung oder zur Kontrolle dienen.

Arbeitsblätter sind vor allem auch bei der Durchführung von Schülerversuchen im Physikunterricht hilfreich. Dabei können sie neben der thematischen Einordnung, einer Skizze zum Versuchsaufbau und einer Zusammenstellung der Ergebnisse noch Zusatzaufgaben vorgeben. Die Abbildung 6.2 zeigt ein Beispiel aus dem Anfangsunterricht in der E-Lehre. Es verfolgt drei methodische Schwerpunkte:

• Es soll die *inhaltliche Orientierung* sichern und die Verbindung zwischen theoretischer und praktischer Behandlung herstellen. Dazu wird eine technische Schaltskizze zu der bildhaften Zeichnung verlangt. Neben dem Einüben der Symbolik ist damit gleichzeitig eine intensivere Analyse des Versuchsaufbaus durch den Schüler intendiert.

• Es dient zur *Steuerung des Arbeitsablaufs*. Die Arbeitsaufträge lassen sich allgemein in Abhängigkeit von Vorwissen und Selbständigkeit der Schüler weiter oder enger fassen. Auch das Suchen eigener Lösungswege kann verlangt sein.

• Dieses Arbeitsblatt soll Hilfen für die *gezielte Auswertung* anbieten und insbesondere die Dokumentation und Zusammenschau der Werte vorbereiten.

Wie teilt sich der elektrische Strom an einer Verzweigung?

Die Abbildung zeigt einen Stromkreis, in dem drei gleiche Glühbirnchen (4 V/0,04 A) an eine Batterie angeschlossen sind.

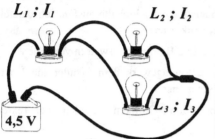

I. Zeichne rechts die zugehörige Schaltskizze.

II. Welche Glühbirne leuchtet am hellsten? Begründe Deine Antwort!

III. Die Stromstärke durch die Lampe L_1 sei $I_1 = 35\,\text{mA}$.

	I_1	I_2	I_3
Schätzung:			
Messung:			

a) Welche Werte erwartest Du für die Teilströme I_2 und I_3.
Trage die Werte in die Tabelle ein.

b) Führe die Kontrollmessung aus.

c) Begründe evtl. die Abweichungen:

IV. Verwende statt der Lampen jetzt die Widerstände $50\,\Omega$, $100\,\Omega$, $200\,\Omega$.
Wähle 3 verschiedene Kombinationen. Fertige eine Tabelle an, die alle wichtigen Daten enthält (Schaltskizzen, Widerstände und gemessene Stromstärken).

V. Formuliere eine Hypothese, d.h. schreibe auf, welcher Zusammenhang generell zwischen I_1, I_2 und I_3 zu vermuten ist.

VI. Werden die Widerstände 1 und 2 vertauscht, ändern sich alle Stromstärken. Dies gilt nicht, wenn nur die Widerstände 2 und 3 vertauscht werden. Schreibt Eure Vermutungen/Hypothesen dazu auf. Wir brauchen Sie in der nächsten Unterrichtsstunde, in der wir uns mit Widerstandsschaltungen befassen.

Abb. 6.2: Arbeitsblatt zum verzweigten Stromkreis

6.4.3 Das Schulbuch

Die möglichen Funktionen des Schulbuchs machen es immer noch zu einem wichtigen Werkzeug des Unterrichts. Ein Schulbuch kann:

- Im Sinne eines Lehrbuches die Fachinhalte ausführlich darstellen und ein Stoffgebiet strukturieren

- Fachspezifische Arbeits- und Betrachtungsweisen vorstellen

- Vergleichbar einem Nachschlagewerk dem Schüler die Übersicht über ein Stoffgebiet anbieten

Funktionen von Schulbüchern

- Material in Form von Bildern, Grafiken, Tabellen oder Texten bereitstellen

- Über ansprechende Darstellungen zum Lernen motivieren und Behaltensleistungen verbessern

- Selbständiges Lernen anregen und fördern

- Wiederholung und Einübung des Stoffes anbieten

- Als Arbeitsbuch Aufgaben oder Versuchsanleitungen vorgeben

- Individuelles und differenziertes Lernen ermöglichen

- Die Fähigkeit zum angemessenen Umgang mit der Literatur, und damit einer unserer wichtigsten Kulturtechniken, schulen.

Das Schulbuch muss auf die Lehrpläne des jeweiligen Bundeslandes abgestimmt sein, und die Inhalte sollen schülergerecht dargeboten werden (Sprache, Illustrationen). Fischler (1979) hebt als weiteres Kriterium die wissenschaftliche Zuverlässigkeit hervor, wobei auch didaktisch motivierte Vereinfachungen zu keiner groben Verzerrung des Wissenstandes führen dürfen. Auch wissenschaftliche Arbeitsweisen (z. B. bei der Durchführung und Auswertung von Experimenten) sollten Berücksichtigung finden.

Das Schulbuch nutzt in vielschichtiger Form die Ausdrucksmittel Text, Bild und Formel und präsentiert Informationen in verschiedenen Code- und Symbolsystemen. Demzufolge ist die Qualität von Schulbüchern allein mit „Satzlängen-Fremdwort-Häufigkeits-Formeln" nicht zu bewerten. Das heißt aber nicht, dass die von Merzyn (1994) zusammengetragenen Untersuchungsergebnisse nicht hilfreiche Hinweise geben können. So werden Abbildungen und grafische Darstellungen in neueren Schulbüchern von Schülern und Lehrern im Allgemeinen gelobt, während Sprache und Verständlichkeit der Schulbuchtexte und vor allem der hohe Anteil an Fachwörtern am stärksten kritisiert werden.

Auch Schulbücher müssen Schwerpunkte setzen. Hier wird in der Entwicklungsphase zunehmend auf Ergebnisse aus Schulbuchanalysen als Orientierungshilfe zurückgegriffen. So gehen Duit u. a. (1991) von Lehrbuch- und Textanalysen nach Stube (1989) und Sutton (1989) aus und wollen u. a. folgende Schwächen vermeiden:

- Distanzierte autoritative Aussagen in entpersonalisierten Texten

- Präzision zu Lasten einer auf die Lernenden bezogenen Begriffsentwicklung

- Eingeschränkter Kontext, der nicht über die fachspezifischen Grenzen hinausgeht

- Eingeschränkte Syntax, mit der Aussagen zwar kurz und knapp zu formulieren sind, die aber nicht unbedingt das Verständnis fördern

- Starres rhetorisches Muster, dessen Monotonie schnell zu nachlassender Aufmerksamkeit führt

- Das Tun in den Naturwissenschaften vorrangig vor das Nachdenken stellen

- Zuerst Daten präsentieren, aus denen sich dann die Theorie – scheinbar wie von selbst – ergibt

- Naturwissenschaftliches Wissen als das zwangsläufige Resultat richtigen methodischen Vorgehens erscheinen lassen und das Bemühen um Beobachtung und selbstkritisches Ringen um Erkenntnis nicht erwähnen

- Physik nur rational erscheinen lassen, frei von Befürchtungen, aber auch von Faszination, die persönlich und gesellschaftlich mit naturwissenschaftlichen Erkenntnissen verbunden sind.[2]

Schwächen von Schulbüchern

Andere Bücher setzen andere Schwerpunkte. Daneben bieten fast alle Schulbuchverlage zu dem eigentlichen Schulbuch zusätzlich Aufgabensammlungen, Versuchsanleitungen, Praktikumshefte, Repetitorien und Formelsammlungen an. Neuerdings gibt es verschiedentlich auch Ergänzungsbände mit Multimediaprogrammen.

In der Regel muss der Lehrer allerdings vorgegebene Rahmenbedingungen akzeptieren und mit dem Buch arbeiten, das in seiner Schule (lehrmittelfrei) eingeführt ist. Allen Wünschen kann kein Buch gerecht werden. Deshalb muss der Lehrer auch dieses Medium selektiv nutzen können und in sein Unterrichtskonzept einbinden. Ausgehend vom Vorwissen der Schüler, seinem Unterrichtkonzept und seinem Wissen über Gestaltungskomponenten und Anforderungen von Text und Bild kann er bestimmte Abschnitte des Buches in der Phase des

Abschnitte selektiv nutzen

Einstiegs, der Erarbeitung, zur Nachbereitung, als Materialsammlung, zur Vertiefung oder evtl. auch zur eigenständigen Schülerarbeit nutzen.

Einige Beispiele für Kurzeinsätze des Schulbuchs im Unterricht gibt Merzyn (1994):

**Einsatz-
möglichkeiten**

- Eine Abbildung aus einem Buch zum motivierenden Einstieg in ein Stoffgebiet nutzen

- Erklären und Diskutieren der Funktionsweise eines technischen Gerätes oder einer Modellvorstellung anhand einer Schemazeichnung im Buch

- Diskutieren eines Diagramms oder einer Tabelle mit der Klasse

- Durchführen von Schülerexperimenten nach Anleitung im Buch

- Gemeinsames Lesen einer gut formulierten oder historischen Textpassage

- Fachbegriffe aus einem aktuellen Zeitungsartikel über das Stichwortverzeichnis eines Buches suchen und klären.

- Übungsaufgaben aus einem Buch lösen

Selbst wenn inhaltlich problematische Passagen vorliegen sollten, kann es eine besondere Aufgabe für die Schüler sein, einen Abschnitt bezüglich formaler oder inhaltlicher Unstimmigkeiten zu durchleuchten und den Fehler noch vor der gemeinsamen Besprechung zu finden. Eine kritisch hinterfragende Lesehaltung ist auch, oder gerade bei wissenschaftlichen Abhandlungen wünschenswert.

**Orientierungshilfe
für den Lehrer**

Daneben kann das Schulbuch dem Lehrer selbst wertvolle Orientierungshilfen geben. Dies beginnt bei der fachlich-methodischen Gliederung, der Stoffauswahl und der Auswahl von Beispielen und Experimenten. Der Lehrer findet außerdem Ideen, wie eine Problemstellungen eingeführt wird, oder wie ein motivierender Einstieg in ein neues Sachgebiet erfolgen kann, bis hin zur Aufbereitung und Präsentation von Informationen durch Bild und Text. Insofern sind Schulbücher auch für den Lehrer eine wichtige Informationsquelle mit methodisch-didaktischen Anregungen.

6.4.4 Der Arbeitsprojektor

Für visuelle Darstellungen in Unterricht, Lehre und Vortragswesen ist der Arbeitsprojektor ein weit verbreitetes Hilfsmittel. Nach DIN 108 und 19045 ist der Name „Arbeitsprojektor" festgelegt. Die Liste alternativer Bezeichnungen deutet aber gleichzeitig die Vielfalt der Einsatzmöglichkeiten an: Tageslichtprojektor, Zeichenprojektor, Schreibprojektor, Overheadprojektor.

1. Die folgenden Merkmale machen das Gerät für den Unterrichtseinsatz attraktiv:

- Das Herstellen und Bearbeiten von Arbeitstransparenten ist einfach. Dabei können sich Fotokopieren und Bearbeiten mit Folienstiften ergänzen.

- In der Unterrichtsvorbereitung lassen sich Folien optimal gestalten. (Wenn keine Schülermitschriften nötig sind, bedeutet dies gleichzeitig einen Gewinn an Unterrichtszeit.)

- Die Darstellung ist großflächig und lichtstark und kann bei Bedarf zugeschaltet oder abgedeckt werden.

- Die Arbeitsfläche ist gut überschaubar. Bei Vorträgen bietet sich die Folie auch als Leitfaden an.

- Ein schrittweises Entwickeln von Inhalten ist kein Problem. Dabei helfen Overlaytechnik, sukzessives Aufdecken von Folienteilen oder zusätzliche Eintragungen mit Folienstiften. (Die Arbeit mit wasserlöslichen Stiften während des Unterrichts erlaubt die Wiederverwendung von arbeitsaufwendigen Folien.)

- Die Folien sind insbesondere auch für Wiederholungsphasen im Unterricht geeignet.

- Der Lehrer bleibt beim Einsatz des Projektors den Schülern zugewandt und kann situationsgerecht reagieren.

Mittels Farbkopierer sind heute praktisch alle Abbildungen auf Folie übertragbar. Der Arbeitsprojektor ermöglicht aber nicht nur die Projektion von fertigen Transparenten, man kann auch noch im Unterricht direkt am Bild weiterarbeiten. Die Einsatzmöglichkeiten sind zudem nicht allein auf Bild- und Schriftmaterial beschränkt. Kleine Gegenstände lassen sich im Schattenriss vergrößert zeigen. Auch gibt es fertige Funktionsmodelle (z. B. von Verbrennungsmotoren), um dynamische Prozesse zu veranschaulichen. Mit Hilfe von Polarisationsfolien lassen sich ebenfalls Bewegungen simulieren.

Kräfte zwischen
parallelen strom-
durchflossenen
Leitern

Am Arbeitsprojektor ist sogar eine Vielzahl physikalischer Versuche realisierbar, z. B. die Darstellung von Feldlinienbildern, Versuche mit Wasserwellen, Versuche aus der Elektronik oder E-Lehre. Die nebenstehende Abbildung zeigt zwei stromdurchflossene Drähte über einer Folie mit Millimeterskala. Kleinste Auslenkungen aufgrund elektromagnetischer Kräfte sind über diesem Raster sofort erkennbar. Eine Sammlung von Versuchen am Arbeitsprojektor ist in Schledermann (1977) zu finden.

2. Beim Umgang mit dem Arbeitsprojektor werden leider allzu oft elementare Bedienungsregeln verletzt und dadurch die Effektivität des Mediums gemindert. Die folgenden Hinweise sollen helfen, Fehler zu vermeiden.

**Handhabung des
Arbeitsprojektors**

- Eine verzerrungsfreie Wiedergabe setzt voraus, dass das Licht senkrecht auf die Projektionsfläche auftrifft. Der Arbeitsprojektor ist entsprechend zu positionieren. Eine schwenk- und neigbare Projektionsfläche ist hilfreich.

- Die Projektionsfläche muss gleichmäßig ausgeleuchtet sein. Farbzonen an den Rändern zeigen eine schlechte Justierung der Lampe an.

- Zusätzlicher Lichteinfall auf die Projektionswand, insbesondere direktes Sonnenlicht, ist zu vermeiden. Evtl. ist die Wand abzuschatten oder der Raum zu verdunkeln. Die Möglichkeit zur Mitschrift sollte aber erhalten bleiben.

- Freie Sicht auf die Projektionsfläche soll für alle Schüler möglich sein. Dazu muss z. B. die Unterkante der Projektion hoch genug liegen (je nach Bestuhlung 1 – 2 Meter über dem Boden).

- Bei professionellen Vorträgen werden Folien im Querformat verwendet. Der minimale Betrachtungsabstand sollte das 1,5-fache der Bildbreite sein.

- Prinzipiell gibt es zwei Anzeigemöglichkeiten: Mit dem Zeigestab an der Projektionsfläche oder mit dem Stift an der Folie. Die zweite Form ist ökonomisch, schnell und der Lehrer bleibt den Schülern zugewandt. Allerdings verlieren die Zuhörer in der Regel den Blickkontakt zum Vortragenden, wenn sie sich der Projektion zuwenden. Bei der ersten Form bleibt der Lehrer direkt im Blickfeld und kann auch nonverbale Ausdrucksmittel einsetzen.

- Immer wieder sollte sich der Vortragende vergewissern, dass Folien nicht schief aufliegen oder der Projektionsstrahl durch Schulter oder Arm abgedeckt ist.

- Zu schnelles Wechseln von Folien kann die Zuhörer überfordern. Außerdem ist auf eine gute Abstimmung mit verbalen Erklärungen zu achten. Dies schließt ein monotones Ablesen genauso aus wie ein bezugloses Nebeneinander von Folie und sprachlichen Ausführungen.

3. Hinweise zur Gestaltung von Folien

- Transparente nicht überfrachten! Gegebenenfalls kann man sie schrittweise erweitern oder mit Overlays arbeiten.

Gestaltung von Folien

- Lesbarkeit setzt eine ausreichende Schriftgröße voraus. Keinesfalls sollten Buchseiten unvergrößert auf Folie kopieren werden. Natürlich hängt die Bildgröße vom Abstand zwischen Projektor und Projektionswand ab. Allerdings dürfte eine Buchstabengröße von 5 mm immer das absolute Minimum sein. Koppelmann und Sinn (1991) geben als Faustregel an, dass ein DIN A4-Transparent mit dem bloßen Auge noch im Abstand von 2,5 m lesbar sein sollte. Eine weitere Orientierungshilfe sind fertige Formatvorlagen für Folien die jedes moderne Textverarbeitungssystem anbietet.

- Die Folie sollte logisch strukturiert und organisiert sein. Insbesondere können auch Abbildungen oder Schemaskizzen einen „roten Faden" aufzeigen. Nach Alley (1996) sollte sogar jede Folie ein Bild enthalten. Bilder haben eine gute Gedächtnishaftung und können die Erinnerung an Worte anstoßen.

- Die Überschrift soll treffend und kurzgefasst sein. Nach Alley (1996) sollte in der Regel ein ganzer Satz ausformuliert sein. Dies zwingt zu klaren Aussagen, die besser im Gedächtnis haften als isolierte Wortphrasen.

- Eine optische Gliederung geht verloren, wenn zu kleine Abstände, lange Textpassagen oder lange Aufzählungslisten mit mehr als vier Unterpunkten vorliegen.

Abschließend sei noch erwähnt, dass der Arbeitsprojektor selbst zum Lerngegenstand im Physikunterricht werden kann. Nicht nur die Fresnellinse verdient ein besonderes Interesse. Auch die Lichtquelle, die Kondensorlinse und der Projektorkopf mit Linse und Spiegel sind geeignete Betrachtungsgegenstände für den Optikunterricht.

6.4.5 Diaprojektor

Ein Diaprojektor zeigt Diapositive in Durchlichtprojektion. Für die Eigenproduktion umfangreicher Bildserien sind Dias noch deutlich kostengünstiger als Farbkopien auf Folie. Ansonsten bieten sich ähnliche Visualisierungsmöglichkeiten wie beim Arbeitsprojektor. Erstellung und Unterrichtseinsatz sind in der Regel etwas aufwendiger und die Bilder sind nicht mehr veränderbar. Ein Nachteil ist zudem die notwendige Verdunkelung, die eine Mitschrift verhindert.

Diaserien können vor allem einem schrittweisen Aufbau von Aussagen oder realitätsnahen Vorstellungen dienen. Sie können auch Unterrichtsabschnitte im Überblick zusammenfassen. Verschiedene Diaserien gibt es bei den Landesbildstellen. Durch Eigenanfertigungen (z. B. über Kern- oder Windkraftwerke) lassen sich lokale Bezüge herstellen.

6.4.6 Mikrofiche-Projektor

In größerem Rahmen fanden und finden sie noch teilweise in Bibliotheken Verwendung. Ein postkartengroßes Filmblatt enthält ca. 100 DIN A4-Seiten, die über einen Monitor oder über Wandprojektion angezeigt werden. Mikrofiche-Projektoren sind damit auch für Einzel- und Gruppenschulungen einsetzbar.

6.4.7 Episkop

Mit Hilfe der Auflichttechnik werden nichttransparente Vorlagen, z. B. Buchseiten abgebildet. Dazu wird die Vorlage mit sehr starken Lichtquellen angestrahlt und reflektiertes Licht über Spiegel und Projektionsoptik an die Wand geworfen. An Lichtquelle und Kühlvorrichtung werden hohe Anforderungen gestellt. Deshalb sind vor allem ältere Geräte schwer und unhandlich. Außerdem muss der Raum abgedunkelt werden und die Projektionsentfernung beträgt nur wenige Meter. Dafür können undurchsichtige Vorlagen direkt projiziert werden. Auch reliefartige, nicht nur flache Objekte, z. B. kleine Maschinenteile aus einem mechanischen Uhrwerk lassen sich abbilden.

6.4.8 Film und Video

Tonfilm, Video und Computerfilme bieten eine Kombination von auditiven und visuellen Mitteln und erreichen damit oft den Vorzug hoher Anschaulichkeit. Dies gilt vor allem, wenn fotorealistische Darstellungen sachdienlich sind. Eine rein verbale Beschreibung (insbesondere von visuellen Reizen) ist oft aufwendig und leicht missverständlich. In einigen Fällen ist das Zusammenwirken von

Bild und Ton unverzichtbar. Zusätzlich kann die Videotechnik auch beim Training des Lehrerverhaltens sehr nützlich sein (Mikroteaching).

1. Das Abspielen von Schmalfilm (16 mm) und Super-8-Film (8 mm) ist heute durch Geräte mit automatischer Filmeinführung relativ einfach. Dennoch bietet die Video-Fernseh-Technik derzeit das Optimum an Flexibilität. Neben kompletten Unterrichtseinheiten (z. B. Telekolleg) ist auch die Kombination von Videokamera und Fernsehapparat zur Verbesserung der Sichtbarkeit von Demonstrationsversuchen einsetzbar (z. B. bei Versuchen mit kleinen Bauteilen aus der Elektronik). Selbst Beobachtungen mit dem Mikroskop lassen sich projizieren. Auch zeitaufwendige oder nicht mehr zugelassene Demonstrationsversuche (z. B. mit Quecksilber) lassen sich in der Vorbereitung aufnehmen und im Unterricht wiedergeben. Ein wesentlicher Vorteil ist außerdem, dass der Raum nicht verdunkelt werden muss. Um eine ausreichende Sichtbarkeit zu garantieren, sollte der Betrachterabstand aber bei 70-cm-Monitoren nicht größer als 6 m sein und die Blickrichtung nicht mehr als 45° von der Bildschirmsenkrechten abweichen. Bei ebener Bestuhlung ist eine Höhe von 2 m über dem Boden sinnvoll. Zur Vermeidung von Reflexionen auf dem Monitor ist die Aufstellung an der Fensterseite günstiger. Die Alternative, Projektionsdisplays zur Auflage auf den Arbeitsprojektor oder mit eigener Lichtquelle werden immer kostengünstiger. In der Regel können sie sogar verschiedene Signalpegel umsetzen und eignen sich damit sowohl zur Großprojektion von Computerbildschirmen als auch zur Wiedergabe von Videoaufzeichnungen.

Geräteaspekte

2. Neben Kameraführung und Filmschnitt sind spezielle Ausdrucksmittel des Films vor allem Effekte wie Zeitlupe, Zeitraffer, Zoomen oder Trickeinblendungen. Das räumliche Empfinden ist im Allgemeinen deutlicher als beim Bild, da sich die Objekte bewegen bzw. verschiedene Blickwinkel angeboten werden. Allerdings verlangt ein Film auch spezifische Beobachtungs- und Verarbeitungsfähigkeiten. Insbesondere stellen schnelle Bildfolgen mit hoher Informationsdichte höhere Ansprüche. Der Zuschauer muss die Zusammenhänge herstellen. Außerdem legt ein Film die Betrachtungsdauer und Abfolge rigoros fest und fordert ein entsprechendes Maß an Aufmerksamkeit. Andernfalls sind Verständnislücken vorprogrammiert. Zudem übermitteln Filme (wie auch Bilder) gleichzeitig einen hohen Anteil an Information, die nicht direkt lernzielrelevant sind. Dazu gehören oft Gegenstände im Hintergrund, Tapetenmuster an der Wand oder Aussehen und Auftreten des Moderators. Der Zuschauer muss hier abstrahieren kön-

Spezifische Ausdrucksmittel und Anforderungen

nen. Andererseits kann der Hintergrund aber auch als Gestaltungsmittel dienen (z. B. als Strukturierungshilfe).

3. Von übergeordneter Bedeutung ist die Frage, inwiefern der Film dazu beiträgt, ein intendiertes Lernziel zu erreichen. Eine Anpassung an sein Unterrichtskonzept kann und muss der Lehrer durch zusätzliche methodische Maßnahmen erreichen. Folgende Fragen können Ansatzpunkte für spezifische Maßnahmen aufdecken:

Überlegungen vor dem Einsatz von Filmen

- Ist das Abstraktionsniveau angemessen?
- Welche Kenntnisse und Fähigkeiten werden vorausgesetzt (sind z. B. spezielle grafische Darstellungen geläufig)?
- Wie hoch ist die Informationsdichte? Erlaubt sie noch eine gedankliche Weiterverarbeitung?
- Wird Wesentliches hervorgehoben, werden irrelevante Informationen ausgeblendet?
- Gibt es Redundanzen und Hilfen, die dem Verständnis oder evtl. einer Vertiefung dienen?
- Motiviert der Film zur geistigen Auseinandersetzung mit dem Inhalt?

Filme die allen Anforderungen genügen, kann es wohl nie geben. Ein Hauptproblem ist oft eine zu hohe Informationsdichte. Deshalb sind nachfolgend einige Maßnahmen aufgelistet, mit denen die Informationsdichte vom Lehrer oder direkt im Film angepasst werden kann.

Anpassen der Informationsdichte

- Vorbereitende Erklärungen und Hinweise vorausschicken (auch advance organizers)
- Pausen mit Zusatzinformationen einrichten
- Standbilder zur Besprechung von Details nutzen
- Anspruchsvolle Passagen mehrfach abspielen
- Zeitlupenaufnahmen einspielen
- Strukturierende Einblendungen verwenden (Beschriftung, räumliche und farbliche Akzentuierung)
- Nebensächlichkeiten ausblenden

Phasen des Filmeinsatzes

4. Beim Einsatz von Tonfilmen, bei denen der Lehrer in der Regel während des Abspielens keine Zusatzinformationen geben kann, ist eine gezielte fachliche Vorbereitung der Schüler besonders wichtig.

Vorbereitung, Einstimmung

Schon in der Vorbesprechung und Einstimmung können Hinweise auf wichtige Passagen erfolgen. Ziel ist, die Aufmerksamkeit auf lernzielrelevante Informationen zu lenken. Dies ist wegen der „Flüchtigkeit" des Mediums besonders wichtig. Zudem sind relevante Wissensstrukturen vorab zu aktivieren, damit angebotene Informationen besser in vorhandene Strukturen einzuordnen sind und sich mit vorhandenem Wissen verknüpfen lassen. Je nach Leistungsstand sind außerdem Hilfen zur Organisation, Auswahl und Einordnung von Informationen vorzubereiten. Der Lehrer hat folgende Möglichkeiten:

- Beziehungs- und Anknüpfungspunkte zum bisher behandelten Stoff oder beim Alltagswissen herausstellen

- Die Strukturierung und Gliederung des Lehrfilms vorab aufzeigen (evtl. als Schema an der Tafel). Dabei sollen jedoch keine Verlaufsreize wie Spannung oder Überraschungsmomente vorweggenommen werden.

- Schon im Vorfeld lassen sich lernzielbezogene Fragen formulieren (und evtl. sogar anschreiben). Dies kann ein verstärktes Problembewusstsein schaffen

- Konkrete Beobachtungsaufgaben stellen

- Dem Lernenden Gründe aufzeigen, warum der Film jetzt gezeigt wird.

Auch beim Vorführen von Filmen bieten sich verschiedene methodische Varianten an:

Vorführen von Filmen

- Der Film kann als Ganzes vorgeführt werden oder nur in wichtige Ausschnitten.

- Der Film lässt sich ohne Unterbrechung vorzeigen oder durch Besprechungseinheiten in Etappen unterteilen.

- Der Film wird einmal vorgeführt oder mehrmals gezeigt, gegebenenfalls mit variierenden Beobachtungsaufgaben.

In der Nachbereitung gilt es, verbliebene Missverständnisse und Unklarheiten zu beheben, Hilfen für eine kognitive (evtl. auch affektive) Weiterverarbeitung anzubieten sowie eine dauerhafte Speicherung von Wissenselementen zu erleichtern. Ein Ansatz ist, nochmals die Kernaussagen zusammenzufassen und in verschiedenen Ausdrucksweisen zu formulieren. Ein Zusammenfassen, Verbalisieren, evtl. auch ein Ausdrücken in Formeln gehören unbedingt in die Nachbereitung. Bei Filmen mit hoher Informationsdichte fehlt in der Regel die Zeit, Aussagen noch während des Filmlaufes eingehend zu verarbeiten und in verschiedenen Formen zu enkodieren.

Nachbereitung/Auswertung des Films

6.4.9 Weitere Medien

Kurz erwähnt seien noch:

1. Poster/Wandbilder

Beispiele sind Poster mit Darstellungen zur historischen Entwicklung der Physik, zu großtechnischen Anlagen (z. B. Kraftwerke in schematischer Darstellung), Übersichten über elektronische Bauteile, Energieträger, aber auch eine Nuklidkarte oder geordnete Übersichten über ein Themengebiet, das in mehreren Unterrichtsstunden behandelt wird.

Die Intention reicht von konkreten Anschauungshilfen für den Unterricht bis zur Motivation für die Beschäftigung mit physikalischen Sachverhalten über plakativ-ansprechende Darstellungen. Wandbilder lassen sich kurzfristig im Unterricht einsetzen, aber auch stationär über längere Zeit im Klassenzimmer, in Schaukästen, an Geräteschränken oder Wänden im Gang anbringen.

2. Technisches Anschauungsmaterial

Vorstellbar sind z. B. aufgeschraubte Geräte wie Handmixer bzw. Elektromotoren, die eine Umsetzung physikalischer Gesetzmäßigkeiten in technischen Anwendungen aufzeigen können.

3. Anschauungsmodelle

Sie dienen dem Ausbau konkreter Vorstellungen. Geläufig sind vor allem Modelle zur Gitterstruktur von Festkörpern oder zum Bau von Molekülen.

4. Funktionsmodelle

Sie zeigen Bau und Funktion technischer Geräte, z. B. Ottomotor.

6.5 Neue Medien und Multimedia

Der Begriff „neue Medien" wird relativ unscharf gebraucht (und definiert schon durch das Adjektiv „neu" eine Relativität). Derzeit umfasst er Anwendungen wie Teleteaching, Teleshopping, Hypertextanwendungen mit Bild- und Tonsequenzen, Computer und Internet. Ein zweiter Bereich sind digitale Bild- und Tonträger mit speziellen Verfahren zur Datenkompression (z. B. MP3).

schnell
aktuell
interaktiv

Im Vergleich zu klassischen Medien bietet die erste Kategorie einen schnelleren Zugriff auf aktuelle Informationsquellen und ermöglicht Interaktivität bei der Nutzung. Die zweite Kategorie erreicht verbesserte Bild- und Tonqualitäten gegenüber älteren Techniken. Neue

Medien verlangen aber auch neue Arbeitstechniken, angefangen bei der Bedienung von Geräten und Benutzeroberflächen über Nutzungsstrategien (z. B. Suchen und Finden im Internet) bis hin zur Informationsaufbereitung und -verwertung. Dabei sind Sortieren, Kategorisieren und Speichern von Informationen noch die einfachsten Techniken. Auch für den Unterricht hat dies Auswirkungen. Sogar wenn der Lehrer die Medien selbst bedient und sie nur zur Unterstützung seiner Darstellungen nutzt, müssen die Schüler ihre Aufnahmetechniken anpassen. Den eigenen Umgang mit neuen Medien müssen die meisten Schüler in der Regel erst lernen. Auch auf den Lehrer kommen dabei verstärkt neue organisatorische und beratende Aufgaben zu (z. B. beim Unterricht an Computerarbeitsplatz).

6.5.1 Computer

6.5.2 Multimedia

6.5.3 Internet

6.5.1 Der Computer im Physikunterricht

1. Computerprogramme können für verschiedene Lernformen konzipiert sein. Entsprechend unterscheiden Mandl, Gruber, Renkl (1992) *Übungsprogramme, tutorielle Programme, Simulationsprogramme* und *Cognitive Tools*. Dazu kommen spezielle für den Physikunterricht Systeme zur Messwerterfassung, Prozesssteuerung und Regelung. Es soll hier nicht von bedeutenden Lerneffekten berichtet werden, sondern lediglich eine Übersicht über den Charakter verschiedener Programmarten geliefert werden. Diese Kenntnis ist Voraussetzung für eine zielgerechte Auswahl von Programmen für den Physikunterricht.

Das klassische Design von Übungsprogrammen folgt dem Schema: (1) Anbieten der Aufgabe, (2) Registrieren der Antwort, (3) Bewerten, Rückkoppeln, (4) Überleitung zur nächsten Aufgabe.
Damit lässt sich z. B. Faktenwissen individuell einüben.

Übungsprogramme

Die herkömmliche Art *tutorieller Programme* bietet zunächst Informationen zu einem Sachverhalt an. Dann folgen Verständnisfragen. Die Antworten führen nach einer Rückmeldung an den Lernenden zu entsprechend konzipierten Programmteilen, die weitere Informationen anbieten oder evtl. die alten Inhalte wiederholen. Sog. „intelligente

Tutorielle Programme

tutorielle Programme" haben die Intention, ein Modell der kognitiven Prozesse des Lernens aufzubauen, dieses fortlaufend auszudifferenzieren und auf der Basis dieses Modells die Instruktionen zu steuern.

Simulationen

Simulationen arbeiten auf der Basis von formal-logischen Modellen der betrachteten Fachinhalte. Sie ermöglichen dem Anwender, die Elemente, Relationen und Zusammenhänge zu kontrollieren und im Rahmen des Modells zu variieren. So lassen sich zum einen die Sachverhalte über vereinfachende Modellannahmen leichter erfassbar darstellen, zum anderen Kenntnisse und Fähigkeiten zur Steuerung komplexer Systeme schulen.

Cognitive Tools

Cognitive Tools machen den Computer zum Hilfswerkzeug bei der geistigen Arbeit. Das Angebot reicht von Textverarbeitungssystemen (mit Rechtschreibprüfung) über Computeralgebrasysteme (die z. B. Integrale berechnen und Funktionen plotten) bis zu Modellbildungssystemen, die über eine grafische Benutzeroberfläche die Variation der Modellparameter ermöglichen (z. B. von Bewegungsgleichungen für einen physikalischen Vorgang). Sie erleichtern Routinearbeiten und geben dadurch Kapazitäten für übergeordnete Betrachtungen frei.

Messwerterfassung, Prozesssteuerung und Regelung

Der „*Messcomputer*" bietet sich an, wenn viele Messwerte in kurzer Zeit aufgenommen werden müssen oder wenn die Zeiträume groß sind und eine automatische Erfassung von Daten nötig wird. Neben dieser Erweiterung experimenteller Möglichkeiten kann der Computer vor allem aber auch bei der Auswertung und Präsentation von Daten eine Hilfe sein. Besonders attraktiv ist, wenn Messwerte in Echtzeit aufbereitet und grafisch angezeigt werden können.

2. Ausgehend von den Interaktionsmöglichkeiten und der Frage, wie bestimmte physikalische Sachverhalte angeboten werden, macht es Sinn *Animationen*, *Simulationen* und *Modellbildungssysteme* voneinander abzugrenzen.

Animationen

- *Animationen* können die Vorteile von Film und Standbild vereinen. Nach Park (1994) sind dynamische Animationen für folgende didaktische Funktionen prädestiniert:

- Demonstration sequentieller Abläufe
- Veranschaulichen von kausalen Zusammenhängen in komplexen Systemen
- Unsichtbare Funktionen und Verhaltensweisen visualisieren
- Eine Aufgabe illustrieren, die verbal nur schwer zu beschreiben ist
- Visuelle Analogien für abstrakte und symbolische Konzepte aufzeigen
- Die Aufmerksamkeit auf relevante Details lenken

Die Interaktivität bei Animationen ist im Vergleich zu Simulationen und Modellierungen relativ eingeschränkt. So lassen sich normalerweise auch keine physikalischen Parameter verändern; allenfalls kann man zwischen verschiedenen Filmsequenzen wählen.

- *Simulationen* dienen der Nachbildung ausgewählter Realitätsaspekte. Dieterich (1994) versteht die Simulation als eine besondere Art von Modell, was wiederum die Konkretisierung einer Theorie beinhaltet. Die folgenden Aspekte charakterisieren nach Dieterich eine Simulation und sind auch didaktisch relevant.

Simulationen

• Abstraktion und didaktische Vereinfachung: Simulationen, wie auch Modelle, können prinzipiell nur Teilaspekte der Realität wiedergeben und zeigen ein reduziertes Abbild der Wirklichkeit. Dies ist bei wissenschaftlichen Simulationen in der Regel nachteilig, weil daraus Unsicherheiten und Abweichungen von der Realität resultieren. Für didaktisch-methodische Anwendungen bieten sich aber sehr interessante Perspektiven: Die Reduktion auf wenige aber entscheidende Faktoren und ein „Ausblenden" unwichtigerer Aspekte reduziert die Komplexität eines Inhalts. Gleichzeitig werden damit auch die wichtigen Einflussgrößen akzentuiert und ihre Wirkung deutlich herausgehoben.

• Substitution: In einem Modell oder einer Simulation werden reale Größen und Elemente durch modellspezifische substituiert. Dabei ist die Abbildungstreue ein wesentliches Charakteristikum. Bei technischen Simulationen, z.B. einem Fahr- oder Flugsimulator, wird man bestrebt sein, das äußere Erscheinungsbild und die Bedienungselemente möglichst genau dem Original nachzubilden. Bei der Simulation von Schaltkreisen wird die Darstellung in der Regel aus Schaltsymbolen bestehen, vorausgesetzt, das Symbolsystem ist ausreichend bekannt. (Evtl. werden für die Sekundarstufe I reale Abbildungen integriert.) Bei komplexen Simulationen, z.B. auch bei der Simulation physikalischer Versuche, ist es eine didaktische Entscheidung, welche bildhaften und symbolischen Substitutionen in Abstimmung auf das jeweilige Lernziel gewählt werden.

• Sparsamkeit: Dieser Aspekt subsumiert die Ziele Einfachheit (möglichst wenige, grundlegende Annahmen) und Ökonomie (günstige Ziel-Aufwands-Relation).[3]

• Reproduzierbarkeit: Diese Eigenschaft ist ganz besonders wertvoll, wenn entsprechende reale Situationen schwer zugänglich sind. In diesem Kontext ist auch das didaktische Prinzip des Wiederholens und Einübens zu nennen.

• Lerneffizienz-Sicherheit: Das Ausmaß an Übereinstimmung zwischen Realität und Modellierung ist ein wesentlicher Faktor für die

Transferierbarkeit von Lerneffekten aus Simulationen in Realsituationen. Abgesehen von grundsätzlichen Problemen des Lerntransfers lassen sich Ergebnisse nur übertragen, wenn entscheidende Situationscharakteristika zwischen Simulation und Realität übereinstimmen. Der Lernende muss die Simulation analog zur Realsituation verstehen. Schwierigkeiten ergeben sich womöglich, wenn Simulationen nur als Spiel verstanden werden.

Grundsätzlich ist aber der spielerische Aspekt, im Sinne eines anthropologisch-fundamentalen spielerischen Lernens keineswegs abzulehnen. (s. 5.1.1)

Zur Physik gibt es eine Vielzahl kleinerer Simulationen. Sie bieten oft keinen festgelegten methodischen Rahmen. Erklärungen, Zusatzinformationen oder Übungen muss der Lehrer bereitstellen. In diesem Zusammenhang sind die vier Phasen des Lernens mit Simulationen von Interesse, die Schulmeister (1996) in Anlehnung an Duffield (1991) herausstellt: Analyse, Hypothesengenerierung, Testen der Hypothesen, Evaluation. Damit sollen sich besondere Perspektiven für ein entdeckendes Lernen und für ein Training von Problemlösefertigkeiten bieten.

Modellbildungs-systeme

Lernen durch Modellieren ist ein wichtiger Ansatz für die Gestaltung und Nutzung von Lernprogrammen. Der Computer dient in Modellbildungssystemen quasi als Projektionsfläche für eigene Gedanken und zeigt Perspektiven und Beziehungen auf, die sich beim Variieren verschiedener Parameter ergeben.

Aus pädagogischer Sicht sind vor allem drei Aspekte innovativ gegenüber der konventionellen tutoriellen Form:

- Der direkte Einblick und Zugriff auf das zugrundeliegende Modell mit Variationsmöglichkeiten verlangt eine größere Verarbeitungstiefe als rein deskriptive Erklärungen (vgl. Kap. 6.2).

- Kausalzusammenhänge werden aus dem Modellverhalten erfahren und erlebt – sie werden nicht „erzählt". Dies hat einen Einfluss auf die Gedächtnishaftung.

- Der Lernende hat die volle Kontrolle über Variations- und Lösungswege. Dies ermöglicht ein selbstbestimmendes Lernen, auch mit Rückwirkungen auf Motivation und Kausalattribuierung beim Lernen.

Inwieweit diese Möglichkeiten tatsächlich lernwirksam umgesetzt werden können, hängt allerdings von weiteren Rahmenfaktoren ab. Insbesondere verlangt die Modellierung selbst vom Schüler spezielle Fertigkeiten. Dies macht eine Aufwandsanalyse und eine angemessene Vorbereitung unerlässlich.

6.5.2 Multimedia

Präziser gefasst als die Bezeichnung „neue Medien" ist der Begriff Multimedia. Nach Issing & Strzebkowski (1997) ist darunter die computerunterstützte Integration verschiedener Medien auf einer gemeinsamen Nutzerschnittstelle (i.A. dem Computerterminal) zu verstehen.

1. Multimodalität, Multicodierung, Interaktivität

Aus pädagogischer und lernpsychologischer Sicht sind vor allem *Multimodalität* (Integration verschiedener Sinnesbereiche), *Multicodierung* (Darstellung in verschiedenen Codesystemen) und die *Interaktivität* interessant. Multimediaanwendungen erreichen den Nutzer über verschiedene Sinneskanäle und über verschiedene Symbolsysteme. Interaktionsangebote lassen den Nutzer individuell und aktiv an Wahrnehmungs-, Erlebnis- und Lernprozessen teilnehmen. Dies verstärkt die Motivation, die emotionale Anteilnahme an Handlungen sowie die Kausalattribuierung und vor allem eine tiefergehende Elaboration der Inhalte (vgl. Kapitel 6.3).

Multimodalität

Multicodierung

Interaktivität

Folgendes Spektrum mit neuen Interaktionsmöglichkeiten wird nach Issing, Strzebkowski (1997) durch Multimediaanwendungen erschlossen:

- Der Eingriff in Programmablauf und Informationsangebot wird prinzipiell möglich

- Inhalte und Lehrwege lassen sich auswählen

- Die Präsentationsform wird wählbar und der Ablauf steuerbar

- Datenein- und -ausgabe machen die Anlage dialogfähig

- Manipulation, Modellierung und Generierung multimedialer Daten eröffnen neue Aktionsformen

- Asynchrone und synchrone Kommunikation und Kooperation über das Netz mit anderen Menschen erschließen neue Kontakte.

Die Interaktionsformen und Kommunikationswege dürften in Zukunft noch attraktiver werden, z.B. durch Lichtgriffel, Spracheingabe, Datenhandschuh und Augenkamera. Der Nutzer muss allerdings die angebotenen Interaktionstechniken erkennen, verstehen und zielgerecht anwenden können. Zwar bieten Multimediasysteme zunehmend Interaktions- und Navigationshilfen an, dennoch sind systematisierende und organisatorische Überlegungen und letztlich metakognitive Fähigkeiten verstärkt gefordert. Issing, Strzebkowski (1997) spezifizieren sogar eine Hypermedia-Literacy. Sie weisen auf folgende Anforderungsbereiche hin:

- *Database Exploration*: Sich einen Überblick über Struktur, Inhalt und Größe eines hypermedialen Systems verschaffen

- *Retrieval- und Navigations-Strategien*: Relevante Informationen und Zusammenhänge finden, sammeln und speichern, ohne sich von irrelevanten Informationen ablenken zu lassen

- *Authoring*: Informationen auf der Grundlage eigener Kenntnisse und Erfahrungen strukturieren und einordnen

- *Inquiring und Teamwork*: Sich bei Lern- und Wissensproblemen an Tutoren oder Experten wenden, z. B. über E-Mail, Newsgroups, Foren etc., und mit Lernpartnern in telekooperativen Umgebungen arbeiten.

Außerdem entwickeln sich nicht nur im Internet unverkennbar neue Ausdrucks-, Darstellungs- und Symbolformen. So spezifiziert Schulmeister (1996) Multimediaanwendungen kurzgefasst als eine *„interaktive Form des Umgangs mit symbolischem Wissen in einer computergestützten Interaktion"*.

2. Gestaltungselemente in Multimedia-Programmen

Gestaltungs-elemente

Folgende Gestaltungselemente haben nach Schulmeister (1996) wesentlich dazu beigetragen, Multimediaprogramme als eigene Kategorie zu etablieren:

- *Mikrowelten*: Mikrowelten sind künstliche Systemwelten, in denen bestimmte Gesetze vorgegeben sind. Ein Beispiel für eine Mikrowelt zeigt das Computerprogramm „Electric Field Hockey" (Chabay, 1993). Die Kräfte zwischen Ball, Schläger und Hindernissen basieren auf dem Coulombgesetz. Spielerische Grunderfahrungen sind intendiert.

- *Metapher*: Schulmeister (1996) versteht darunter den symbolhaften Präsentationsrahmen eines Programms, der dem Lernenden vor allem auch die Navigation im Programm erleichtert. Beispiele sind die Lexikonmetapher für ein Informationssystem („Physik-Duden") oder die Reisemetapher für die sequentielle Reihung von Informationseinheiten.

- *Multimodalität der Benutzerschnittstelle*: Multimodalität bedeutet eine Vielfältigkeit in der Ein- und Ausgabeform. Ton (Sprache und Musik), Bilder und Videopassagen prägen heute weitgehend die Ausgabe von Multimediaanwendungen. Akustische Eingaben mit Spracherkennung, Erkennen von Bewegungen über Video oder Datenhandschuh sind in der Entwicklung und machen die Systeme zunehmend multimodal.

- *Benutzerführung*: Icons, Maps (landkartenähnliche Orientierungsgraphen) und Hypertext sollen nicht nur oberflächliche Navigationshilfen sein, sondern auch kognitive Gliederungs- und Ordnungshilfen bieten.

Nach Issing, Klimsa (1995) bieten Medien (insbesondere Multimedia), aufgrund der spezifischen Merkmale die besten Voraussetzungen, um durch eine adäquate Präsentation von Lerninhalten und Lernkonzepten die Bildung funktionsgerechter mentaler Modelle zu fördern.

3. Der Lehrer beim Einsatz von Multimedia-Programmen

Zur multimedialen Gesamtumgebung gehört auch der Lehrer. Nach Goodyear (1992) beinhaltet dabei die Lehrerrolle folgende Aufgaben:

Der Lehrer bei Multimedia-Programmen

- Angemessene Software auswählen

- Die Integration in andere Lernaktivitäten planen

- Die Arbeit des Lernenden mit dem Programm überwachen

- Die Aktivitäten am Computer nutzen, um Einblick in Denkweise und kognitive Entwicklung des Lernenden zu gewinnen

- Zusammenfassen und dem Lernenden helfen, über ihre gewonnenen Erfahrungen zu reflektieren

- Auseinandersetzungen schlichten und die Einteilung der Nutzungszeiten am Computer organisieren.

Bereits für die Entwicklung multimedialer Lernsoftware sieht Issing (1995) einige didaktische Planungshilfen, die in der nachfolgenden Tabelle zusammengestellt sind. Die Übersicht kann aber auch dem Lehrer eine Orientierung geben, unter welchen Aspekten Multimediaanwendung zu prüfen sind und welche Maßnahmen er in den verschiedenen Phasen des Unterrichts gegebenenfalls einplanen muss (siehe auch 5.3).

Einführung:			
Aufmerksamkeit lenken	Problem darstellen	Interesse wecken	Ziele formulieren
Bearbeitung:			
Vorwissen aktivieren	Informationen und Beispiele vermitteln	Lernhilfen anbieten	Lernberatung und Feedback geben
Festigung:			
Übungs- und Anwendungsaufgaben stellen	Lernergebnisse überprüfen und Rückmeldungen geben	Ergänzungen und Wiederholungen anbieten	Auf zusätzliche Lernmöglichkeiten hinweisen

6.5.3 Das Internet

Das Internet bietet eine bunte Palette von Diensten an: Mit E-Mail kann elektronische Post verschickt werden, mit FTP (File Transfer Protocol) lassen sich Dateien übertragen und per Telnet ist es möglich andere Rechner zu steuern. Vor allem aber ist auf dem Internet das WWW (World Wide Web) realisiert. Es besteht aus einer Vielzahl untereinander verknüpfter HTML-Dokumente (Hyper Text Markup Language), die auf sog. HTTP-Servern/WWW-Servern abrufbereit liegen. Mit einem WWW-Browser, der das HTTP-Protokoll (Hyper Text Transfer Protocol) umsetzen kann, werden die Seiten an einem Computerarbeitsplatz mit Internetzugang lesbar.

Um das Fachchinesisch etwas aufzuhellen seien einige begriffliche Zusammenhänge kurz aufgeführt.

Die Informationsquellen im Internet sind sog. *WWW-Server* – Computer, die permanent angeschaltet und mit dem Netz verbunden sind. Sie werden auch *HTTP-Server* genannt, in Anlehnung an das Übertragungsprotokoll (HTTP: Hyper Text Transfer Protocol). Damit werden die Informationsseiten übermittelt. Auf den Servern liegen die sog. *HTML-Dokumente*, wobei der Name angibt, dass der Text im HTML-Format vorliegt. Diese „Sprache", in der die sog. *Web-Seiten* beschrieben sind, kann auch direkt *Java-Applets* einbinden, d.h. Programme, die in der Programmiersprache Java erstellt sind. Außerdem lassen sich direkt mit *Javascript* komplexere Aufgaben integrieren. Der Anwender selbst braucht letztlich einen *WWW-Browser* (z.B. Netscape Communicator oder Microsoft Internet Explorer) um mit einem Server zu kommunizieren und die angebotenen Daten anzuzeigen. Das Erstellen eigener Web-Seiten wird mit sog. *HTML-Editoren*, also Textverarbeitungsprogrammen, die HTML-Code erzeugen, immer bequemer.

Seiten zur Physik   Zum Einstieg beim Surfen im Internet seien exemplarisch einige Adressen angegeben, von denen die Reise weitergehen kann:

- Deutsche Physikalische Gesellschaft: www.dpg-physik.de

- Didaktik der Physik:
  didaktik.physik.uni-wuerzburg.de

- Teachers page:
  didaktik.physik.uni-wuerzburg.de/~pkrahmer

- Physiksucher: physicsweb.org/TIPTOP/

- Physik online:
  www.physik.uni-wuerzburg.de/physikonline.html

6.6 Experimente im Physikunterricht

Die unterrichtlichen Möglichkeiten und Zielsetzungen physikalischer Schulversuche sind so vielschichtig, dass zunächst Begriffe, Funktionen und Formen geordnet werden müssen. Dann folgen Gestaltungs- und Durchführungskriterien für den Einsatz im Unterricht. Abschließend wird das Schülerexperiment betrachtet.

6.6.1 Experiment, Schulversuch und Medium

Das Experiment als Werkzeug physikalischer Forschung ist ein wiederholbares, objektives, d. h. vom Durchführenden unabhängiges Verfahren zur Erkenntnisgewinnung. Unter festgelegten und kontrollierbaren Rahmenbedingungen werden Beobachtungen an physikalischen Prozessen und Objekten durchgeführt; Variablen werden systematisch verändert und Daten gesammelt (*objektivierbare Gegenstandsbetrachtung*). Ein Experiment verlangt umfassende Planung, eine genaue Kontrolle relevanter Variablen, eine präzise Datenaufnahme, die Analyse der Messwerte und ihre physikalische Interpretation vor einem theoretischen Hintergrund. Oft ist dies mit mühsamer Arbeit, mit Anpassungen an unvorhergesehene Einflüsse oder gar mit Rückschlägen verbunden. Solche Aspekte werden im Unterricht zurücktreten und allenfalls im forschenden Unterricht teilweise nachempfunden. Das heißt aber keineswegs, dass die gedankliche Arbeit, die Auseinandersetzung mit dem Hintergrund und der Konzeption eines Versuchs zu kurz kommen darf. Nachfolgend werden vor allem didaktisch-methodische Zielsetzungen diskutiert, da die erkenntnistheoretische Bedeutung bereits im Kapitel 4.3 skizziert ist.

Die Begriffe „Experiment" und „Versuch" werden in der Literatur nicht eindeutig verwendet (s. dazu Behrendt, 1990). Wir verwenden die Ausdrücke hier synonym, in Anpassung an die internationale Ausdrucksweise.

Experiment und Schulversuch

Aus didaktischer Sicht sind Versuche auch ein Mittel, um physikalische Phänomene zu veranschaulichen und physikalische Vorstellungen zu vermitteln. Insofern übernimmt der Versuch auch Mitteilungsfunktionen und lässt sich unter mediendidaktischen Aspekten betrachten.

Physikalische Schulversuche als Medium

6.6.2 Schulexperimente funktionell betrachtet

Schulisches Lernen zielt auf den Aufbau eines organisierten Bestandes an Wissen, d.h. einer angemessenen kognitiven Struktur. Dazu gehört auch die Kenntnis von Phänomenen, in denen sich physikalische Gesetzmäßigkeiten besonders deutlich zeigen. Immerhin bildet dies eine wichtige Grundlage, wenn es darum geht, aus theoretischem Wissen konkrete Handlungsanweisungen in realen Systemen abzuleiten. Gerade auf Schulniveau können (und müssen) physikalische Versuche einen Beitrag zur Konkretisierung liefern und die praktische Umsetzung von physikalischem Wissen vorbereiten.

Konkrete Physik

Das Demonstrationsexperiment zeigt Phänomene aus einer bestimmten, fachspezifischen Sicht. Es rückt fachliche Fragestellungen in den Betrachtungshorizont des Schülers und liefert Antworten der Natur. So leistet der Schulversuch einen wesentlichen Beitrag zum Aufbau fachspezifischer Betrachtungsweisen. Physikunterricht soll eben auch deutlich machen, wie physikalische Erkenntnisse gewonnen werden und wie das Experiment als Bindeglied zwischen Theorie und Realität steht.

Fachspezifische Betrachtung

Nicht zuletzt ist der physikalische Schulversuch aus mediendidaktischer Sicht ein wichtiger Informationsträger und kann besondere Mitteilungsfunktionen übernehmen. Viele Phänomene und physikalische Effekte lassen sich verbal nicht annähernd so eindrucksvoll und anschaulich darstellen wie in einem Versuch.

Informationsträger

Nutzen und Wirkung physikalischer Schulversuche lassen sich natürlich nicht isoliert von Unterrichtszielen betrachten. Die Effektivität hängt zudem in vielschichtiger Weise von den verschiedensten Unterrichtsbedingungen ab. Der Lehrer muss aber prinzipiell das Einsatzspektrum kennen, um potentielle Möglichkeiten abzuschätzen. Deshalb werden jetzt einige physikdidaktische Zielsetzungen anhand von konkreten Beispielen aufgezeigt:

1. Ein Phänomen klar und überzeugend darstellen

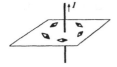

Beispiel: Ein gerader, stromdurchflossener Leiter ist von einem kreisförmigen Magnetfeld umgeben. Dies lässt sich zeigen, wenn um ein vertikal verlaufendes Stromkabel kleine Magnetnadeln aufgestellt werden. Fließt kein Strom, so richten sie sich im Erdmagnetfeld aus. Fließt ein starker Strom durch das Kabel, orientieren sie sich kreisförmig um das Kabel. Existenz und räumliche Charakteristik des Magnetfeldes werden über physikalische Wirkungen angezeigt.

1. Ein Phänomen klar und überzeugend darstellen	2. Physikalische Konzepte veranschaulichen	3. Grunderfahrungen aufbauen bzw. ausschärfen	
4. Physikalische Gesetzmäßigkeiten direkt erfahren	5. Theoretische Aussagen qualitativ prüfen	6. Vorstellungen (Schülervorstellungen) prüfen	7. Physik in Technik und Alltag aufzeigen
8. Denkanstöße zur Wiederholung oder Vertiefung geben	9. Physikalische Vorstellungen aufbauen	10. Physikalische Gesetze quantitativ prüfen	11. Physikalische Arbeitsweisen einüben
12. Motivieren und Interesse wecken	13. Nachhaltige Eindrücke vermitteln	14. Meilensteine unserer Kulturgeschichte aufzeigen	

2. Physikalische Konzepte veranschaulichen

Beispiel: Licht breitet sich in Luft geradlinig aus. Um dies zu verdeutlichen, wird ein Laserstrahl betrachtet. Der Weg des Lichts ist im abgedunkelten Raum sichtbar, wenn die Luft mit Kreidestaub (aus einem Tafellappen) angereichert wird.

Lichtausbreitung

3. Grunderfahrungen aufbauen bzw. ausschärfen

Beispiel: Labudde (1993) nutzt ein Gruppenexperiment, um praktische Erfahrungen zur Beschleunigung auf einer Kreisbahn anzubieten. Auf ebenem Boden wird ein Kreis von ca. 2 m Radius markiert, um den sich die Schüler aufstellen. Es gilt, einen rollenden Ball mit kurzen, wohldosierten Stößen auf der markierten Kreisbahn laufen zu lassen. Aufbauend auf den dabei gewonnenen Erkenntnissen über Richtung, Dosierung und zeitliche Abfolge der Stöße, erfolgt die kinematische und dynamische Behandlung der Kreisbewegung im Unterricht.

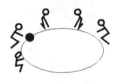

Kreisbewegung

4. Physikalische Gesetzmäßigkeiten direkt erfahren

Beispiel: Muckenfuß (1992) nutzt direkte Sinneswahrnehmungen für Energiebetrachtungen zum elektrischen Strom. Dazu betreiben Schüler einen Generator (Dynamo) über eine Handkurbel – einmal im Leerlauf und dann belastet mit einer Glühbirne (siehe Skizze). Die Geräte sind so dimensioniert, dass die höhere Antriebsleistung für den Lampenbetrieb physiologisch gut wahrnehmbar ist. So wird direkt spürbar, dass für den Betrieb der Lampe Arbeit aufzubringen ist.

Elektrische Energie

Trägermedium Luft

Schmelztrafo

Spiegelbilder

5. Theoretische Aussagen qualitativ prüfen

Beispiel: Im Vakuum gibt es keine Schallwellen; die Ausbreitung von Schall setzt ein Trägermedium voraus. Um dies deutlich zu machen, wird eine Klingel unter einer Vakuumglocke betrieben. Wird die Luft abgepumpt, ist die Klingel nicht zu hören. Der Ton wird lauter, wenn die Luft wieder in die Glocke einströmt.

6. Vorstellungen (Schülervorstellungen) prüfen

Beispiel: Zu den Fehlvorstellungen über den elektrischen Strom gehört die sog. Stromverbrauchsvorstellung. Danach wird beispielsweise von einer Glühbirne elektrischer Strom „verbraucht", so dass die Stromstärke „hinter" einer Glühbirne kleiner als „vor" der Glühbirne ist. Diese Vorstellung lässt sich mit einem sog. Zangenamperemeter direkt überprüfen (Girwidz, 1993). Das Gerät, das den elektrischen Strom über das Magnetfeld mittels Hall-Sensoren misst, wird einfach über Leiter und Glühbirne hinweggeführt.

7. Physik in Technik und Alltag aufzeigen

Dazu gehört die Illustration und Verdeutlichung technischer Vorgänge (z.B. Schmelzvorgang in einem Induktionsofen entsprechend dem skizzierten Versuch). Auch Anwendungen aus dem Alltag lassen sich nachstellen (z.B. Temperaturregelung im Bügeleisen mittels eines Bimetallschalters).

8. Denkanstöße zur Wiederholung oder Vertiefung geben

Beispiel: Aus farbigem Tonpapier sind zwei Schriftzüge ausgeschnitten (hier zwei Schablonen mit den Worten „links" und „rechts"). Vor einem senkrechten Spiegel wird eine Schablone flach auf den Tisch gelegt (hier das Wort „links"), die andere wird aufrecht hingestellt (hier das Wort „rechts"). Allerdings ist nur das Wort „rechts" im Spiegelbild lesbar. (Ein Lösungshinweis lässt sich geben, wenn Vorder- und Rückseite der Schablonen unterschiedlich gefärbt sind.)

9. Physikalische Vorstellungen aufbauen

Beispiel: Die Entstehung von Mond- und Sonnenfinsternis lässt sich im Modellversuch mit Lampe, Globus und Tennisball nachbilden. In kleineren Dimensionen sind die Himmelserscheinungen leicht verständlich.

10. Physikalische Gesetze quantitativ prüfen

Quantitative Aussagen, oft als mathematische Formeln zusammengefasst, sind eine zentrale Ausdrucksform in der Physik. Das Experiment kann solche Aussagen prüfen und bestätigen oder Abweichungen aufzeigen. Experimentelle Methoden, die eine grundlegende Bedeutung in physikalischen Erkenntnisprozessen haben, lassen sich z. B. zum ohmschen Gesetz, hookeschen Gesetz oder zum Brechungsgesetz nach Snellius im Unterricht nachstellen.

Auswertung

11. Physikalische Arbeitsweisen einüben

Beispiel: Widerstandskennlinien aufnehmen – ohmsches Gesetz. Üben lässt sich insbesondere: Sorgfältiges Messen unter definierten Rahmenbedingungen, Zusammenstellen von Daten, Auswertung und Fehlerbetrachtung.

12. Motivieren und Interesse wecken

In der Einstiegsphase kann ein Versuch das Interesse für ein neues Stoffgebiet wecken (*Einstiegsmotivation*). Beispiel: Ein Eisenquader geht im Wasser unter, während ein Eisenschiff im Wasser schwimmt.

Um die *Verlaufsmotivation* aufrecht zu erhalten, können überraschende Versuche hilfreich sein, z. B. der folgende Versuch in der Bewegungslehre: Kugeln rollen über zwei Bahnen. Die Strecken sind identisch bis auf eine Mulde, die zusätzlich auf dem einen Weg durchlaufen werden muss. Zunächst überrascht, dass der längere Weg schneller durchlaufen wird (Klein, 1998).

Welche Kugel ist schneller?

13. Nachhaltige Eindrücke vermitteln

Einen Eindruck von der Größe des Luftdrucks kann man bei der Implosion einer Blechbüchse gewinnen. Dazu wird die Dose mit etwas Wasser gefüllt und erhitzt. Wenn das Wasser siedet, verdrängt Dampf die Luft aus der Dose. Die Blechbüchse wird dann dicht verschlossen und abgekühlt. Sobald der Wasserdampf kondensiert, wird die Dose vom äußeren Luftdruck zusammengepresst.

Luftdruckwirkung

14. Meilensteine unserer Kulturgeschichte aufzeigen

Einigen Experimenten kommt eine besondere Bedeutung bei der Entwicklung unseres naturwissenschaftlichen Weltbildes zu. Wilke (1981) zählt dazu die Experimente zu folgenden Gesetzen und Erscheinungen: Grundgesetz der Dynamik, Gravitationsgesetz, brownsche Bewegung, Kathodenstrahlen, Magnetfeld bewegter elektrischer Ladungen, Induktionsgesetz, äußerer lichtelektrischer Effekt, Interferenz des Lichtes, Linienspektren, Resonanzfluoreszenz, elektromagnetische Wellen, Röntgenstrahlen, Elektronenbeugung, natür-

Induktion nach Faraday

licher radioaktiver Zerfall, Rutherfords Streuexperimente, Paarzer-
strahlung. Beschreibungen dieser historischen Experimente mit entsprechenden Abänderungen als Schulversuch sind zu finden in Wilke
(1987). Anknüpfend an die Versuche lassen sich auch oftmals spannende Einblicke in die komplexen und verflochtenen Wege wissenschaftlicher Erkenntnisprozesse gewinnen.

6.6.3 Klassifikation physikalischer Schulexperimente

Es ist für die Schulpraxis hilfreich, verschiedene Formen von physikalischen Schulversuchen zu unterscheiden, wenn dies unterschiedli-
Verschiedene
Dimensionen
che methodische Möglichkeiten und/oder Anforderungsprofile aus-
weist. Relevante Aspekte führen auf unterschiedliche Ordnungspa-
und
rameter.   In der Literatur gibt es allerdings eine Vielzahl von Be-
Ordnungs-
parameter
zeichnungen, die jeweils nur einen Aspekt betonen und damit keine
eineindeutige Identifizierung erlauben (s. Behrendt, 1990; Reinhold
1996). So kann ein „quantitativer Versuch" als „Lehrer-" oder „Schülerexperiment" realisiert werden; er kann als „Einstiegsversuch" in
ein Themengebiet konzipiert sein oder als „Wiederholungsversuch".
Eventuell dient er zur Prüfung einer Theorie oder zur Bestimmung
einer Naturkonstanten. Der folgende Abschnitt beleuchtet stichwortartig verschiedene Aspekte.

Aspekt Datenerfassung	Aspekt Organisationsform	Aspekt Unterrichtsphase
Aspekt Sachbegegnung	Aspekt Ablaufsform	

Datenerfassung

1. Die Datenerfassung kann *qualitativ* oder *quantitativ* erfolgen.
Quantitative Versuche verlangen eine objektive Datenaufnahme,
Dokumentation, Datenverarbeitung und Auswertung. Dagegen sind
qualitative Versuche eher auf die unmittelbare Erfassung durch die
Sinne ausgerichtet.

Organisationsform

2. Ein Schulversuch kann als *Demonstrationsversuch* vom Lehrer
oder als *Schülerversuch* realisiert werden. Die Anforderungen an den
Schüler verlagern sich dabei vom Beobachten und Registrieren zum
aktiven Durchführen von praktischen Handlungen.

Phasen des
Unterrichts

3. Hier sind Vorwissen, Ausbildungsstand und methodisches Unterrichtskonzept entscheidend. Zu nennen sind:

• *Einstiegsversuche* mit den Zielen Motivation, thematische Hinfüh-
rung, Schaffen eines Problembewusstseins, Denkanstöße geben.

Vorausgesetzt werden kann nur Grundwissen und eine genaue Beobachtung.

• *Erarbeitungsversuche* zum Erfassen von Daten, zum Entwurf von Hypothesen, zur qualitativen und quantitativen Prüfung von Gesetzen. Gefordert ist vor allem die Fähigkeit zu präziser Arbeit und zur Verknüpfung von Theorie und Experiment.

• *Versuche zur Vertiefung oder zur Verständniskontrolle.* Sie können scheinbare Widersprüche aufdecken, Ähnlichkeiten oder Analogien aufzeigen, Transferleistungen vorbereiten. Aufgebaut wird auf dem Detailwissen zu einem Sachgebiet.

4. Die folgende Unterscheidung berücksichtigt, ob ein physikalisches Phänomen mit einfachen Mitteln direkt zu beobachten ist, ob zusätzliche Geräte nötig sind, oder ob die Betrachtungen rein abstrakt erfolgen. Danach kann man unterscheiden:

Art der Sachbegegnung

• *Freihandversuche*: Verblüffende Effekte pfiffig und einprägsam vorgestellt, ohne großen apparativen Aufwand und ohne Geräte, die den Blick auf das Wesentliche verdecken – dies ist das Ideal eines Freihandversuchs.

• *Versuche mit physikalischen Apparaturen und Messgeräten*: Hier sind für das Studium physikalischer Phänomene oder Gesetze Versuchsaufbauten nötig, die eine definierte Ausgangssituation garantieren. Messwerte, die nicht direkt mit den Sinnen zu erfassen sind, werden von physikalischen Messgeräten geliefert (z. B. die elektrische Stromstärke).

• *Simulationsversuche*: Wesentliche Teile eines physikalischen Systems werden im Rahmen eines Modells nachgebildet. Die Gestaltungselemente des Modells (Größe, Vereinfachungen, …) machen die relevanten Prinzipien leichter erfassbar als in realen Systemen. Beispielsweise lässt sich die spontane Entstehung magnetischer Domänen am Magnetnadelmodell prinzipiell zeigen. Die Vorstellungen können dann in den mikroskopischen Bereich übertragen werden.

• *Gedankenexperimente*: Sie ermöglichen die Extrapolation in Bereiche, die im Realexperiment nicht so leicht erreichbar sind. Daneben bieten sie oft ein gutes Training für physikalisches Argumentieren.

**Ein Beispiel von
Galilei**

Galilei (1638) zeigt in einem sehr schönen Widerspruchsbeweis, dass der Bewegungsablauf beim freien Fall für alle Körper gleich sein muss: Die Argumentation enthält drei wichtige Teilbetrachtungen (vgl. dazu auch die Abbildungen α, β, γ). Zunächst wird einmal angenommen, dass der schwerere Körper B schneller den Boden erreicht als der leichtere Körper A (Skizze α). Dann werden beide Körper durch eine masselose Stange verbunden (Skizze β). Da jetzt Körper A den schnelleren Körper B bremst, fallen sie zusammen langsamer als Körper B allein. Andererseits ist aber die Kombination von Körper B und A schwerer als Körper B allein und müsste deshalb schneller fallen (Skizze γ). So führt die Grundannahme, dass der schwerere Körper schneller fällt als der leichtere zu einem logischen Widerspruch und muss falsch sein.

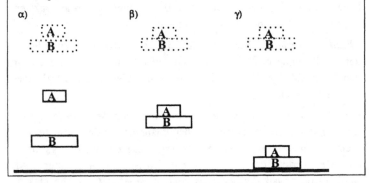

Ablaufsform

Neben dem klassischen *Einzelversuch* lassen sich Parallelversuche und Versuchsserien unterscheiden.

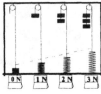

• Ein *Parallelversuch* zeigt Abläufe direkt nebeneinander und bietet ideale Vergleichsmöglichkeiten. Auswirkungen durch die Änderung eines Parameters werden unmittelbar deutlich. Die nebenstehende Versuchsanordnung zum hookeschen Gesetz macht zudem eine grafische Auswertung direkt nahe liegend. (Allerdings wird man in diesem Fall kaum auf einen schrittweisen Aufbau der Anordnung verzichten, um die Zusammenhänge deutlicher hervorzuheben.)

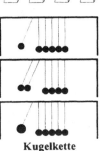

Kugelkette

• Die *Versuchsreihe* stellt Einzelversuche in einer Serie zusammen. Das Ziel kann sein, Regeln und Gesetzmäßigkeiten in systematischen Variationen zu erkennen. Ein Beispiel könnten Kugelstoßexperimente sein. In dem skizzierten Versuch sind fünf Stahlkugeln bifilar so aufgehängt, dass sie in einer Kette direkt aneinander liegen. Erst wird eine Kugel ausgelenkt und stößt auf die restlichen vier ruhenden Kugeln, dann zwei, drei und dann noch eine Kugel mit doppelter Masse.

6.6.4 Ratschläge für die Unterrichtspraxis

Das physikalische Experiment im Unterricht muss mehr bieten als ein Zusammenstellen von beobachtbaren Fakten. Deshalb ist auch bei physikalischen Schulversuchen wichtig, dass der Lernstoff ausreichend organisiert und strukturiert ist und die Information angemessen sequenziert und portioniert sind. Daneben darf nicht übersehen werden, dass ein gezieltes Untersuchen einzelner Variablen, ein Unterscheiden zwischen wichtigen Einflussgrößen und unwesentlichen Störgrößen oder ein Erkennen funktioneller Zusammenhänge jeweils spezifische Fähigkeiten sind, die Schüler in der Regel erst erwerben müssen.

Neben fachlichen und inhaltsspezifischen Forderungen lassen sich für die Durchführung von Versuchen noch allgemeine Richtlinien formulieren, die sich aus verschiedenen pädagogischen, psychologischen und didaktischen Blickrichtungen ergeben.

1. Ratschläge aus lernpsychologischer Sicht	2. Ratschläge aus der Wahrnehmungspsychologie	3. Ratschläge aus erzieherischer Sicht
	4. Ratschläge aus der Motivationspsychologie	5. Physikalische Denk- und Arbeitsweisen einführen

1. Ratschläge aus lernpsychologischer Sicht

Eine angemessene Strukturierung der Lerninhalte und die Verknüpfung mit dem Vorwissen des Schülers sind nach Ausubel et al. (1980, 81) Faktoren für ein effektives Lernen. Daher ist zu prüfen:

- Inwieweit können die Versuchsinhalte mit vorhandenen Konzepten des Schüler verknüpft werden und welche unterstützenden Maßnahmen sind hierzu geeignet?

- Wie präzise, eindeutig und konsistent sind die Darstellungen und verwendeten Symbole in dem Begriffssystem des Schülers?

- Sind wichtige Teilschritte für den Schüler als solche erkennbar?

- Sind die Grundlagen gegeben, dass Schüler bestimmte Zusammenhänge im Versuchsablauf erkennen, damit sie daraus später auch Kausalzusammenhänge erschließen können?

Selbstverständlich ist der physikalische Schulversuch kein isoliertes Element des Unterrichts. Begleitende Maßnahmen sind sinnvoll. Gegebenenfalls müssen vor der Versuchsdurchführung noch wichtige Grundlagen erarbeitet werden. Zudem sollten Ablauf und Ergebnis in verschiedenen Repräsentationsformen festgehalten werden (Ergebnissicherung verbal, schriftlich und evtl. grafisch).

2. Ratschläge aus der Wahrnehmungspsychologie

Genaues Beobachten ist bei physikalischen Versuchen prinzipiell gefordert. In das komplexe Wechselspiel zwischen Informationsaufnahme und Verarbeitung gehen insbesondere folgende Fähigkeiten ein:

- *Differenzierungsfähigkeit*: Hier geht die Anzahl relevanter Beobachtungsaspekte eines Experiments ein. Bei der Betrachtung von Bewegungen können beispielsweise Geschwindigkeit, Beschleunigung oder der Einfluss verschiedener Kräfte untersucht werden.

- *Diskriminierungsfähigkeit*: Dazu gehört, dass bestimmte Faktoren nachrangig behandelt oder gar vernachlässigt werden, z.B. Reibungseffekte bei der Luftkissenbahn oder unwichtige Äußerlichkeiten bei einem Versuchsaufbau. Das Abstrahieren von unwesentlichen Begleitinformationen ist ein wichtiger Aspekt physikalischer Beobachtungen.

- *Integrationsfähigkeit*: Damit ist die Fähigkeit gemeint, Zusammenhänge zwischen verschiedenen Kategorien und Merkmalen festzustellen und auch die Fähigkeit, Vorwissen und neue Informationen zu verknüpfen.

Darüber hinaus können Erfassungsmodalitäten wie Aufnahmegeschwindigkeit oder begrenzte Aufnahmekapazität leistungsbegrenzende Faktoren sein.

Beobachtungsaufgaben lassen sich bei Demonstrations- und Schülerversuchen erleichtern bzw. auf wesentliche Komponenten fokussieren. Dabei gelten folgende Richtlinien:

Gute Sichtbarkeit

- Gut lesbare, große Anzeigeskalen der Messinstrumente

- Kleine Aufbauten in Schatten- oder Videoprojektion vergrößern

- Geräte so aufstellen, dass wichtige Bedienungselemente (z.B. wichtige Einstellknöpfe) für den Schüler einsehbar sind

Beschränkung auf Wesentliches

- Physikalische Nebeneffekte ausblenden (soweit dies möglich und sinnvoll ist)

- Nur ein Experiment in den Blickpunkt rücken (insbesondere weitere Versuche der Unterrichtsstunde wegschieben oder abdecken)

• Das eigentliche Versuchsobjekt zentral anordnen, evtl. farblich hervorheben • Wichtige Geräte deutlich beschriften	**Akzentuierung wichtiger Komponenten**

• Funktionelle Teilsysteme auch räumlich durch vertikale und horizontale Gliederung trennen oder zusammenfassen • Schlauch- und Kabelverbindungen kurz und übersichtlich halten, z. B. elektrische Kabel nach ihrer Funktion farblich trennen • Versorgungs- und Zusatzgeräte in den Hintergrund rücken, evtl. abdecken und nur durch ein Symbol kennzeichnen (z. B. Netzteil für die Versorgungsspannung)	**Versuchsaufbau strukturieren**

• Die Anwendung gestaltpsychologischer Gesetze (vgl. 6.2) ist nach Schmidkunz (1992, 1983) charakteristisch für prägnante Versuchsaufbauten. So gehören Nähe, äußere Ähnlichkeit, Geschlossenheit oder Symmetrie zu oberflächlichen Wahrnehmungsfaktoren, die aber oft in entscheidendem Maße kognitive Assoziationen nahe legen	**Prägnanz**

• Physikalisch relevante Zeitabschnitte sind deutlich herauszuarbeiten, z. B. den Einschwingvorgang von stationären Schwingungszuständen abgrenzen • Zeitlich gegliederte Prozesse sind wenn möglich auch in einer räumlichen Sequenz nachzubilden, z. B. von unten nach oben, von hinten nach vorne oder von links nach rechts ablaufende Prozesse zeigen • Schnelle, komplexe Abläufe kann man evtl. mehrmals zeigen, jeweils verschiedene Beobachtungsschwerpunkte angeben oder zusätzlich als Zeitlupenfilm anbieten	**Ablauf gliedern**

• Eine schematische Tafelskizze zum Versuchsaufbau kann beispielsweise wesentliche Komponenten hervorheben • Die Darstellung in verschiedenen Repräsentationsformen, beispielsweise als realitätsnahes Bild einer elektrischen Schaltung und als Schaltskizze, regt Umdenkprozesse und damit eine intensivere geistige Auseinandersetzung mit den Sachverhalten an	**Orientierungshilfen und verschiedene Repräsentationen**

3. Ratschläge aus erzieherischer Sicht, Vorbildwirkung

Streng genommen hängen Nachahmungslernen und Vorbildeffekte in komplexer Weise mit sozialen Beziehungen zusammen. Allerdings ist in neuartigen Handlungsfeldern prinzipiell die Tendenz groß, erst einmal vorgezeigte Arbeitsweisen zu übernehmen. Dies gilt auch für das physikalische Experimentieren. Deshalb ist vom Lehrer zu fordern:

- Präzise Arbeit zeigen

- Auf Sicherheitsaspekte hinweisen und diese mustergültig befolgen: Elektrische Schaltungen zur Quelle hin aufbauen und erst nach einer gewissenhaften Prüfung anschalten; offene Flammen sichern, Schutzvorrichtungen verwenden wie Schutzglas, Schutzbrille …

- Einen sachgerechten Umgang mit Messgeräten zeigen: Einschalten im höchsten Messbereich, Einsatzbedingungen prüfen (z.B. magnetische Streufelder vermeiden, vorgeschriebene Lage einhalten …)

- Verbrauchsmaterial angemessen entsorgen

- Korrekte Fachsprache bei Versuchsbeschreibungen verwenden

4. Ratschläge aus der Motivationspsychologie

- Schüler aktiv teilnehmen lassen (an allen wesentlichen Denk- und Handlungsprozessen)

- Wenn möglich, Schülern auch bei Demonstrationsversuchen bestimmte Aufgaben zuteilen

- Den Ablauf interessant gestalten, Spannung aufbauen, keine beobachtbaren Effekte verbal vorwegnehmen

- Den individuellen Bezug zum Versuch verstärken, z.B. Prognosen über den Ablauf machen lassen

- Anreize durch Erfolgserlebnisse setzen, z.B. funktionell reizvolle und in ihrer Funktion direkt prüfbare Schaltungen aussuchen (Lichtschranke, Bewegungsmelder, Helligkeitsregelung)

5. Physikalische Denk- und Arbeitsweisen einführen

Schüler und Schülerinnen sollen erfahren, wie physikalische Erkenntnisse gewonnen werden und welchen Beitrag dazu das Experiment liefert. Für die Unterrichtspraxis ordnen Götz et al. (1990) die relevanten Denk- und Handlungsprozesse beim physikalischen Experimentieren in fünf Stufen (s. auch 5.3 und 2.2):

- *Problematisieren*, wobei die Problemstellung herausgearbeitet und ein Erklärungsbedürfnis geweckt werden soll.

- *Hypothesenbildung*, wozu das Herstellen eines erklärenden Zusammenhangs, das Finden eines erklärenden Modells, ein Formulieren des Ursache-Wirkungs-Zusammenhangs, oder eine theoretische Herleitung aus mehr oder weniger gut gesicherten Grundsätzen gehören kann

- *Konstruieren* einer experimentellen Anordnung. Dies beinhaltet das Erstellen eines Plans zur Überprüfung der Hypothese durch ein Experiment, das Finden einer Apparatur und ein Ausblenden von Nebeneinflüssen.

- *Laborieren*, wozu die Kontrolle wesentlicher Parameter, die Durchführung und die Dokumentation des Experiments gehören.

- *Deutung* der beobachteten Effekte und Messwerte im Sinne der vorangegangenen theoretischen Überlegungen.

Selbstverständlich kann es vorkommen, dass ein Demonstrationsversuch misslingt. Allerdings verliert ein Lehrer schnell seine Vorbildfunktion, wenn die Schüler an seinem experimentellem Geschick zweifeln. Demonstrationsversuche, die nicht sicher funktionieren, sollten auch deshalb gezielt als kritisch angekündigt werden. Zudem kann die Diskussion problematischer Versuchsbedingungen sehr lehrreich sein. Auch die Fehlersuche ist als eine gemeinsame Aufgabe von Lehrer und Schüler sinnvoll; sie muss aber zeitlich begrenzt bleiben. Gegebenenfalls wird ein Experiment in der nächsten Unterrichtsstunde wiederholt.

Wenn ein Experiment misslingt

6.6.5 Schülerexperimente

1. Schon die Meraner Beschlüsse von 1905 (siehe Guntzmer, 1908) fordern planmäßige Schülerübungen für die physikalische Ausbildung. In Schülerversuchen kann der Lernende erworbene Handlungsschemata einsetzen, um neue physikalische Inhalte zu erschließen. Schülerversuche bieten Gelegenheit zu konkretem physikalischem Arbeiten und eigenen Erfahrungen. Sie entsprechen dem Prinzip der Aktivierung und kommen dem natürlichen Drang nach Eigentätigkeit entgegen. Allerdings sind zumindest in der Sekundarstufe I noch wenig spezifische Fertigkeiten und Fähigkeiten zum Experimentieren ausgebildet. So wird der Erwerb einer experimentellen Handlungskompetenz auch ein zentrales Anliegen von Schülerversuchen sein.

Damit sind zwei Zielrichtungen zu unterscheiden:

- Der Erwerb fachspezifischer Handlungsschemata/ experimenteller Fertigkeiten

- Das Verstehen physikalischer Gesetzmäßigkeiten und Begriffe.

2. Schülerexperimente sind aus folgenden Gründen didaktisch relevant:

- Für ein Erkennen physikalischer Gesetzmäßigkeiten und Zusammenhänge

- Für den Erwerb fachspezifischer Handlungsschemata und experimenteller Fertigkeiten

- Für die Entwicklung sozialen Verhaltens in Partner- und Gruppenarbeit (Hilfsbereitschaft, Toleranz, Kooperations- und Kommunikationsfähigkeit)

- Für angemessene Einstellungen und Werthaltungen (Freude an der Physik, präzises, zielstrebiges Arbeiten, Ausdauer).

3. Große Handlungsfreiräume bei Schülerversuchen gestatten keineswegs eine geringere Vorbereitung. Im Gegenteil, spezifisches Grundwissen, experimentelle Fertigkeiten und grundlegende Qualitäten eines selbstorganisierenden Lernens müssen vorher überprüft bzw. im Vorfeld erarbeitet werden.

Je nach Selbständigkeit und Leistungsniveau sind deshalb mehr oder weniger ausführliche Arbeitsanleitungen und fachliche Zusatzinformationen bereitzustellen. Insbesondere sind oft Hilfestellungen in folgenden Abschnitten nötig:

- Bei der Hypothesenbildung (relevante Einflussgrößen einbeziehen, logische Schlussfolgerungen ziehen)

- Strukturierung des Arbeitsablaufs

- Technische Umsetzung (z. B. Anschluss und Bedienung von Geräten)

- Datenaufnahme (präzise Messung und Dokumentation)

- Aufbereitung und Interpretation der Daten.

Oft zeigt sich, dass in Problemsituationen schlichtweg die Routine fehlt, die erlernten Fertigkeiten einzusetzen. Der Schüler erkennt gar nicht, dass verfügbare Fertigkeiten bei einer gegebenen Problemstellung anzuwenden sind. Eine optimale Hilfestellung wird solche Assoziationen fördern.

4. Abschließend sind stichwortartig noch Vorteile aber auch potentielle Schwierigkeiten von Schülerübungen zusammengefasst. Sie sollen auf mögliche Schwerpunkte bei der Zielsetzung hinweisen aber andererseits auch einige wichtige Punkte hervorheben, die in der Vorbereitung zu bedenken sind.

- Sie kommen dem Drang nach Eigentätigkeit entgegen und er- **Vorteile von**
  möglichen einen Wechsel der Unterrichtsform **Schülerversuchen**

- Aufbau und Ablauf des Versuchs werden aufgrund der direkten
  Beteiligung im Allgemeinen gut erfasst

- Der Umgang mit technischen Geräten und Versuchsaufbauten
  wird gelernt

- Überwinden von Schwierigkeiten und erfolgreiche Datenerfassung sind wichtige Grunderfahrungen

- Individualisierungs- und Differenzierungsmöglichkeiten bieten
  sich an

- Kooperatives Arbeiten in Gruppen wird realisierbar.

In der Planung sind zu bedenken:

- Der Geräteaufwand ist höher, Schülersätze sind nötig **Mögliche**
  Schwierigkeiten
- Die spezielle Ausstattung der Arbeitsplätze und eine umfangrei- **beim**
  chere Gerätesammlung können räumliche Probleme bereiten **Schülerversuch**

- Der Arbeitsaufwand ist größer. Dies betrifft nicht nur die Vorbereitung, sondern auch die Betreuung während des Unterrichts.
  Die gleichzeitige Betreuung von mehreren Schülergruppen hat
  seine Grenzen (auch unter sicherheitstechnischen Aspekten)

- Der Aufwand an Unterrichtszeit für Durchführung, Nachbereitung und Nachbesprechung darf nicht unterschätzt werden

- Bedingt durch die Organisationsform treten Disziplinschwierigkeiten eher auf.

6.7 Ergänzende und weiterführende Literatur

Die nachfolgend genannten Bücher und Aufsätze können verschiedene Themen aus diesem Kapitel vertiefen und ergänzen. Dies kann
und soll aber keine repräsentative Literaturliste sein; vielmehr wurden lediglich die Quellen zusammengestellt, die bei einem größeren
Umfangsrahmen in diesem Kapitel ausführlicher behandelt worden
wären.

- Grundlagen der Mediennutzung

Gut illustriert und mit vielen Beispielen gespickt, behandelt das
Buch von Ballstaedt (1997) die Gestaltung von Texten, Charts, Tabellen, Diagrammen, Abbildern und Piktogrammen. Es bietet wertvolle Hinweise für die eigene Ausgestaltung von Lernmaterialien.

Wer sich noch intensiver mit Bildern (Abbildungen, analogen Bildern oder logischen Bildern) befassen möchte, sollte sich die Übersicht von Weidenmann (1994) ansehen. In diesem Sammelband sind noch weitere Quellen zu finden. Insbesondere befasst sich Schnotz (1994) mit dem "Wissenserwerb mit logischen Bildern".

- Neue Medien

Grundlegende Informationen zu neuen Medien stellt ein Sammelband von Issing & Klimsa (1995) zusammen. Eine ausführliche Übersicht, in der insbesondere auch verschiedene Formen des Computer- und Multimediaeinsatzes spezifiziert sind, bietet Schulmeister (1996) in seinem Buch zu Grundlagen hypermedialer Lernsysteme.

Simulationen eröffnen nach Schulmeister (1996) besondere Perspektiven für ein entdeckendes Lernen und für ein Training von Problemlösefertigkeiten. Eine besondere Form mit besonderer Nähe zum realen Experiment sind die interaktiven Bildschirmexperimente (siehe Kirstein & Rass, 1997). Sie konnten in diesem Buch aber genauso wenig behandelt werden wie Simulationen mit umfangreicherem didaktisch-methodischem Rahmen wie z. B. "phenOpt" (Mikelskis, Seifert & Roesler, 2000). Weitere Möglichkeiten für den Physikunterricht bieten Simulationen, die physikalische Erscheinungen nachbilden und komplexe Zusammenhänge aufklären. Ein Beispiel ist die Deutung farbiger Interferenzerscheinungen mit einer Computersimulation zur Farbwahrnehmung (Dittmann & Schneider, 1998). Interaktive Simulationsprogramme können auch Verständnishilfen zu abstrakten, theoretischen Konzepten der Physik bieten und z. B. Grundgedanken der Quantenmechanik aufbereitet anbieten (Muthsam, Müller & Wiesner, 1999).

Lernen durch Modellieren ist ein weiterer wichtiger Ansatz für die Gestaltung und Nutzung von Lernprogrammen. Der Computer dient in Modellbildungssystemen quasi als Projektionsfläche für eigene Gedanken und zeigt Perspektiven und Beziehungen auf, die sich beim Variieren verschiedener Parameter oder Ansätze ergeben. Eine einfache Möglichkeit zum Modellieren bietet auch schon das Programm "Medium1D", das in Girwidz (1996) beschrieben ist. Hier ist aber nur ein einfachster Ansatz realisiert. Umfangreichere Möglichkeiten eröffnen Pakma (Reusch, Gößwein, Heuer, 2000) oder Stella (siehe Schecker, 1998). Insbesondere das Buch von Schecker (1998) zeigt praxisnahe Umsetzungsmöglichkeiten für Modellierungen im Unterricht auf.

- Experimente

Eine moderne Form Experimente vorzustellen nutzt das "interaktive Physikbuch" von Hilscher et al. (2000), das als Multimediaanwendung konzipiert ist. Eine "Fundgrube für den Physikunterricht" nennen Gressmann & Mathea (1996) ihr Buch, das eine Sammlung von Versuchen mit einfachen Mitteln zusammenstellt. Unter Anderem bieten auch die Sammelbände "Wege in der Physikdidaktik I-IV", herausgegeben von W. Schneider (1989, 1991, 1993, 1998), eine empfehlenswerte Sammlung von Experimenten für die Unterrichtspraxis. Zudem sind dort an vielen Stellen wichtige didaktische Zusammenhänge thematisiert.

Anmerkungen

[1] Das Modellbildungs- und Messsystem PAKMA kann mit Hilfe des Computers diese Darstellung sogar mit einer experimentellen Aufnahme von Messwerten verbinden (Heuer, 1993).

[2] Mit ihrem Lernbuch „Physik – Um die Welt zu Begreifen" wollen die Autoren in erster Linie Schülerinnen und Schüler der Realschulen (Gesamtschulen) ansprechen. Sie verknüpfen folgende Erwartungen mit dem Buch (Duit et. al., 1991):
- „Es soll beitragen, dass Jugendliche zu naturverträglichem und menschengerechtem Handeln befähigt werden.
- Es will an alltägliche Erfahrungen und Vorstellungen der Schülerinnen und Schüler anknüpfen und fördert Ihre Differenzierung und Entwicklung.
- Physik wird so dargestellt, dass Jugendliche praktisch verwertbare Erkenntnisse und Fertigkeiten für alltägliches Handeln gewinnen.
- Das Physikbuch berücksichtigt besonders die Bedürfnisse und Interessen von Mädchen."

[3] Speziell für Simulationen zu Lehrzwecken nennt Dieterich (1994) folgende Kriterien mit psychoökonomischer Ausrichtung:
- Ersparnis an Lernaufwand, Lernschwierigkeiten und Lernzeit
- Mindern von Belastungen im psychischen Bereich (Misserfolg und Sanktion)
- Reduktion von Gefahren und Risiken
- Materialschonung, Reduktion von Materialverbrauch
- Einsparung von Lehrpersonal
- Finanzielle Einsparungen

Besonders die beiden letzten Aspekte sind situationsbedingt zu werten, denn die Untersuchungen von Dieterich beziehen sich auf LKW-Simulatoren.

7 Wie lässt sich der Lernerfolg messen?

1. Messen und Beurteilen von *Schulleistungen* wird in der Pädagogik als ambivalent betrachtet. Klafki (1996[5], 245 f.) spricht von der „Dialektik des Leistungsbegriffs" und von „Gegenpolen des Leistens", wie Lebensqualität, Glückserfahrungen, von Spiel, die auch den Sinn von Schule ausmachen und die bisher kaum im Blickpunkt von Schülerbeurteilungen stehen. Wir vermeiden aus diesem Grund den Ausdruck „Leistung" und sprechen von „Lernerfolgen" – ein Ausdruck, der auch die „Gegenpole" einschließt.

2. Unterricht ist als um so erfolgreicher zu bewerten, je besser die gesetzten Ziele erreicht werden. Mit dem in Kapitel 1 beschriebenen Wandel in den Zielen naturwissenschaftlichen Unterrichts sind neue Bereiche, in denen der Erfolg des Unterrichts bewertet werden soll, hinzugekommen. Der naturwissenschaftliche Unterricht soll heute neben der Vermittlung von Wissen auch, oder sogar vor allem, etwas über das Potential der Naturwissenschaften als Erkenntnismethode oder über ihre Rolle in unserer Gesellschaft und der daraus erwachsenden Verantwortung vermitteln. Folgerichtig sind deshalb neben der *Überprüfung der Wissenszuwächse* auch die *Erfassung höherer kognitiver Leistungen oder von Einstellungen und sozialer Kompetenzen* zu leisten.

3. Wenn bestimmte Unterrichtsziele nicht in die Unterrichtsbewertung einbezogen werden, verhindert das eine *zielgerechte Bewertung der Schüler* und die *Aufdeckung von Schwächen des Unterrichts in* den nicht kontrollierten Zielbereichen. Außerdem hinterlässt Unterricht, der die höheren kognitiven und die nichtkognitiven Ziele zwar anstrebt aber ihre Erreichung nicht überprüft, bei Schülern den Eindruck, dass diese Ziele nicht so wichtig seien und dass man sich nicht weiter um sie kümmern müsse. So zeigte beispielsweise eine Analyse von über 200 Studien zum Einfluss von Prüfungsaufgaben (Crooks, 1988) einen deutlichen Zusammenhang zwischen der Art von Aufgaben, mit denen der Lernerfolg überprüft wurde, und dem Lernverhalten: Wenn überwiegend Tatsachenwissen abgefragt wurde, lernte man bevorzugt auswendig, ging es aber um analytisches Denken, provozierte das eine ganz andere, nämlich um Verständnis der Zusammenhänge bemühte Art der Vorbereitung.

4. Aus verschiedenen Gründen gehört Prüfen, Beurteilen, Benoten (s. Sacher, 1996[2]) zur Professionalität von Lehrerinnen und Lehrer. Dieser Bereich wird bisher in der Lehrerbildung vernachlässigt. Forschungsergebnisse zur Messqualität von Schulnoten zeigen dies überdeutlich (Sacher, 1996[2], 31 ff.).

7.1 Allgemeine Kriterien und Verfahren zur Messung des Lernerfolgs

7.2 Wie misst man die Lernerfolge im kognitiven Bereich?

7.3 Wie misst man die Lernerfolge im nichtkognitiven Bereich?

7.4 Zusammenstellung der beschriebenen Verfahren

7.1 Allgemeine Kriterien und Verfahren zur Messung des Lernerfolgs

7.1.1 Gütekriterien zur Messung des Lernerfolgs

Was man in den naturwissenschaftlichen Disziplinen von einem guten Messinstrument erwartet, ist unmittelbar einleuchtend: Seine Anzeige soll unabhängig vom Benutzer sein, es soll mit einem möglichst kleinen Messfehler behaftet sein, und es soll nur die Größe in einem Bereich messen, für das es konstruiert worden ist. Von einem Fieberthermometer z. B. verlangen wir, dass alle Benutzer den gleichen Wert ablesen, dass der Messfehler 0,1 °C nicht übersteigt und seine Anzeige von etwa 35 °C bis 42 °C reicht sowie von anderen Größen (z. B. vom Luftdruck) unabhängig ist.

Es hat sich in der Unterrichtsforschung eingebürgert, bei einem Test, einer Einstellungsskala oder einer anderen, auf die Erfassung eines bestimmten Merkmals gerichteten Erhebungsprozedur, ebenfalls von einem „Messinstrument" zu sprechen und ganz ähnliche Gütekriterien festzulegen: Es soll nämlich

Drei Forderungen an ein gutes Messinstrument

- objektiv sein, d. h. unabhängig von seinem Benutzer den gleichen Wert messen,

- reliabel sein, d. h. einen kleinen Messfehler haben, und es soll

- valide sein, d. h. das und nur das messen, was es zu messen vorgibt.

Objektivität

1. *Objektivität* (Intersubjektivität): Das Gütekriterium der Objektivität gibt an, inwieweit verschiedene Personen unabhängig voneinander bei der Bewertung des Unterrichtserfolgs, also beim „Ablesen" des „Messinstruments" mit dem dieser gemessen werden soll, zu gleichen Ergebnissen kommen. Es leuchtet unmittelbar ein, dass verschiedene Bewertungsverfahren in unterschiedlicher Weise objektiv sind. Wird z. B. Faktenwissen mit einem Test aus vorgegebenen Auswahlantworten (Multiplechoiceaufgaben) gemessen, so ist eine hohe Objektivität kein Problem und allenfalls durch die Unaufmerksamkeit des Auswerters begrenzt. Schon größer sind die Ermessensspielräume bei Verwendung von Aufgaben mit freien Antworten, und noch geringer ist im Allgemeinen die Objektivität bei Vorgabe eines Aufsatzthemas. Die Objektivität kann verbessert werden, wenn eine detaillierte Auswerteanweisung oder im Falle eines Aufsatzes ein detaillierter Erwartungshorizont festgelegt wird, an die Bewertungen gebunden werden. Die Objektivität leidet auch darunter, dass ein

Bewerter nicht frei von Vorurteilen ist. So hat z. B. eine englische Studie zur Bewertung von Aufsätzen über chemische Sachverhalte gezeigt (Spear, 1987), dass die gleichen Aufsätze schlechter bewertet wurden, wenn sie (angeblich) von Mädchen geschrieben worden waren.

Vorurteile vermindern die Objektivität

2. *Reliabilität* (Zuverlässigkeit): Die *Reliabilität gibt an, wie zuverlässig und genau ein Bewertungsverfahren misst.* Man kann sie daher auch als Messgenauigkeit bezeichnen. Auf den ersten Blick ist vielleicht nicht zu sehen, worin der Unterschied zur Objektivität liegt. Dazu folgendes Beispiel: Angenommen es wird in einem bestimmten inhaltlichen Bereich ein Test konstruiert, der aus Aufgaben besteht, die entweder *viel zu leicht oder viel zu schwer* für die Schüler sind, die diesen Test bearbeiten sollen. Selbst wenn ein solcher Test mit größtmöglicher Objektivität ausgewertet wird, misst er das Wissen extrem unzuverlässig. Da nämlich alle leichten Aufgaben von allen gelöst werden und alle schweren Aufgaben von niemandem, liefert er für alle den gleichen Wert. Man sagt auch, dass solche Aufgaben *nicht trennscharf* seien. Prinzipiell kann jede Aufgabe aufgrund von missverständlichen oder verwirrenden Formulierungen zu Lösungen der Schüler führen, die über deren tatsächlichem Wissensstand eine fehlerhafte Information geben. Mit anderen Worten: Jeder Test und verallgemeinert *jedes Bewertungsverfahren ist mit einem bestimmten Messfehler behaftet, auch bei vollständig objektiver Auswertung.*

Reliabilität

Messfehler sind unvermeidlich

Ein quantitatives Maß für diesen Messfehler erhält man, wenn man einen Test in zwei gleichwertige Testteile teilt und die Testergebnisse der beiden Hälften miteinander korreliert. Man erhält dann einen Reliabilitätskoeffizienten für den halbierten Test und kann diesen nach den Gesetzen der Statistik auf den Gesamttest hochrechnen. Unter der Annahme, dass die in den einzelnen Aufgaben steckenden Fehler nicht systematischer Natur sind, mitteln sich die Fehler mit zunehmender Aufgabenzahl weg. Die Reliabilität eines Tests kann also auf zweierlei Weise *verbessert* werden:

Vergleich von Texthälften

(1) Man spürt Aufgaben mit geringer Trennschärfe auf und entfernt diese aus dem Test. Dafür gibt es bestimmte statistische Prozeduren.

(2) Man verlängert einen Test um weitere Aufgaben (mit befriedigender Trennschärfe).

3. *Validität* (Gültigkeit): Dieses dritte Gütekriterium erfasst, inwieweit ein Messverfahren *überhaupt das misst, was es zu messen vorgibt.* Auch wenn bei einem Test die Objektivität und die Reliabilität

Validität

zufriedenstellend sind, ist damit nicht gesichert, dass er etwas über die Schülerleistung aussagt, die mit ihm gemessen werden soll. Die Validität zu prüfen ist schwieriger als die Schätzung der beiden anderen Gütekriterien. Die Beantwortung der Frage, *was* ein bestimmter Test misst, bedeutet nämlich eine *inhaltliche* Bestimmung, und das ist viel komplexer als die Antwort auf die *formale* Frage „Wie genau" er etwas, möglicherweise Sinnloses, misst.

Im kognitiven Bereich ist es noch am leichtesten ein Bewertungsverfahren zu finden, das in diesem Sinne *valide* ist. Soll z. B. die Fähigkeit erfasst werden, bestimmte Wissensinhalte zu reproduzieren, so kann man davon ausgehen, dass das, was mit einem Wissenstest zu messen beabsichtigt ist, und die kognitive Leistung, die mit diesem Test erfasst wird, deckungsgleich sind. Folgendes Beispiel illustriert, dass nicht jeder Wissenstests valide ist: Angenommen in einer Aufgabe ist die richtige Antwort in der Formulierung der Frage bereits enthalten. In diesem Fall würde nicht oder nicht ausschließlich Wissen erfasst, sondern die Pfiffigkeit, solche versteckten Hinweise aufzuspüren und zu nutzen. Schwieriger ist es, z. B. die Fähigkeit zum *Problemlösen* valide zu messen. Abgesehen davon, dass „Problemlösen" nicht so einfach zu definieren ist wie „Reproduktion", hängt es nämlich davon ab, ob es zur Lösung einer Problemlöseaufgabe tatsächlich *höherer kognitiver Fähigkeiten* bedarf oder ob die Lösung auch aufgrund der Erinnerung an einen früher gelernten Lösungsweg möglich ist. Ein solcher Test kann deshalb, wenn überhaupt, nur in Bezug auf genau definierte Lerngeschichten der Schüler valide sein.

Im nichtkognitiven Bereich ist die Sicherung von Validität noch schwieriger. Soll z. B. die Fähigkeit zur sozialen Integration oder die Einstellung zu einem bestimmten Objekt bewertet werden, so ist keineswegs klar, an welchen beobachtbaren Reaktionen der Schüler diese nicht direkt beobachtbaren (latenten) Fähigkeiten festgemacht werden sollen. Man geht dabei so vor, dass man entweder aus einer Theorie über das zu messende latente Merkmal beobachtbare Verhaltensweisen ableitet oder diese aufgrund von Plausibilitätsüberlegungen postuliert. Bei der Entwicklung eines validen Messverfahrens versucht man dann, diejenigen Verhaltensweisen auszuwählen, die das zu messende Merkmal optimal repräsentieren. Drei Wege sind für eine verlässlichen Schätzung der Validität üblich.

(1) Das Expertenrating: Dabei wird ausgelotet, ob das Messverfahren theoretisch fundierte Elemente enthält, die als gute Indikatoren für die zu messende Fähigkeit gelten können.

Möglichkeiten der Schätzung der Validität

(2) Die klassische Itemanalyse: Die mit dem Messverfahren erhobenen Daten werden z. B. einer Faktorenanalyse unterworfen. Mit ihrer Hilfe kann geprüft werden, ob bei der Reaktion auf die einzelnen Items eine oder mehrere Fähigkeiten (Faktoren) eine Rolle gespielt haben. Ist letzteres der Fall, so lassen sich alle Items, die anderen Faktoren zugeordnet werden, aussondern. Lassen sich darüber hinaus die verschiedenen Faktoren inhaltlich interpretieren und wird dabei klar, dass einer dieser Faktoren der zu erfassenden Fähigkeit besser entspricht als die anderen, so darf man sich berechtigterweise etwas sicherer fühlen, dass ein valides Messverfahren vorliegt.

(3) Der Bezug auf ein Außenkriterium: Existiert bereits ein Messverfahren, von dem man annimmt, dass es valide ist, so können die damit erhobenen Daten mit den an der gleichen Schülerschaft erhobenen Daten des neuen Messverfahrens korreliert werden. Der Korrelationskoeffizient ist dann ein quantitatives Maß für die Validität des neuen Verfahrens.

Im Schulalltag spielt noch eine andere Art von Validität eine Rolle. Wenn es nämlich darum geht, aus gegenwärtigen Leistungen und Verhaltensweisen auf zukünftige zu schließen, muss das Bewertungsverfahren *prognostische Validität haben*. Diese Art der Validität ist z. B. beim Übergang von der Grundschule zur Sekundarstufe I wichtig.

Prognostische Validität

7.1.2 Was kann und soll mit der Messung des Lernerfolgs bezweckt werden?

Auf diese Frage gibt es in der Literatur umfassende Diskussionen (siehe z. B. Kleber, 1992; Sacher, 1996[2]). Die folgenden Anmerkungen zu diesem Thema können die Beschäftigung mit dieser Spezialliteratur nicht ersetzen.

1. Die Messung des Lernerfolgs hat mehrere Funktionen:

– Rückmeldungen für Schülerinnen und Schüler
Die Bewertung des eigenen Lernerfolgs kann dem Schüler helfen, zu erkennen, welche der im Unterricht angestrebten Lernziele erreicht wurden und an welchen Stellen noch Lücken zu füllen sind. Im Idealfall wird durch die Bewertung dazu angeregt, diese Lücken zu schließen.

Informationen über nicht erreichte Lernziele

Hinweise für die Lernberatung

Information über nicht erreichte Lehrziele

– Rückmeldungen für die Lehrkraft
Die Lehrerin kann die verschiedenen Daten zur Bewertung eines Schülers in vielfältiger Weise nutzen. Abgesehen von der Verwendung bei der Festlegung von Zeugnisnoten (also einer Beurteilung) kann sie die Informationen zur individuellen Lernberatung der Schüler oder für Gespräche mit deren Eltern nutzen. Nicht zuletzt verrät der Erfolg oder Misserfolg des eigenen Unterrichts etwas über die Qualität dieses Unterrichts. Das kann ggf. zu einer entsprechenden Korrektur führen.

Aus Fehlern lernen

– Bewertung als Lernsituation
Nicht übersehen werden sollte, dass die Durchführung einer Bewertung (z. B. das Schreiben eines Tests oder einer Klassenarbeit) für die Schülerin oder den Schüler eine Lernsituation darstellt, auf die es sich vorzubereiten gilt und aus der man Lehren ziehen kann.

Ansporn, schlechte Zensuren zu vermeiden

– Disziplinierungsfunktion
Allein durch die Tatsache, dass Bewertungen stattfinden, können die Schülerinnen und Schüler angehalten werden, dem Unterricht aufmerksam zu folgen, Hausaufgaben zu machen, sich auf eine anstehende Beurteilung vorzubereiten und dergleichen. Auch darf nicht übersehen werden, dass bisweilen der „Zensurendruck" angewandt wird, wenn die Sachmotivation nicht ausreicht. In diesem Zusammenhang sei noch einmal darauf verwiesen, dass sich die Bewertung des Unterrichtserfolgs nicht ausschließlich auf einen schmalen Lernzielausschnitt – z. B. auf das Memorieren von Ergebnissen – beschränkt. Andernfalls erscheinen die anderen Lernzielbereiche als unwichtig und nicht weiter der Anstrengung wert, sich um Ihr Erreichen zu bemühen.

Verteilung von Sozialchancen

– Auslesefunktion
Die bisher beschriebenen Funktionen der Bewertung des Lernerfolgs waren in erster Linie pädagogische, in dem Sinne, dass das Erreichen der Lernziele im Vordergrund stand. Da aber der Erwerb eines bestimmten Schulabschlusses den Weg zu ganz bestimmten Berufen öffnet, werden durch jede schulische Beurteilung auch Sozialchancen verteilt. Unser traditionelles dreigliedriges Schulsystem hat ja, pointiert formuliert, geradezu die Aufgabe, die „geeigneten" Schülerinnen und Schüler in die „höheren" Schullaufbahnen einzuweisen. Spätestens seit Einführung des Numerus Clausus und der zentralen Vergabe von Studienplätzen, ist deutlich geworden, dass die pädagogische Funktion der Schülerbewertung und die Selektionsfunktion einer Schülerbeurteilung miteinander im Wettstreit liegen können. In diesem Zusammenhang sei erwähnt, dass die Beurteilung der Schüler auch eine rechtliche Funktion hat. Das gilt vor allem bei Zeugnisnoten, um die auch vor Gericht gestritten wird.

2. Die Festlegung einer Note bedeutet auch, dass eine komplexe kognitive Leistung eines Schülers auf eine Zahl reduziert wird. Diese gibt keine Auskunft mehr darüber, welche der im Unterricht angestrebten Lernziele erreicht wurden. Da die gegenwärtige schulrechtliche Situation eine solche Reduzierung verlangt, wollen wir kurz auf die Notengebung eingehen.

Reduzierung einer komplexen Leistung auf eine Ziffer

Voraussetzung für die Bestimmung einer Note ist die vorherige Quantifizierung der im Rahmen eines Tests, einer Klassenarbeit oder einer Klausur erbrachten Einzelleistungen. In Kapitel 7.2 werden bei den dort vorgestellten Verfahren jeweils auch Vorschläge gemacht, wie eine solche Quantifizierung durchgeführt werden kann. Die so quantifizierten Einzelleistungen werden dann zu einem Summenwert auf addiert und bilden den Ausgangspunkt für Bestimmung einer Note. Für die Transformation dieses Summenwerts in eine Ziffernzensur gibt es eine Reihe von Vorschlägen. Zwei Verfahren seien kurz skizziert.

Notengebung

Vorschläge für die Transformation von Summenwerten in Noten

Note	Prozent
1	10%
2	23%
3	34%
4	23%
5	10%

Die Häufigkeit der Noten ist an der gaußschen Normalverteilung orientiert

Die Note „3" wird als mittlere Leistung genommen, der etwa ein Drittel aller Schüler zugeordnet wird. Die Note „6" wird nur für relativ selten vorkommende, ganz schlechte Leistungen vergeben. In der Praxis geht man wie folgt vor: Man bestimmt zunächst den Mittelwert des Summenwerts. Sodann steckt man symmetrisch dazu einen Bereich ab, in dem etwa ein Drittel der Schülerleistungen liegen. Diesen wird die Note „3" zugeordnet. Dann geht man in Richtung steigender bzw. fallender Summenwerte weiter und steckt einen Bereich ab, in den etwa ein Viertel der Schülerleistungen fallen (Noten 2 bzw. 4). Den noch nicht erfassten Summenwerten werden die Noten 1 bzw. 5 zugeordnet.

Das zweite Verfahren orientiert sich nicht an der mittleren Leistung einer Klasse, sondern nimmt den *Summenwert selbst als absoluten Maßstab*. Es ist deshalb auch für eine Benotung im Rahmen eines Mastery-Learning-Programms geeignet, bei dem es darum geht, so zu unterrichten, dass möglichst viele Schüler die Lernziele möglichst vollständig erreichen (zum Beispiel nach der Formel, dass 80% aller Schüler mindestens mit einer „2" bewertet werden).

	Note	Anteil der erreichten Punkte
Die Häufigkeit der	1	100% bis ausschließlich 84%
Noten ist an einem	2	84% bis ausschließlich 67%
absoluten Maßstab	3	67% bis ausschließlich 50%
orientiert	4	50% bis ausschließlich 33%
	5	33% bis ausschließlich 16%
	6	16% und darunter

7.1.3 Welche unterschiedliche Typen von Bewertungsverfahren gibt es?

Bei den im Schulalltag eingesetzten Bewertungsverfahren unterscheidet man üblicherweise drei Gruppen: *schriftliche Verfahren, mündliche Verfahren und Verfahren, die auf Beobachtung beruhen.*

Schriftliche
Verfahren bieten die
besten Voraus-
setzungen, um die
Gütekriterien zu
erfüllen

– Schriftliche Verfahren
Zu den schriftlichen Verfahren zählen etwa Klassenarbeiten, Tests, Übungsarbeiten, Fragebögen, Versuchsprotokolle usw. Das allen schriftlichen Verfahren gemeinsame Merkmal ist es, dass an die Schülerinnen und Schüler im voraus festgelegte, im Allgemeinen schriftlich fixierte Anforderungen gestellt werden, auf die sie in einem bestimmten Antwortformat in schriftlicher Form reagieren sollen. Je nach Antwortformat kann die Antwort im Ankreuzen einer (richtigen) Antwort, im Auffüllen eines Lückentextes, im Berechnen einer Zahl, im Verfassen eines Aufsatzes, im Anfertigen einer Zeichnung oder im Entwerfen eines Begriffsnetzes bestehen. Schriftliche Formen der Bewertung bieten im Prinzip die besten Voraussetzungen, dass die oben genannten Gütekriterien erfüllt werden können. Die gestellten Anforderungen können vorher gründlich überlegt werden, und für die Auswertung ist keine Augenblicksentscheidung wie bei einer mündlichen Befragung nötig, sondern sorgfältiges Abwägen und Vergleichen mit anderen Leistungen kann zu einer gerechten Bewertung führen.

Die schriftlichen Verfahren zur Bewertung von Schülerleistungen sind am weitesten entwickelt. Wir werden sie in den beiden nachfolgenden Kapiteln im einzelnen vorstellen.

Mündliche
Verfahren sind
flexibel, aber
weniger objektiv
und reliabel

– Mündliche Verfahren
Die mündlichen Befragungen von einzelnen Schülern (oder auch von Schülergruppen) sind entweder in den laufenden Unterricht eingebunden oder finden während einer Abschlussprüfung statt. Gegenüber den schriftlichen Verfahren haben sie den Vorteil größerer Flexibilität: Aus den gegebenen Antworten können sich neue Fragen ergeben, die dem aktuellen Wissensstand des Prüflings besser angepasst sind als im Voraus geplante. Auch kann die Lehrkraft nachha-

ken, wenn eine Antwort unvollständig oder zweideutig ist. Häufig ist
es auch eher als bei einer schriftlichen Befragung möglich, zu unterscheiden, ob eine Antwort geraten, auswendig gelernt oder auf dem
Hintergrund eines tieferen Verständnisses gegeben wurde. Leider
muss dies nicht unbedingt zu einer Verbesserung der Bewertung im
Sinne der oben genannten Gütekriterien führen. Eine Augenblicksentscheidung ist weniger objektiv und die mündliche Befragung
insgesamt dürfte allein schon wegen der geringen Anzahl und der
letzten Endes doch eher zufälligen Auswahl der Fragen nicht besonders reliabel sein. Wegen des unmittelbaren persönlichen Kontaktes
zwischen Bewerter und Bewertetem besteht außerdem die Gefahr,
dass Vorurteile eine größere Rolle als bei schriftlichen Verfahren
spielen und dass in mündlichen Prüfungen die Prüfungsangst besonders groß ist. Eine verständige Lehrkraft wird deshalb versuchen, die
Prüfungsangst mit einigen „Eisbrecherfragen" zu mildern.

– *Verfahren, die auf Beobachtung beruhen*
Vom Aspekt der drei Gütekriterien aus betrachtet ist diese dritte
Gruppe die Problematischste. Sie umfasst z. B. alle die *eher intuitiv
durchgeführten Beobachtungen des Schülerverhaltens*, die eine
Lehrkraft während des Unterrichts macht und die bisweilen ihren
Niederschlag in einer Notiz finden. Solche Beobachtungen fließen in
die Bewertung des allgemeinen Schülerverhaltens (in die sog. Kopf-
noten wie „Verhalten in der Schule" etc.) ein, sie werden aber auch
zur Ermittlung der „mündlichen" Zensur mitbenutzt. Die besondere
Problematik dieser Bewertungsform ist darin zu sehen, dass Notizen
häufig aus einer emotional belasteten Situation heraus gemacht werden (z. B. die Lehrkraft ärgert sich über das Verhalten eines bestimmten Schülers und macht sich darüber eine Notiz). Weiterhin ist zu
berücksichtigen, dass viele Eintragungen dieser Art erst im Nachhinein aus dem Gedächtnis niedergeschrieben werden.

> **Beobachtungen, die zu einer Notiz führen, sind häufig emotional belastet**

Andererseits ist diese Form der auf Beobachtung basierenden Bewertung häufig die einzige, die im Schulalltag überhaupt praktikabel ist,
um sich über die Erfüllung bestimmter Zielbereiche zu informieren.
Wie anders als durch Beobachtung der Geschehnisse im Klassenzimmer soll sich ein Lehrer einen Eindruck davon verschaffen, ob
ein Schüler teamfähig, renitent, lerneifrig oder faul ist, ob es gelungen ist, die Klasse zu einer rationalen Diskussion über eine problematische Technologie zu bewegen, ob und durch was das Klassen-
klima belastet ist oder wie eine bestimmte Fragestellung bei einer
Klasse ankommt. Auch lassen sich experimentelle Fertigkeiten der
Schüler ökonomisch im Schulalltag nur auf diese Weise bewerten.

7.2 Wie misst man den Lernerfolg im kognitiven Bereich?

Kognitive Leistungen

Kognitive Leistungen treten im Allgemeinen zusammen mit nichtkognitiven Leistungen auf. So ist z. B. das Lösen einer Aufgabe untrennbar verbunden mit einer gewissen Leistungsbereitschaft. Diese Verschränkung ist im Auge zu behalten, wenn hier kognitive und nichtkognitive Leistungen (etwa Einstellungen, soziale Kompetenzen, Interessen, Befindlichkeiten) getrennt behandelt werden. Im folgenden soll versucht werden, sowohl für verschiedene kognitive Leistungen als auch für die schriftlichen Verfahren, mit denen diese gemessen werden sollen, geeignete Kategorien zu finden.

Taxonomien

1. Es mangelt nicht an Kategoriensystemen zur Differenzierung kognitiver Leistungen. International am bekanntesten ist ohne Zweifel die „Taxonomy of Educational Objectives" (TEO) von Bloom und Mitarbeitern (Bloom, 1956). Von den drei Bereichen „kognitiv", „affektiv" und „psychomotorisch" ist der erste am besten ausgearbeitet und am weitesten verbreitet. Der affektive Bereich ist kaum brauchbar und der dritte nie fertig geworden. Blooms Einteilung für kognitive Leistungen ist:

Kategorien zur Diffenzierung allgemeiner kognitiver Leistungen

- Wissen (knowledge)

- Verstehen (comprehension)

- Anwendung (application)

- Analyse (analysis)

- Synthese (synthesis)

- Bewertung (evaluation).

Eine Weiterentwicklung der TEO mit besonderer Berücksichtigung des naturwissenschaftlichen Unterrichts stammt von *Klopfer (1971)*. Klopfer unterscheidet im kognitiven Bereich (die vollständige Liste enthält auch noch die Kategorien „manuelle Geschicklichkeit" und „Einstellungen und Interessen"):

Kategorien zur Differenzierung naturwissenschaftsbezogener kognitiver Leistungen

(1) Beobachten und Messen
(2) Ein Problem erkennen und nach Lösungen suchen
(3) Wissen und Verstehen (mit 11 Unterkategorien)
(4) Daten interpretieren und Generalisierungen formulieren
(5) Aufstellen, Prüfen und Revidieren von theoretischen Modellen
(6) Anwendung von Erkenntnissen und Methoden auf neue Inhalte
(7) Orientierung über die gesellschaftliche Bedeutung der Naturwissenschaften.

Die klopfersche Taxonomie hat ihre Meriten bei der Aufstellung von Lernzielen und bei der Planung von Unterricht, ist aber für unsere Zwecke zu differenziert, denn es ist aus dem Blickwinkel der Verfahren zur Bewertung kognitiver Leistungen nicht sinnvoll, so viele verschiedene höhere kognitive Leistungen zu unterscheiden. Wir orientieren uns an der bloomschen Taxonomie (s. 2.3) und verändern sie für unsere Zwecke folgendermaßen:

Die Kategorie *„Wissen"* spalten wir noch einmal auf in „Wissen von Einzelheiten und Benennungen" und „Wissen über Begriffe und Theorie", denn es macht bei der Formulierung von Aufgaben einen Unterschied, ob die Fähigkeit zur Reproduktion von Einzelfakten oder z. B. von Begriffen und Theorien erfasst werden soll.

Die Kategorie *„Verstehen"* belassen wir und verstehen darunter die Fähigkeit, *Wissensbestände* nicht nur *wiederzugeben* (Reproduktion), sondern umzuordnen, d. h. auf neue Weise zu organisieren (Reorganisation).

Die Kategorie „Anwendung" im Sinne von „Wissen auf neue Bereiche anwenden (transferieren)" verwenden wir nicht. Es gibt nämlich kein Verfahre, das Transfer zu erfassen erlaubt. Transferleistungen sind immer nur solche in Bezug auf einen bestimmten Unterricht. Wurde z. B. im Unterricht ein bestimmtes physikalisches Prinzip im Zusammenhang mit den Beispielen a und b behandelt und wird in einer Aufgabe verlangt, dieses Prinzip auf ein Beispiel c anzuwenden, dann ist das eine Transferleistung. Bezieht sich die Aufgabe aber auf eines der behandelten Beispiele A oder B, dann ist es kein Transfer.

Was eine Transferleistung ist, hängt vom vorausgegangenen Unterricht ab

Die zwei Kategorien „Analyse" und „Synthese" fassen wir zur Kategorie „Höhere kognitive Fähigkeiten" zusammen und wollen darunter in etwa das verstehen, was Klopfer mit seinen Fähigkeiten 2) bis 5) gemeint hat.

Die Kategorie „Bewerten" behalten wir bei und verstehen darunter solche Leistungen wie „Rational argumentieren", „Das Für und Wider abwägen", „Etwas in einen historischen, politischen oder gesellschaftlichen Zusammenhang einordnen".

Zusammenfassend ergeben sich damit die Kategorien
(1) Wissen von Einzelheiten
(2) Wissen über Begriffe und Theorien
(3) Verstehen von Zusammenhängen
(4) Höhere kognitive Fähigkeiten
(5) Bewerten

2. In ähnlicher Weise wollen wir nun die verschiedenen schriftlichen *Verfahren zur Erfassung oder Bewertung kognitiver Leistungen* in eine gewisse Ordnung bringen. Als Ordnungskriterium wählen wir den Grad der Gestaltungsfreiheit, die ein Verfahren dem Bearbeiter bei seiner Reaktion lässt. Es leuchtet unmittelbar ein, dass ein Verfahren, bei dem das *Ankreuzen einer Antwort* aus einer vorgegebenen Auswahl weniger Gestaltungsfreiheit bietet als beispielsweise eine *Aufgabe mit einer freien Antwort* oder gar ein *Aufsatz*. Wir werden später sehen, dass der Gestaltungsspielraum, den ein Verfahren lässt, in etwa mit der Rangfolge der zu erfassenden kognitiven Fähigkeiten korrespondiert. Ein recht grobes, aber für unsere Zwecke ausreichendes Raster ist die Einteilung in die folgenden Typen von Reaktionen:

Gesichtspunkte zur Differenzierung von Aufgaben

- Auffüllen einer Lücke mit Wörtern, Symbolen oder Zahlen
- Ankreuzen einer Aussage
- Erzeugen eines Begriffsnetzes (für eine Erklärung s. 7.2.3)
- Geben einer freien Antwort oder einer Zeichnung
- Aufschreiben einer längeren Gedankenführung
- Sammeln und Dokumentieren von Evidenzen (für eine Erklärung s. 7.2.6)

Nicht jede Reaktion ist auch gleich gut geeignet, etwas über eine bestimmte kognitive Leistung erkennen zu lassen.. Die Tabelle gibt einen Anhaltspunkt, welche Reaktionen sinnvollerweise zur Erfassung welcher kognitiven Fähigkeit eingesetzt werden können.

Fähigkeiten / Reaktion	Wissen von Einzelheiten, Benennungen	Wissen über Begriffe, Theorien	Verstehen v. Zusammenhängen	höhere kognitive Leistungen	Bewerten Einordnen Erörtern
Auffüllen von Lücken im Text	+	(–)	–	–	–
Ankreuzen oder Zuordnen	+	+	(+)	(+)	–
Erzeugen von Begriffsnetzen	(+)	(+)	+	(–)	–
Geben einer freien Antwort	(+)	(+)	(+)	+	(–)
Schreiben eines Aufsatzes	(–)	(+)	+	(+)	+
Sammeln von Evidenzen	(–)	(–)	+	+	+

Darin bedeuten:

+   Verfahren erscheint geeignet
(+)   Verfahren erscheint bedingt geeignet
(–)   Verfahren erscheint eher ungeeignet
–   Verfahren erscheint ungeeignet

Die einzelnen Verfahren und ihr Potential für die Bewertung von kognitiven Fähigkeiten werden anhand von Beispielen ausgelotet.

7.2.1 Lückentextaufgaben

Einige Beispiele:

a)   Metalle (*leiten*) den elektrischen Strom, Glas oder Kunststoff sind (*Nichtleiter*).

b)   Alle Metalle dehnen sich aus, wenn sie (*erwärmt*) werden.

c)   Die Zustandsgleichung der idealen Gase ist Teil einer (*phäno-menologischen*) Theorie der Wärme, im Gegensatz zur kineti-schen Theorie der Wärme, die eine (*statistische*) Theorie ist.

Lückentextaufgaben lassen lediglich eine eng begrenzte Reaktion zu, die nur möglich ist, wenn die geforderte Antwort aus dem Gedächtnis reproduziert werden kann. In Beispiel c) wird deutlich, dass es genügt, die Namen für den jeweiligen theoretischen Ansatz zu kennen, um die richtige Antwort geben zu können. Man erfährt also nichts darüber, ob diese Theorien in irgendeiner Weise verstanden sind.

Lückentextaufgaben: Reproduktion von Wissen

7.2.2 Multiplechoice- und Zuordnungsaufgaben

Multiplechoiceaufgaben bestehen aus einem „Stamm", in dem die Aufgabenstellung beschrieben wird, und einer Reihe von vorformulierten Auswahlantworten, von denen in der Regel nur eine einzige zutreffend ist (die dann angekreuzt werden soll), während alle anderen (die sogenannten „Distraktoren") falsch sind. Auf den ersten Blick mag es verwundern, dass den vielleicht zu Unrecht geschmähten Multiplechoiceaufgaben in Bezug auf ihr Potential, kognitive Leistungen zu erfassen, viel mehr zugetraut wird, als den Lückentextaufgaben. Die im folgenden gegebenen Beispiele mögen verdeutlichen, dass die Erfassung höherer kognitiver Fähigkeiten durchaus möglich ist. So erscheint insbesondere Beispiel b) geeignet, wenigstens Teile der Fähigkeit „Planvolles Experimentieren" erfassen zu können und Beispiel c) kann nur erfolgreich bearbeitet werden, wenn mit den vorgegebenen fünf Begriffen eine physikalisch richtige Vorstellung verbunden wird.

Aufbau von Multiplechoiceaufgaben

Bei sorgfältiger Konstruktion wird mit Multiplechoiceaufgaben mehr als nur Wissen abgefragt

Da es bei der Auswertung solcher Aufgaben keine Interpretationsprobleme gibt, sondern allenfalls Flüchtigkeitsfehler vorkommen dürften, ist die Auswerteobjektivität im Allgemeinen sehr gut. Die Schwierigkeit, eine gute Multiplechoiceaufgabe zu konstruieren, liegt darin, Distraktoren zu finden, die sich nicht schon von vorneherein dadurch als falsch verraten, dass sie entweder absurd sind oder aufgrund anderen als naturwissenschaftlichen Wissens ausgeschlossen werden können.

Die Reliabilität leidet darunter, dass bei geringer Anzahl der Auswahlantworten, die richtige Antwort mit nicht zu vernachlässigender Wahrscheinlichkeit geraten werden kann. Mit folgenden Mitteln kann die Reliabilität verbessert werden:

Möglichkeiten zur Verbesserung der Reliabilität

- Die Anzahl der *Distraktoren* wird erhöht, was aber aufwendig und häufig auch schwierig ist.

- Die Aufgabe erhält den Zusatz „Begründe deine Wahl!" Wenn die Begründung als freie Antwort zu geben ist, erhält man mit solchen *zweistufigen Aufgaben (Multiplechoice und Freie Antwort)* viel Information über den Grad des Verständnisses.

- Die Anzahl der Aufgaben dieses Typs wird erhöht. Das kann besonders ökonomisch geschehen, wenn man für den gleichen Stammtext mehrere Aufgaben formuliert. Beispiel (c) ist von diesem Typ.

Beispiel (a)

Der Rammklotz einer Ramme wird gehoben.
Welche **zwei** Größen aus der folgenden Aufzählung musst Du kennen, um die Hubarbeit berechnen zu können? Bitte kreuze an!

(A) Die Zeitspanne, die zum Heben gebraucht wird ☐

(B) Die Kraft, die zum Heben gebraucht wird ☒

(C) Die Geschwindigkeit, mit der der Rammklotz
angehoben wird ☐

(D) Das Material, aus dem der Rammklotz besteht ☐

(E) Die Höhe, um die der Rammklotz gehoben wird ☒

(F) Ich weiß keine Antwort ☐

Beispiel(b)

Nimm an, dass Du eine Hohlkugel und eine Vollkugel erhältst. Man kann den Kugeln nicht ansehen, welche die Hohl- und welche die Vollkugel ist. Welche der folgenden Versuche würdest Du durchführen, um das zu entscheiden? (Entnommen aus Klopfer, 1971).

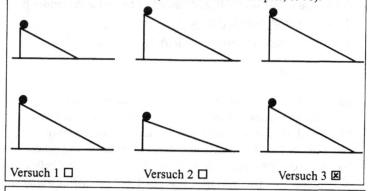

Versuch 1 ☐   Versuch 2 ☐   Versuch 3 ☒

Beispiel (c)

A bis E sind wichtige Begriffe des elektrischen Stromkreises:

A Strom   D Spannung

B Stromstärke   E Widerstand

C Energiequelle

Schreibe hinter jeden der untenstehenden Ausdrücke oder Sätze einen der *Buchstaben*, dessen Begriff am besten dazu passt!

Aus einem Wasserhahn fließen 5 Liter Wasser in einer Minute.	
Eine Wasserpumpe	
Auf der Autobahn ist eine Baustelle.	
Fließendes Wasser	
Dichteunterschied der Elektronen zwischen zwei Stellen einer elektrischen Leitung	
An einer undichten Stelle einer Wasserleitung füllt sich in 10 Stunden ein untergestellter 1l-Messbecher.	
Druckunterschied zwischen zwei Stellen einer Wasserleitung	
Anzahl der Elektronen pro Zeit, die an einer Stelle vorbeifließen.	
Elektronen bewegen sich in eine Richtung.	
Wasser fließt in einem Fluss.	
Durch einen Ausgang gehen in 20 Minuten 1000 Menschen.	
Ein Wasserrad in einem Fluss	
Menschen gehen durch einen Warenhauseingang.	

An einer Stelle einer Autobahn wurden 10 000 Autos in einer Stunde gezählt.	
In einem Leiterstück (Länge 1 cm) befinden sich 10^{15} Elektronen, die sich in einer Sekunde 0,4 mm weiterbewegen.	
Wassermenge pro Zeit, die an einer Stelle vorbeifließt	
Ein Platzanweiser lässt während eines 15 Minuten andauernden Vorfilms noch 50 Nachzügler ein.	

Aus: IPN Curriculum Physik (gekürzt), Kircher u. a. (1975)

7.2.3 Begriffsnetze

Begriffsnetze sind ein Mittel, etwas darüber herauszufinden, welche Beziehungen ein lernendes Individuum zwischen Dingen, Ideen oder Personen sieht.

Im allgemeinen offenbart ein *Begriffsnetz* relativ viel von der kognitiven Struktur eines Lernenden. Zwei Beispiele (in Anlehnung an White und Gunstone, 1992) mögen das veranschaulichen: Angenommen im Physikunterricht zur Elektrizitätslehre sind sowohl elektrostatische Phänomene an Nichtleitern als auch das Fließen des elektrischen Stroms in Metallen behandelt worden und es wurde ein einfaches Modell zum Aufbau der Materie und zum Unterschied zwischen Leitern und Nichtleitern angeboten. Als zu vernetzende Begriffe wurden vorgegeben: *Statische Elektrizität, Elektrischer Strom, Atom, Elektron, Metall und Plastik.*

Peter bringt folgendes Begriffsnetz zu Papier:

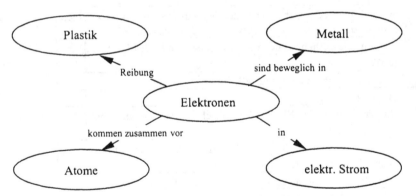

Peters Netz zeigt eine wenig elaborierte Struktur: Der Begriff „Statische Elektrizität" wurde nicht einbezogen, die sternförmige Struktur zum Zentralbegriff „Elektron" lässt nur wenige Beziehungen unter den übrigen Begriffen zu und die inhaltliche Deutung der Beziehungen sind dürftig oder vage.

Elisabeth entwickelt dagegen folgendes Netz:

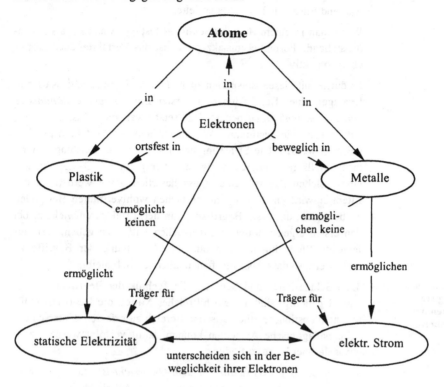

Das Begriffsnetz von Elisabeth ist nahezu perfekt: Jeder Begriff ist mit mindestens drei anderen Begriffen verbunden; der Symmetrie der Gegenstände entspricht die Symmetrie der Anordnung der Begriffe. Die inhaltlichen Deutungen sind präzise und korrekt, (wenn man einmal davon absieht, dass nicht alle Elektronen in Metallen beweglich sind).

2. Anzahl und inhaltliche Deutung der eingezeichneten Beziehungen zwischen den Begriffen können als Maß für das Verständnis angesehen werden. Eine Quantifizierung könnte etwa darin bestehen, dass man für jede beschriftete Verbindungslinie zwischen den Begriffen

- 2 Punkte für eine hinsichtlich Richtigkeit und Vollständigkeit zufriedenstellende

Quantifizierung von Begriffsnetzen

- 1 Punkt für eine weniger zufriedenstellende und

- 0 Punkte für eine falsche oder sinnlose Formulierung vergibt.

Im Falle von Peters Begriffsnetz könnte man so 5 Punkte vergeben, während Elisabeth 24 Punkte erhielte.

Wenn man in einem *Auswerteschlüssel* festlegt, was man als zufriedenstellende Formulierung akzeptiert, ist das Verfahren auch ausreichend objektiv.

Es dürfte mit diesen Beispielen auch klar geworden sein, dass es zum Erzeugen eines Begriffsnetzes in erster Linie *eines Verständnisses von Zusammenhängen* bedarf. Das setzt zwar auch Wissen voraus, jedoch kann ein bestimmtes Wissen mit anderen Verfahren präziser bewertet werden. Die Erfassung höherer kognitiver Leistungen dürfte ebenfalls mit anderen Verfahren eher gelingen. Das Anfertigen eines solchen Begriffsnetzes muss natürlich geübt werden. In der Literatur wird empfohlen, mit einfachen wohlvertrauten Beispielen zu beginnen, das erste Begriffsnetz an der Tafel zu entwickeln, bei den ersten eigenständigen Gehversuchen Hilfen zu geben, z. B. auf fehlende Pfeile hinzuweisen oder die Anordnung der Begriffe zu verbessern, so dass das Begriffsnetz übersichtlich bleibt.

Unterschiedliche pädagogische Absichten mit Begriffsnetzen

3. Ist Schülerinnen und Schülern die Technik der Begriffsnetze erst einmal geläufig, sind sie ein hilfreiches Mittel, die Begriffsstruktur in einem bestimmten thematischen Bereich zu erfassen. Unterschiedliche pädagogische Absichten können damit verfolgt werden, z. B. etwas darüber herauszufinden,

- *wie die Begriffsstruktur vor dem Unterricht ist* (dann wird man sich damit begnügen, nur wenige, nach Möglichkeit zumindest umgangsprachlich vertraute, Begriffe vorzugeben),

- *ob Begriffe, um deren Unterscheidung man sich im Unterricht bemüht hat, hinreichend diskriminiert werden* (z. B. Stromstärke und Spannung oder Wärme und Temperatur oder Masse und Gewicht),

- *welche Begriffe als Schlüsselbegriffe eines größeren inhaltlichen Bereichs identifiziert werden* (dann wird man natürlich überhaupt keine Begriffe oder ein unvollständiges Set an Begriffen vorgeben und die Aufgabe besteht in der Identifizierung der Schlüsselbegriffe und ihrer Beziehungen zueinander),

- wie eine *Gruppe von Schülern einen inhaltlichen Bereich strukturiert* (dann lässt man das Netz von einer Schülergruppe entwickeln, was erfahrungsgemäß ein guter Anlass ist, über Unklarheiten zu diskutieren).

7.2.4 Aufgaben mit freier Antwort

Unter einer *freien Antwort* wird die *freie Formulierung einiger Sätze und/oder die Anfertigung einer Zeichnung* verstanden. Je nach der in der Aufgabe formulierten kognitiven Anforderung, kann es sich um eine Wissens- oder Verstehensaufgabe oder – und das ist eben die besondere Domäne dieses Typs – um eine Aufgabe handeln, zu deren Lösung höhere kognitive Leistungen erforderlich sind. Zwei Beispiele mögen dies veranschaulichen (entn. aus Faißt, Häußler et al., 1994).

Freie Antwort: freie Formulierung einiger Sätze und/oder die Anfertigung einer Zeichnung

---

Beispiel (a)

Wie könnte ein Gerät aussehen, mit dem durch warme Luft Trockenfrüchte hergestellt werden? Bedenke, dass die Früchte nur trocknen können, wenn warme und trockene (frische) Luft über sie hinwegstreicht. Als Wärmequelle steht dir nur die **Sonne** zur Verfügung! Mache eine Zeichnung!

Vorausgesetzt, dass ein solches Gerät im Unterricht nicht behandelt wurde, ist diese Aufgabe eine Transferaufgabe: Verschiedene (im Prinzip bekannte aber ungenannte) physikalische Phänomene müssen auf eine neue Weise miteinander kombiniert werden, um die in der Aufgabe gestellten Anforderungen an das Gerät zu erfüllen. Natürlich kann man nicht erwarten, dass viele Schülerinnen und Schüler auf eine technisch perfekte Lösung kommen. Andererseits empfinden sie aber solche Aufgaben als eine echte Herausforderung und warten durchaus mit respektablen Teillösungen auf.

Aufgaben dieses Typs weisen häufig folgende Besonderheit aus: Wenn man sie unmittelbar nach dem Unterricht, in dem die zu verwendenden physikalischen Prinzipien behandelt wurden, vorlegt, werden sie meist schlechter gelöst als nach Ablauf einer gewissen Latenzzeit.

Latenzzeit von Transferaufgaben

Beispiel (b)

Angenommen, du hast einen Stabmagneten und einen gleich aussehenden Eisenstab. Wie kannst du sie unterscheiden? Du hast kein weiteres Hilfsmittel (also etwa einen weiteren Magneten oder ein weiteres Eisenstück oder einen Bindfaden) zur Verfügung. Denke daran, dass die Magnetkraft des Magneten an seinen Polen am stärksten ist! Du kannst auch eine Zeichnung machen.

Bei dieser Aufgabe handelt es sich um eine *Problemlöseaufgabe* (vorausgesetzt, die Lösung war nicht expliziter Bestandteil des vorausgegangenen Unterrichts). Bei der Lösung geht es darum, eine bestimmte, dem Aufgabenlöser bekannte, aber nicht direkt genannte Eigenschaft eines Magneten, nämlich in der Mitte zwischen den

Polen unmagnetisch zu sein, zu nutzen. Die Aufgabe wird dadurch erleichtert, dass ein deutlicher Hinweis gegeben wird.

2. Die Auswerteobjektivität bei Aufgaben mit freier Antwort ist naturgemäß geringer als bei Aufgaben mit vorformulierten Antworten. Um akzeptable Werte zu erhalten, ist folgendes Verfahren üblich: Die Lehrkraft schaut sich vorab die Antworten von einigen Schülern an, von denen sie erwarten kann, dass sie sie unterschiedlich gut gelöst haben. Aufgrund dieser „Vorsicht" formuliert sie dann einen Auswerteschlüssel, der für die zwei Beispielaufgaben folgendermaßen aussehen könnte:

Erstellen eines Auswerteschlüssels

Beispiel (a)

3 Punkte: Aus der Zeichnung ist folgendes ersichtlich:
              • Frischluft wird von der Sonne erwärmt
              • Die erwärmte Luft strömt zu den Früchten
              • Für Abluft ist gesorgt

2 Punkte: Einer dieser Gesichtspunkte fehlt

1 Punkt: Nur einer dieser Gesichtspunkte wird dargestellt

Beispiel (b)

3 Punkte: Sinngemäß wird folgende Antwort gegeben oder eine entsprechende Zeichnung angefertigt, aus der Entsprechendes hervorgeht:
              Wenn Stab A mit seinem Ende an die Mitte des Stabes B angelegt wird und sich die beiden Stäbe anziehen, so ist Stab A der Magnet.
              Ziehen sich die beiden Stäbe in der gleichen Lage aber nicht an, so ist Stab A der Eisenstab.

2 Punkte: Die Antwort oder die Zeichnung ist unvollständig oder es geht nicht ganz zweifelsfrei daraus hervor, was gemeint ist.

1 Punkt: Es wird zwar eine Methode zur Unterscheidung benannt, aber es wird ein weiteres Hilfsmittel (etwa ein Kompass) benutzt.

7.2.5 Aufsätze

Die Übergänge von einem Aufsatz zu einer Aufgabe mit freier Antwort sind natürlich fließend. Bei einem Aufsatz besteht jedoch eher die Möglichkeit, Gedanken hervorzubringen, auszudrücken und in logischer Weise in einen größeren Zusammenhang einzuordnen, während gleichzeitig das Potential, eine ganz bestimmte kognitive Fähigkeit zu erfassen, wie etwa das Problemlösen, oder bestimmte

Wissensbereiche zu erfragen, eingeschränkt ist. Allerdings lassen sich durch präzise Angaben von Teilanforderungen bestimmte Akzente setzen, wie folgende Beispiele zeigen mögen:

Akzentsetzung durch Teilaufgaben

Beispiel 1

Die Dampfmaschine – eine bahnbrechende Erfindung

a) Beschreiben Sie kurz die Funktionsweise einer Dampfmaschine und gehen Sie dabei insbesondere auf die zugrundeliegenden physikalischen Prinzipien ein.

b) Erläutern Sie den Unterschied des Beitrags von James Watt und Sadi Carnot für die Entwicklung der Dampfmaschine und arbeiten Sie dabei insbesondere das unterschiedliche erkenntnisleitende Interesse heraus.

c) Legen Sie den Einfluss der Dampfmaschine auf die industrielle Revolution um 1800 dar.

d) Entwickeln Sie ein Szenario für den Fall, dass die Dampfmaschine erst im 20. Jahrhundert erfunden worden wäre.

Die einzelnen Teilaufgaben setzen ganz unterschiedliche Akzente: In a) geht es um physikalisches Fachwissen, in b) um Methodenwissen, in c) um eine Einordnung einer technischen Erfindung in die gesellschaftliche Situation einer Epoche und in d) um die Fähigkeit, in kreativer Weise eine (fiktives) Szenario zu entwickeln.

Beispiel 2

Der Laser

a) Beschreiben Sie, was ein Laser ist und nach welchen physikalischen Prinzipien er funktioniert.

b) Vergleichen Sie die Eigenschaften von Laserlicht, von Licht einer Quecksilberhochdrucklampe und von Licht einer Glühlampe.

c) Vergleichen Sie das Laserprinzip mit anderen Phänomenen, in denen aus Unordnung Ordnung entsteht.

d) Nennen und beschreiben Sie technische Anwendungen, die ohne den Laser nicht möglich wären.

Wie schon bei den Aufgaben mit freien Antworten, ist auch bei Aufsätzen die Bewertung ein gravierendes Problem. Hinzu kommt hier, dass es oft schwierig ist, sich nicht von der äußeren Form des Aufsatzes (Rechtschreib-, Zeichensetzungs- und Grammatikfehler sowie Lesbarkeit der Schrift) und von der Gewandtheit im Ausdruck, beeinflussen zu lassen. Ähnlich wie bei den freien Antworten, sollte man vorab einen Auswerteschlüssel (Erwartungshorizont) festlegen,

Festlegen eines Erwartungshorizonts

aus dem z. B. hervorgeht, welche physikalischen Prinzipien genannt und mit welcher Tiefe sie ausgeführt werden müssen, um die volle Punktzahl zu erreichen. Auch sollte die relative Gewichtung der einzelnen Teilaufgaben vorher festgelegt werden.

7.2.6 Sammeln von Evidenzen (Portfolio-Methode)

Eine relativ neue Methode, die in den USA schon viele Anhänger hat

1. Ein in letzter Zeit im Zusammenhang mit der Forderung nach „authentischer Bewertung" (Lawrenz, 1992; Collins, 1992; Slater, 1994) häufig genanntes Verfahren ist die Portfolio-Methode. In Anlehnung an die Verwendung des Wortes bei Künstlern, die ihre Arbeiten in einem Portfolio, einer verschnürbaren steifen Mappe, aufbewahren, versteht man hier unter Portfolio eine Sammlung von Dokumenten, die von den Schülerinnen und Schülern im Laufe der Zeit angefertigt und in einem Schnellhefter oder Ordner gesammelt werden. So wie junge Künstler auch heute noch ihre „Mappe" mit ihren überzeugendsten Arbeiten zusammenstellen und damit gegenüber dem Aufnahmegremium einer Kunstakademie ihre künstlerische Potenz dokumentieren, so sollen die Lernenden überzeugende Evidenzen beibringen, dass sie das zu Lernende beherrschen.

Das Gelernte soll originell, authentisch und überzeugend dargestellt werden

Das setzt zweierlei voraus: *Den Lernenden müssen die Lernziele bekannt sein, und sie müssen Klarheit darüber haben, was als Evidenz dafür angesehen wird, dass sie ein Lernziel erreicht haben.* Was sie dann an Evidenzen zusammentragen ist ihnen weitgehend freigestellt und hängt von ihren individuellen Neigungen, ihrer Kreativität und ihrem Vermögen ab, das Gelernte in einer Form zu präsentieren, die originell, authentisch und überzeugend ist.

2. Wir wollen die Portfolio-Methode am Beispiel des folgenden Lernziels illustrieren:

In der Lage sein, Gesetzmäßigkeiten der Mechanik, insbesondere das Trägheitsprinzip und den Zusammenhang zwischen Bewegungsänderungen und wirksamen Kräften, auf Lösungen zur Verbesserung der Verkehrssicherheit anzuwenden.

Im Unterricht einer 9. Klasse wurden die physikalischen Gesetzmäßigkeiten im Zusammenhang mit folgenden Teilthemen entwickelt:

- Maßnahmen zur Verminderung der bei einem Unfall auf den Körper wirkenden Kräfte (Schutzhelm, Knautschzonen, Airbag)

- Maßnahmen zum Festhalten der Fahrgäste auf ihren Sitzen (Sitzgurte, Kopfstützen)

- Verhaltensregeln zur Verminderung des Unfallrisikos (Bremsweg richtig einschätzen, Fahren bei Nässe und in der Kurve)

Die Lehrkraft könnte folgendes anregen:

- Beschreibung eines zu Hause durchgeführten „Crashtests", z. B. ein hartgekochtes Ei fällt auf verschiedene harte Unterlagen

- Berechnung der Zeit, die bei einer bestimmten Geschwindigkeit zwischen Aufprall und Airbagentfaltung höchstens vergehen darf

- Erörterung, wozu Sitzgurte und Kopfstützen gut sind

- Bremsversuche mit dem eigenen Fahrrad (mit und ohne „Schrecksekunde")

- Was wäre anders, wenn es keine Reibung gäbe?

Schülerinnen und Schüler sollen jedoch ermuntert werden, auch andere Beiträge zu sammeln, die geeignet sind, das Erreichen des Lernziels in den drei Teilgebieten zu belegen. Ausschlaggebend ist *die Qualität der Beiträge*, nicht die Menge.

Vorschlag für die Quantifizierung eines Portfolios

Was Qualität in diesem Zusammenhang bedeutet, könnte durch folgende Skala festgelegt werden:

0 Punkte	*Keine Evidenz*: das Teilthema wurde nicht bearbeitet.
1 Punkt	*Schwache Evidenz*: Die Beiträge bleiben auf der Ebene der umgangssprachlichen Beschreibung von Phänomenen oder Ereignissen, sind unvollständig oder teilweise fehlerhaft.
2 Punkte	*Ausreichende Evidenz*: Die Beiträge enthalten neben umgangssprachlichen Beschreibungen auch vereinzelt physikalische und im wesentlichen korrekte Beschreibungen im Sinne des Lernziels.
3 Punkte	*Starke Evidenz*: Die Beiträge enthalten deutliche und korrekte Bezüge zwischen den gewählten Anwendungsbeispielen und den zugrundeliegenden physikalischen Prinzipien.
4 Punkte	*Exzellente Evidenz*: Die Beiträge sind darüber hinaus originell und lassen eine über den Unterricht hinausgehende Befassung mit der Thematik erkennen.

3. Erfahrungen mit der Portfolio-Methode liegen vor allem aus USA vor, wo sie viele Anhänger in allen Schulstufen gefunden hat. Forschungsergebnisse deuten darauf hin, dass Schüler diese Methode mögen und mehr Zeit als üblich außerhalb der Schule verbringen, sich mit Physik zu beschäftigen. Viele erfasst ein ausgesprochener „Sammler- und Jägertrieb" und sie lassen nicht locker, bis sie eine

noch bessere Evidenz aufgespürt haben. Ihre Beiträge zeigen eine Tendenz, persönliche Erfahrungen aus ihrem Alltagsleben mit physikalischen Phänomenen zu verbinden. Die Methode ist auch geeignet, die Eigenverantwortung für den Lernprozess zu stärken. Befürchtungen, dass sie darüber den „harten Kern" der Physik weniger ernst nehmen könnten, sind offenbar unbegründet. Ein Vergleich mit anderen Lerngruppen, die mit traditionellen Testaufgaben bewertet wurden, ergab keine signifikanten Unterschiede in einem abschließenden „harten" Physiktest (Slater, 1995).

In der Literatur werden folgende Vorzüge hervorgehoben:

Die Bewertung nach der Portfolio-Methode...

- fußt auf Beiträgen, die über einen längeren Zeitraum entstanden sind, so dass Entwicklungen sichtbar werden können

- ist weniger punktuell als andere Verfahren, indem sie sich auf eine über viele Einzeldokumente gestreute Evidenz gründet

- lässt dem Bewerteten viel Freiraum zur individuellen Gestaltung und gibt ihm eine faire Chance, seine Stärken zu zeigen

- minimiert Prüfungsangst.

Portfolio und Objektivität

4. Einschränkend soll angemerkt werden, dass auch dieses Verfahren anfällig gegenüber einer verzerrten Wahrnehmung seitens der Lehrkraft sein kann. Hat sich erst einmal die Meinung gebildet, dass Schüler X ein As ist, dann könnte sogar ein schludrig geführtes Portfolio als weiteres Indiz für seine Begabung gewertet werden, hat er es doch einfach nicht nötig, durch Fleiß zu glänzen; und umgekehrt liefert Schülerin Y ein reichhaltiges Portfolio ab, so könnte das u.U. gerade als Beweis ausgelegt werden, dass sie mangelnde Begabung durch Fleiß und Sorgfalt auszugleichen sucht. Um solche Fehlurteile zu vermeiden, könnte die Bewertung eines Portfolios den Schülerinnen und Schülern selbst übertragen werden. In den meisten Fällen haben sie nämlich ein ausgezeichnetes Sensorium für die eigene Leistung im Vergleich zu den Leistungen anderer.

7.2.7 Sieben Fehler bei der Formulierung schriftlicher Aufgaben

Im folgenden wird jeweils ein Beispiel für eine weniger geglückte Aufgabe vorgestellt sowie ein Vorschlag, wie man es besser machen könnte.

1. Die Aufgabe verführt zum Abschreiben

Wenn Sie die folgende Aufgabe so stellen, werden Sie feststellen, dass sich eine richtige (oder falsche) Antwort über mehrere Bankreihen hinweg „ausbreitet".

Jeder stromdurchflossene Draht ist von einem Magnetfeld umgeben. Wenn man eine Kompassnadel in seine Nähe bringt, so stellt sich diese entlang der Magnetfeldlinien ein.

Auf der Zeichnung siehst du den Querschnitt eines Drahtes, der senkrecht zur Papierebene verläuft und von einem Strom durchflossen wird. Nicht jede der vier Kompassnadeln ist richtig eingezeichnet. Korrigiere in der Zeichnung die Orientierung der falsch eingezeichneten Kompassnadeln.

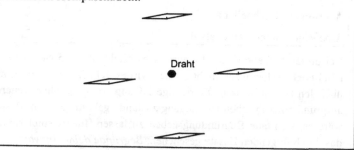

Draht

Besser wäre vielleicht folgende Formulierung.

Jeder stromdurchflossene Draht ist von einem Magnetfeld umgeben.

a) Beschreibe, wie sich der Verlauf der Magnetfeldlinien in der Umgebung eines stromdurchflossenen Drahts bestimmen lässt.

b) Zeichne einige Magnetfeldlinien in der Umgebung eines stromdurchflossenen Drahts.

Dem Abschreiben entgegenwirken kann man mit folgendem:

- Die abschreibanfälligen Aufgaben werden in zwei Versionen erstellt und nebeneinander sitzende Schüler erhalten unterschiedliche Versionen.

- Weniger aufwendig, aber auch weniger effektiv ist es, zwar die gleichen Aufgaben aber für benachbarte Schüler in unterschiedlicher Reihenfolge vorzugeben.

- Das Abschreiben wird dadurch erschwert (oder ist leichter aufzudecken), dass (zusätzlich) freie Antworten verlangt werden.

2. Die Lösung kann geraten werden

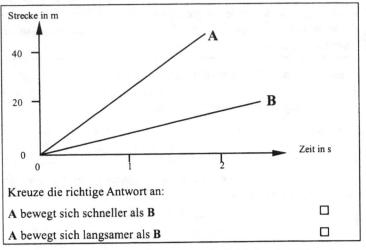

Kreuze die richtige Antwort an:

A bewegt sich schneller als **B** ☐

A bewegt sich langsamer als **B** ☐

Bei dieser Aufgabe ist die Ratewahrscheinlichkeit mit 50% unakzeptabel hoch. Selbst wenn nicht geraten wird, erfährt man relativ wenig über den Kenntnisstand. Die richtige Lösung könnte ja ohne weiteres aufgrund einer falschen Überlegung zustande gekommen sein. Besser wäre es, sich eine Begründung geben zu lassen. Im Beispiel könnte das durch folgenden Zusatz geschehen: *Begründe deine Antwort*

Das Problem, dass die Lösung geraten wird, tritt bei allen Aufgaben mit vorgegebenen Antwortalternativen auf. Es ist um so weniger gravierend, je mehr Alternativen angeboten werden. Die bisweilen gegebene Empfehlung, die Antwortmöglichkeit „Ich weiß es nicht" hinzuzufügen, ist keine glückliche Lösung, weil sie die ehrlichen Schülerinnen und Schüler bestraft.

3. Die richtige Lösung wird suggeriert

Was sind Ionen? Kreuze die richtige Antwort an!

Salze bestehen aus Ionen ☐

Ionen sind Angehörige eines griechischen Volksstammes ☐

Ionen sind elektrisch geladene Teilchen, die entweder positiv oder negativ geladen sein können ☐

Ionen sind kleinste Teilchen ☐

Diese Aufgabe kann auch von einer Person, die den Begriff, nach dessen Definition hier gefragt wird, gar nicht kennt, auf Commonsense-Basis mit überzufällig hoher Wahrscheinlichkeit richtig beantwortet werden. Die erste Antwortalternative ist keine Definition, scheidet also aus. Die zweite fällt so weit aus dem (Physik- oder Chemierahmen), dass sie auch dann ausgeschlossen werden kann, wenn man die Ionier nicht kennt. Die dritte Alternative ist auffallend präzise, so dass sie gegenüber der vierten den Vorzug erhält.

Besser wäre vielleicht folgende Umformulierung:

Atome sind elektrisch neutrale Teilchen. In ihnen ist die Anzahl der positiven Ladungen exakt gleich der Anzahl der negativen Ladungen.

Bei Ionen ist das anders.

Vervollständige zu einem ...

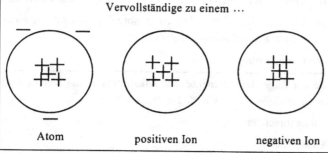

Atom   positiven Ion   negativen Ion

Das Auffinden von gleichwertigen Antwortalternativen ist nicht einfach. Auf der sicheren Seite ist man dagegen, wenn die Auswahlantworten jeweils das gleiche Format haben und sich zum Beispiel nur in einem Zahlenwert unterscheiden, also etwa:

½ m	ein Viertel so groß	viel schneller
1 m	halb so groß	etwas schneller
1,5 m	gleich groß	gleich schnell
2 m	doppelt so groß	etwas langsamer
3 m	viermal so groß	viel langsamer

4. Die Aufgabe ist für leistungsschwache und -starke Schülerinnen und Schüler gleich leicht bzw. gleich schwer

---

Manche Stoffe leiten den elektrischen Strom viel besser als andere. Kreuze an, welche Stoffe den elektrischen Strom ziemlich gut leiten und welche ihn ganz schlecht leiten!

	leitet den Strom ziemlich gut	leitet den Strom ganz schlecht
Kupfer	☐	☐
Kunststoff	☐	☐
Glas	☐	☐
Eisen	☐	☐

Die Aufgabe ist für eine leistungsgerechte Beurteilung der Physikkenntnisse zu leicht. (Vor entsprechendem Unterricht lösten Quartaner diese Aufgabe zu 87% richtig, danach zu etwa 94%). Anzustreben ist eine Schwierigkeit, bei der etwa die halbe Klasse die Aufgabe zu lösen imstande ist. Alle bisherigen „Fehler" kommen hier vor:

- Die Ratewahrscheinlichkeit ist hoch.

- Das Kreuzchenmuster verführt zur „Nachbarschaftshilfe".

- Wissenslücken können mit Commonsense ausgeglichen werden.

Eine so leichte Aufgabe kann aber als „Eisbrecher" am Anfang eines Tests oder einer Klassenarbeit geeignet sein!

5. Fehlerfortpflanzung

Welche der folgenden Elemente sind Alkalimetalle und welche sind Erdalkalimetalle?   Ca, K, Na, Ba, Cs, K

    Erdalkalimetalle:

    Alkalimetalle:

Ein Schüler, der die Begriffe nicht richtig zuordnet, könnte z. B. antworten:

Erdalkalimetalle: Na, K, Cs;

Alkalimetalle: Mg, Ca, Ba

Zumindest bei einem starren Auswerteschema (z. B. pro richtiger Zuordnung je ein Punkt) würde diese Antwort (keine einzige richtige Nennung) mit 0 Punkten bewertet werden müssen, obwohl der betreffende Schüler natürlich mehr weiß als ein anderer, der überhaupt keine Antwort gibt.

Besser wäre vielleicht folgende Formulierung der Aufgabe:

Unter den Elementen Ca, K, Na, Ba, Cs, K gibt es zwei Gruppen mit ähnlichen Eigenschaften

a) Welche Elemente gehören zusammen, d. h. haben ähnliche Eigenschaften?

b) Wie nennt man die beiden Gruppen von Elementen?

Fehlerfortpflanzungen können auch auftreten, wenn mit einem Zwischenergebnis weitergerechnet werden muss. In diesem Fall kann man zwar das richtige Weiterrechnen (mit einem falschen Wert) honorieren, besser ist es aber, von vornherein solche Verkettungen bei der Aufgabenkonstruktion auszuschließen.

6. Hinterhältige Aufgaben

> Stell Dir vor, ein erloschener Vulkan auf dem Mond würde plötzlich
> wieder aktiv. Der Ausbruch wäre so gewaltig, dass man den Feuer-
> schein der Explosion auf der Erde sehen könnte!
> Wann würde man die Explosion hören? Kreuze an!
>
>   gleichzeitig mit dem Feuerschein   O
>   einige Sekunden später   O
>   lange Zeit später   O
>   überhaupt nicht   O
>
> Versuche, eine Begründung zu geben!

Das „Hinterhältige" an dieser Aufgabe ist es, dass danach gefragt
wird, wann ein Ereignis eintritt (und drei Alternativen angeboten
werden), die richtige Antwort (überhaupt nicht) sich aber auf die
Unmöglichkeit des Ereignisses bezieht. Fairer wäre es gewesen,
danach zu fragen, ob man das Ereignis auf der Erde hören kann oder
nicht und sich die Antwort begründen zu lassen.

Auf ähnliche Weise „gemein" sind Aufgaben, bei der mehr als eine
Antwortalternative richtig ist und angekreuzt werden soll oder bei
der zusätzliche aber für die Lösung irrelevante Angaben gemacht
werden. Ein guter Pädagoge wird sich solcher Methoden natürlich
enthalten und gegebenenfalls warnen: „Achtung! Hier sind mehr als
eine Antwort richtig!" bzw. „Für die Aufgabenlösung werden nicht
alle Angaben gebraucht!"

7.   Aufgaben ohne eindeutige Lösung

> Beim Anschluss eines Lämpchens an eine Batterie fließe ein Strom
> von 0,7 A.
>
> Wie groß ist der Strom durch dieses Lämpchen, wenn noch ein zwei-
> tes (genau gleiches) parallel zum ersten an die gleiche Batterie ange-
> schlossen wird?
>
> ☐ Doppelt so groß (1,4 A)
> ☐ Etwas größer als 0,7 A
> ☐ Gleich groß (0,7 A)
> ☐ Etwas kleiner als 0,7 A
> ☐ Halb so groß (0,35 A)

Erwartet wird möglicherweise die Antwort „gleich groß".

Ein fortgeschrittener Aufgabenlöser ist jedoch geneigt, „etwas kleiner als 0,7 A" anzukreuzen, weil er so überlegt: Aus der Stromstärke
von 0,7 A und einer mutmaßlichen Batteriespannung von einigen

Volt lässt sich auf einen Widerstand des Lämpchens in der Größenordnung von 10 Ω schließen. Dagegen kann der Innenwiderstand der Batterie nicht vernachlässigt werden. Folglich sinkt die Klemmspannung bei doppelter Belastung etwas ab und lässt kleinere Ströme fließen. Umgekehrt kann man aber aus der Antwort „etwas kleiner" nicht unbedingt auf fortgeschrittene Physikkenntnisse schließen.

Die Lösung wird eindeutiger, wenn man so formuliert:

Beim Anschluss eines Widerstandes an eine Batterie fließe ein Strom von 1 mA.

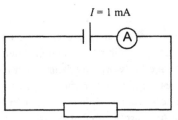

Welchen Strom zeigen die Strommesser bei a, b und c an, wenn noch ein zweiter (genau gleicher) Widerstand parallel zum ersten an die gleiche Batterie angeschlossen wird?

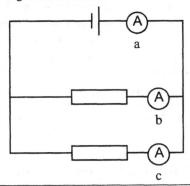

Es ist nahezu unmöglich, eine Aufgabe so zu stellen, dass sie für alle möglichen Aufgabenlöser zwar unterschiedlich schwierig zu lösen ist, aber in eindeutiger Weise das gleiche bedeutet. In der Schulpraxis ist jedoch der Rahmen, in dem eine Aufgabe zu verstehen ist, in den meisten Fällen so eng abgesteckt, dass klar ist, was gemeint ist.

7.3 Wie misst man den Lernerfolg im nichtkognitiven Bereich?

Im nichtkognitiven Bereich geht es – um nur einige Schlagworte zu nennen – *um Einstellungen zu bestimmten Objekten, um das Selbstkonzept vom eigenen Leistungsvermögen, um Interessen und Emotionen sowie um handwerkliche Fertigkeiten.* In Anlehnung an die von Bloom eingeführte Einteilung geht es also um den affektiven und den psychomotorischen Bereich.

Auf eine Erörterung der Bewertung *psychomotorischer Leistungen* wollen wir verzichten, obwohl sie im naturwissenschaftlichen Unterricht bei experimentellen Tätigkeiten eine Rolle spielen. Denn die zu Forschungszwecken entwickelten standardisierten Beobachtungsverfahren sind aber für die Unterrichtspraxis zu aufwendig. So gilt die Einschätzung Klopfers (1971) noch immer: „Nur weniges, was nicht intuitiv offensichtlich ist, kann über die Bewertung handwerklicher Fertigkeiten gesagt werden."

Die Beobachtung psychomotorischer Leistungen ist für die Unterrichtspraxis zu aufwendig

In den letzten Jahren wird affektiven Lernzielen und ihrer Bewertung steigende Aufmerksamkeit gewidmet. Dieses Gebiet ist aber bei weitem noch nicht so intensiv bearbeitet worden wie der kognitive Bereich. Das hängt zum einen sicherlich mit der Komplexität und der Vielfalt von Aspekten zusammen, die unter dem affektiven Bereich gefasst werden. Zum anderen erweist sich die Messung affektiver Leistungen dadurch als schwierig, dass sie sich einer direkten Beobachtung entziehen und aus beobachtbarem Verhalten erst erschlossen werden müssen.

Affektive Leistungen können nicht direkt beobachtet werden

Wir können hier die Verfahren nur kurz beschreiben. Für einen genaueren Einblick in Vor- und Nachteile sowie in Interpretationsmöglichkeiten und -grenzen, verweisen wir auf die Originalarbeiten. *Die Ergebnisse der Verfahren sollten mit Vorsicht interpretiert werden. Sie geben der Lehrkraft Hinweise zu bestimmten affektiven Aspekten, nicht mehr!* Man sollte sie im Allgemeinen nur für die *Evaluation des Unterrichts*, nicht aber für die Bewertung des Erreichens affektiver Lernziele *beim einzelnen Schüler* einsetzen.

7.3.1 Typen von Messverfahren

Messverfahren im affektiven Bereich können danach unterschieden werden, welchen Grad an Freiheit sie dem Befragten in seiner Reaktion auf eine bestimmte Vorgabe zugestehen. Am weitesten verbreitet sind *geschlossene Verfahren*, in denen die Reaktion auf das Ankreuzen einer mehrstufigen Skala eingeschränkt ist. Das Grundmuster eines solchen Verfahrens sieht folgendermaßen aus:

Typischer Aufbau für ein Verfahren zum „Ankreuzen"

- *Stammtext*: Hier wird kurz erklärt, um was es geht und ggf. was man zu machen hat.

- Mehrere *Items*, die als Indiz für die zu bewertende affektive Leistung gelten können.

- Antwortfeld in Form einer *mehrstufigen Skala*, auf der die Befragten zu jedem Item diejenige Reaktion auswählen können, die für sie am ehesten zutrifft.

Festlegung des Formats

Zur Erreichung einer befriedigenden Reliabilität (s. Abschnitt 7.1.1) sollten es mindestens 4 Items sein, die den Befragten vorgelegt werden. Üblich sind Skalen mit 5 oder 7 Stufen, manchmal kann es auch zweckmäßig sein, eine gerade Anzahl vorzugeben (s. Beispiel 2).

Weniger als 4 und mehr als 7 Stufen haben sich nicht bewährt, weil solche Skalen von den Befragten als zu grob bzw. als zu kleinschrittig empfunden werden.

Drei Beispiele mögen das Prinzip dieses Typs erläutern. Beispiel 1 stammt aus einer Interessenerhebung (entnommen aus Hoffmann, Häußler & Peters-Haft 1997).

Aus Platzgründen sind bei Tests dieser Art häufig zwei Untertests ineinandergeschachtelt. Mit den Items 1, 3, 5 und 7 soll die Faszination einer Person erfasst werden, die Naturereignisse auszulösen vermögen. Mit den geradzahligen Items wird dagegen die Begeisterung an technischen Geräten erfasst. Dass es sich hier tatsächlich um zwei unterschiedliche Arten von Faszination handelt, hat eine Faktorenanalyse gezeigt (s. Abschnitt 2.1.1).

Auswertung

Die Auswertung eines solchen Tests besteht darin, dass den einzelnen Stufen Zahlen zugeordnet werden, z. B.

sehr stark = 5, stark = 4, mittel = 3, weniger stark = 2, gar nicht = 1

Auf diese Weise lässt sich jeder befragten Person durch Summierung über die zu einem Untertest gehörenden Items (z. B. die Items 1, 3, 5 und 7) ein Summenscore ermitteln, der etwas über die Faszination dieser Person gegenüber Naturereignissen aussagt. Eine Person, die von allen aufgeführten Ereignissen ganz stark bzw. gar nicht beeindruckt ist, würde also einen Summenscore von 4 mal 5 = 20 bzw. von 4 mal 1 = 4 erreichen. In einer mit diesem Test durchgeführten Erhebung in der Sekundarstufe I erreichten Mädchen im Mittel einen Score von 15,6, Jungen einen Score von 13,2. Die entsprechenden

Werte für die Skala „Faszination Technik" waren 12,1 für die Mädchen und 14,4 für die Jungen.

Beispiel 1

Im folgenden findest Du einige Aussagen darüber, wie man bestimmte Situationen erleben kann. Gib bitte an, wie Du solche Situationen erlebst.

	sehr stark	stark	mittel	weniger stark	gar nicht
1. Wenn ich einen Regenbogen sehe, dann beeindruckt mich das	□	□	□	□	□
2. Wenn ich neue technische Geräte sehe, dann fasziniert mich das	□	□	□	□	□
3. Wenn ich eine Sonnen- oder eine Mondfinsternis beobachten kann, dann beeindruckt mich das	□	□	□	□	□
4. Wenn ich Berichte über den Flug von Raketen, oder Satelliten sehe (oder lese), dann fasziniert mich das	□	□	□	□	□
5. Wenn ich ein Gewitter sehe, dann beeindruckt mich das	□	□	□	□	□
6. Wenn ich selbst mit technischen Geräten umgehen kann, dann begeistert mich das	□	□	□	□	□
7. Wenn ich daran denke, dass Sonne und Mond Ebbe und Flut hervorrufen, dann beeindruckt mich das	□	□	□	□	□
8. Wenn ich bei Reparatur oder Herstellung technischer Geräte zusehen oder mitarbeiten darf, dann begeistert mich das	□	□	□	□	□

An diesem Beispiel wird noch einmal deutlich, wie wichtig es ist, eine genügend große Anzahl von Items einzubeziehen. Wenn man z.B. einer Person, die mit einem Regenbogen ein ganz besonderes, emotional positiv besetztes Ereignis assoziiert, nur das Regenbogenitem vorlegen würde, überschätzte man deren „allgemeines" Fasziniertsein von Naturereignissen. Durch Mittelbildung über mehrere Ereignisse (Gewitter, Finsternisse, Ebbe und Flut) kann eine solche Fehleinschätzung gemildert werden.

Bei der Vorgabe von Statements, denen man zustimmen oder die man ablehnen soll, kann es von Vorteil sein, *eine gerade Anzahl von Zustimmungs-/Ablehnungskategorien* vorzugeben. Dann fehlt die „neutrale" Mitte, die von den Befragten häufig gar nicht als Mitte zwischen den beiden Polen Zustimmung bzw. Ablehnung aufgefasst wird, sondern als eine Art Schlupfloch, um ihre Haltung nicht preiszugeben. Mit einer geraden Anzahl wird also gewissermaßen eine Stellungnahme erzwungen. Beispiel 2 (entnommen aus Häußler et al. 1986) ist von diesem Typus. Es ist zusammen mit anderen Einstellungs- und Verhaltensskalen sowie Wissenstests im Rahmen einer Erhebung physikalischer Bildung Erwachsener entwickelt worden. Die wiedergegeben 5 Items sollen „Zukunftsgläubigkeit in Bezug auf die Lösung des Energieproblems" erfassen.

Gerade Anzahl der Antwortalternativen

Beispiel 2

Unser Land steht, wie viele andere Länder, schwierigen Problemen der Energieversorgung gegenüber. Einige Fachleute sprechen schon von einer Energiekrise, andere sehen eine solche Krise für die nicht all zu ferne Zukunft voraus.

Welche Meinung vertreten Sie in diesem Zusammenhang zu den folgenden Äußerungen. Wenn Sie der jeweiligen Äußerung voll zustimmen, kreuzen Sie bitte „ja" an, wenn Sie die Äußerung für falsch halten, kreuzen Sie bitte „nein" an.

	nein	eher nein	eher ja	ja
Techniker und Physiker werden auch die Probleme lösen, die ein zunehmender Energiebedarf mit sich bringt	☐	☐	☐	☐
Die Zukunft wird neben einem wachsenden Energiebedarf auch neue Energiequellen zur Deckung dieses Bedarfs mit sich bringen	☐	☐	☐	☐
Der steigende Energiebedarf muss durch neue technische Entwicklungen und Weiterentwicklungen bestehender Energietechniken gedeckt werden	☐	☐	☐	☐
Immer neue Energiequellen gilt es zu erschließen, damit einer Verbesserung der Lebensqualität nichts im Wege steht	☐	☐	☐	☐
Die Forschungsanstrengungen müssen verstärkt werden, damit der steigende Energiebedarf gedeckt werden kann	☐	☐	☐	☐

Anders als die beiden ersten Beispiele, zeigt das dritte Beispiel (entnommen aus Hannover, 1989), dass die Vorgabe, auf die die Befragten reagieren sollen, auch eine konkrete Leistungssituation sein kann.

Beispiel 3

Auf den nächsten Seiten findest Du einige Mathematikaufgaben. *Du sollst die Aufgabe nicht lösen.* Lies sie Dir aber bitte durch und beurteile dann, ob Du sie Deiner Meinung nach lösen könntest.

Es folgt eine Mathematikaufgabe aus der elementaren Algebra.

Für wie wahrscheinlich hältst Du es, dass Du diese Aufgabe lösen könntest?

extrem unwahr-scheinlich	ziemlich unwahr-scheinlich	weder/ noch	ziemlich wahr-scheinlich	extrem wahr-scheinlich
☐	☐	☐	☐	☐

Es folgt eine weitere Mathematikaufgabe

Für wie wahrscheinlich hältst Du es, dass Du diese Aufgabe lösen könntest?

extrem unwahr-scheinlich	ziemlich unwahr-scheinlich	weder/ noch	ziemlich wahr-scheinlich	extrem wahr-scheinlich
☐	☐	☐	☐	☐

u.s.f.

Im Anschluss an diesen Test zur Erfassung der Selbsteinschätzung der eigenen Leistungsfähigkeit, sollen dann die Aufgaben gelöst werden, so dass ein Vergleich zwischen eingeschätzter und tatsächlicher Leistung möglich wird. Dabei zeigte sich übrigens, dass Mädchen im Vergleich zur tatsächlich erbrachten (kognitiven) Leistung ihre Leistungsfähigkeit eher zu niedrig, Jungen dagegen eher zu hoch einschätzen.

Wird ein Test wiederholt vorgegeben, so könnten sich die Befragten unter Umständen daran erinnern, wo sie das letzte Mal ihr Kreuz gemacht haben. Um solche Erinnerungseffekte zu unterbinden, kann man ein Antwortformat wählen, bei dem anstelle einer diskreten Skala von 4, 5 oder 7 Antwortkategorien eine kontinuierliche Skala vorgegeben wird: Auf einer Strecke von bestimmter Länge können die Befragten dann ihr Kreuz an beliebiger Stelle setzen.

Eine kontinuierliche Skala als Antwortformat

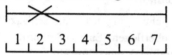

Die Auswertung geschieht am einfachsten mit einer Schablone auf der die gewünschte Anzahl von Stufen als äquidistante Zwischenmarken aufgetragen sind.

Bei der erstmaligen Vorgabe des folgenden Antwortformats empfiehlt es sich, dieses kurz zu erläutern (s. Hoffmann, Häußler & Peters-Haft, 1997):

Wer sich dafür interessiert, was Du gern isst, legt Dir vielleicht die folgenden Sätze vor:

	stimmt gar nicht	stimmt völlig

Rote Grütze mit Schlagsahne esse ich gern

Ich freue mich immer, wenn es Spaghetti gibt

Grießbrei ist mein Lieblingsgericht

Wenn Du Deine Kreuze so machst, wie eingezeichnet, bedeutet das:

Rote Grütze isst Du wirklich gern (Das Kreuz ist ganz auf der Seite von „stimmt völlig")

Spaghetti magst Du nicht besonders, aber Du lehnst sie auch nicht ganz ab (Das Kreuz ist näher bei „stimmt gar nicht" als bei „ stimmt völlig")

Grießbrei kannst Du nicht ausstehen (Das Kreuz ist ganz nahe bei „stimmt gar nicht")

Bei der Erhebung affektiver Leistungen ist man nicht darauf angewiesen, dass die Befragten ein Kreuz auf einer vorgegebenen Skala machen. Dies zeigen die beiden nächsten Beispiele mit einem offenen Antwortformat.

Ein Beispiel für ein offenes Antwortformat

Bei Beispiel 4 (s. Hoffmann, Kattmann, Lucht & Spada, 1975) handelt es sich um eine aus dem Deutschunterricht entlehnte Methode: Man umreißt eine Situation in groben Zügen und fordert dann dazu auf, die begonnene Geschichte fortzusetzen. Für diese Testform hat sich der Name *Situationstest* eingebürgert. Man erhält u.U. wertvolle Informationen darüber, woran die Schülerinnen und Schüler einer Klasse hauptsächlich denken, wenn ihnen nach einem bestimmten Unterrichtsabschnitt ein auf den Unterricht bezogener Situationstest zur Beantwortung vorgelegt wird.

Beispiel 4 (Situationstest)

Bevor Markus zur Schule ging, hat er die Schlagzeilen auf der ersten Seite der Zeitung überflogen. Eine Überschrift ging ihm nicht aus dem Sinn: „Atomkraftwerk muss drosseln".

In der Straßenbahn hat er Gelegenheit, ein paar Zeilen des dazugehörigen Artikels zu erhaschen. Er begreift, dass dem Kernkraftwerk, das die Stadt mit Elektrizität versorgt, Betriebsbeschränkungen auferlegt worden sind. Mehr kann Markus nicht lesen, weil er aussteigen muss.

In der Schule fragt er seinen Freund, warum man wohl diese Betriebsbeschränkung angeordnet habe, und ob sich da wohl wieder Gegner von Kernkraftwerken durchgesetzt hätten.

Sein Freund antwortet: ...

Situationstest: kognitive und affektive Aspekte

Bei dem in einem Situationstest gegebenen offenen Antwortformat können sowohl affektive als auch kognitive Aspekte zum Ausdruck gebracht werden. Auch erlaubt ein Situationstest den befragten Personen, Handlungen zu beschreiben, die sie in der geschilderten Situation für angemessen halten. Das ist *ein Vorteil gegenüber den geschlossenen Antwortformaten*. Es ist aber auch nicht zu übersehen, worin die *Schwächen* liegen. Aus dem Weglassen von Sachinformationen zu der beschriebenen Situation kann nicht auf Unkenntnis geschlossen werden. Ebenso kann aus dem Nichterwähnen einer konkreten Handlung gefolgert werden kann, dass die befragte Person sich nicht angemessen verhalten würde.

Mit einer detaillierten *Checkliste von Aspekten*, die in den Fortsetzungsgeschichten genannt werden oder genannt werden könnten, lässt sich ein Situationstest quantitativ mit ausreichender Objektivität auswerten.

Ein ganz anderes offenes Antwortformat sind Zeichnungen. Auch **Zeichnungen** damit lässt sich viel über die Befindlichkeit von Schülerinnen und Schülern erfahren (Wimber, 1997). Bevor die Zeichnungen angefertigt werden, erklärt die Lehrkraft die Aufgabenstellung und leitet eine kurze *Entspannungsphase* sinngemäß mit folgenden Worten ein:

„Ich werde Euch gleich einen bestimmten Begriff nennen und vor Eurem inneren Auge werden Bilder auftauchen, die mit diesem Begriff etwas zu tun haben.

Setzt Euch jetzt ganz entspannt hin und schließt die Augen.

Du fühlst, wie Deine Füße Kontakt mit dem Boden haben.

Du hältst die Augen geschlossen.

Du bist ganz ruhig und entspannt.

Ich werde Dir jetzt einen Begriff nennen. Der Begriff in „Physik".

Vor Deinem inneren Auge entsteht ein Bild, wenn Du diesen Begriff in Dir aufnimmst.

Lass dieses Bild eine Weile auf Dich einwirken."

Ca. 30 Sekunden Pause.

„Merke Dir dieses Bild (kurze Pause).

Komme langsam in den Klassenraum zurück.

Fang an, dieses Bild zu zeichnen."

7.3.2 Messung von Kooperation vs. Konkurrenz

Im Zusammenhang mit einem Modellversuch zur Förderung von Chancengleichheit im Physikunterricht (Hoffmann et al., 1997) wurde ein Test entwickelt, der sich darauf bezieht, ob der Umgang der Schülerinnen und Schüler miteinander eher durch kooperierendes oder konkurrierendes Verhalten geprägt ist.

Wie geht Ihr im Physikunterricht miteinander um?	trifft völlig zu	trifft eher zu	trifft eher nicht trifft	trifft nicht zu
1. Wenn jemand in der Klemme sitzt, kann er/sie sich auf die anderen verlassen	☐	☐	☐	☐
2. Einige versuchen immer besser zu sein als die anderen.	☐	☐	☐	☐
3. Wenn jemand mit anderen zusammenarbeiten möchte, findet er/sie schnell Anschluss.	☐	☐	☐	☐
4. Manche sagen anderen nichts vor, weil sie selbst die Frage des Lehrers beantworten wollen.	☐	☐	☐	☐
5. Wenn jemand Schwierigkeiten hat, sind die anderen hilfsbereit.	☐	☐	☐	☐
6. Manche streiten sich oft darum, wer die besseren Leistungen gezeigt hat.	☐	☐	☐	☐
7. Wenn jemand nicht mehr weiter weiß, helfen ihm/ihr gleich die anderen.	☐	☐	☐	☐
8. Vielen kommt es nur darauf an, im Unterricht mehr zu wissen als die anderen.	☐	☐	☐	☐

Die geradzahligen Items stehen für konkurrierendes, die ungeradzahligen für kooperierendes Verhalten.

7.3.3 Messung der motivierenden Wirkung des Unterrichts

Der folgende Test soll die motivierende Wirkung des vorausgegangenen Unterrichts erfassen.

Kreuze an, was für Dich zutrifft. Denke dabei an den Unterricht der letzten Wochen!

	stimmt völlig	stimmt gar nicht
1. Der Unterricht war abwechslungsreich	├─────────────┤	
2. Ich war neugierig darauf, was wir in der nächsten Stunde lernen	├─────────────┤	
3. Ich bedauerte es, wenn der Unterricht ausfiel	├─────────────┤	
4. Der Unterricht beschäftigte sich mit Dingen, die mir im täglichen Leben begegnen	├─────────────┤	
5. Ich freue mich auf den Unterricht	├─────────────┤	
6. Im Unterricht gab es etwas Neues für mich zu entdecken	├─────────────┤	
7. Es gab Dinge, die mich besonders interessiert haben	├─────────────┤	
8. Ich habe auch außerhalb des Unterrichts über manche Dinge nachgedacht, die wir zuletzt gelernt haben	├─────────────┤	
9. Ich habe in Büchern nachgeschlagen, um mehr Informationen über das behandelte Gebiet zu bekommen	├─────────────┤	
10. Ich habe mit Freunden, Eltern und Geschwistern über Dinge aus diesem Gebiet gesprochen	├─────────────┤	
11. Ich konnte mich leicht auf die Sache konzentrieren	├─────────────┤	
12. Ich hatte das Gefühl, für mich selbst etwas dazugelernt zu haben	├─────────────┤	
13. Die Schule würde mir mehr Spaß machen, wenn wir öfters solche Dinge behandeln würden	├─────────────┤	
14. Ich wünschte, es gäbe bald eine Fernsehsendung über dieses Thema	├─────────────┤	
15. Es hat Spaß gemacht, mein Verständnis für dieses Thema zu vertiefen	├─────────────┤	
16. Mit solchen Themen hätte ich mich auch freiwillig gerne beschäftigt	├─────────────┤	
17. Ich würde über dieses Thema gerne noch mehr erfahren	├─────────────┤	
18. Mein Interesse an Physik ist größer geworden, seit wir diesen Stoff durchgenommen haben	├─────────────┤	
19. Manchmal fand ich es schade, wenn es klingelte, und die Stunde vorbei war	├─────────────┤	

Als Indikatoren für die Wirkung des Unterrichts umfasst der Test folgende Aspekte:

- Beschäftigung mit dem Unterrichtsthema auch außerhalb der Schule

- Einschätzung des persönlichen Nutzens

- Beurteilung des Unterrichtsklimas

- Themenspezifisches Interesse.

Die kontinuierliche Antwortskala, die Vorteile hat, wenn ein Test wiederholt vorgegeben wird, kann natürlich auch durch eine 5- oder 7-stufige Skala ersetzt werden (s.7.3.1).

7.3.4 Messung von Interessen

Angenommen, Sie wollen ein bestimmtes vom Lehrplan vorgegebenes Thema unterrichten. Im allgemeinen lässt Ihnen der Lehrplan dabei in Bezug auf die Unterrichtsmethode und die Auswahl der Beispiele, an denen dieses Thema erarbeitet werden kann, relativ viel Freiheit. Diesen Freiraum können Sie für solche Beispiele nutzen, die den Interessen Ihrer Klasse entgegenkommen.

Wie erfahren Sie nun etwas über die Interessen Ihrer Klasse? Sie können sich einen guten Überblick verschaffen, wenn Sie sich an das folgende halten:

1. Formulieren Sie Ihre Fragen nach dem Interesse in der Form

	sehr groß	groß	mittel	ge- ring	sehr ge- ring
Wie groß ist dein Interesse daran, mehr darüber zu erfahren, wie ...	O	O	O	O	O

Dann hat Ihre Frage auch noch für diejenigen Schülerinnen und Schüler einen Sinn, die bereits einiges über das Thema wissen.

2. Formulieren Sie in dieser Form je eine oder zwei Interessefragen zu jedem der folgenden Anwendungsbereiche

- Anwendungen im *Alltag/* in der *Umwelt*

- Anwendungen, die für die *Gesellschaft* von Bedeutung sind

- *Erstaunliche* Phänomene, *Naturphänomene*

- Anwendungen mit Bezug zum *menschlichen Körper*

- *Wissenschaft* ohne expliziten Anwendungsbezug.

Dann gehen Sie einigermaßen sicher, dass diejenigen Bereiche, die in der Regel auf großes Interesse stoßen, dabei sind.

3. Geben Sie den Test anonym vor.

	Alltag/Umwelt	*Erstaunl. Phän.*	*Gesellschaft*	*Mensch/Körper*	*Wissenschaft*
Optik	Optische Geräte	Regenbogen	Überwachung	Sehfehler	Brechungsgesetz
Akustik	Musikinstr.	Donner	Lärmschutz	Hörschäden	Schwingungen
Wärme	Kleidung	Wetterphänom.	Wärmeschutz	Wärmesinn	Wärmetransport
Mechanik	Fahrzeuge	Kräfte in Kurven	Verkehrssicherh.	Unfallvorbeu- gung	Trägheit Beschleunigung
Elektrizität	Elektrogeräte	Gewitter	Umweltgefähr- dung	Gefahren	Ohmsches Ges.
Kernphysik	Natürliche Ra- dioaktivität	Energieinhalt von Uran	Friedliche und milit. Nutzung	Med. Diagnose und Therapie	Kernspaltung mit Neutronen

Zählen Sie die Antworten aus, in denen ein großes oder sehr großes Interesse bekundet wurde. Das gibt Ihnen einen guten Überblick, in welcher Richtung die Interessen Ihrer Klasse liegen.

Meistens lassen sich für alle Anwendungsbereiche relativ leicht Beispiele finden. Wählen Sie aber nur solche aus, die zu unterrichten Sie auch in der Lage und Willens sind. Die folgende Tabelle gibt Ihnen einige Hinweise.

Für die letzte Zeile könnte ein Interessentest etwa so aussehen:

Wie groß ist dein Interesse daran, mehr darüber zu erfahren,…	sehr groß	groß	mittel	gering	sehr gering
welche Stoffe in unserer Umgebung radioaktiv sind	O	O	O	O	O
warum in einer kleinen Menge Uran eine so große Energiemenge steckt	O	O	O	O	O
wie die Kernenergie in militärischen und friedlichen Anwendungen genutzt wird	O	O	O	O	O
wie in einer Klinik radioaktive Stoffe bei Untersuchungen und zur Bestrahlung eingesetzt werden	O	O	O	O	O
was im einzelnen passiert, wenn Neutronen auf Uran-Atome aufprallen	O	O	O	O	O

7.3.5 Messung von Einstellungen

Einstellungen sind nicht-beobachtbare Persönlichkeitsmerkmale, auf deren Vorhandensein aus beobachtbaren Verhalten geschlossen wird. Sie können daher als Bereitschaften oder Tendenzen betrachtet werden, dieses Verhalten zu zeigen. Man spricht daher auch von Einstellungen als Verhaltensdispositionen. Es gibt keine Einstellungen an sich, sie sind vielmehr immer auf ein bestimmtes Einstellungsobjekt bezogen. Ein Einstellungsobjekt kann z. B. eine bestimmte Technologie sein (z. B. die Einstellung zu alternativen Verfahren der Energieversorgung) oder eine bestimmte Verhaltensweise (z. B. die Einstellung zum Energiesparen).

Das übliche Verfahren zur Ermittlung der Einstellung von Personen besteht darin, das Einstellungsobjekt betreffende Aussagen vorzugeben und ankreuzen zu lassen, inwieweit man dieser Aussage zustimmt oder nicht (s. Beispiel 2 in Kapitel 2.3.1)

Für das Interesse am Physikunterricht spielt die Einstellung zur eigenen Leistungsfähigkeit (Selbstvertrauen in die eigene Leistung) eine besondere Rolle. Sie kann z. B. mit folgender Einstellungsskala erfasst werden (entnommen aus Hoffmann et al., 1997).

Bitte vervollständige die folgenden Sätze durch Ankreuzen:

	sehr gut	gut	mittel	schlecht	sehr schlecht
1. Ich verstehe den Stoff in Physik...	O	O	O	O	O
2. Ich behalte den Stoff in Physik...	O	O	O	O	O
3. Meine Leistungen in Physik sind nach meiner eigenen Einschätzung...	O	O	O	O	O
4. Ich beteilige mich am Physikunterricht...	O	O	O	O	O
5. Ich glaube, dass mich die anderen in meiner Klasse für ... halten	O	O	O	O	O
6. Ich glaube, dass mein Physiklehrer/meine Physiklehrerin meine Leistungen in Physik als ... einschätzt	O	O	O	O	O
7. Ich erwarte, dass in Zukunft meine Leistungen in Physik ... sein werden	O	O	O	O	O

7.3.6 Messung des emotionalen Gehalts von Begriffen

Semantisches Differential

Der emotionale Gehalt von Begriffen lässt sich mit Hilfe des sogenannten semantischen Differentials (auch Polaritätsprofil genannt) ermitteln. Es wurde von Osgood, Suci und Tannenbaum (1957) für sprachpsychologische Zwecke, d. h. für die Untersuchung der semantischen Bedeutung von Begriffen entwickelt. Inzwischen ist es auch in der didaktischen Forschung vielfach verwendet und erprobt worden. Das folgende Beispiel mag das Verfahren illustrieren (s. Hoffmann et al., 1975).

Auf den folgenden Seiten findest Du eine Reihe von Gegensatzpaaren, z. B.:

$$\begin{array}{rcl}
\text{heiter} & - & \text{traurig} \\
\text{gut} & - & \text{schlecht} \\
\text{kalt} & - & \text{warm}
\end{array}$$

Darüber steht ein Wort, z. B.　　　　„Freude".

Dieses Wort hat mit den Gegensatzpaaren direkt *nichts* zu tun. Bitte kreuze trotzdem bei jedem Gegensatzpaar an, ob das Wort, das oben darüber steht, gefühlsmäßig mehr zu der einen oder der anderen Seite des Gegensatzpaares gehört.

Beispiel für „Freude"

heiter　　✗　2　3　4　5 · 6　7　　　　traurig

Hier ist die 1 angekreuzt, weil Freude gefühlsmäßig zu heiter gehört.

gut　　✗　2　3　4　5　6　7　　　　schlecht

Freude gehört gefühlsmäßig eher zu gut als zu schlecht.

kalt　　1　2　3　4　5　✗　7　　　　warm

Freude gehört gefühlsmäßig eher zu warm als zu kalt.

Das ist natürlich nur ein Beispiel. Ein anderer hätte die Kreuze vielleicht an eine andere Stelle gesetzt. Man kann hier grundsätzlich nichts falsch machen. Es kommt nur darauf an, dass Du für jedes Wort, das über den Gegensatzpaaren steht, die nach Deinem Gefühl passende Ziffer ankreuzt. Überlege dabei nicht zu lange.

Falls Du das Wort weder näher zu der einen noch zu der anderen Seite des Gegensatzpaares zuordnen kannst, kreuze bitte die Mitte (4) an. Mach davon so selten wie möglich Gebrauch.

„Wasserkraftwerk"

1	sauber	1	2	3	4	5	6	7	schmutzig
2	tief	1	2	3	4	5	6	7	hoch
3	wild	1	2	3	4	5	6	7	sanft
4	trocken	1	2	3	4	5	6	7	feucht
5	müde	1	2	3	4	5	6	7	frisch
6	freundlich	1	2	3	4	5	6	7	grausam
7	nahe	1	2	3	4	5	6	7	entfernt
8	mutig	1	2	3	4	5	6	7	ängstlich
9	hässlich	1	2	3	4	5	6	7	schön
10	friedlich	1	2	3	4	5	6	7	feindlich
11	dumm	1	2	3	4	5	6	7	klug
12	schwach	1	2	3	4	5	6	7	stark
13	hart	1	2	3	4	5	6	7	weich
14	leer	1	2	3	4	5	6	7	voll
15	schnell	1	2	3	4	5	6	7	langsam
16	stumpf	1	2	3	4	5	6	7	scharf

17	traurig	1	2	3	4	5	6	7	fröhlich
18	rau	1	2	3	4	5	6	7	glatt
19	gesund	1	2	3	4	5	6	7	krank
20	warm	1	2	3	4	5	6	7	kalt

Die Auswertung des *semantischen Differentials* ist einfach, wenn auch etwas mühsam. Mit einer Strichliste wird für jedes Gegensatzpaar die Anzahl der Schüler ermittelt, die eine bestimmte Zahl angekreuzt haben. Daraus lässt sich dann der Mittelwert leicht berechnen, der z. B. in ein leeres Testexemplar als „Zackenkurve" eingezeichnet werden kann.

Instruktiv sind vor allem Vergleiche verschiedener Zackenkurven untereinander. Gibt man z. B. neben dem Begriff „Wasserkraftwerk" auch die Begriffe „Kernkraftwerk" oder „Kohlekraftwerk" vor, so treten vermutlich bei einigen Gegensatzpaaren größere Differenzen auf, die meist auch gut interpretierbar sind. (Ein Wasserkraftwerk wird vermutlich als sauberer, freundlicher und gesünder eingestuft als die beiden anderen Typen).

7.3.7 Verfahren, die auf Beobachtung beruhen

Wie bereits in Kapitel 2.1.3 näher ausgeführt, sind Verfahren, die auf Beobachtung beruhen, gegenüber Fehlurteilen anfälliger als schriftliche Verfahren. Um die Beobachtung der Schülerinnen und Schüler ein wenig objektiver, zuverlässiger und valider zu gestalten, wird in der Literatur vorgeschlagen, dass die Lehrkraft sich eine *Liste von Aspekten* anlegt, die sie bewerten will und ihre Eintragungen in ein diese Kategorien enthaltendes Schema einträgt. Dadurch kann erreicht werden, dass etwas systematischer wichtige Aspekte zum Tragen kommen und dass diese bei allen Schülerinnen und Schülern bewertet werden.

Wir geben im folgenden eine Liste wieder, die im Rahmen des Modellversuchs „Chancengleichheit" der Bund-Länder-Kommission (Hoffmann et al., 1997) entstanden ist. Sie besteht aus einer Reihe von Gegensatzpaaren, deren positive Ausprägung mit einem + (oder falls man weiter differenzieren möchte mit einem + +), deren negative Ausprägung mit einem – (ggf. auch mit – –) in der betreffenden Schülerspalte notiert werden kann. Schüler bzw. Schülerinnen, die eher in der Mitte der beiden Pole liegen, erhalten keine Eintragung. Will man sich nur einen Überblick verschaffen, wer in einer Klasse zu den besonders Kooperativen, Produktiven, Störenden oder Uninteressierten gehört, genügt es, die „Extremfälle" einzutragen.

Kriterienkatalog zur Bewertung der Schülerinnen und Schüler durch die Lehrkraft

Namen / Bewertungsmerkmal										
ist erfolgszuversichtlich ist misserfolgsängstlich										
zeigt kooperatives/soziales Verhalten ist auf sich selbst bedacht/zeigt unsoziales Verhalten										
ist beim Experimentieren geschickt ist beim Experimentieren ungeschickt										
hat produktive Ideen zeigt einen Mangel an produktiven Ideen										
hat gutes reproduktives Wissen hat große Lücken im reproduktiven Wissen										
unterstützt/fördert den Unterricht stört/behindert den Unterricht										
arbeitet mit beteiligt sich nicht am Unterricht										
arbeitet selbstständig ist oder gibt sich hilflos										
ist angemessen präsent versteckt sich										
ist interessiert ist uninteressiert										
macht Hausaufgaben/bereitet sich vor macht selten Hausaufgaben/ist unvorbereitet										

7.4 Zusammenstellung der beschriebenen Verfahren

Kognitiver Bereich

Verfahren	Eignung zur Messung... *(bedingt geeignet zur Messung ...)*	Kapitel
Lückentextaufgaben	• von Kenntnissen, insbesondere von Benennungen und Einzelfakten	7.2.1
Multiplechoice- und Zuordnungsaufgaben	• von einfachen und komplexen Kenntnissen • *(des Verständnisses von Zusammenhängen und von höheren kognitiven Leistungen)*	7.2.2
Begriffsnetze	• des Verständnisses von Zusammenhängen zwischen Begriffen • *(von Kenntnissen)*	7.2.3
Aufgaben mit freier Antwort	• von höheren kognitiven Leistungen, z. B. Lösen eines Problems, Transferieren auf einen neuen Sachverhalt, Entwicklung eines Plans • *(von Kenntnissen und Zusammenhängen)*	7.2.4
Aufsätze	• des Verstehens von Zusammenhängen • der Fähigkeit zur Bewertung eines Sachverhalts • *(von Kenntnissen und höheren kognitiven Fähigkeiten)*	7.2.5
Portfolio	• des Verstehens von Zusammenhängen • von höheren kognitiven Leistungen • der Fähigkeit zur Bewertung eines Sachverhalts	7.2.6

- Nichtkognitiver Bereich

Verfahren	Eignung zur Messung	Kapitel
Situationstest (projektiver Test)	• von Verhaltensdispositionen, Handlungsbereitschaften und Emotionen in einer vorgegebenen Situation	7.3.1
Zeichnungen	• von Befindlichkeiten	7.3.1
Verfahren zum „Ankreuzen"	• affektiver Leistungen (allgemein) • des Kooperationsverhaltens • der motivierenden Wirkung des Unterrichts • von Interessen • von Einstellungen • des emotionalen Gehalts von Begriffen (semantisches Differential)	7.3.1 7.3.2 7.3.3 7.3.4 7.3.5 7.3.6
Beobachtung	• des Schülerverhaltens (z. B. Misserfolgsangst, Kooperation, experimentelles Geschick ...)	7.3.7

Literaturverzeichnis

Aikenhead, G.S. (1973). The measurement of high school student's knowledge about science and scientists. Sc. E., 57, (4), 539 – 549.

Alley, M. (1996). The Craft of Scientific Writing. New York: Springer.

American Association for the Advancement of Science (AAAS) (1989). Project 2061. Science for all American. Washington D.C.

American Association for the Advancement of Science (AAAS) (1993). Benchmarks for science literacy. New York: Oxford University Press.

Anderson, J.R. & Reder, L.M. (1979). An elaborative processing explanation of depth processing. In L.S. Cermak & F.I.M. Craik (Eds.), Levels of processing in human memory Hillsdale, N.J.: Erlbaum, 385 – 403.

Anderson, J.R. (1988). Kognitive Psychologie. Eine Einführung. Heidelberg: Spektrum der Wissenschaft.

Atkinson, R. C.; Shiffrin, R. M. (1968). Human memory: A proposed system and it's control processes. In K.W. Spence (Ed.) The psychology of learning and motivation: Advances in research and theory. Vol. 2. New York: Academic Press. S., 89 – 195.

v. Aufschnaiter, S. u.a. (1980). Spielorientierung im naturwissenschaftlichen Unterricht. NiU – P/C, Heft 12, 405 – 407.

Ausubel, D. P. (1974). Psychologie des Unterrichts. Weinheim: Beltz.

Ausubel, D.P., Novak, J.D. & Hanesian, H. (1981[3]). Psychologische und pädagogische Grenzen des entdeckenden Lernens. In: Neber, H. (Hrsg.). Entdeckendes Lernen. Weinheim: Beltz, 30 – 44.

Bacon, F. (1981). Neues Organ der Wissenschaften (1620). Nachdruck Darmstadt: Wissenschaftliche Buchgesellschaft.

Ballstaedt, S.-P., Mandl, H., Schnotz, W., Tergan, S.-O. (1981). Texte verstehen, Texte gestalten. München: Urban & Schwarzenberg.

Ballstaedt, S.-P., Molitor S., Mandl, H. (1989). Wissen aus Text und Bild. In J. Groebel, P. Winterhoff-Spurk (Hrsg.), Empirische Medienpsychologie. München: Psychologie Verlags Union.

Ballstaedt S.-P. (1997): Wissensvermittlung. Weilheim: Beltz.

Banholzer, A. (1936). Die Auffassung physikalischer Sachverhalte im Schulalter. Dissertation Universität Tübingen.

Batsching, A. & Uttendorfer, J. (1994). Freiarbeit – ein alternatives Unterrichtskonzept an der Wilhelm-Hauff-Realschule Pfullingen. In: Zimmermann, H.D. (Hrsg.). Freies Arbeiten. Donauwörth: Auer, 120 – 129.

Bauer, F. & Richter, V. (1986). Möglichkeiten und Grenzen der Nutzung von Analogien und Analogieschlüssen. Ph. i. d. Sch., 18, 384 – 386.

Baumann, K. & Sexl, R. (1984). Die Deutungen der Quantentheorie. Braunschweig: Vieweg.

Baumert, J. & Lehmann, R. (1997). TIMSS – Mathematisch naturwissenschaftlicher Unterricht im internationalen Vergleich. Opladen: Leske & Budrich.

Baumert, J. u.a. (2000[a]). Mathematische und naturwissenschaftliche Bildung am Ende der Schullaufbahn. Bd.1: Mathematische und naturwissenschaftliche Grundbildung am Ende der Pflichtschulzeit. Opladen: Leske + Budrich.

Baumert, J. u.a. (2000[b]). Mathematische und naturwissenschaftliche Bildung am Ende der Schullaufbahn. Bd.2: Mathematische und physikalische Kompetenzen am Ende der Oberstufe. Opladen: Leske + Budrich.

Behrendt, H. (1990). Physikalische Schulversuche. Kiel: Dissertation an der Pädagogischen Hochschule Kiel.

Bense, M. (1965). Ästhetica. Baden-Baden: Agis.

Berge, O.E. (1993). Offene Lernformen im Physikunterricht der Sekundarstufe I. NiU Physik, 4, Heft 17, 4 – 11.

Binswanger, H.C. (1991). Geld und Natur. Stuttgart: Ed. Weitbrecht.

Blankertz, H. (1973). Theorien und Modelle der Didaktik. München: Juventus.

Bleichroth, W. u. a. (1991). Fachdidaktik Physik. Köln: Aulis.

Bleichroth, W. (1991). Elementarisierung, das Kernstück der Unterrichtsvorbereitung. NiU Physik, 2, Heft 6, 4 – 11.

Bloom, B. S. (Eds.) (1956). Taxonomy of educational objectives. The classification of educational goals. Handbook I: Cognitive domain. New York: Longmans, Green.

Böhme, G. & van den Daele, W. (1977). Erfahrung als Programm. In: Böhme, G., van den Daele, W. & Krohn, W. (Hrsg.).Experimentelle Philosophie. Frankfurt: Suhrkamp.

Bollnow, O.E. (1959). Existenzphilosophie und Pädagogik. Stuttgart: Kohlhammer.

Bönsch, M. (1995^2). Variable Lernwege – Ein Lehrbuch der Unterrichtsmethoden. Paderborn: Schöningh.

Brämer, R. (1981). Naturwissenschaftlicher Unterricht: gleiche Chancen für alle. Phys.did., 8, Heft 1, 41 – 49.

Braun, J.-P. (1998). Physikunterricht neu denken. Frankfurt: Harri Deutsch.

Brügelmann, H. (1998): Öffnung des Unterrichts. In: Jahrbuch Grundschule. Seelze: Friedrich, 8 – 42.

Bruner, J. S. (1960). The process of education. Cambridge/ Mass.: Harvard Press.

Bruner, J. S. (1970) Gedanken zu einer Theorie des Unterrichts. In: Dohmen, G., Maurer, F.& Popp, W. (Hrsg.). Unterrichtsforschung und didaktische Theorie. München: Piper, 188 – 218.

Bunge, M. (1973a). Method, Model and Matter. Dordrecht/Holland: Reidel Publ. Comp.

Bunge, M. (1973b). Philosophy of Physics. Dordrecht/Holland: Reidel Publ. Comp.

Bürger, W. (1978). Teamfähigkeit im Gruppenunterricht. Weinheim: Beltz.

Camus, A. (1959). Der Mythos von Sisyphos. Reinbek: Rowohlt.

Carey, S. (1989). An experiment is when you try it and see if it works: a study of grade 7 students understanding of scientific knowledge. Int. J. Sci. Educ.,11, 514 – 529.

Chabay, R. W. (1993). Electric Field Hockey. New York: American Institute of Physics.

Charlton, M. (1997). Rezeptionsforschung als Aufgabe einer interdisziplinären Medienwissenschaft. In: M. Charlton, S. Schneider (Hrsg.), Rezeptionsforschung: Theorien und Untersuchungen zum Umgang mit Massenmedien. Opladen: Westdeutscher Verlag GmbH.

Collins, A. (1992). Portfolios for science education: issues in purpose, structure, and authenticity. Science Education 76, 451-463.

Comenius, J.A. (1960). Große Didaktik. Düsseldorf: Küppers. dt. Übersetzung von A. Flitner (1954).

Copei, F. (1950^2). Der fruchtbare Moment im Bildungsprozeß. Heidelberg: Quelle und Meyer.

Craik, F. I. M. & Lockhart, R. S. (1972). Levels of processing: A framework for memory research. Journal of Verbal Learning and Behaviour, 11, 671 – 684.

Crooks, T.J. (1988). The impact of classroom evaluation practices on students. Review of Educational Research, 58, 438-481.

Dahncke, H. (1991). Risikoakzeptanz und Umweltpolitik. In: Dahncke, H./ Hatlapa, H. (Hrsg.): Umweltschutz und Bildungswissenschaften. Bad Heilbrunn: Klinkhardt, 12 – 25.

Dahncke, H., Götz, R. & Langensiepen, F. (1995) (Hrsg.). Handbuch des Physikunterrichts Sekundarbereich I Band 4/II Optik. Köln: Aulis.

Daublebsky, B. (1988^9). Spielen in der Schule. Stuttgart: Klett.

Daumenlang, R. (1969). Physikalische Konzepte junger Erwachsener. Dissertation, Pädagogische Hochschule Nürnberg.

de Haan, G & Kuckartz, U. (1996). Umweltbewußtsein. Opladen: Westdeutscher Verlag.

de Haan, G. Hrsg. (1997). Berliner Empfehlungen Ökologie und Lernen. Weinheim: Beltz.

Der Große Brockhaus (1954). Bd. 5. Wiesbaden: Brockhaus.

Derbolav, J. (1960). Versuch einer wissenschaftstheoretischen Grundlegung der Didaktik. Z.f.Päd. (2. Beiheft), 17 – 45.

Dewey, J. (1964³). Demokratie und Erziehung: Braunschweig.

Develaki, M. (1998). Die Relevanz der Wissenschaftstheorie für das Physikverstehen und Physiklehren. Dissertation, FU Berlin.

Dieterich, R. (1994). Simulation als Lernmethode. In J. Petersen, G.-B. Reinert (Hrsg.), Lehren und Lernen im Umfeld neuer Technologien. Frankfurt a. M.: Peter Lang.

Dijksterhuis, E.J. (1983²). Die Mechanisierung des Weltbildes. Berlin: Springer.

Dittmann, H., Schneider W. B. (1998). Farbige Interferenzerscheinungen – gedeutet mit einem Modell zur Farbwahrnehmung. In W. Schneider (Hrsg.), Wege in der Physikdidaktik Bd. 4 (S. 93-104). Erlangen: Palm & Enke.

Döring, S. (1997). Lernen durch Spielen. Weinheim: Deutscher Studien Verlag.

Driver, R. (1989). Changing conceptions. In: Adey, P. (Ed.). Adolescent development and school science. London: Falmer Press, 79 – 103.

Driver, R. et al. (1996). Young peoples images of science. Bistol: Open University Press.

Duffield, J. A. (1991). Designing Computer Software for Problem-Solving Instruction. Educational Technology, Research and Development, Vol. 39, No. 1, pp. 50 – 62.

Duhem, P. (1978). Ziel und Struktur physikalischer Theorien. Hamburg: Meiner, (Nachdruck 1908).

Duit R. (1998). Welche Perspektiven eröffnet die Forschung zu vorunterrichtlichen Vorstellungen und zum Lernprozeß? In: Häußler, P. u.a.. Naturwissenschaftsdidaktische Forschung – Perspektiven für die Unterrichtspraxis. Kiel: IPN, 169 – 219.

Duit, R. & Glynn, S. (1992). Analogien und Metaphern, Brücken zum Verständnis im schülergerechten Physikunterricht. In: Häußler, P. (Hrsg.): Physikunterricht und Menschenbildung: Kiel IPN, 223 – 250.

Duit, R., Häußler, P. & Kircher, E. (1981). Unterrichtricht Physik. Köln: Aulis.

Duit, R., Häußler, P., Lauterbach R., Mikelskis, H., Westphal, W. (1991). Das Schulbuch: Lehrbuch oder Lernbuch?. In K.H. Wiebel (Hrsg.) Zur Didaktik der Physik und Chemie: Probleme und Perspektiven. Kiel: GDCP. 102-110.

Dürr, H.P. (1990). Das Netz des Physikers. München: dtv.

Dussler, P.II. (1932). Didaktische Verwertung von Spiel und Spielzeug im Physikunterricht höherer Lehranstalten. Dissertation, Uni Würzburg.

Einsiedler W. (1981). Lehrmethoden: Probleme und Ergebnisse der Lehrmethodenforschung. München: Urban & Schwarzenberg.

Einsiedler W. (1991). Das Spiel der Kinder. Bad Heilbrunn: Klinkhardt.

Einstein, A. (1953). Mein Weltbild. Zürich.

Einstein, A. & Infeld, L. (1950). Die Evolution der Physik. Wien: Zsolnay Verlag.

Faißt, W., Häußler, P., Hergeröder, C., Keunecke, K.H., Kloock, H., Milanowski, I. & Schöffler-Wallmann, M. (1994). Physikanfangsunterricht für Mädchen und Jungen. Kiel: IPN-Materialien.

Feyerabend, P.K. (1981). Probleme des Empirismus. Braunschweig: Vieweg.

Feyerabend, P.K. (1986). Wider den Methodenzwang. Frankfurt: Suhrkamp.

Feynman, R. (1971). Feynman Vorlesungen über Physik Bd.III Quantenmechanik. München: Oldenbourg.

Fischler, H. (1979). Das Schulbuch im Physikunterricht der S I. LA 5 (1979) Heft 1, 28 – 33.

Forbus K.D. & Gentner D. (1986). Learning physical domains: Toward a theoretical framework. In R.S. Michalski, J.G. Carbonell & T.M. Mitchell (Eds.), Machine learning, An artificial intelligence approach. Los Altos: Morgan Kaufmann Publishers, Vol.2, 311 – 348.

Forschungsgruppe Spielsysteme (1984): Entwicklung, Erprobung und Evaluation von Strategien zur Initiierung und Absicherung von Spielsystemen innerhalb des naturwissenschaftlichen Unterrichts. Uni Bremen.

Frey, K. (1982). Die Projektmethode. Weinheim: Beltz.

Friedmann, A. (1979). Framing pictures: The role of knowledge in automized encoding and memory for gist. Journal of Experimental Psychology: General, 108, 316 – 355.

Gagné, R.M. (1969). Die Bedingungen des menschlichen Lernens. Hannover: Schrödel.

Galbraith, J.K. (1963). Gesellschaft im Überfluß. München: Knaur.

Gamow, G. (1965). Biographie der Physik. Düsseldorf: Econ.

Gehlen, A. (1962^7). Der Mensch. Frankfurt: Athenäum.

Gentner, D. (1989) The mechanism of analogical learning. In: Vosniadou S.& Ortony, A.. (Eds.): Similarity and Analogical Reasoning. Cambridge: Cambridge University Press, 199 – 244.

Girwidz, R. (1993). Die Stromzange, eine neue experimentelle Unterrichtshilfe. In W. Schneider (Hrsg.), Wege in der Physikdidaktik Bd. 3 (S. 313 – 322). Erlangen: Palm & Enke. Girwidz R. (1996). Numerische Methoden in der elementaren Wellenlehre. MNU 49/1, 5-11.

Glöckel, H. (1999). Wider den Methodendogmatismus, aber auch den Methodensalat. NiU-Chemie, 10, Heft 53, 4 – 8.

Glynn, S. u. a. (1987). Analogical reasoning and problem solving in science textbooks. To appear in: Glover, J.A. u. a. (Eds): Handbook of creativity: Assessment, Research and Theory. New York: Plenum.

Götz, R., Dahncke, H. & Langensiepen, F. (1990). Handbuch des Physikunterrichts. Köln: Aulis.

Goodyear, P. (1992). The Provision of Tutorial Support with Computer-Based Simulations. In: de Corte, E., Linn, M. C. et al (eds.). Computer-Based Learning Environments and Problem Solving (NATO ASI Series. Series F: Computer and Systems Sciences, 84) Berlin, Heidelberg: Springer, 391 – 409.

Greier, P. (1995). Empirische Untersuchungen über Schülervorstellungen zum elektrischen Stromkreis in der Primarstufe. Zulassungsarbeit für das Lehramt an Grundschulen. Universität Würzburg.

Gressmann & Mathea (1996). Die Fundgrube für den Physikunterricht. Berlin: Cornelson.

Grimsehl, E. (1977). Didaktik und Methodik der Physik. München,1911. Reprint: Bad Salzdetfurth.

Grüner, G. (1967). Die didaktische Reduktion als Kernstück der Didaktik. Die Deutsche Schule, 59, 414 – 430.

Guardini, R. (1953). Grundlegung der Bildungslehre. Würzburg: Werkbund.

Guardini, R. (1956). Die Begegnung. In: Guardini, R./ Bollnow, O.F. Begegnung und Bildung. Würzburg: Werkbund, 9 – 24.

Gutte, R. (1976). Gruppenarbeit. Theorie und Praxis sozialen Lernens. Frankfurt: Diesterweg.

Gutzmer A. (1908). Die Tätigkeit der Unterrichtskommission der Gesellschaft Deutscher Naturforscher und Ärzte. Leipzig.

Grygier, P. & Kircher, E. (1999). Wie zuverlässig ist unsere Wahrnehmung. In: Schreier, H. (Hrsg.) Nachdenken mit Kindern. Bad Heilbrunn: Klinkhardt.

Hannover, B. (1989). Mehr Mädchen in Naturwissenschaft und Technik. Abschlußbericht. TU Berlin, polyscript.

Hartmann, M. (1959). Die philosophischen Grundlagen der Naturwissenschaften. Stuttgart: Fischer.

Haspas, K. (1970). Methodik des Physikunterrichts. Berlin: Volk und Wissen.

Häußler, P. (1981). Denken und Lernen Jugendlicher beim Erkennen funktionaler Beziehungen. Bern: Huber.

Häußler, P. u.a. (1980). Physikalische Bildung: Eine curriculare Delphi-Studie Teil I. Kiel: IPN.

Häußler, P. u.a. (1998). Naturwissenschaftsdidaktische Forschung – Perspektiven für die Unterrichtspraxis. Kiel: IPN.

Häußler, P. & Lauterbach, R. (1976): Ziele naturwissenschaftlichen Unterrichts. Weinheim: Beltz.

Häußler, P., Hoffmann, L & Rost, J. in Zusammenarbeit mit Lauterbach, R. (1986). Zum Stand physikalischer Bildung Erwachsener – Eine Erhebung unter Berücksichtigung des Zusammenhangs mit dem Bildungsgang. IPN Schriftenreihe 105. Kiel: IPN.

Häußling, A. (1976). Physik und Didaktik. Kastellaun: Henn.

Heege R. (1984). Vorbemerkungen (Vorbemerkungen zum Themenheft Anschaulichkeit und Beziehungsdenken). Der Physikunterricht 18, (1), 3.

Heisenberg, W. (1973). Der Teil und das Ganze. München: dtv.

v. Hentig, H. (1966). Platonisches Lehren. Stuttgart: Klett.

v. Hentig, H. (1985). Die Menschen stärken, die Sachen klären. Stuttgart: Reclam.

v. Hentig, H. (1994[3]). Die Schule neu denken. München: Hanser.

v. Hentig, H. (1996). Bildung. München: Hanser.

Hepp, R. (1999). Lernen an Stationen im Physikunterricht: Elektrizitätslehre. NiU Physik, 10, Heft 51/52, 4 – 14.

Hepp, R. u.a. (1997). Umwelt: Physik – das Projektbuch. Stuttgart: Klett.

Hesse, F.W. (1991). Analoges Problemlösen. Weinheim: Psychol. Verlags Union.

Hesse, M. (1963). Models and analogies in science. London: Clowes,

Heuer, D. (1980). Elementarisierung im Physikunterricht durch Reduktion des mathematischen Anspruchsniveaus. PdN-Ph 29, Heft 2, 33 – 48.

Heuer D. (1993). Dynamische Physik-Repräsentationen in Realexperimenten – innere Bilder, eine Hilfe zur Konzeptionalisierung. In W. B. Schneider (Hrsg.) Wege in der Physikdidaktik Bd. 3. Erlangen: Palm & Enke. 424 - 436.

Hillmann, K.H. (1989[2]). Wertwandel. Darmstadt: Wissenschaftliche Buchgesellschaft.

Hilscher et al. (2000). Physikalische Freihandversuche. Scheidegg: Multimedia Physik Verlag.

Hilscher, H. (1998). Physikalische Freihandversuche. Scheidegg: Multimedia Physik Verlag.

Hodson, D. (1988). Toward a philosophically more valid science curriculum. Sc. Ed. 72,(1), 19 – 40.

Höttecke, D. (2001). Die Natur der Naturwissenschaften historisch verstehen. Berlin: Logos

Hoffmann, L., Häußler, P. & Peters-Haft, S. (1997). An den Interessen von Mädchen und Jungen orientierter Physikunterricht – Ergebnisse eines BLK-Modellversuchs. Kiel: IPN Schriftenreihe 155.

Hoffmann, L., Kattmann, U., Lucht, H. & Spada, H. (1975). Materialien zum Unterrichtsversuch Kernkraftwerke in der Einstellung von Jugendlichen. Kiel: IPN Arbeitsberichte 15.

Hofmann, H. (1999). Das ohmsche Gesetz – ein Übungszirkel in Klasse 8. NiU Physik, 10, Heft 51/52, 136 – 146.

Hubig, C. (1993). Technik- und Wissenschaftsethik. Berlin: Springer.

Huizinga, J. (1956). Homo ludens. Vom Ursprung der Kultur im Spiel. Hamburg.

Hund, F. (1972). Geschichte der physikalischen Begriffe. Mannheim: Bibliographisches Institut.

Huxley, A. (1987[4]). Schöne neue Welt. München: Piper.

IPN Curriculum Physik (1975). Unterrichtseinheiten „Licht und Schatten. Stuttgart: Klett.

Issing, L. J. (1983). Bilder als didaktische Medien. In L. J. Issing, J. Hannemann (Hrsg.), Lernen mit Bildern.). Grünewald: Institut für Film und Bild in Wissenschaft und Unterricht, 9 – 39.

Issing, L. J. (1995). Instruktionsdesign für Multimedia. In L. J. Issing, P. Klimsa (Hrsg.), Information und Lernen mit Multimedia. Weinheim: Psychologie Verlags Union.

Issing, L. J.& Klimsa P. (1995). Multimedia – Eine Chance für Information und Lernen. In L. J. Issing, P. Klimsa (Hrsg.), Information und Lernen mit Multimedia. Weinheim: Psychologie Verlags Union.

Issing, L. J.& Strzebkowski, R. (1997). Lernen mit Multimedia aus psychologisch-didaktischer Sicht. In: DPG - Fachverband Didaktik der Physik (Hrsg.), Didaktik der Physik – Vorträge Physiker-tagung 1997, Berlin. Bad Honnef: DPG GmbH.

Issing, L. J. & Klimsa, P. (Hrsg.) (1995). Information und Lernen mit Multimedia. Weinheim: Psychologie Verlags Union.

Jank, J. & Meyer, H. (1991). Didaktische Modelle. Frankfurt: Cornelsen Scriptor.

Johnson-Laird P. N. (1980). Mental Models in Cognitive Science. Cognitive Science, 4, 71 – 115

Jonas, H. (1984). Das Prinzip Verantwortung. Frankfurt: Suhrkamp.

Jung, W. (1973). Fachliche Zulässigkeit aus didaktischer Sicht. Kiel: IPN Seminar II.

Jung, W. (1975). Was heißt Physiklernen? Didaktik der Physik zwischen Physik und Wissenschafts-theorie. In: Ewers, M. (Hrsg.). Naturwissenschaftliche Didaktik zwischen Kritik und Kon-struktion. Weinheim: Beltz.

Jung, W. (1979). Aufsätze zur Didaktik der Physik und Wissenschaftstheorie. Frankfurt: Diesterweg.

Jung, W. (1981). Zur Bedeutung von Schülervorstellungen für den Unterricht. In: Duit, R. Jung, W. & Pfundt, H. (Hrsg.). Alltagsvorstellungen und naturwissenschaftlicher Unterricht. Köln: Aulis, 1 – 23.

Jung, W. (1986). Alltagsvorstellungen und das Lernen von Physik und Chemie. NiU-P/C, 34, 100 – 104.

Jung, W. (1988). Das historisch-genetische Prinzip im Physik- und Chemieunterricht. In: Wiebel, K.H. (Hrsg.). Zur Didaktik der Physik und Chemie 1987. Alsbach: Leuchtturm, 24 – 56.

Jung, W., Wiesner, H. & Engelhardt, P. (1981): Vorstellungen von Schülern über Begriffe der Newton-schen Mechanik. Bad Salzdethfurt: Franzbecker.

Kattmann, U. u.a. (1997). Das Modell der didaktischen Rekonstruktion – Ein Rahmen für naturwis-senschaftsdidaktische Forschung und Entwicklung. ZfDN,3, Heft 3, 3 – 18.

Keim, W. (1987). Kursunterricht – Begründungen, Modelle, Erfahrungen. Darmstadt: Wiss. Buchgesellschaft.

Kelly, G.J. et al. (1993). Science education in sociocultured context: Perspectives from the sociology of science. Sc. Ed. 77, 207 – 220.

Kerschensteiner, G. (1914). Wesen und Wert des naturwissenschaftlichen Unterrichts. Leipzig: Teub-ner.

Kircher, E. (1981). Allgemeine Bemerkungen über Analogmodelle und Analogversuche im Physikun-terricht. Phys. did., 8, 157 – 173.

Kircher, E. (1985). Elementarisierung im Physikunterricht. Phys.did. 12, Heft 1, 17 – 23 u. Heft 4, 24 – 38.

Kircher, E. (1986). Vorstellungen über Atome. NiU P/C, 34, Heft 13, 34 – 37.

Kircher, E. (1993). Warum ist Physiklernen schwierig? In: Schneider, W. (Hrsg.). Wege in der Physik-didaktik. Erlangen: Palm & Encke.

Kircher, E. (1995). Studien zur Physikdidaktik. Kiel: IPN.

Kircher, E. (1998). Humanes Lernen in den Naturwissenschaften? – Über den Umgang mit Schüler-vorstellungen im Sachunterricht. In: Marquardt-Mau, B. & Schreier, H. (Hrsg.): Grundlegende Bildung im Sachunterricht. Bad Heilbrunn: Klinkhardt.

Kircher, E. (1999). Modelle und Modellbildung im naturwissenschaftlichen Unterricht. (Unveröffentl.) Vortrag, Uni Potsdam.

Kircher, E. & Hauser, W. (1995). Analogien zum Spannungsbegriff in der Hauptschule. Niu-Physik, 27, Heft 3, 18 – 22.

Kircher, E. & Teßmann, A. (1977). Atommodelle im Unterricht. Kiel: Schmidt & Klaunig.

Kircher, E. & Werner, H. (1994). Anthropomorphe Modelle im Sachunterricht der Grundschule am Beispiel „Elektrischer Stromkreis". SMP, 22, 144 – 151.

Kircher, E. u. a. (1975). Unterrichtseinheit 9.1. Modelle des Elektrischen Stromkreises. Stuttgart: Klett.

Kirstein, J., Rass, R. (1997). Multimedia im Physikunterricht – die Zukunft der persönlichen Lehr- und Lernmedien. Physik in der Schule, 35, 110 – 114.

Klafki, W. (1963). Studien zur Bildungstheorie und Didaktik. Weinheim: Beltz.

Klafki, W. (1964). Das pädagogische Problem des Elementaren und die Theorie der kategorialen Bildung. Weinheim: Beltz.

Klafki, W. (1996^5). Neue Studien zur Bildungstheorie und Didaktik. Weinheim: Beltz.

Kleber, E. W. (1992). Diagnostik in pädagogischen Handlungsfeldern. Weinheim und München: Inventa.

de Kleer, J. & Brown, J. S. (1983). Assumptions and ambiguities in mechanistic mental models. In de Gentner, D. & Stevens A. L. (eds.). mental models. Hillsdale, NJ: Erlbaum, 155 – 190.

Kledzik, S.M. (1990). Semiotischer versus technischer Medienbegriff. In K. Böhme-Dürr, J. Emig, N. Seel (Hrsg.), Wissensveränderung durch Medien. München: K.G. Saur.

Klein, W. (1998). Unterhaltsames und Spektakuläres – Demonstrationsexperimente. Physik in unserer Zeit/29. Jahrg. 1998/Nr. 2.

Klinger, W. (1987). Die Rolle der Analogiebildung bei der Deutung physikalischer Phänomene. In: Kuhn, W. (Hrsg.). Didaktik der Physik. DPG 1987 (Berlin). Gießen, 326 – 333.

Klopfer, L.E. (1971). Evaluation of learning in science. In: Bloom, B. S., Hastings, J. T. & Madaus G.F. (Eds.). Handbook of formative and summative evaluation of student learning (559-641). New York: McGraw-Hill.

Knoll, K. (1978). Didaktik der Physik. München: Ehrenwirth.

Köhnlein, W. (1982). Exemplarischer Physikunterricht. Bad Salzdetfurt: Franzbecker.

Komorek, M. (1997). Elementarisierung und Lernprozesse im Bereich des deterministischen Chaos. Dissertation, Uni Kiel.

Koppelmann, G. & Sinn, G. (1991). Zur Anfertigung von Vorlagen für Dia- und Overhead-Projektion. In W. Kuhn (Hrsg.), Vorträge Physikertagung 1991 Erlangen (S. 265 – 268). Bad Honnef: DPG GmbH.

Krappmann, L. (1976). Soziales Lernen im Spiel. In: Frommberger, H. u.a. (Hrsg.). Lernendes Spielen – Spielendes Lernen. Hannover, 42 – 47.

Krohn, W. (1984). Weltbilder des Abendlandes. In: Hameyer, U.& Kapune, T. (Hrsg.): Weltall und Weltbild. Kiel: IPN, 187–211.

Kuhn, T. S. (1974). Logik der Forschung oder Psychologie der wissenschaftlichen Arbeiten? In: Lagatos, I. & Musgrave, A. (Hrsg.). Kritik und Erkenntnisfortschritt. Braunschweig: Vieweg, 1 – 24.

Kuhn, T. S. (1976^2). Die Struktur wissenschaftlicher Revolutionen. Frankfurt: Suhrkamp.

Kuhn, W. (1991). Die wissenschaftstheoretische Dimension des Physikunterrichts. In: Wiesner, H. (Hrsg.): Aufsätze zur Didaktik der Physik II. Phys. did. Sonderausgabe: Franzbecker, 125 – 144.

Kümmel, R. (1998). Energie und Kreativität. Stuttgart: B.G. Teubner.

Kutschmann, W. (1999). Naturwissenschaft und Bildung. Stuttgart: Klett-Cotta.

Labudde, P. (1993). Erlebniswelt Physik. Bonn: Dümmler.

Lakatos, I. (1974). Falsifikation und Methodologie wissenschaftlicher Forschungsprogramme. In: Lakatos, I. & Musgrave, A. (Hrsg.). Kritik und Erkenntnisfortschritt. Braunschweig: Vieweg, 89 – 189.

Langer, I., Schulz v. Thun, F. & Tausch, R. (1993). Sich verständlich ausdrücken. München: Reinhardt.

Langer, O. (1999). Bildung der Nachhaltigkeit im Physikunterricht der Sekundarstufe I. Schriftl. Hausarbeit, Uni Würzburg.

Langeveld, M.J. (1961). Einführung in die Pädagogik. Stuttgart: Klett.

Lawrenz, F. (1992). Authentic assessment. In: F. Lawrenz, K. Cochran, J. Krajcik & P. Simpson (Eds.), Research matters ... to the science teacher. NARST Monograph V, (65-70). Manhattan, KS: Center for Science Education.

Lederman, N. G. (1992). Students and teachers conceptions of the nature science. A review of the resource. Journal of the Res. of Sc. Teach., 29, Heft 4, 331 – 359

Levie, H. W. (1978). A prospectus for research of visual literacy. Educational Communication and Technology Journal, 26, pp. 25 – 36

Levin, J. R. (1981). On functions of pictures in prose. In F. J. Pirozzolo & M. C. Wittrock (Eds.), Neuropsychological and cognitive processes in reading. New York: Academic Press 203 – 228.

Levin, J. R., Anglin, G. J., & Carney, R. N. (1987). On empirically validating functions of pictures in prose. In D. M. Willows & H. A. Houghton (Eds.), The Psychology of Illustration. Vol. 1: Basic Research. New York: Springer.

Lind, G. (1975). Sachbezogene Motivation im naturwissenschaftlichen Unterricht. Weinheim: Beltz.

Lind, G. (1992). Physik im Lehrbuch 1700 – 1850. Berlin: Springer.

Lind, G. (1996). Physikunterricht und formale Bildung. ZfDN, 2 , Heft 1, 53 – 68.

Lind, G. (1997). Physikunterricht und materiale Bildung. ZfDN, 3 , Heft 1, 3 – 20.

Litt, T. (1959). Naturwissenschaft und Menschenbildung. Heidelberg: Quelle & Meyer.

Lübbe, H. (1990). Der Lebenssinn der Industriegesellschaft. Berlin: Springer.

Ludwig, G. (1978). Die Grundstrukturen einer physikalischen Theorie. Berlin: Springer.

Lüscher, E. & Jodl, J. (1971). Physik Gestern Heute Morgen. München: Heinz Moos Verlag.

Mach, E. (1886 Neudruck 1923). Der relative Bildungswert der wissenschaftlichen Fächer. Populärwissenschaftliche Vorlesungen. Leipzig.

Mager, R.F. (1969). Zielanalyse Weinheim: Beltz.

Maichle, U. (1980). Verstehens- und Lernprozesse im Elektrizitätslehreunterricht der Sekundarstufe I aus kognitionspsychologischer Sicht. Der Physikunterricht 14 , Heft 4, 5 – 15.

Maichle, U. (1985). Wissen, Verstehen und Problemlösen im Bereich der Physik. Frankfurt: P. Lang.

Mandl H., Gruber H. & Renkl A. (1992).Lehr- und Lernforschung: Neue Unterrichtstechnologien II. In K. Ingenkamp, R. S. Jäger, H. Petillon, B. Wolf (Hrsg.), Empirische Pädagogik 1970 – 1990. Weinheim: Deutscher Studien Verlag.

Mandl, H. & Spada, H. (Hrsg.) (1988). Wissenspsychologie. Weinheim: Psychologie Verlags Union.

Manthei, W. (1992). Das Analogische im Physikunterricht. Ph.i.d.Sch., 30, Heft 7/8, 250 – 256.

Mayer R. E. (1993). Problem-Solving Principles. In: M. Fleming, W. H. Levie (Eds.), Instructional Message Design. Englewood Cliffs, N. J.: Educational Technology Publications.

Mayer, G. (1992). Freie Arbeit in der Primarstufe und in der Sekundarstufe bis zum Abitur. Heinsberg.

Mc Comas, W.F. (Ed.)(1998). The Nature of Science in Science Education. Dordrecht: Kluwer Academic Publishers.

Merzyn G. (1994). Physikschulbücher, Physiklehrer und Physikunterricht. Kiel: IPN.

Meyer, H. (1987a). UnterrichtsMethoden Bd.1: Theorieband. Frankfurt: Scriptor.

Meyer, H. (1987b). UnterrichtsMethoden Bd.2: Praxisband. Frankfurt: Scriptor.

Meyer, H. & Meyer, M. (1997). Lob des Frontalunterrichts, Argumente und Anregungen. In: Friedrich Jahresheft XV, Lernmethoden – Lehrmethoden, Wege zur Selbständigkeit. Seelze: Friedrich, 34 – 37.

Meyling, H. (1990). Wissenschaftstheorie in der gymnasialen Oberstufe. Dissertation, Uni Bremen.

Mie, K & Frey, K. (Hrsg.) (1994[4]). Physik in Projekten. Köln: Aulis.

Mie, K. (1989). Das Projekt als Methode: Ende eines Streits? In: Wiebel, K.H. (Hrsg.). Zur Didaktik der Physik und Chemie. Alsbach: Leuchtturm.

Mikelskis, H. (1977). Das Thema „Kernkraftwerke" im Physikunterricht. Phys. didact., 4, 45 – 60.

Mikelskis, H. (1986). Physikunterricht in der Herausforderung durch die ökologische Krise und die neuen Technologien. Phys.didact,13, 43 – 51.

Mikelskis, H. (1987). Umwelterziehung im Physikunterricht – Anstöße zur Wiederbelebung alter Reformideen. In: Callies, J. & Lob, R. (Hrsg.). Handbuch Praxis der Umwelt- und Friedenserziehung, Bd.2. Düsseldorf: Schwann, 248 – 257.

Mikelskis, H. (1991).Ökologie und Schule – Kriterien zum Entwurf und zur Bewertung naturwissenschaftlichen Unterrichts. In: Dahncke, H.& Hatlapa, H. (Hrsg.): Umweltschutz und Bildungswissenschaften. Bad Heilbrunn: Klinkhardt, 222 – 232.

MNU, Deutscher Verein zur Förderung des mathematischen und naturwissenschaftlichen Unterrichts e.V. (1993). Initiative zur Verbesserung der Rahmenbedingungen des mathematisch naturwissenschaftlichen Unterrichts. MNU, 46, Heft 6 (Beilage).

MNU, Deutscher Verein zur Förderung des mathematischen und naturwissenschaftlichen Unterrichts e.V. (2001). Physikunterricht und naturwissenschaftliche Bildung – aktuelle Anforderungen -. MNU, 54, Heft 3 (Beilage).

Mikelskis, H., Seifert, S., Roesler, F. (2000). Optik lernen mit der Simulationssoftware "phenOpt". MNU, 52/8, 460 – 466.

Mothes, H. (1968[8]). Methodik und Didaktik der Physik und Chemie. Köln: Aulis.

Muckenfuß, H. (1992). Neue Wege im Elektrikunterricht. Köln: Aulis.

Muckenfuß, H. (1995). Lernen im sinnstiftenden Kontext. Berlin: Cornelsen.

Muckenfuß, H. & Walz, A. (1992). Neue Wege im Elektrikunterricht. Köln: Aulis.

Muthsam, K., Müller, R., Wiesner, H. (1999). Simulationsprogramm zum quantenmechanischen Doppelspaltversuch. Didaktik der Physik - Vorträge - Frühjahrstagung 1999 (S. 305-310). Bad Honnef: DPG GmbH.

Neber, H. (1981)(Hrsg.). Entdeckendes Lernen. Weinheim: Beltz.

Niedderer, H. (1988). Schülervorverständnis und historisch-genetisches Lernen mit Beispielen aus dem Physikunterricht. In: Wiebel, K.H. (Hrsg.). Zur Didaktik der Physik und Chemie 1987. Alsbach: Leuchtturm, 76 – 107.

Niedderer, H. & Schecker, H. (1982). Ziele und Methodik eines wissenschaftstheoretisch orientierten Physikunterrichts.PU,15, Heft 2, 58 – 71.

Oerter, R. (1977[17]). Moderne Entwicklungspsychologie. Donauwörth: Auer.

Oerter, R. (1993). Psychologie des Spiels. München: Quintessenz.

Oerter, R. & Montada, L. (1998[4]). Entwicklungspsychologie. Weinheim: Beltz.

Osgood, C., Suci, G & Tannenbaum, P. (1957). The measurement of meaning. Urbana. Univ. of Illinois Press.

Otto, G (1974). Das Projekt – Merkmale und Realisationsschwierigkeiten einer Lehr-Lernform. In: Frey, K. & Blänsdorf, K. (Hrsg.). Integriertes Curriculum Naturwissenschaft in der Sekundarstufe I: Projekte und Innovationsstrategien. Weinheim: Beltz.

v. Oy, K. (1977). Was ist Physik? Stuttgart: Klett.

Paivio, A. (1986). Mental representations. A dual coding approach. New York: Oxford University Press.

Park, O.-Ch. (1994). Dynamik Visual Displays in Media-Based Instruction. Educational Technology, 4, 34 (1994) 21 – 25.

Petersen, G (1977). Zum Prinzip einer didaktischen Induktion. Päd. Rund.,31, Heft 2, 103 – 125, Heft 3, 183 – 210.

Peterßen, W.H. (1988[3]). Handbuch Unterrichtsplanung. München: Ehrenwirth.

Peterßen, W.H. (1997). Methodenlexikon. In: Friedrich Jahresheft XV, Lernmethoden – Lehrmethoden, Wege zur Selbständigkeit. Seelze: Friedrich, 120 – 128.

Pfundt, H. & Duit, R. (1994[4]). Bibliographie Alltagsvorstellungen und naturwissenschaftlicher Unterricht. Kiel: IPN-Kurzberichte.

Polanyi, M. (1985). Implizites Wissen. Frankfurt: Suhrkamp.

Popper, K.R. (1976[6]). Logik der Forschung. Tübingen: J.C.B. Mohr.

Putnam, H. (1993). Von einem realistischen Standpunkt. Reinbek: Rowohlt.

Reble, (1994[18]). Geschichte der Pädagogik. Stuttgart: Klett-Cotta.

Redaktion Soz.Nat. (Hrsg.) (1982). Naturwissenschaftlicher Unterricht in der Gegenperspektive. Braunschweig: Agentur Pedersen.

Redeker, B. (1979). Untersuchungen über Begriffsbildungen im naturwissenschaftlichen Unterricht. Wiss. Reihe Bd.2. Bielefeld: B.K. Verlag.

Rein, W. (1909). Encyklopädisches Handbuch der Pädagogik. Bd.9. Langensalza, 366 – 383.

Reinhold, P. (1996). Offenes Experimentieren und Physiklernen. Kiel: IPN.

Reusch, W, Gößwein, O., Heuer, D. (2000). Grafisch unterstütztes Modellieren und Messen. PdN-Ph., Rescher, N. (1987). Scientific realism. A critical reappraisal. Dordrecht Reidel 6/49, 32-36.

v. Rhöneck, C, (1986). Vorstellungen vom elektrischen Stromkreis und zu den Begriffen Strom, Spannung und Widerstand. NiU-P/C,34, Heft 13, 10 – 14.

Rorty, R. (1992). Kontingenz, Ironie und Solidarität. Frankfurt: Suhrkamp.

Roth, H. (1963). Pädagogische Psychologie des Lehrens und Lernens. Hannover: Schroedel.

Roth, H. (1971). Die Lern- und Erziehungsziele und ihre Differenzierung nach Entwicklungs- und Lernstufen. Die Deutsche Schule,63. Heft 2, 67 – 74.

Rumpf, H. (1976). Unterricht und Identität. München: Juventa.

Rumpf, H. (1981). Die übergangene Sinnlichkeit. München: Juventa.

Rumpf, H. (1986). Die künstliche Schule und das wirkliche Lernen. München: Ehrenwirth.

Sacher, W. (1996[2]). Prüfen – Beurteilen – Benoten. Bad Heilbrunn: Klinckhardt.

Sachsse, H. (1978). Anthropologie der Technik. Braunschweig: Vieweg.

Salomon, G. (1978). On the future of media research: No more full acceleration in neutral gear. Educational Communication and Technology, 26, 37 – 46.

Salomon, G. (1979). Interaction of media, cognition and learning. San Francisco: Jossey - Bass.

Schecker, H. (1985). Das Schülervorverständnis zur Mechanik. Dissertation, Universität Bremen.

Schecker H. (1998). Physik – Modellieren. Stuttgart: Klett.

Scheuerl, H. (1994[12]). Das Spiel Bd. 1. Weinheim Beltz.

Schledermann D. (1977). Der Arbeitsprojektor im Physikunterricht. Köln: Aulis Verlag.

Schmidkunz, H. (1983). Die Gestaltung chemischer Demonstrationsexperimente nach wahrnehmungspsychologischen Erkenntnissen. NiU-P/C Jg. 31, Heft 10. 360 – 366.

Schmidkunz, H. (1992). Zur Wirkung gestaltpsychologischer Faktoren beim Aufbau und bei der Durchführung chemischer Demonstrationsexperimente. In K.H. Wiebel (Hrsg.). Zur Didaktik der Physik und Chemie: Probleme und Perspektiven. Vorträge auf der Tagung für Didaktik der Physik/Chemie in Hamburg, 1991 (S. 287 – 295). Alsbach: Leuchtturm.

Schmidkunz, H. & Lindemann, F. (1992). Das forschend-entwickelnde Unterrichtsverfahren. Essen: Westarp.

Schmidt-Bleek, F. (1997). Wieviel Umwelt braucht der Mensch? Faktor 10 – das Maß für ökologisches Wirtschaften. München: dtv.

Schneider, W. (1989, 1991, 1993, 1998) (Hrsg.). Wege in der Physikdidaktik I-IV. Erlangen: Palm & Enke

Schmutzer, E.& Schütz, W. (1975[4]). Galileo Galilei. Leipzig: BSB Teubner.

Schnotz W. (1994). Wissenserwerb mit logischen Bildern. In B. Weidenmann (Hrsg.), Wissenserwerb mit Bildern. Bern: Verlag Hans Huber.

Schnotz W. (1995). Wissenserwerb mit Diagrammen und Texten. In L. J. Issing, P. Klimsa (Hrsg.), Information und Lernen mit Multimedia. Weinheim: Psychologie Verlags Union.

Schöler, W. (1970). Geschichte des naturwissenschaftlichen Unterrichts. Berlin: de Gruyter.

Schorch, G. (1998). Grundschulpädagogik – eine Einführung. Bad Heilbrunn: Klinkhardt.

Schreier, H. (1994). Der Gegenstand des Sachunterrichts. Bad Heilbrunn: Klinkhardt.

Schröder, H. & Schröder, R. (1989). Theorie und Praxis der AV-Medien im Unterricht. Verlag Michael Arndt, München.

Schröter, G. (1981). Medien im Unterricht. Donauwörth.

Schuldt, C. (1986). Elemente eines wissenschaftsorientierten Physikunterrichts in exemplarischer und historischer Darstellung. In: Wissenschaftsphilosophische und wissenschaftshistorische Aspekte des Physikunterrichts. Bad Salzdetfurth: Franzbecker.

Schuldt, C. (1988). Zur Genese des genetischen Unterrichts. phys. did. 15, Heft 3/4, 3 – 19.

Schulmeister, R. (1996). Grundlagen hypermedialer Lernsysteme: Theorie – Didaktik – Design. Bonn: Addison-Wessley.

Schulz, W. (1969[4]). Unterricht – Analyse und Planung. In: Heimann, P., Otto, G. & Schulz, W. Unterricht – Analyse und Planung. Hannover: Schroedel.

Schulz, W. (1981[3]). Unterrichtsplanung. München: Urban & Schwarzenberg.

Schulze, G. (1993). Die Erlebnisgesellschaft. Kultursoziologie der Gegenwart. Frankfurt: Campus.

Schütz, A. & Luckmann, T. (1979). Strukturen der Lebenswelt. Frankfurt: Suhrkamp.

Schwedes, H. & Dudeck, W.R. (1993). Lernen mit der Wasseranalogie. NiU/P, 4, Heft 1, 16 – 23.

Schwedes, H. (1982). Spielorientierte Unterrichtsverfahren im Physikunterricht. In: H. Fischler (Hrsg.). Lehren und Lernen im Physikunterricht.

Seel, N.M. (1986). Wissenserwerb durch Medien und „mentale Modelle". Unterrichtswissenschaft, 1986, 4, 384 – 401.

Sexl, R. & Schmidt, H.K. (1978). Raum – Zeit – Relativität. Reinbek. Rowohlt.

Siegl, E. (1983). Das Novum Organon von Francis Bacon. Veröffentlichungen der Universität Innsbruck 141.

Sexl, R. (1982). Non scholae sed vitae discimus – Naturwissenschaften lernen oder verstehen? Vortrag GDCP-Jahrestagung Würzburg.

Shamos, M. (1995). The myth of scientific literacy. New Brunswick: Rutgers University Press.

Sigler-Held, (1997). Wir bauen Fahrzeuge. Berlin: Cornelsen.

Silbereisen, R.K. (1998[4]). Soziale Kognition: Entwicklung von sozialem Wissen und Verstehen. In: Oerter, R. & Montada, L. (Hrsg.). Entwicklungspsychologie. Weinheim: Beltz, 823 – 861.

Slater, T.S. (1994). Portfolios for learning and assessment in physics. In: The Physics Teacher, 32, 370 – 373.

Sodian, B. (1998[4]). Entwicklung bereichsspezifischen Wissens. In: Oerter, R. & Montada, L. (Hrsg.). Entwicklungspsychologie. Weinheim: Beltz, 622-635.

Spear, M.G. (1987). The basing influence of pupil sex in a science marking exercise. In: A. Kelly (Ed.), Science for Girls?. Milton Keynes/Philadelphia: Open University Press, 46 –51.

Spiro, R. J., Coulson, R. L. et al. (1988) . Cognitive Flexibility Theory: Advanced Knowledge Acquisition in Ill-Structured Domains. In Patel, V. (ed), Tenth Annual Conference of the Cognitive Science Society. Hillsdale, NJ u. a.: Lawrence Eribaum Ass., 375-383.

Stegmüller, W., (1970). Probleme und Resultate der Wissenschaftstheorie und der Analytischen Philosophie. Bd. II. Theorie und Erfahrung. Studienausgabe Teil A – C. Berlin: Springer.

Stegmüller, W., (1986). Das Problem der Induktion. Darmstadt: Wiss. Buchgesellschaft.

Steiner, G. (1988). Analoge Repräsentationen. In H. Mandl, H. Spada (Hrsg.). Wissenspsychologie (S.99 – 119). München: Psychologie Verlags Union.

Storck, H. (1977). Einführung in die Philosophie der Technik. Wissenschaftliche Buchgesellschaft: Darmstadt.

Strittmatter, P. & Mauel, D. (1995). Einzelmedium, Medienverbund und Multimedia. In L. J. Issing, P. Klimsa (Hrsg.). Information und Lernen mit Multimedia. Weinheim: Psychologie Verlags Union, 269 – 303.

Strzebkowski, R. (1995). Realisierung von Interaktivität und multimedialen Präsentationstechniken. In L. J. Issing, P. Klimsa (Hrsg.), Information und Lernen mit Multimedia. Weinheim: Psychologie Verlags Union.

Stube, P. (1989). The Notion of Style in Physics Textbooks. Journal of Research in Science Teaching 26 Heft 4, 291-299.

Sutton, C. (1989). Writing and Reading in Science: The Hidden Messages. In R. Millar (Ed.), Doing science: Images of Science and Science Education. Farmer Press, 137-159

Teichmann, J. u.a. (1981). Einfache physikalische Versuche zur Geschichte und Gegenwart. Deutsches Museum München, Kerschensteiner Kolleg.

Theis, W.R. (1985). Grundzüge der Quantentheorie. Stuttgart: Teubner.

Tiemann, A. (1993). Analogie – Analyse einer grundlegenden Denkweise in der Physik. Frankfurt: Harri Deutsch.

Töpfer, E. & Bruhn, J. (1976). Methodik des Physikunterrichts. Heidelberg: Quelle & Meyer.

Treitz, N. (1996[4]). Spiele mit Physik! Frankfurt: Harri Deutsch.

Vollmer, G. (1988a). Was können wir wissen? Bd.1. Die Natur der Erkenntnis. Stuttgart: Hirzel.

Vollmer, G. (1988b). Was können wir wissen? Bd.2. Die Erkenntnis der Natur. Stuttgart: Hirzel

Wagenschein, M. (1965). Ursprüngliches Verstehen und exaktes Denken. I. Stuttgart: Klett.

Wagenschein, M. (1968). Verstehen lehren. Weinheim: Beltz.

Wagenschein, M. (1970). Ursprüngliches Verstehen und exaktes Denken. II. Stuttgart: Klett.

Wagenschein, M. (1975). Natur physikalisch gesehen. Braunschweig: Westermann.

Wagenschein, M. (1976[4]). Die pädagogische Dimension der Physik. Braunschweig: Westermann.

Wagenschein, M. (1982). Wege zu einem anderen naturwissenschaftlichen Unterricht. WPB, 34, Heft 2, 66 – 73.

Wagenschein, M. (1983). Erinnerungen für morgen. Weinheim, Basel: Beltz.

Wagenschein, M., Banholzer, A., Thiel, S. (1973). Kinder auf dem Wege zur Physik. Stuttgart: Klett.

Wainer, H. (1992). Understanding graphs and tables. Educational Researcher, 21, (1), 14 – 23.

Walter, M. (1996). Spiele im Physikunterricht der Hauptschule. Schriftl. Hausarbeit, Uni Würzburg.

Wegener-Spöhring, G. (1995). Agressivität im kindlichen Spiel. Weinheim: Deutscher Studien Verlag.

Wegener-Spöhring, G. (1998). "Die Menschen stärken und die Sachen klären" – Bildung in der Grundschule heute. BuE,51, Heft 3, 329 – 346.

Weidenmann B. (Hrsg.) (1994). Wissenserwerb mit Bildern. Bern: Verlag Hans Huber.

Weidenmann, B. (1991). Lernen mit Bildmedien. Weinheim: Beltz.

Weidenmann, B. (1993). Psychologie des Lernens mit Medien. In B. Weidenmann et al., Pädagogische Psychologie. Helmsbach: Beltz Psychologie Verlags Union.

Weidenmann, B. (1995). Multicodierung und Multimodalität im Lernprozeß. In L. J. Issing, P. Klimsa (Hrsg.), Information und Lernen mit Multimedia. Weinheim: Psychologie Verlags Union.

Weidenmann, B. (1994): Informierende Bilder. In B. Weidenmann (Hrsg.) Wissenserwerb mit Bildern (9-58). Bern: Huber.

v. Weizsäcker, C.F. (1988). Der Aufbau der Physik. München: dtv.

v. Weizsäcker, E.U. u.a. (1996). Faktor 4. München: Droemer Knaur.

Weltner, K. (1982). Elementarisierung physikalischer und technischer Sachverhalte als eine Aufgabe der Didaktik des Physikunterrichts. In: Fischler, H. (Hrsg.). Lehren und Lernen im Physikunterricht. Köln: Aulis, 192 – 219.

Welzel, M. (1998). Ziele, die Lehrende mit dem Experimentieren in der naturwissenschaftlichen Ausbildung verbinden – Ergebnisse einer europäischen Umfrage. ZfDN 4, Heft 1, 29 – 44.

Wendel, H.J. (1990). Moderner Relativismus: Zur Kritik antirealistischer Sichtweisen des Erkenntnisproblems. Tübingen: Mohr.

Werner, H. (1993). Anthropomorphe Modelle im Sachunterricht der Grundschule am Beispiel „Elektrischer Stromkreis". Schriftl. Hausarbeit, Universität Würzburg.

Wertheimer M. (1938). Laws of organization in perceptual forms in a source book for Gestalt Psychology. London: Routledge & Kegan Paul.

Westphal, W. (1992). Kriegsgegnerischer Physikunterricht – ein fachspezifischer Beitrag zur Friedenserziehung. In: Häußler, P. (Hrsg.). Physikunterricht und Menschenbildung. Kiel: IPN, 55 – 74.

Westphalen, K. (1979[7]). Praxisnahe Curriculumentwicklung. Donauwörth: Auer.

White, R. & Gunstone, R. (1992). Probing understanding. The Falmer Press.

Whitehead, A.N. (1987). Prozeß und Realität. Frankfurt: Suhrkamp.

Wickihalter, R. (1984). Zur Geschichte des physikalischen Unterrichts. Frankfurt: H. Deutsch.

Wiesner, H. (1986). Schülervorstellungen und Lernschwierigkeiten im Bereich der Optik. NiU P/C, 34, Heft 13, 25 – 29.

Wiesner, H. (1989). Beiträge zur Didaktik des Unterrichts über Quantenphysik in der Oberstufe. Essen: Westarp.

Wiesner, H. (1992). Schülervorstellungen und Lernschwierigkeiten mit dem Spiegelbild. NiU Physik, 3, Heft 14, 16 – 18.

Wilbers J. (2000). Post-festum- und heuristische Analogien im Physikunterricht. Kiel: IPN.

Wilhelm, T. (1969[2]). Theorie der Schule. Stuttgart: Metzler.

Wilke H.-J. (1981). Zur Rolle des Experiments im Physikunterricht. Physik in der Schule, 1981, 287 – 295.

Wilke H.-J. (Hrsg.) (1987). Historisch-physikalische Versuche. Reihe: Physikalische Schulversuche. Köln: Aulis-Verlag Deubner.

Wilkinson, D.J. (1972). A study of the development of flow with reference of the introduction of electric current in the early years of the secondary school. Research Exercise. Leeds.

Willer, J. (1990). Physik und menschliche Bildung. Darmstadt: Wiss. Buchgesellschaft.

Wilson, E. (1995). Der Wert der Vielfalt. München: Piper.

Wimber, F. (1995). Schülerzeichnungen (private Mitteilung).

Wolze, W. (1989). Zur Entwicklung naturwissenschaftlicher Erkenntnissysteme im Lernprozeß. Wiesbaden: Deutscher Universitätsverlag.

Ziman, J. (1982). Wie zuverlässig ist wissenschaftliche Erkenntnis? Braunschweig: Vieweg.

Zimmermann, H.D. (1994) (Hrsg.). Freies Arbeiten. Donauwörth: Auer.

Zorn, C. (1999). Aspekte des offenen Unterrichts am Beispiel „Elektrischer Stromkreis" in der 5. Jahrgangsstufe der Hauptschule. Schriftl. Hausarbeit, Uni Würzburg.

Personenverzeichnis

Stichwortverzeichnis

Die neue Springer-Website

Schnell, intelligent, aktuell

▸ Einfache Navigation und schnelle Suchergebnisse.
▸ Bücher und Zeitschriften auf einen Blick.
▸ Ständig neue Online-Angebote.

Unsere neue Website – Ihr Wissensvorsprung

springer.de

Die interaktive Website für alle Bücher und Zeitschriften von Springer

Springer

Druck: Mercedes-Druck, Berlin
Verarbeitung: Stein + Lehmann, Berlin

9 783540 419365